高等职业教育机电类专业系列教材

CATIA 基础教程

王彩凤　翟欢乐◎主编

严海军　郭必新　胡　超◎副主编

李建霞　张司颖　刘　秀　张迎春◎参编

田庆敏　卢　佳　李继伟　鞠丽梅

中国铁道出版社有限公司

CHINA RAILWAY PUBLISHING HOUSE CO., LTD.

内 容 简 介

本书以CATIA软件操作为主线讲解常见机械零件的建模方法，全书共五个模块，包括CATIA简介及使用环境、草图设计、零件设计、装配设计、工程图设计等。全书以实例操作为主，配合功能讲解，力求以通俗易懂的方式表达建模的基本过程与方法，使学生更易上手，同时书中配有练习题，可帮助读者巩固所学内容。

本书可以作为高等职业教育机电类专业学生的教学用书，也可作为相关人员技能学习提升的参考资料。

图书在版编目(CIP)数据

CATIA基础教程/王彩凤，翟欢乐主编. —北京：中国铁道出版社有限公司，2022.7(2024.1重印)
高等职业教育机电类专业系列教材
ISBN 978-7-113-28672-9

Ⅰ.①C… Ⅱ.①王… ②翟… Ⅲ.①机械设计-计算机辅助设计-应用软件-高等职业教育-教材 Ⅳ.①TH122

中国版本图书馆CIP数据核字(2021)第261987号

书　　名：CATIA基础教程
作　　者：王彩凤　翟欢乐

策　　划：钱　鹏　　**编辑部电话：**(010)63560043
责任编辑：钱　鹏
封面设计：刘　颖
责任校对：孙　玫
责任印制：樊启鹏

出版发行：中国铁道出版社有限公司(100054，北京市西城区右安门西街8号)
网　　址：http://www.tdpress.com/51eds
印　　刷：三河市兴博印务有限公司
版　　次：2022年7月第1版　2024年1月第2次印刷
开　　本：787 mm×1 092 mm 1/16　**印张：**14.75　**字数：**366千
书　　号：ISBN 978-7-113-28672-9
定　　价：42.00元

前 言

随着CAD技术的发展,三维软件已成为设计工程师基本设计思想的表达工具,而其不断扩充延伸的功能也使得三维软件成为提高设计效率、提升设计水平的重要手段,广泛地应用在了制造业的各个领域,产生了较好的社会效益与经济效益。

CATIA(Computer Aided Three-dimensional Interactive Application)是众多三维软件中的佼佼者,历来被众多航空航天产业作为设计的基础工具,其不但具备强大的基本建模功能,同时具备强大的曲面编辑功能,而这也为复杂的航空产品模型的创建提供了技术支撑,除此之外还有强大的分析工具,使得在设计过程中就可以对所设计内容进行验证,以提升设计效率、降低设计出错率,也可有效地降低样机验证成本,提升产品的市场竞争力。

CATIA包含基础结构、机械设计、形状、分析与模拟、AEC工厂、加工、数字化装配、设备与系统、制造的数字化处理、加工模拟、人机工程学设计与分析、知识工程模块等数十个模块,每个模块还具有二级模块,其功能繁杂众多,本书只讲解其中一部分,即建模操作,这也是学习三维软件必备的基础技能,只有学会建模操作,才会为后续的学习提供良好的基础,没有模型,后续的功能模块均是空中楼阁,无法进行设计与操作。虽然三维软件是设计的主要工具,但现阶段很多的沟通表达还是以二维工程图为载体,所以本书同时介绍了最基本的工程图生成方法。

本书以CATIA V5-6 2016为蓝本,如使用不同版本的软件,在实际操作过程中会有所出入,操作时应加以注意。

本书由江苏航空职业技术学院王彩凤、翟欢乐担任主编。本书在编写过程中得到了学院领导的大力支持,在此表示感谢。

由于编者水平有限,书中疏漏与不足之处在所难免,恳请读者与专家批评指正,有任何意见与建议可发邮件至 js. yhj@ 126. com。

编　者

2022年3月

目录

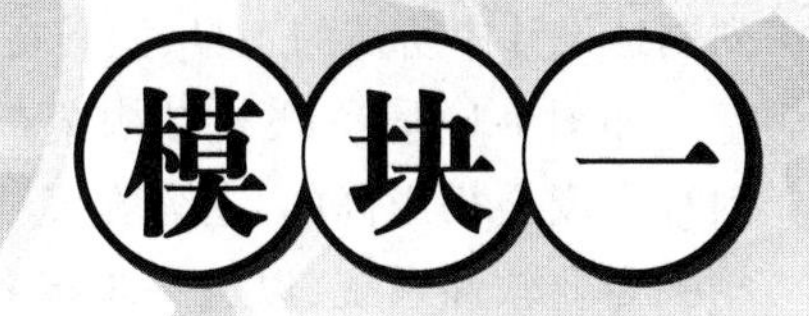

CATIA简介及使用环境

深入学习一款软件从了解其历史开始。本模块介绍了 CATIA 的基本信息及应用范围,有利于建立读者学习热情、提升学习兴趣。同时还介绍了软件基本的使用环境,如何合理地设置环境以及基本操作方法,对于初学者而言是提高学习效率、熟练建模过程的基本要素。

任务1 熟悉 CATIA 操作环境

任务目标

(1)了解 CATIA 的发展历程。

(2)了解 CATIA 的基本功能。

(3)熟悉 CATIA 的用户界面及基本操作。

任务描述

简要介绍 CATIA 的发展历程、使用场景及基本操作。

任务实践

1.1 CATIA 简介

三维设计软件属于 CAD 软件的范畴,CAD 是计算机辅助设计(Computer Aided Design)的缩写,但在 CAD 的发展初期,由于只具备简单的绘图功能,只能表达设计结果,并没有辅助设计的功能,所以一段时间内 CAD 指的是计算机辅助绘图(Computer Aided Drafting)。

CATIA(Computer Aided Three-dimensional Interactive Application)是法国达索系统开发的一套高端三维设计软件,达索系统是全球工业软件的领导者,其主要从事包含三维设计软件在内的产品全生命周期管理(PLM)解决方案,主要服务于航空、航天、汽车、装备制造、电子等行业。

CATIA 从 1982 年开始推出第一个版本 V1,实现了产品的商业化,1994 年推出基于

Windows 的 V5 版本,这也是目前使用最为广泛的一个版本系列。这个版本功能上涵盖了概念设计、工业设计、三维建模、模拟仿真、逆向工程、制造生产、工程图样、人体工程、知识管理等一系列制造设计中所需的工具,尤其在航空航天领域一直处于领导地位,如波音、空客均是其用户。

如图 1-1 所示,飞机结构繁杂,涉及领域众多,而如此多的需求要由一个公司完全研发,其困难程度是相当高的,达索在发展过程中根据技术需求与自身的发展需要,一直在收购整合着相关专业软件系统,以进一步提升 CATIA 所涵盖的知识领域。其最主要的收购有:1997 年收购美国 SOLIDWORKS 软件公司,1998 年收购 IBM 的数据管理系统 ENOVIA,2000 年收购 Deneb 的 DELMIA 数字化制造产品,2005 年收购 Abaqus 的 CAE 系统,通过这些并购,丰富了 CATIA 的产品线,为企业提供了更多、更强大的技术支撑。

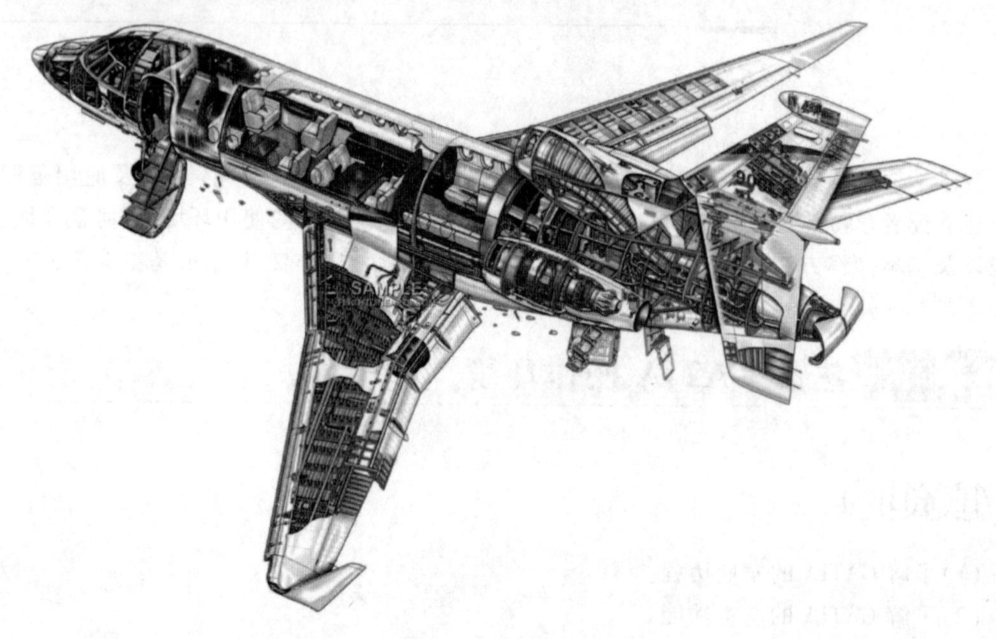

图 1-1　飞机结构示意

由于功能模块众多,其各类数据的整合变得异常重要,CATIA 通过智能化的结构树,可以将整个产品的的所有相关设计数据均集成在一起,而且保持数据之间的关联性,使得并行设计成为可能。而随着云平台计算的兴起,达索系统也推出了相应的 3D EXPERIENCE 平台,将各种工具做进一步的集成、整合,做到按需选用、随时设计,将会成为下一代设计工具事实上的标准。

1.2　学习三维软件的必要性

无论是何种信息来源,大多宣扬 3D 设计所带来的技术的优势,以及这些优势如何显著提高设计效率。但在我们刚开始学习“机械制图”等的基础课程时,接触三维建模软件后一定有疑问,二维制图软件中一条线不合理可以很容易地将其删除,但三维却不行,需要找到这条线所处的特征,还要考虑删除后对其他特征所带来的影响,显然会带来更多的修改工作量、消耗更多的时间。

图 1-2a 所示为二维视图,图 1-2b 所示为三维模型,在没有看到三维模型之前试想一下将二维视图完全看懂需要多长时间? 如果再复杂一些呢? 车间生产人员想要看懂二维视图又需要多长时间呢?

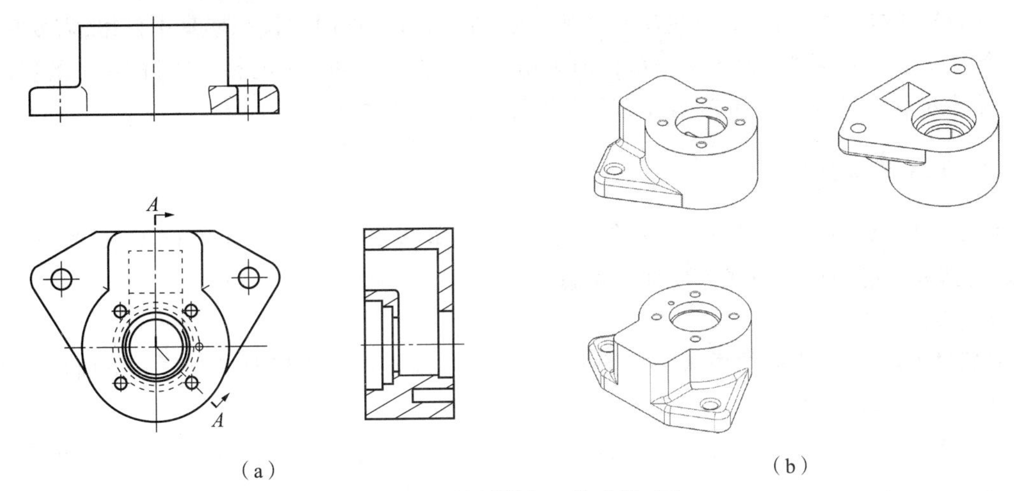

（a）　　　　（b）

图 1-2　二维图样与三维建模对比

如果进一步问该零件有多重？强度是否满足？对环境影响如何这些问题呢？只靠二维图样是无法了解这些问题的。

现代设计中如何缩短设计周期、简化制造过程、改善整个企业内产品设计信息沟通，从而加快产品上市速度、降低设计费用、加速设计变更、提高产品质量是企业设计环节最注重的指标。而通过创建三维模型还可以使用大量的关联二维表达所无法使用的集成工具，如 CAE、CAM、DFM、MBD、3DP 等，从而提高设计效率。

正是这些显而易见的原因，现在三维设计已广泛应用于航空航天、车辆、船舶、能源、工业设备、消费品、电子电器、医疗、建筑等各行各业。

1.3　CATIA 基本功能

CATIA 的各项功能模块可通过【开始】菜单栏进行切换，如图 1-3 所示，将鼠标移至这些模块项后会自动显示其所包含的下一级功能模块。

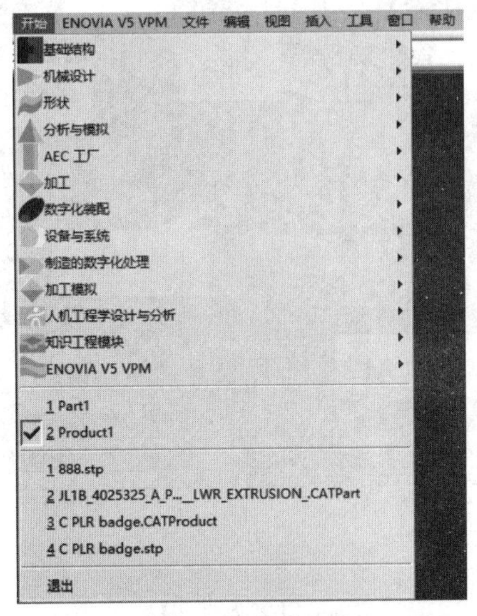

图 1-3　【开始】菜单

CATIA 基本功能包含 13 个主功能模块(工作台),可在不同的设计场景中使用,需要切换至某个模块时直接找到该模块单击鼠标即可切换。本书主要讲解【机械设计】模块下的【零件设计】【装配设计】【草图编辑器】【工程图】等几个主要的建模模块。

1.4 CATIA 基本操作

由于 CATIA V5 基于 Windows 平台设计,所以其大多的基本操作与 Windows 的操作习惯相似,对部分专有的操作模式需要加以熟悉。

1.4.1 界面介绍

CATIA 的界面在不同的模块下并不相同,其主要差异在结构树及工具栏。下面以图 1-4 所示的【零件设计】模块显示的界面作为示例进行介绍。

(1)结构树:左侧为零件设计的结构树,用于记录使用者创建的各种元素及生成的特征,在装配体中则表现的是装配零部件名称及装配关系。

(2)图形区:界面主体部分为图形区,用于显示使用者所创建的几何体。

(3)坐标平面符号:系统默认的三个基准平面。

(4)罗盘:用于指示当前三维空间的方向,也可用于平移或旋转几何体,在装配过程中是非常重要的工具。

(5)专用工具栏:显示当前环境中可以使用的工具。

(6)通用工具栏:显示在大多模块中均可使用的工具。

(7)状态栏:显示当前工作的状态提示,如在绘制草图圆时会提示“选择一点或单击以定义圆心”,在学习初期注意状态栏的提示是一个很好的习惯。

(8)坐标系:指示当前模型的 X、Y、Z 轴方向。

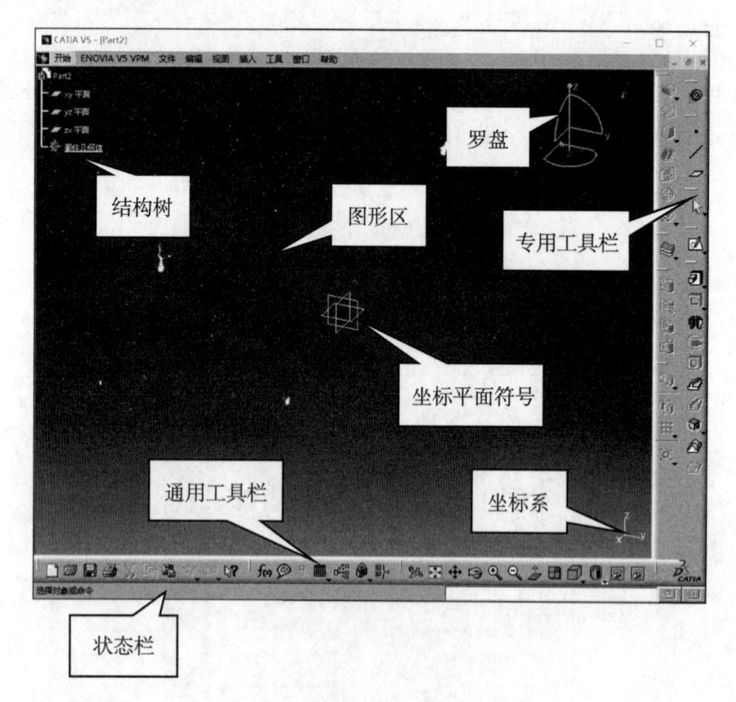

图 1-4 【零件设计】界面

1.4.2　工具栏

CATIA 的工具栏分为两大类，一类为通用工具栏，如标准、视图、选择等，默认位于界面的下方，该部分工具栏在大部分的模块中均可使用。另一类为专用工具栏，依据不同的工作台其专用工具栏也不同，比如【零件设计】工作台有用于零件设计的工具栏，【装配设计】工作台有用于装配设计的工具栏。

CATIA 的工具栏可以根据需要自定义，主要定义方式如下：

(1)移动位置：通过拖动工具栏最上方(左侧)的控标，可以将工具栏移至任意位置，以更符合自己的操作习惯。

(2)关闭工具栏：某些工具栏由于使用频率较小，可以将其关闭以获取更大的图形区，有两种方法，一种是将其拖放至图形区域后单击右上角关闭按钮，如图 1-5a 所示；另一种方法是在工具栏任意处右击，在弹出图 1-5b 所示的工具列表中将需要关闭的工具栏取消选择。

(3)打开工具栏：打开方法与关闭工具栏的方法相反操作即可。

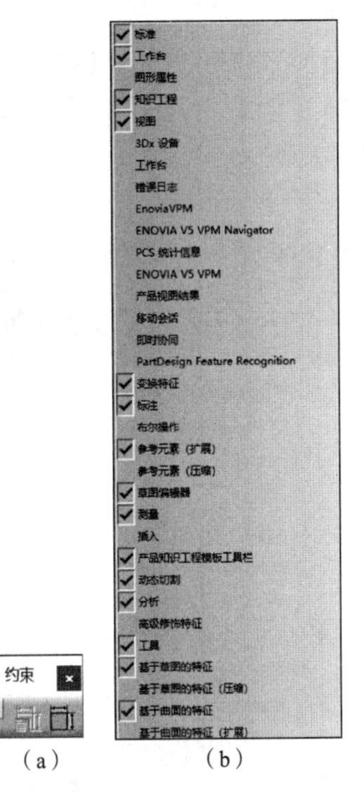

(a)　(b)

图 1-5　关闭工具栏

(4)新建工具栏：CATIA 支持自定义工具栏，方法是单击菜单栏【工具】/【自定义】，弹出如图 1-6 所示对话框，在【工具栏】选项中单击【新建】按钮，输入新的工具栏名称，确定后该工具栏出现在工作区，再切换至【命令】选项卡，将所需的命令拖至该工具栏即可。如不再需要，可以在【工具栏】选项卡中选中该项目后，单击【删除】按钮。

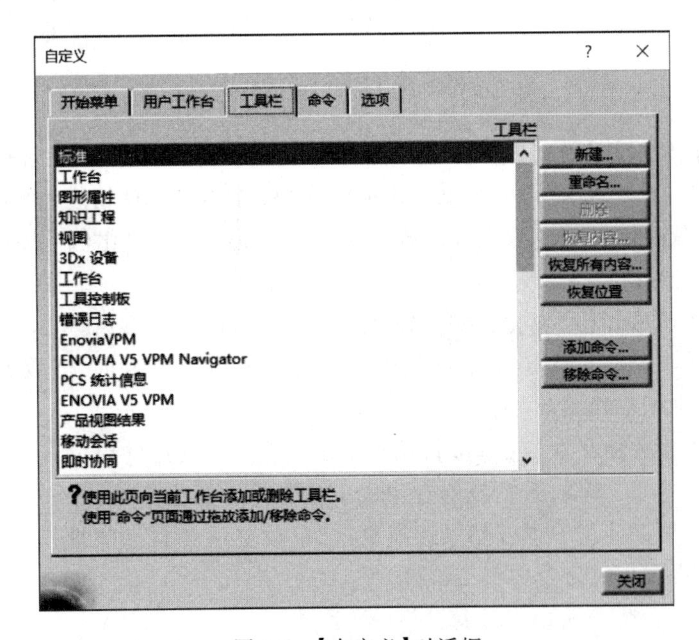

图 1-6　【自定义】对话框

提示:当某个命令或选项正在使用时,其颜色为橙色。

1.4.3 选项

CATIA 可以通过【选项】进行各种运行参数的设置,单击菜单栏【工具】/【选项】,弹出图 1-7 所示对话框,对话框内容按模块进行分类设置,由于选项众多,在此只讲解建模中常用的选项。

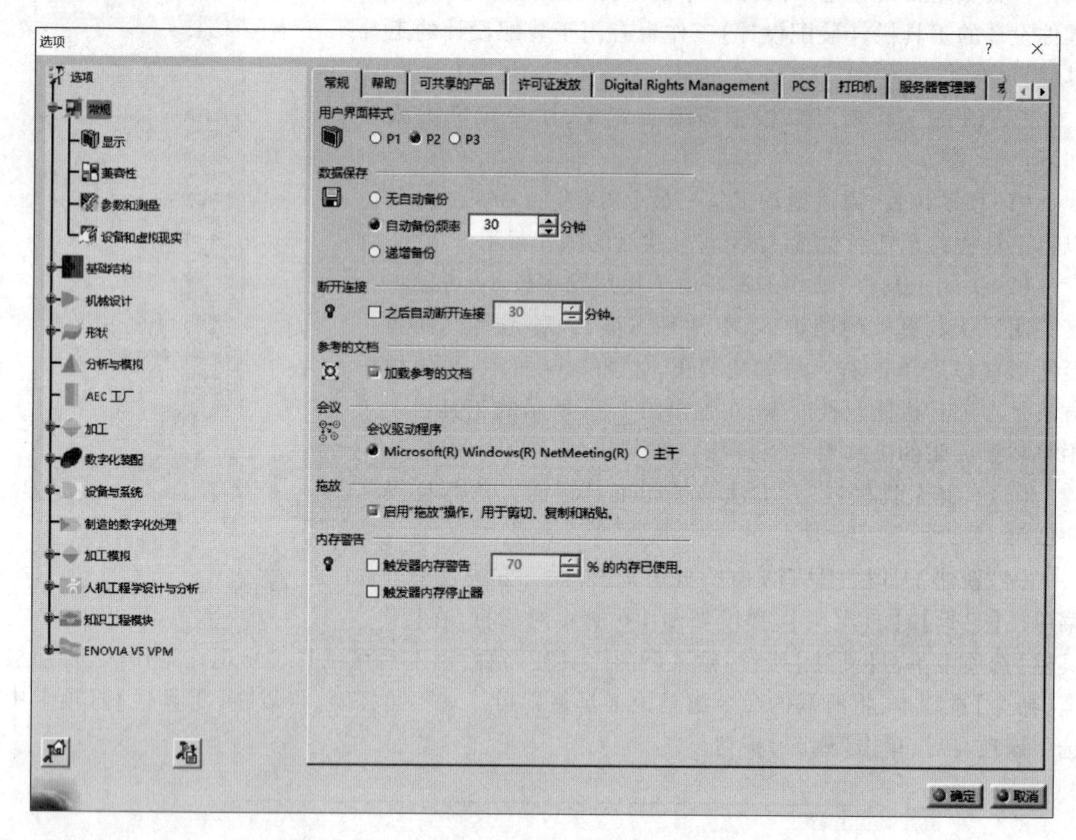

图 1-7 【选项】对话框

(1)【常规】/【显示】/【性能】:通常情况下三维设计软件对计算机资源的要求较高,尤其是在设计复杂零件、大型装配体时,可以将该项中的"3D 精度""2D 精度"降低,注意降低是增大输入值,通过降低显示质量换取更高的操作流畅性。也可设为"比例",让系统根据模型大小进行自动调节。

(2)【常规】/【显示】/【可视化】:根据需要调整工作区的相关颜色。

(3)【常规】/【兼容性】:由于使用过程中难免要与外界交流数据,当数据输入/输出有问题时,可在该选项中调整相关参数。

(4)【常规】/【参数和测量】/【单位】:用于设定模型中所使用的单位。

(5)【机械设计】/【工程制图】:设置在生成工程图时的各项参数。

选项参数需要根据使用习惯及场景逐渐更改,以便更适合自己的操作习惯。其余关联性较大的选项,后续将在相应命令中再行讲解。

1.4.4 鼠标操作

鼠标是三维设计软件主要的交互工具之一。推荐使用带滚轮的双键鼠标,可以通过鼠标

来选择对象、选择命令、操控模型等,其主要操作方法如下:

(1)单击左键:选取模型对象、菜单、工具图标。

(2)按住左键并拖动:框选对象。

(3)单击右键:弹出关联菜单。

(4)按住滚轮并移动:平移视图,移动工作区模型对象的显示位置。

(5)按住滚轮及右键(左键)并移动:旋转视图。

(6)滚动滚轮键:上下移动设计结构树。

(7)按住滚轮同时单击右键(左键)并移动:缩放模型显示,向上移动为放大,向下移动为缩小。

(8)按住键盘 <Ctrl> 键同时按住滚轮键并移动:同操作(7)。

以上操作可以改变模型对象的观察位置、大小并能旋转一定角度,但只是改变了用户的观察位置和方向,模型对象的绝对位置并没有改变。

注意:当在设计结构树的树干上或右下角的坐标系上单击时,模型会变暗,此时鼠标的操作只针对结构树,而无法对模型操控,要重新回到模型操控状态时,再次单击结构树树干或坐标系即可。

1.4.5 打开与保存

CATIA 在不同的工作台中其所创建的文件格式也不同,本书只讨论其中几个主要的文件格式,包括:零件(*.CATPart)、装配体(*.CATProduct)、工程图(*.CATDrawing)。在文件保存时系统会根据当前对象的属性自动匹配所保存的文件格式。

在进入 CATIA 时,系统默认进入装配体状态,如果此时新建零件,该零件会成为该装配体的所属零件,如果需要单独创建一个零件,可关闭系统自动创建的装配体,再重新创建一个零件。单击菜单栏【开始】/【机械设计】/【零件设计】,弹出如图 1-8 所示【新建零件】对话框,输入新零件的名称后单击【确定】按钮进入零件建模界面。

图 1-8 【新建零件】对话框

零件需要保存时,可单击菜单栏【文件】/【保存】,或单击通用工具栏上的【保存】按钮,在弹出的保存对话框中输入文件名称。需特别注意的是保存的文件名称与新建时的零件名称不是同一概念,可以是同一名称,也可以不同,在 CATIA 中零件名称对应的是“零件编号”,是可以随时修改的,在零件名称上右击,在关联菜单中选择【属性】,弹出图 1-9 所示对话框,在其中的【产品】选项卡中可以找到对应的“零件编号”,在其中输入新的零件名称,其名称可以是中文也可以是英文,再单击【确定】按钮即可完成修改。而文件名称需要在 Windows 的资源管理器中进行修改,且不支持中文名。

注意:由于三维软件的关联性,如果零件被某个装配体引用了,则其文件名称不能再在资源管理器中修改,否则会造成装配体打开时无法找到相应的零件。

打开已有的文件时,可单击菜单栏【文件】/【打开】,或在通用工具栏单击【打开】按钮,弹出图 1-10 所示对话框,选择需打开的文件,再单击【打开】按钮即可。

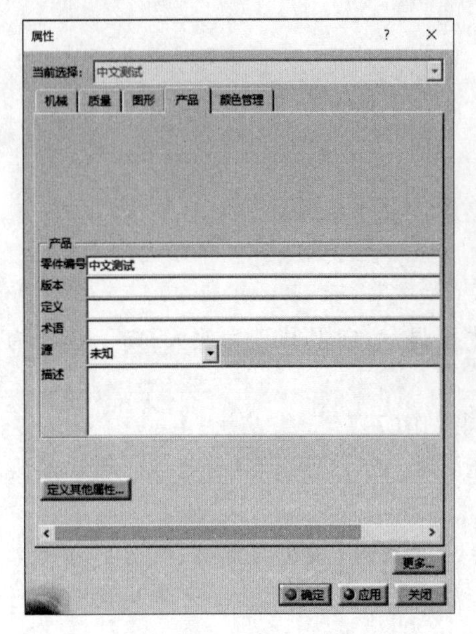

图 1-9 【属性】对话框

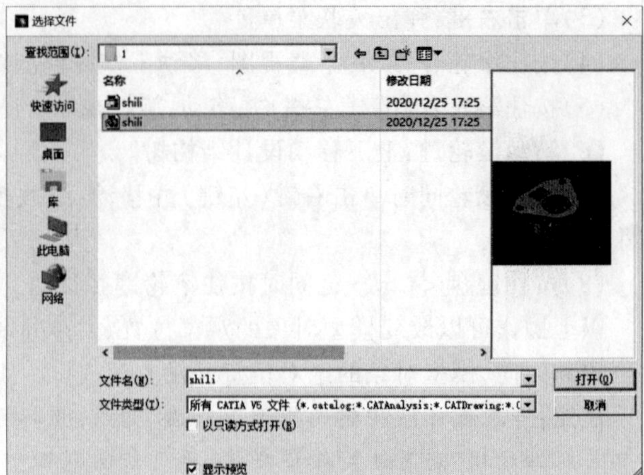

图 1-10 【选择文件】对话框

提示:选择【打开】对话框下方的“显示预览”选项后,选择文件后会在右侧出现模型的预览。

练习

一、简答题

1. CATIA 中常见的鼠标操作有哪些？分别有什么用途？
2. 简述零件名称与文件名称的差异。
3. 如果计算机性能较差,运行 CATIA 时,更改哪些选项内容能有所改善？
4. 当某个命令颜色为橙色时代表该命令处于什么状态？

二、操作题

打开示例零件“shili. CATPart”,熟悉鼠标操作。

三、思考题

1. 三维设计相对于二维设计的优势是什么？
2. 畅想一下今后三维设计软件可能的发展方向。

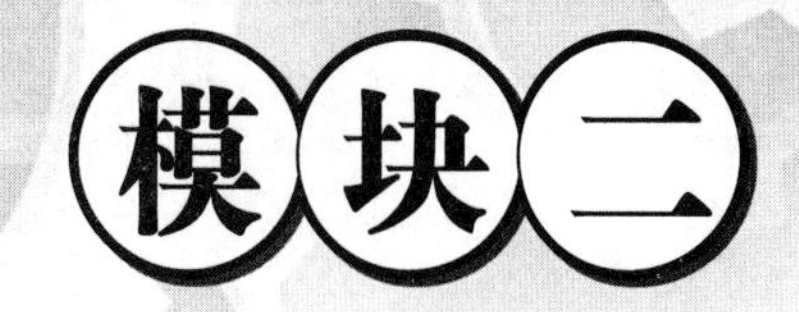

模块二 草图设计

草图是创建模型的基础。在 CATIA 软件中,草图是在草图绘制环境中生成的,本模块介绍了草图的绘制、编辑、约束等基本操作,并通过实例将这些操作串联在一起,读者可以通过命令操作与实例结合熟悉草图的设计方法。

任务2 绘制草图图形

任务目标

(1)熟悉草图编辑器操作环境。

(2)掌握常用草图元素的绘制方法。

(3)能根据给定的二维视图绘制草图。

任务描述

使用 CATIA 软件建模时,绘制二维草图是创建三维特征的基础,大多的实体特征功能均是从绘制二维开始逐步创建的,本任务将主要介绍【草图编辑器】的功能。

任务实践

2.1 草图编辑器

2.1.1 草图编辑器进入与退出

不同的环境下进入【草图编辑器】的方法有所差异,当在没有任何工作对象时,单击菜单栏【开始】/【机械设计】/【草图编辑器】,如图 2-1 所示。系统弹出【新建零件】对话框,输入零件名称,单击【确定】按钮。

此时,系统会进入零件状态,同时在状态栏提示"选择平面、平面的面或草图",且工具栏的【草图】图标为橙色,如图 2-2 所示。

图 2-1　草图编辑器

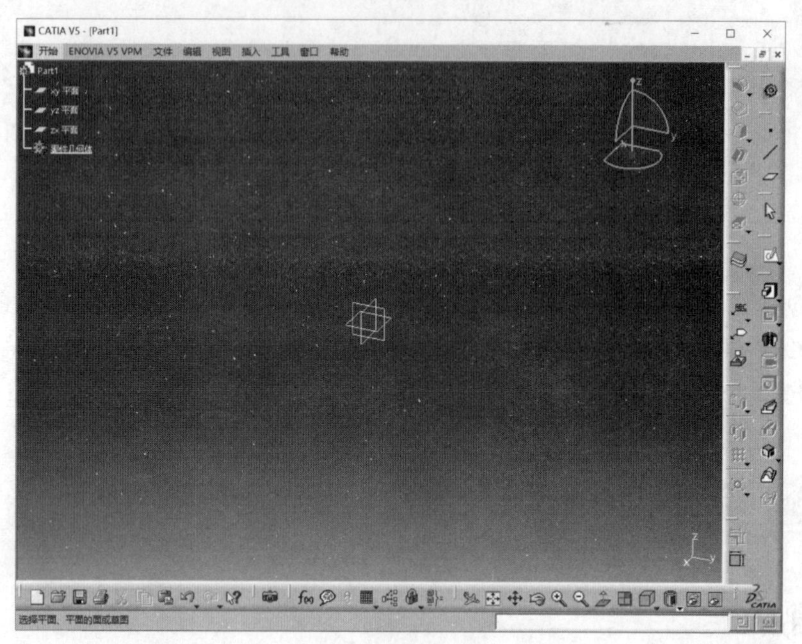

图 2-2　选择草图平面

选择【xy 平面】,进入【草图编辑器】界面,如图 2-3 所示。

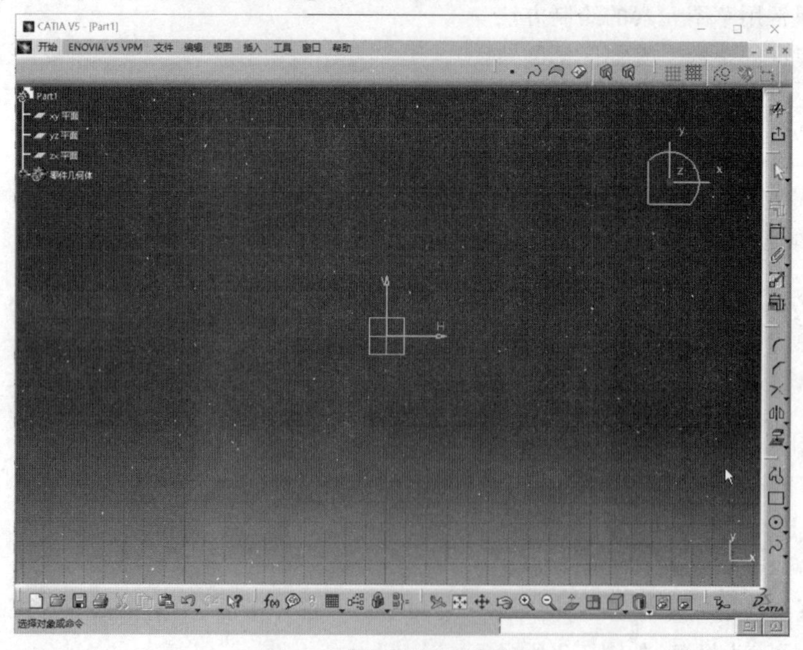

图 2-3　【草图编辑器】界面

草图绘制完成后，单击工具栏【退出工作台】按钮，即可退出【草图编辑器】。

当前处于【零件设计】工作台时，可直接单击工具栏【草图】按钮，再选择草图平面进入【草图编辑器】。

2.1.2　草图工具

进入【草图编辑器】后，在菜单栏下方会出现【草图工具】工具栏，如图 2-4 所示。该工具栏是草图绘制的重要辅助工具，其除了所显示的默认功能外，在使用不同的绘制工具时，会在其后有对应的扩展参数选项。

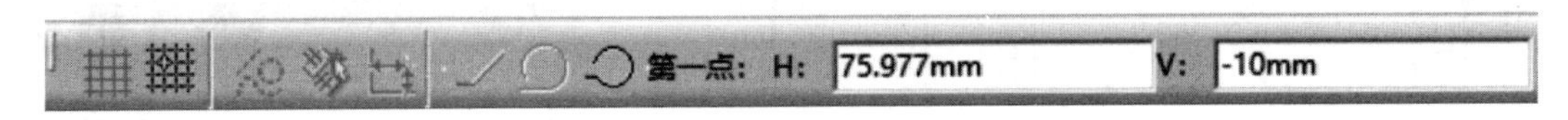

图 2-4　【草图工具】工具栏

(1)【网格】：默认为选中状态，在草图平面上显示网格，用于草图绘制参考，网格的密度可以在【选项】/【机械设计】/【草图编辑器】的"网格"中进行设置。

(2)【点对齐】：默认为非选中状态，当选中该选项时，绘制草图时将强制捕捉网格节点，网格不显示时也会捕捉。

(3)【构造/标准元素】：默认为非选中状态，用于定义绘制的草图是构造元素还是标准元素，在没有选中时，绘制的草图是标准元素，用实线显示，可直接参与模型特征的创建。当选中该选项时，所绘制的草图为构造元素，用虚线显示，不参与模型特征的创建，作用类似于辅助线。

(4)【几何约束】：默认为选中状态，用于在绘制草图时，系统自动给绘制对象添加相应的"几何约束"关系。"几何约束"是三维设计软件的一个重要概念，可控制线的水平、两个圆的同心等，已有"几何约束"关系时，对草图对象进行移动、编辑等操作，系统会保持这种关系。

(5)【尺寸约束】：默认为选中状态，绘制草图时如果输入了尺寸值，系统会自动创建相应的尺寸标注。

(6)参数选项：不同的草图绘制命令，其选项、参数项均不同，在草图绘制时需要注意相应的选项与参数。

2.2　草图轮廓工具

2.2.1　快速入门实例

新建零件，选择"xy 平面"为基准平面绘制草图，单击工具栏的【轮廓】按钮，以原点为起点绘制如图 2-5 所示草图，绘出大概形状即可。

从图 2-5 中可以看到，草图与二维绘图软件所绘制的图样有所不同，在进一步学习之前，先了解一下这些不同点。

(1)颜色：在 CATIA 软件中通过显示不同的颜色来表示线条的状态，绿色一般代表已完全定义，处于全约束状态，而白色默认为自由状态，可任意移动，随着草图的进一步编辑修改，还会出现其他颜色，如图 2-6 所示为"诊断颜色"对话框。

(2)线条端点：图 2-5 所示的线条 1(绿色)不能左右移动，但可以拖住上端点延长。在 CATIA 中线条的端点是独立的约束元素，一个线条真正意义上的完全定义，除了线条定义完全外，还需要端点也定义完全。

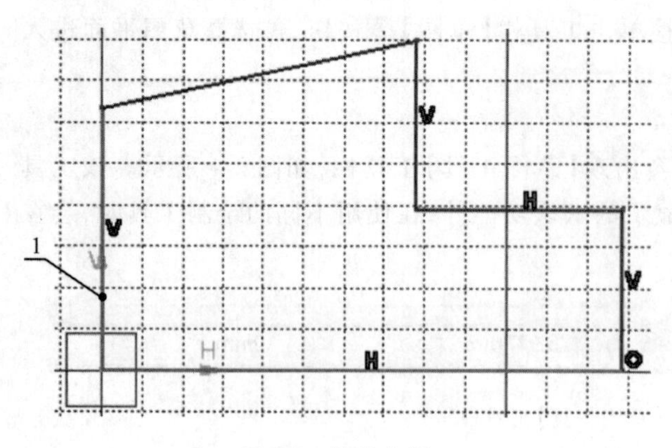

图 2-5　快速入门

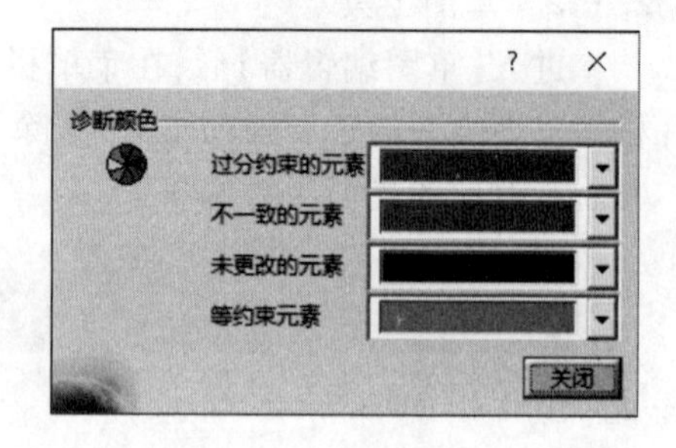

图 2-6　草图线条颜色

(3)几何约束：草图中有“V”“H”“O”标记，这些标记代表着不同的几何约束关系，如“V”代表的是“竖直”约束，绘制过程中自动产生，也可根据需要后续添加，添加方法在下一模块中详细讲解。

2.2.2　绘制轮廓

使用【轮廓】命令可以画连续的折线和圆弧，如果轮廓封闭则自动退出该命令，轮廓不封闭时在结束点处要双击鼠标或按 <Esc> 键以结束绘制。

使用该命令时，在草图工具栏会出现图 2-7 所示轮廓参数。在确定绘制起始点时，既可以在绘图区点选起始点，也可以在“H、V”栏中输入起始点的坐标值，绘制过程中可以单击【相切弧】按钮切换为绘制相切圆弧状态，单击【三点弧】按钮切换为绘制三点圆弧状态。

提示：绘制过程中在末点不单击鼠标，而是按住鼠标左键拖动，这时会自动切换为【相切弧】绘制状态。

图 2-7　轮廓参数

提示：如果绘制过程中将草图平面旋转了，可以单击通用工具栏上的【法线视图】按钮调为正视。

2.2.3　绘制预定义的轮廓

【预定义的轮廓】命令集包含多个绘图命令，工具条如图 2-8 所示。

图 2-8　【预定义的轮廓】工具条

(1)使用【矩形】命令可以绘制一个水平方向与“H”轴平行、垂直方向与“V”轴平行的矩形，结果如图 2-9 所示。

注意：绘制过程中虽然并非必须从原点开始绘制，但由于原点是最基本的参考，通常为草图的尺寸基准，所以在绘制时尽量从原点开始绘制。

(2)使用【斜置矩形】命令可以绘制任意与栅格线不平行的矩形。方法是先沿着一个方向画一条边，然后移动鼠标，这样线条就在第一条线的垂直方向展开，从而形成一个矩形，结果如图 2-10 所示。

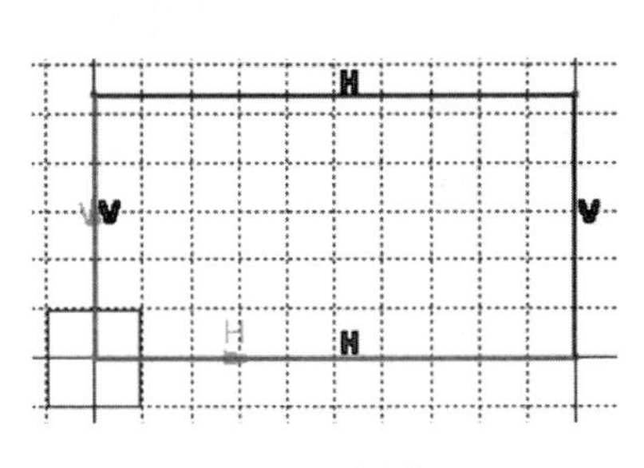

图 2-9　矩形

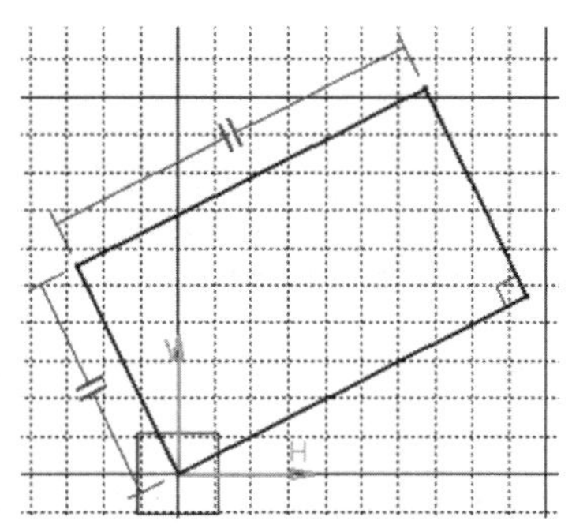

图 2-10　斜置矩形

提示：从此时开始，所绘的草图上会出现各种类型的几何约束关系，注意思考一下，这种出现的几何关系是什么？为什么会出现？勤于思考有利于快速理解几何约束关系。

(3)使用【平行四边形】命令可以绘制平行四边形。方法是先画出一条边，然后移动鼠标，画出另外一个顶点，这样就形成了一个平行四边形。结果如图 2-11 所示。

(4)使用【延长孔】命令可以绘制出腰形孔。方法是先单击一点确定一个半圆的中心，然后再单击另一点，确定另外一个半圆的中心，再移动鼠标，确定圆的半径，结果如图 2-12 所示。

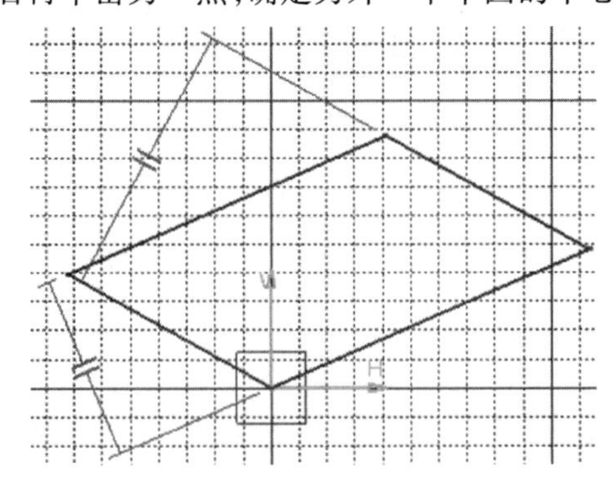

图 2-11　平行四边形

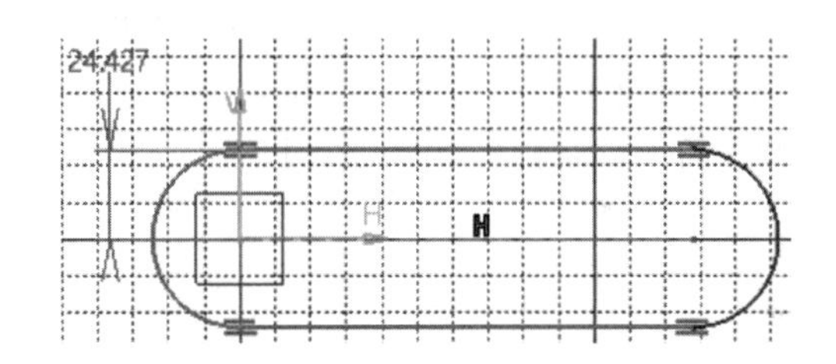

图 2-12　延长孔

提示：此时草图出现了尺寸，用以表达半圆的半径值，在部分草图命令中会自动添加相关尺寸，同时还会自动生成构造元素。

(5)使用【圆柱形延长孔】命令可以绘制出圆弧形的腰形孔。方法是先单击一点，确定大圆的圆心，再单击两点，确定大圆弧的首末点，然后移动鼠标，确定腰形孔圆弧的半径，结果如图 2-13 所示。

(6)使用【钥匙孔轮廓】命令可以绘制锁孔图形。方法是先单击一点，确定大圆的圆心位置，再单击一点，确定小圆圆心的位置，之后单击一点，确定小圆的半径，再单击下一点，确定大圆半径，结果如图 2-14 所示。

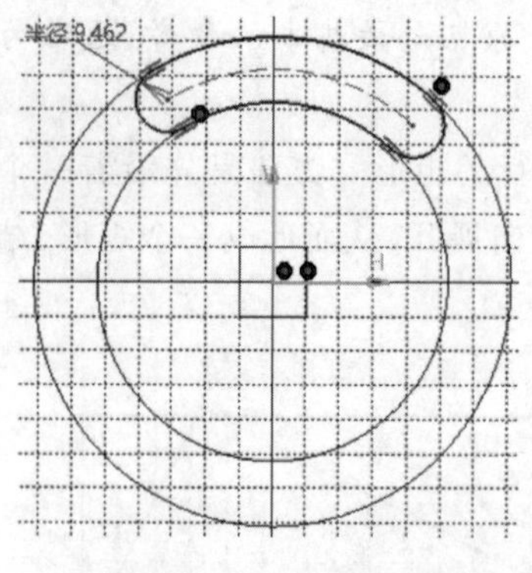

图 2-13　圆柱形延长孔

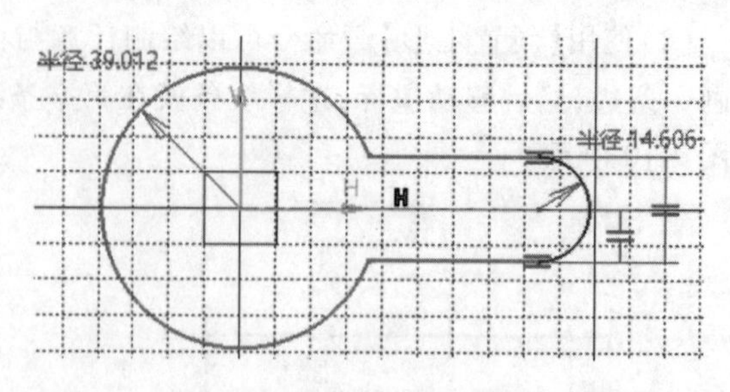

图 2-14　钥匙孔轮廓

(7)使用【六边形】命令可以绘制六边形。方法是单击一点确定六边形的中心,然后再单击一点确定六边形外切圆的半径(该点同时为切点位置),结果如图 2-15 所示。

(8)使用【居中矩形】命令可以绘制一个以所选点为中心点的矩形。方法是单击一点确定中心位置,再移动鼠标并单击确定另一角点,结果如图 2-16 所示。

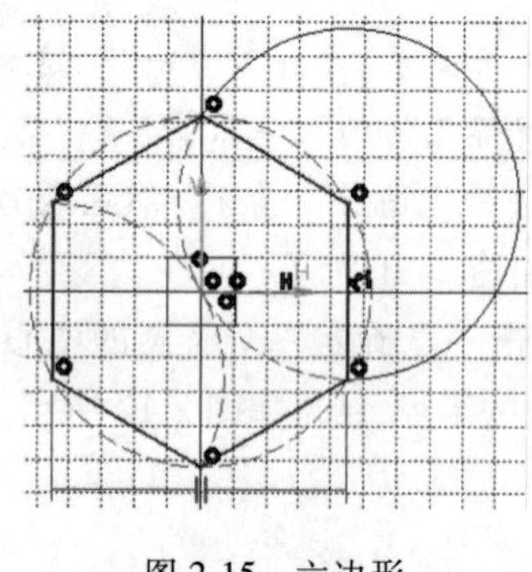

图 2-15　六边形

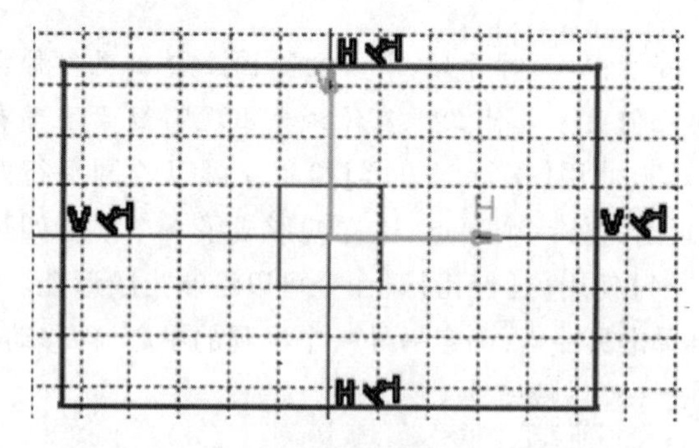

图 2-16　居中矩形

(9)使用【居中平行四边形】命令可以绘制以一点为中心的平行四边形。该命令比较特殊,要选择两条已存在的直线作为参考线,然后以所选参考线的交点为中心,绘制平行于两条参考线的平行四边形,结果如图 2-17 所示。

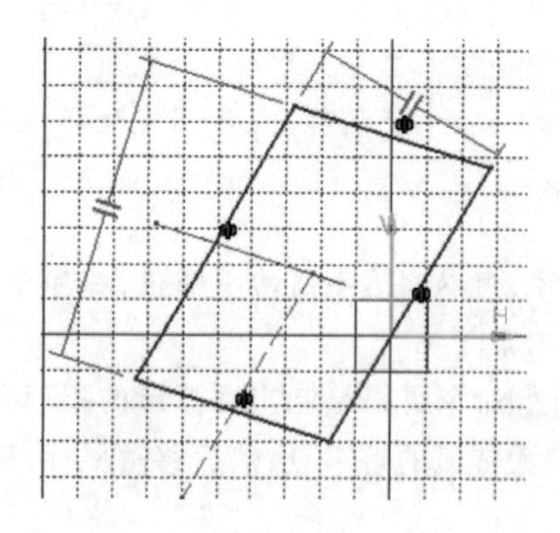

图 2-17　居中平行四边形

2.2.4　绘制圆

【圆】命令集包含多个绘图命令,工具条如图 2-18 所示。

图 2-18 【圆】工具条

(1)使用【圆】命令可以根据圆心与半径确定一个圆。方法是单击一点，将该点作为圆的圆心，然后移动鼠标再单击，确定圆的半径，从而形成了一个圆，如图 2-19 所示为已确定了圆心，移动鼠标选择第 2 点的状态。

(2)使用【三点圆】命令可以通过给定圆上的 3 点确定一个圆。方法是用鼠标分别选择 3 个点，如图 2-20 所示为已确定两点选择第 3 点的状态。

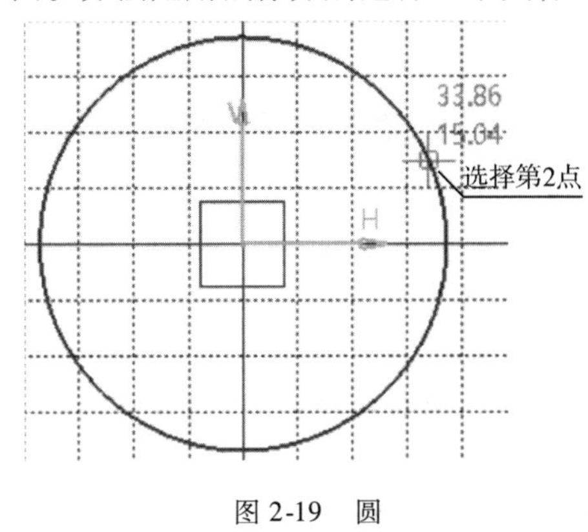

图 2-19 圆

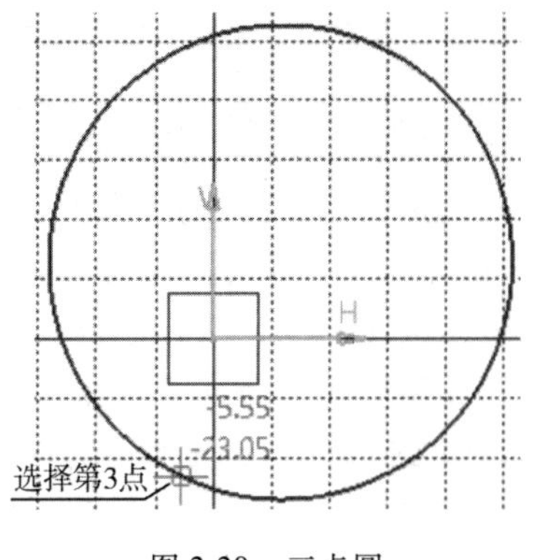

图 2-20 三点圆

(3)使用【使用坐标系创建圆】命令可以根据输入的圆心坐标及半径绘圆。单击该命令后，将弹出如图 2-21a 所示的【圆定义】对话框，在【中心点】选项组中有两个选项卡，分别用于设置直角坐标系和极坐标系的参数。在直角坐标系定义选项中可以直接输入圆心的横坐标和纵坐标，而在极坐标系定义选项中则需要输入圆心所在位置的极坐标值，以直角坐标系为例生成结果如图 2-21b 所示。

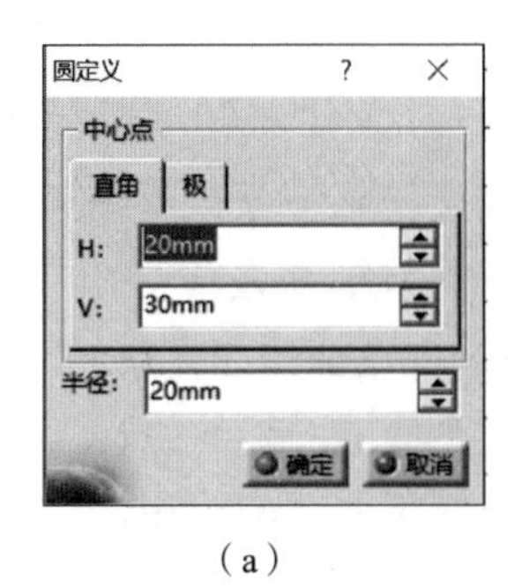

(a)

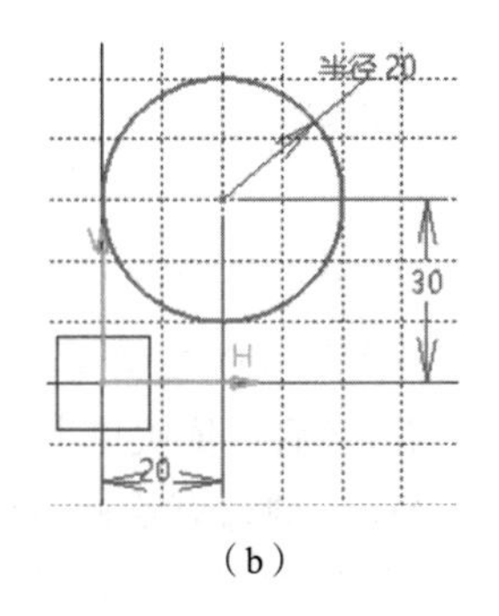

(b)

图 2-21 使用坐标系创建圆

提示：采用该方法生成圆时还可选择一已有点作为参考，选择点后坐标值将相对于该所选点确定。

(4)使用【三切线圆】命令可以通过选择 3 条已知线作为切边线生成一个圆。如图 2-22 所示，草图中已有一“斜置矩形”，分别选中 3 条直线，形成一个圆。3 条已知线可以是直线也可以是圆弧，或两者的组合。

(5)使用【三点弧】命令可以通过 3 点绘制一个圆弧。方法是单击第 1 点确定圆弧的起点，单击第 2 点确定圆弧上的任意一点，再单击第 3 点则确定圆弧的结束点，如图 2-23 所示为已确定了两点，选择第 3 点的状态。

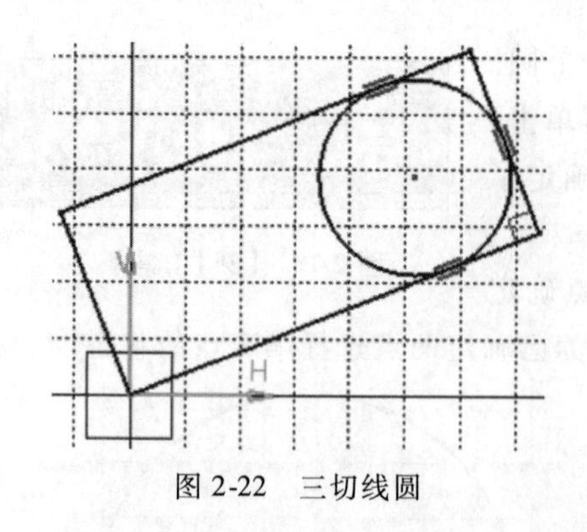

图 2-22　三切线圆

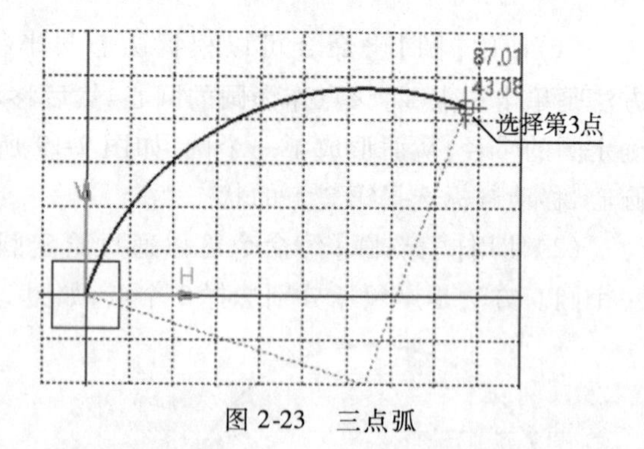

图 2-23　三点弧

(6)使用【起始受限的三点弧】命令同样是通过 3 点绘制一个圆弧。其与【三点弧】的差别在于选择 3 个点的先后顺序不同,需先确定圆弧的起点和结束点,然后再确定圆弧的中间点,如图 2-24 所示为已选择了首末点,最后选择中间点的状态。

(7)使用【弧】命令可以通过选择圆心、半径、末点绘制圆弧。方法是首先选择圆心,再移动鼠标确定圆的半径,确定半径的点同时作为圆弧的起始点,最后选择末点形成圆弧,图 2-25 所示为确定了圆心与半径位置,然后选择末点的状态。

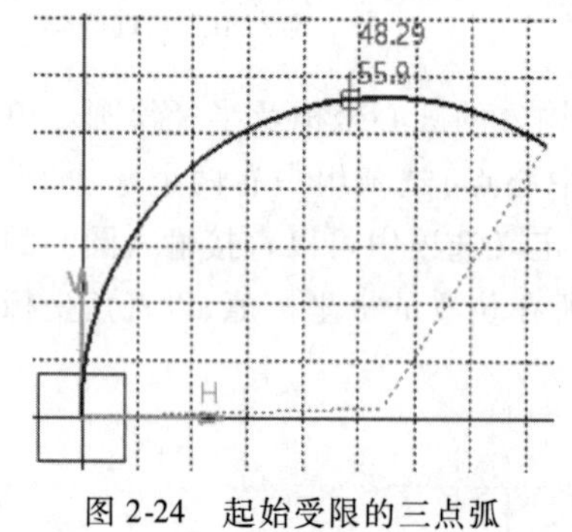

图 2-24　起始受限的三点弧

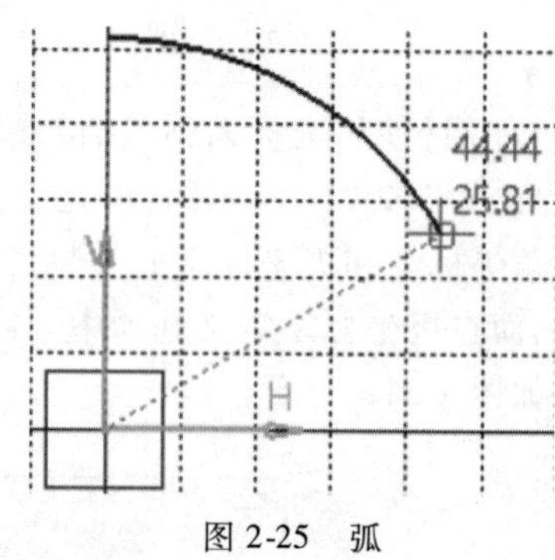

图 2-25　弧

2.2.5　绘制样条线

【样条线】命令集包含多个绘制命令,工具条如图 2-26 所示。

图 2-26　【样条线】工具条

(1)使用【样条线】命令可以绘制通过若干点的样条曲线。在草图上单击一点作为起始点,然后再依次单击曲线经过的点,在最后一点时双击鼠标左键或按 <Esc> 键结束绘制,这样就完成了曲线的绘制,结果如图 2-27a 所示。绘制过程中在第 2 点以后的任意一点时右击,弹出关联菜单如图 2-27b 所示,选择【封闭样条线】选项,样条线会首尾相连形成封闭环。

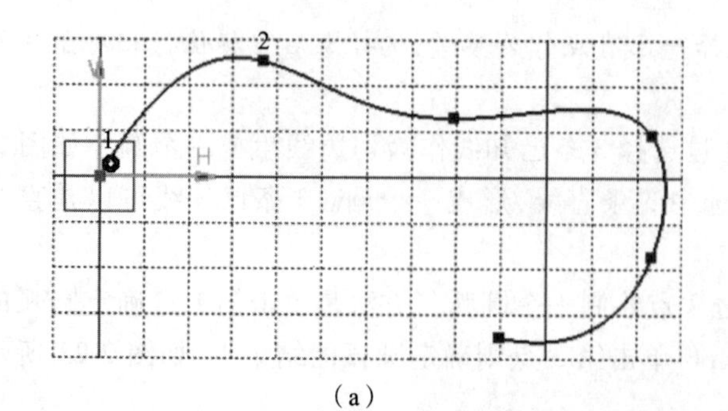

(a)

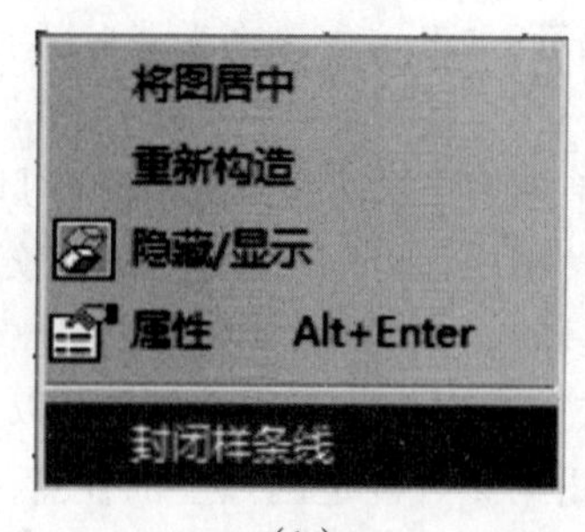

(b)

图 2-27　采用【样条线】命令

(2)使用【连接】命令可以连接两条已有对象。对象可以是直线、圆弧或样条线,该命令的扩展参数选项较多,连接方式可以使用【圆弧】选项,结果如图 2-28a 所示;也可以使用【样条线】选项,当选择【样条线】选项时,还会出现二级选项【点连续】,采用这种方式连接其结果类似于直线连接,如图 2-28b 所示;采用【相切连续】选项其结果为连线保持与两线的相切,如图 2-28c 所示;选择【曲率连续】选项其结果为连线保持与两线曲率连续,结果如图 2-28d 所示。

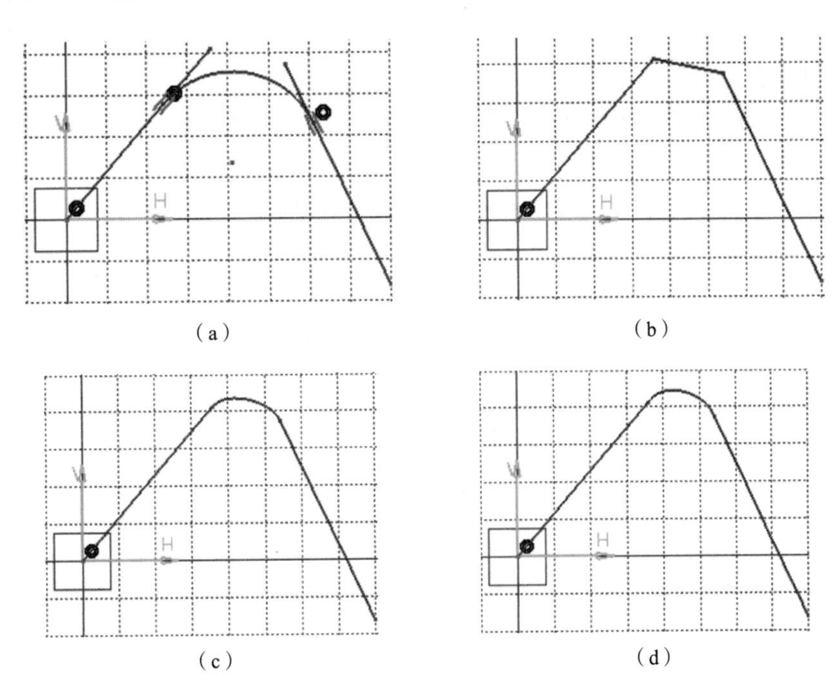

(a)　(b)　(c)　(d)

图 2-28　连接

提示:由于线有两个端点,连接哪个端点取决于选择该线时的鼠标位置,系统默认以接近鼠标所选位置的点为连接点。

2.2.6　创建二次曲线

【二次曲线】命令集包含多个绘制命令,工具条如图 2-29 所示。

图 2-29　【二次曲线】工具条

(1)使用【椭圆】命令可以绘制一个椭圆。方法是单击第 1 点确定椭圆的中心,接着单击第 2 点作为椭圆长轴的端点,最后单击第 3 点为椭圆上的任意一点,结果如图 2-30 所示。

(2)使用【通过焦点创建抛物线】命令可以绘制一条抛物线。单击第 1 点为抛物线的焦点,单击第 2 点为抛物线的顶点,单击第 3 点为抛物线的其中一个端点,最后单击第 4 点为抛物线的另外一个端点,结果如图 2-31 所示。

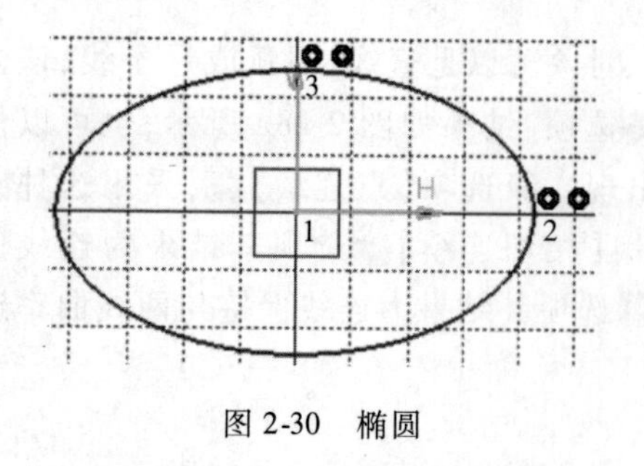

图 2-30　椭圆

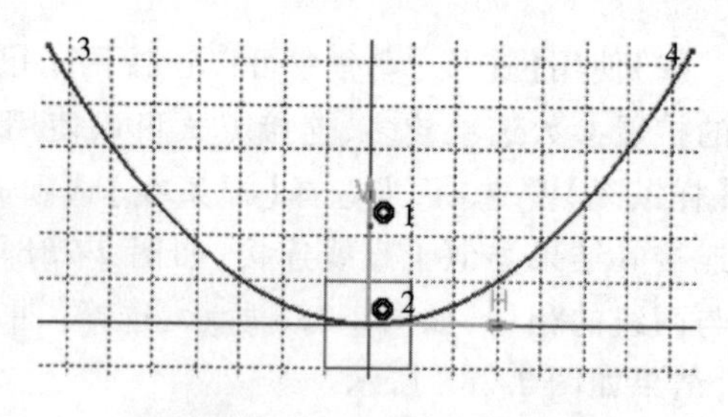

图 2-31　通过焦点创建抛物线

(3)使用【通过焦点创建双曲线】命令可以绘制一条双曲线。单击第 1 点表示双曲线的焦点,单击第 2 点为双曲线的中心点,单击第 3 点为双曲线的控制点,单击第 4 点为双曲线的其中一个端点,单击第 5 点为双曲线的另一个端点,结果如图 2-32 所示。

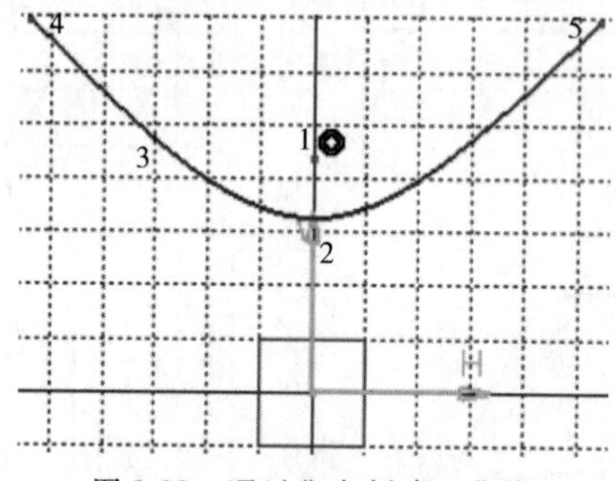

图 2-32　通过焦点创建双曲线

(4)使用【二次曲线】命令可以绘制一条圆锥曲线。形成圆锥曲线的方法有多种:2 点、4 点、5 点。

使用 2 点画圆锥曲线时,选择的第 1 点与第 2 点确定的是第一条控制直线,选择的第 3 点与第 4 点确定的是第二条控制直线,第 5 点为圆锥曲线的顶点,结果如图 2-33a 所示。

注意:圆锥曲线连接控制直线的首点,所以在绘制控制直线时要注意区分首末点,而且当没有出现曲线预览时,表示当前条件无法生成相应圆锥曲线。

使用 4 点画圆锥曲线时,选择的第 1 点与第 2 个点确定的是控制直线,选择的第 3 点为曲线的另一端点,第 4 点为曲线上一点,第 5 点为曲线上的另一参考点,结果如图 2-33b 所示。

使用 5 点画圆锥曲线,单击第 1 点确定的是圆锥曲线的一个端点,单击第 2 点确定的是圆锥曲线的另外一个端点,单击第 3 点确定的是圆锥曲线上的一点,单击第 4 点确定的是圆锥曲线上的另外一个点,单击第 5 点则确定圆锥曲线上的参考点,结果如图 2-33c 所示。

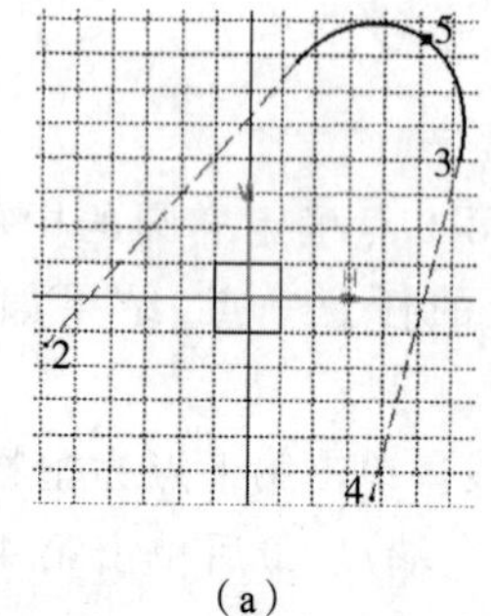

(a)

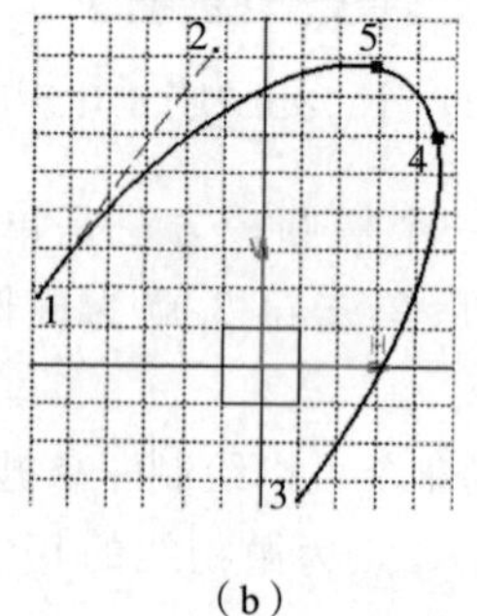

(b)

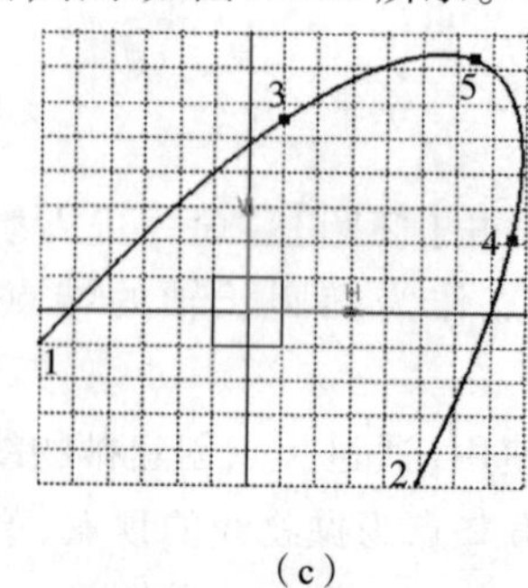

(c)

图 2-33　二次曲线

2.2.7　绘制直线

【直线】命令集包含多个绘制命令,工具条如图 2-34 所示。

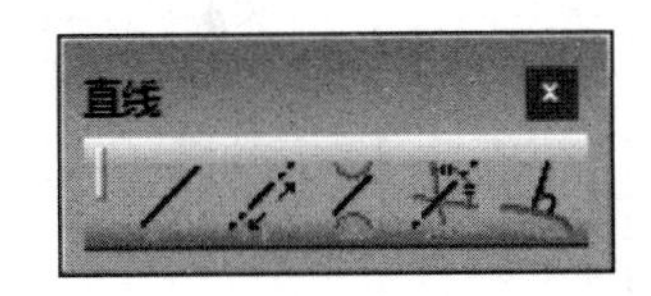

图 2-34　【直线】工具条

(1)使用【直线】命令可以绘制一条直线。方法是单击一点作为直线的起点,再单击另一点作为直线的终点,结果如图 2-35 所示。该命令有一个扩展选项【对称延长】,用以绘制一条以所选点为中点两侧对称的直线。

(2)使用【无限长线】命令可以绘制一条无限长的直线。该命令共有 3 个扩展选项,【水平线】、【竖直线】、【通过两点的直线】,前两种方式只选择一点即可完成定义,采用第 3 种方法需选择两点以确定线的方向,如图 2-36 为水平绘制的无限长线。

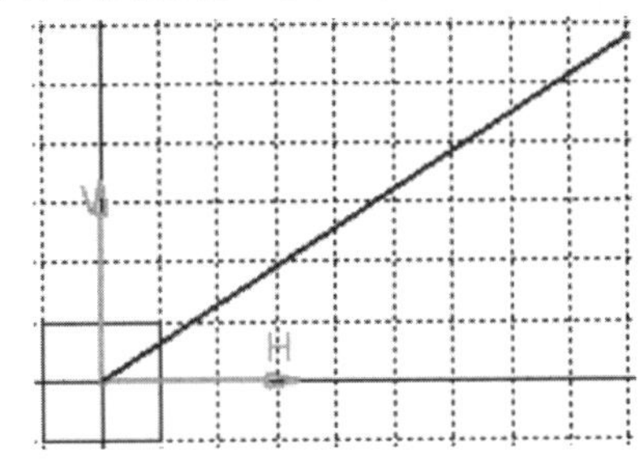

图 2-35　采用【直线】命令

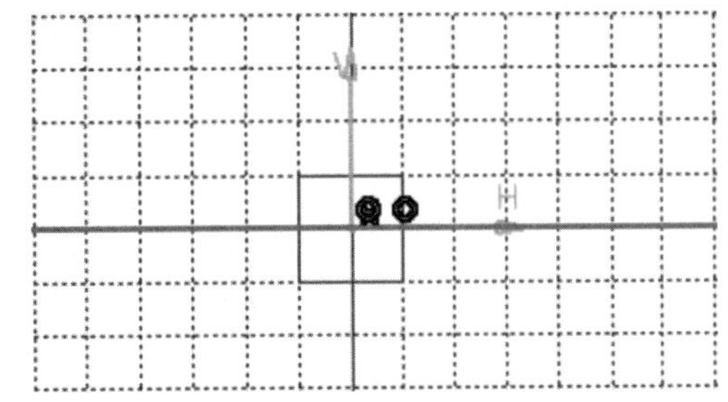

图 2-36　采用【无限长线】命令

(3)使用【双切线】命令可以绘制 2 个圆或圆弧的切线。所形成的切线是内切线还是外切线,取决于选择两圆时的鼠标位置,系统以离单击点最近的位置作为切点形成切线,图 2-37 所示为两种不同选择位置生成的切线。

(4)使用【角平分线】可以绘制两条直线的角平分线。角平分线为无限长线,如图 2-38 所示,如果平分的两条交叉线不共顶点,注意选取时的位置。

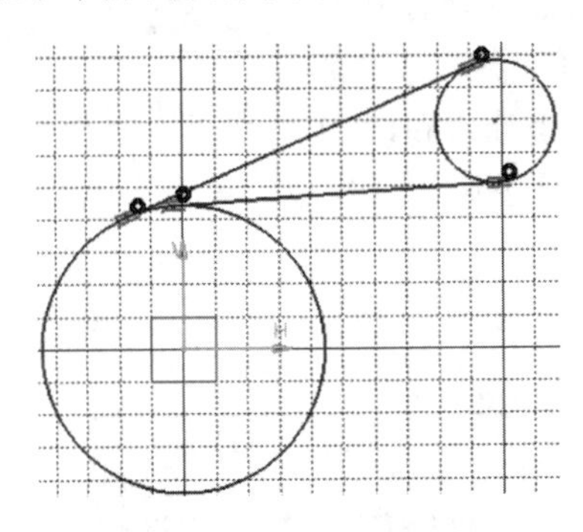

图 2-37　采用【双切线】命令

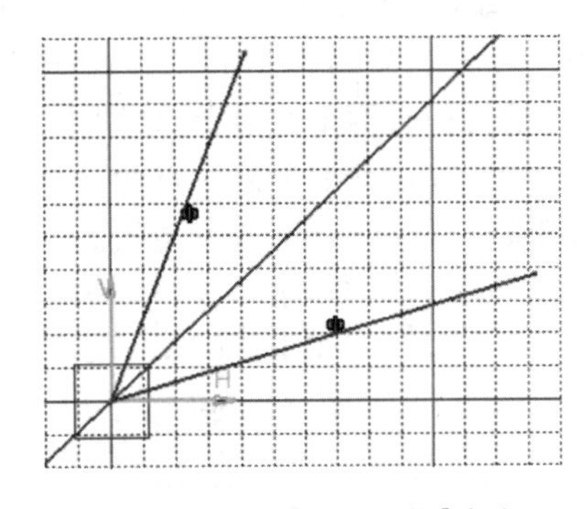

图 2-38　采用【角平分线】命令

(5)使用【曲线的法线】可以绘制所选线的法线。所选的线可以是直线、圆、样条线、二次曲线,使用时直接选择已有线再移动鼠标确定线的长度,结果如图 2-39 所示,绘制完成后还可以拖动该线上的点以移动其位置。

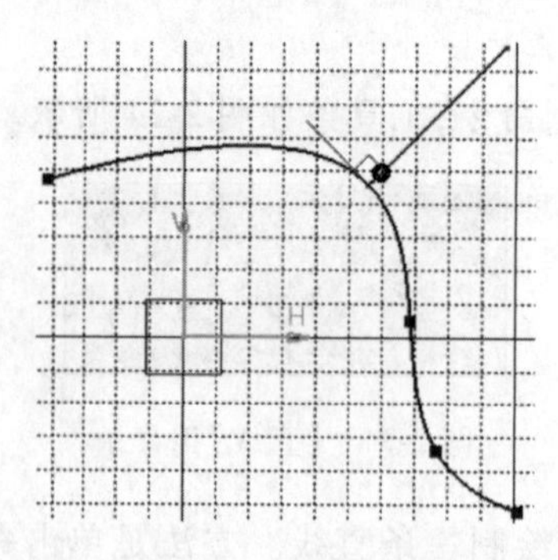

图 2-39　曲线的法线

2.2.8　绘制轴

使用【轴】命令可以绘制一条轴线，绘制方法与【直线】命令相同，结果如图 2-40 所示，其与直线的区别是，采用【轴】命令生成的线属于“构造元素”。

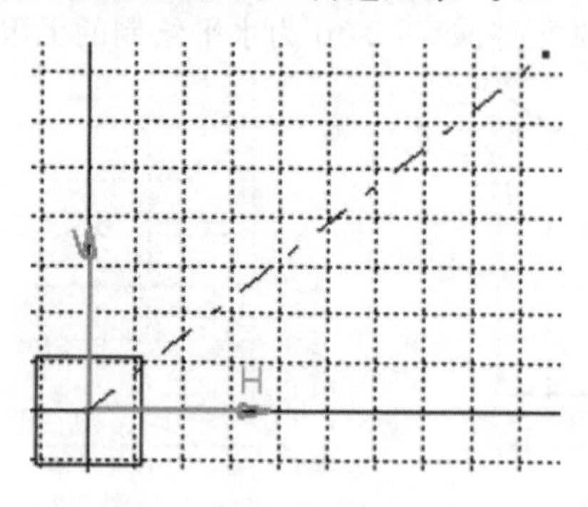

图 2-40　轴

2.2.9　创建点

【点】命令集包含多个命令，工具条如图 2-41 所示。

(1) 使用【通过单击创建点】命令可以绘制一个点。绘制时直接在草图中所需位置单击鼠标即可，结果如图 2-42 所示。

图 2-41　【点】工具条

(2) 使用【使用坐标创建点】命令可以通过输入点的坐标在草图中生成一个点。单击命令后会弹出图 2-43 所示的【点定义】对话框，在该对话框中有两个选项卡，分别用于设置【直角】坐标系和【极】坐标系的参数，在对话框中输入点的坐标再单击【确定】按钮即可生成。该命令与【使用坐标系创建圆】命令一样可以选择参考点。

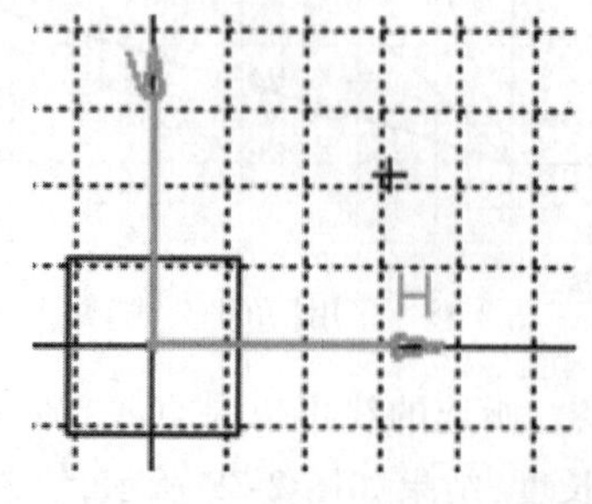

图 2-42　通过单击创建点

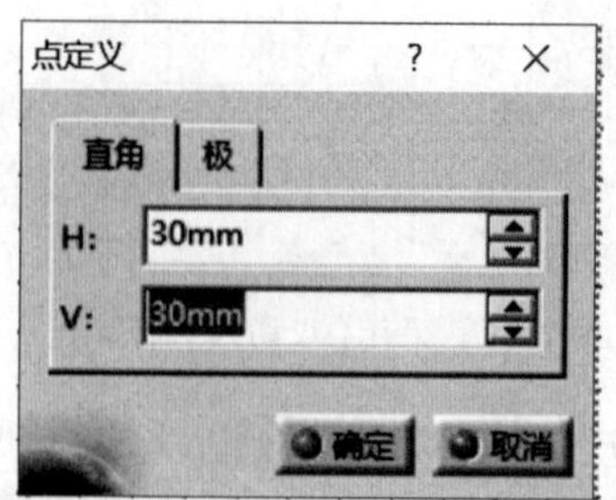

图 2-43　使用坐标创建点

(3)【等距点】命令可用于参考一已有对象绘制等距离点。该对象可以是直线、圆、样条曲线、二次曲线等，使用该命令时，首先要选择已有对象，系统弹出如图 2-44a 所示【等距点定义】对话框，在该对话框内输入点的个数，单击【确定】按钮，可以形成如图 2-44b 所示等距点。

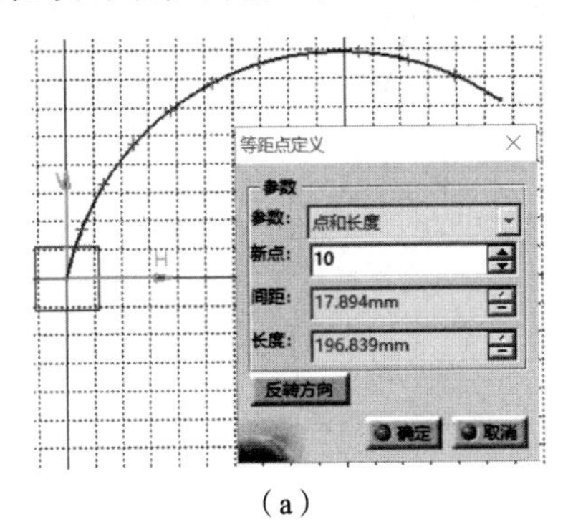

(a)

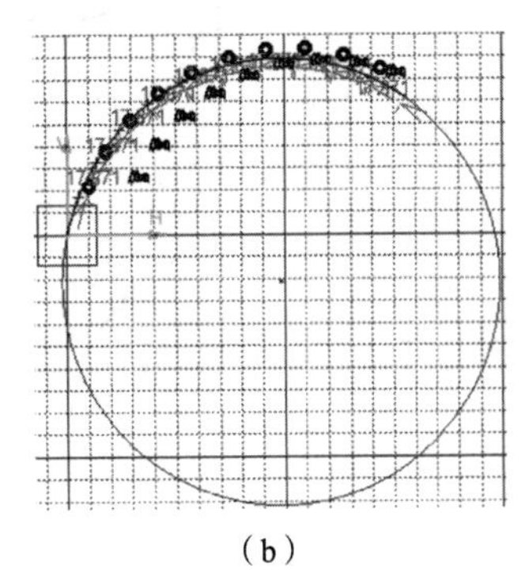

(b)

图 2-44　等距点

提示：当所选对象为直线、圆弧、二次曲线等简单线条时，还可在【等距点定义】对话框中单击【反转方向】，可以在另一方向生成镜向点。

(4)使用【相交点】命令可以生成选定元素之间的交点。如图 2-45 所示，当两个元素为直线、圆弧等简单元素时，即使其不相交，系统会自动延长以找到相交点。

(5)使用【投影点】命令可以通过图上已有的点向指定元素投影形成新的点。使用该功能时要先选择已有的参考点，再选择投影的参考曲线，如图 2-46 所示，上侧的 3 个点分别投影到下侧的样条曲线上形成投影点。

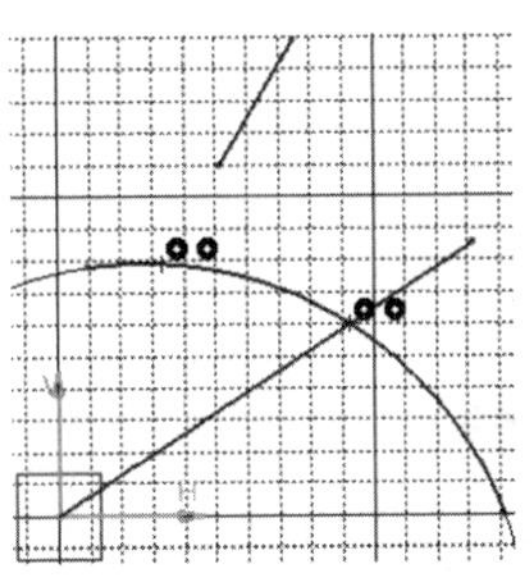

图 2-45　相交点

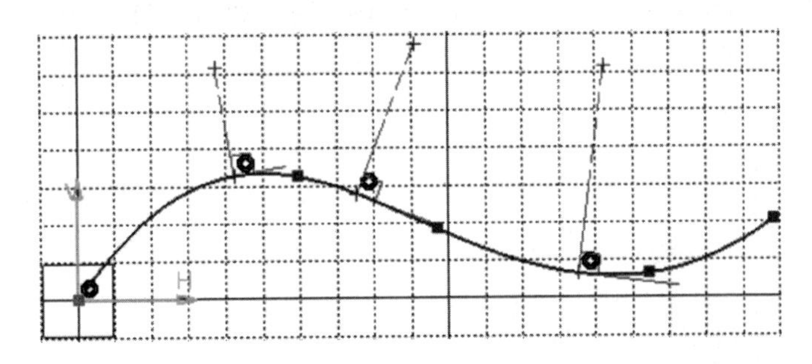

图 2-46　投影点

2.3　绘制实例

绘制图 2-47 所示草图，要求使用基本绘制命令，不得使用【编辑】【约束】等命令，尺寸自定。

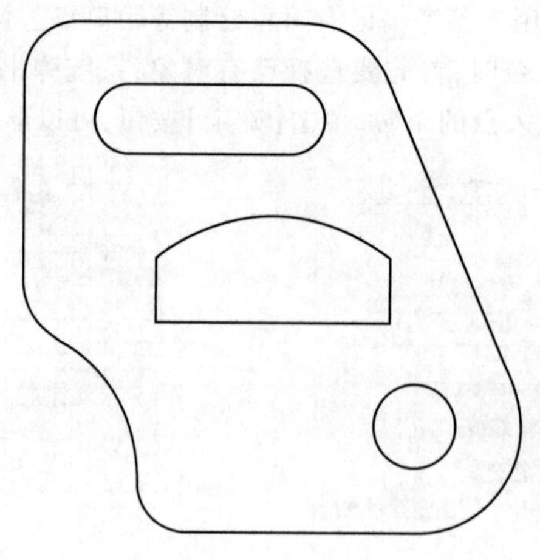

图 2-47　绘制实例

分析:该草图由基本的直线与圆弧组成,由于到这里为止只学习了基本的草图绘制命令,所以该实例是为了强化这些基本命令操作的,不要尝试用编辑修改的命令操作。操作步骤如下:

(1)确定定位圆弧:以左下角圆弧圆心为基准,用【弧】命令绘制左下角的圆弧,如图 2-48 所示。

(2)绘制连接圆弧:使用【起始受限的三点弧】命令绘制连接圆弧,如图 2-49 所示。

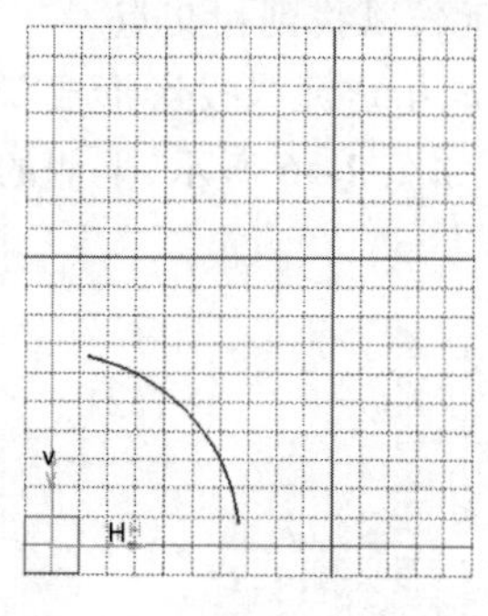

图 2-48　确定定位圆弧

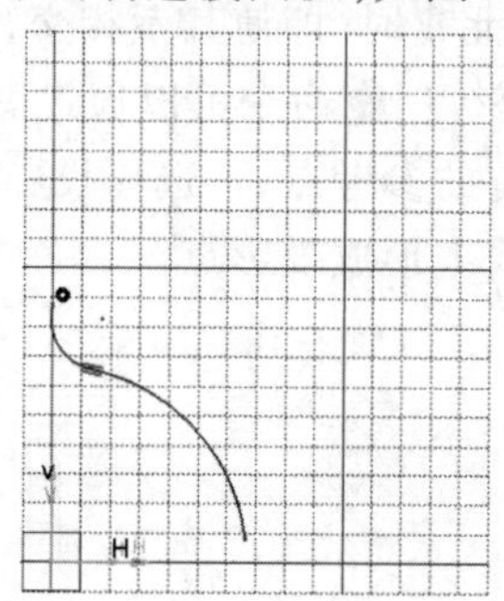

图 2-49　绘制连接圆弧

(3)绘制外轮廓:使用【轮廓】命令绘制其余外轮廓线,注意通过【相切弧】的选项切换直线与圆弧,如图 2-50 所示。

(4)绘制延长孔:使用【延长孔】命令绘制上侧延长孔,如图 2-51 所示。

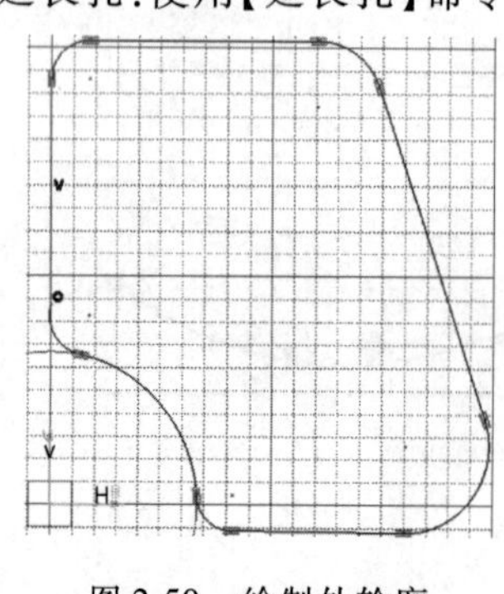

图 2-50　绘制外轮廓

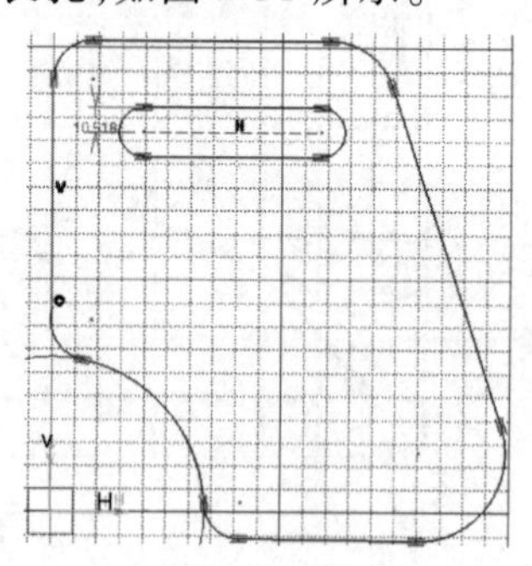

图 2-51　绘制延长孔

(5)绘制圆:使用【圆】命令绘制圆,圆心参考右下角圆弧中心,如图 2-52 所示。

(6)绘制内轮廓:使用【轮廓】命令绘制内部轮廓线,注意通过【三点弧】的选项切换直线与圆弧,如图 2-53 所示。

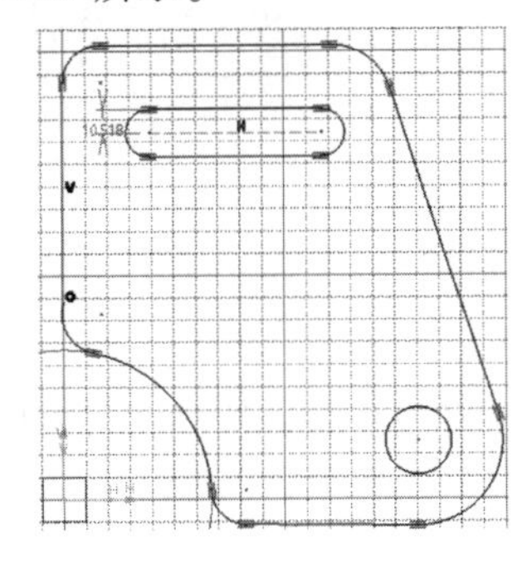

图 2-52 绘制圆

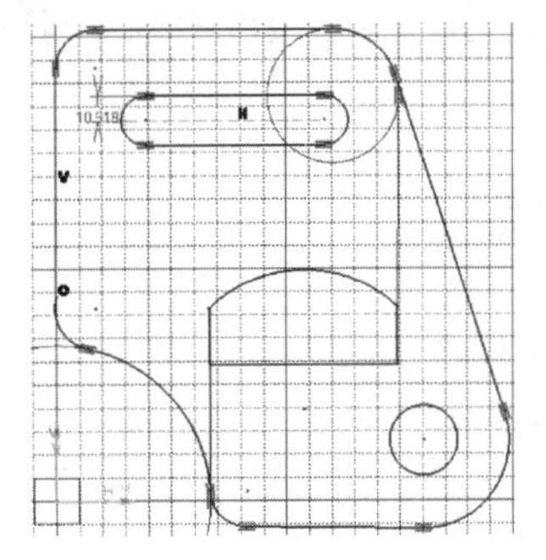

图 2-53 绘制异型孔

技巧:随着绘制元素的增多,系统的自动捕捉功能会产生很多不必要的"几何约束"关系,如果绘制过程中不需要自动捕捉,除了可以单击草图工具栏中的【几何约束】取消自动捕捉外,还可在绘制过程中按住 <Shift> 键再进行绘制,此时会临时取消捕捉。

绘制完成后保存文件,以便后续章节使用。由于该草图没有设置尺寸,所以只能与目标图样大致相似,这也是绘制草图的一种方法,先绘制出大致轮廓后,再进行编辑、标注等操作。对于同一草图,不同人的绘制思路有所差异,主要遵守基准优先、先主后次、再绘辅助的原则,绘制时可以尝试不同的绘制思路,并对比各自的优缺点。

练习

一、简答题

1. 绘制直线有多少种方法,分别是什么?
2. 草图中线条变为绿色后意味着什么?
3. 如何取消草图网格。

二、操作题

1. 熟悉基本草图绘制命令。
2. 用基本草图绘制命令绘制图 2-54 所示草图并保存(尺寸自定)。

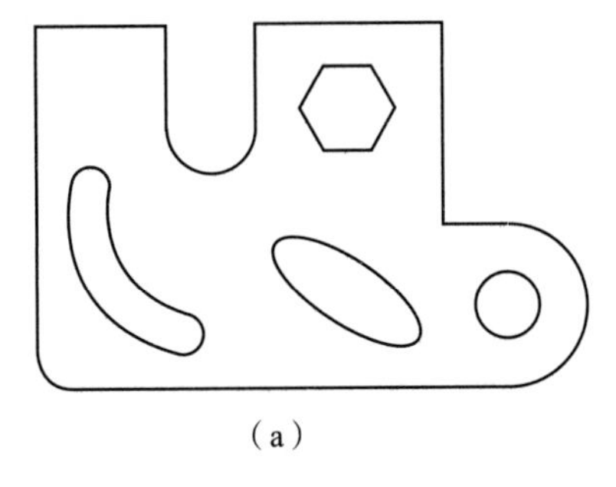

(a)

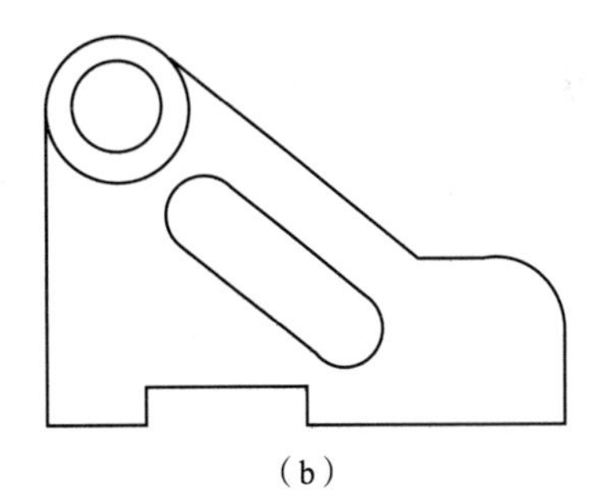

(b)

图 2-54 操作题 2

三、思考题

1. 同学间互相讨论绘图过程中有哪些不方便的地方,如何解决这些不便之处?
2. 如何快速绘制出一个正五边形。

任务3 图形编辑和约束控制

任务目标

(1)熟悉草图的编辑方法。

(2)读懂和理解已有的二维图样,通过尺寸关系、几何关系等表达草图元素间的关系。

(3)学会基本的草图分析方法。

任务描述

仅仅使用草图绘图功能是不够的,大多时候还需要对绘制的元素进行编辑修改,以确定元素间约束关系及尺寸,本任务将学习尺寸编辑与约束的方法。

任务实践

3.1 草图编辑

通过对已绘制的草图元素进行编辑修改,以获取所需的草图。

3.1.1 圆角

使用【圆角】命令可以在已有元素间产生一个圆角。可以选择直线、圆弧、样条曲线等,该命令有多个扩展选项,如图 3-1 所示,使用该命令时,直接选择所需圆角的对象,然后移动鼠标单击确定圆角的半径,也可以扩展选项上直接输入所需的半径值。

提示: 如果圆角连接的两条直线相交于一点,则绘制圆角时可以选择该交点进行设置,以便简化操作。

以图 3-2 所示两相交直线的圆角为例介绍扩展选项的作用。

图 3-1 【圆角】工具条

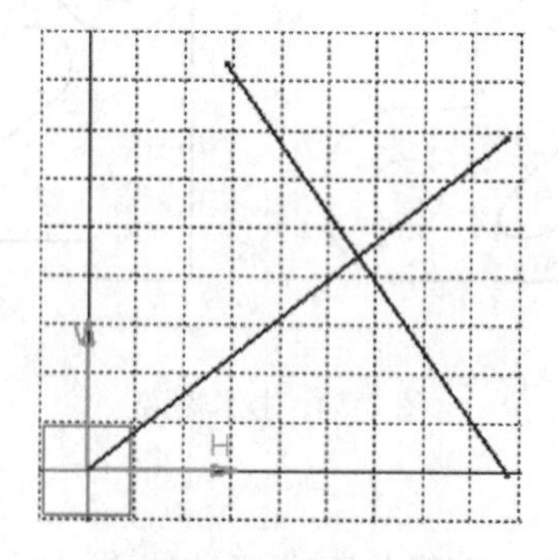

图 3-2 示例图形

【修剪所有元素】:两个已选对象超出圆角的部分均被修剪掉,如图3-3a所示。

技巧:由于圆角有多个位置的可能,此时如果将鼠标移至扩展选项中输入圆角尺寸时,其圆角位置会因为鼠标的移动而发生变化,此时可按<Tab>键两次,切换至尺寸输入框,该方法同样适用于其他需输入尺寸的命令。

【修剪第一元素】:将第一个选择的对象超出圆角的部分修剪掉,第二个对象超出部分则保留,如图3-3b所示。

【不修剪】:所选对象不做修剪,保持原有状态,如图3-3c所示。

【标准线修剪】:修剪掉相交点之外的部分,如图3-3d所示。

【构造线修剪】:修剪掉相交点之外的部分,同时将相交点至圆角部分转化为构造元素,如图3-3e所示。

【构造线未修剪】:所选对象不做修剪,但将圆角以外部分转化为构造元素,如图3-3f所示。

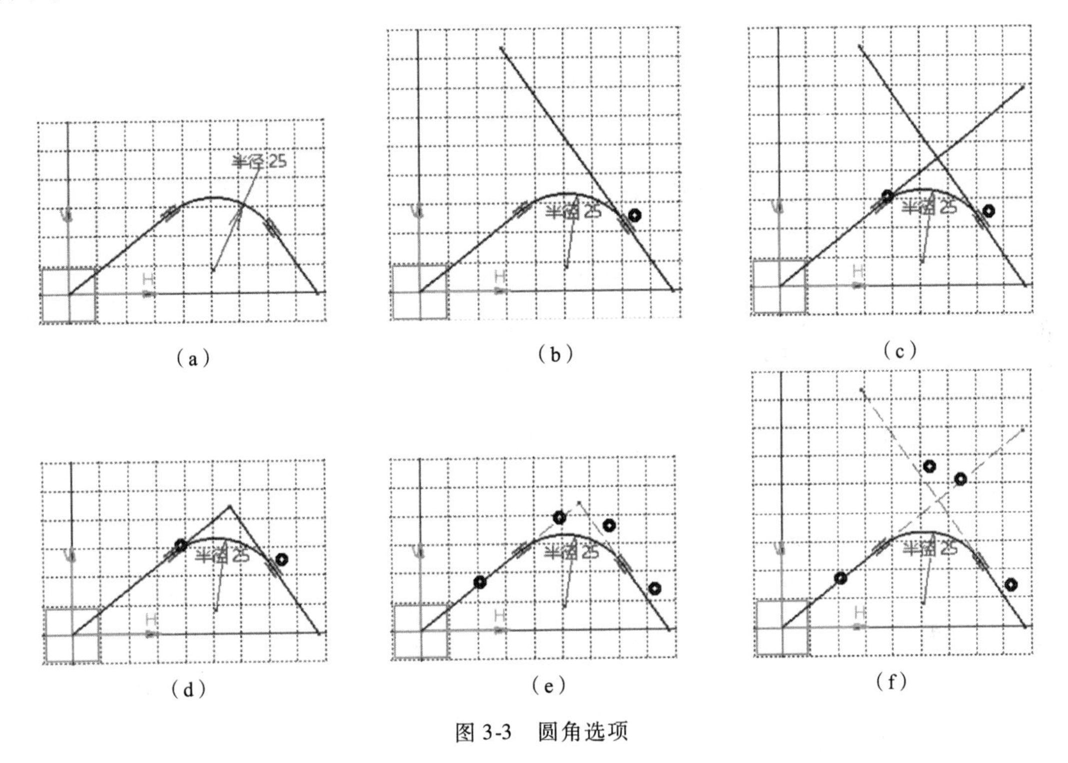

图3-3 圆角选项

3.1.2 倒角

使用【倒角】命令可以在两个不平行的已有元素间产生一个倒角。可以选择直线、圆弧、样条曲线等,该命令有多个扩展选项,如图3-4所示,使用该命令时,直接选择需倒角的对象,然后移动鼠标单击,确定倒角的尺寸,也可以在【角度】文本框中直接输入所需的尺寸。【倒角】的修剪方式与【圆角】相同,在此不再赘述。

图3-4 【倒角】工具条

当选择需倒角的对象后，会有三种倒角方法可选：

【角度斜边】：输入倒角角度及斜边长度进行倒角，如图 3-5a 所示。

【第一长度和第二长度】：输入倒角的两个长度值进行倒角，如图 3-5b 所示。

【角度和第一长度】：输入倒角角度及所选的第一条边的长度进行倒角，如图 3-5c 所示。

注意：【角度斜边】的长度是倒角线的线性长度，而另两个选项的长度指的是倒角对象被修剪掉的长度。

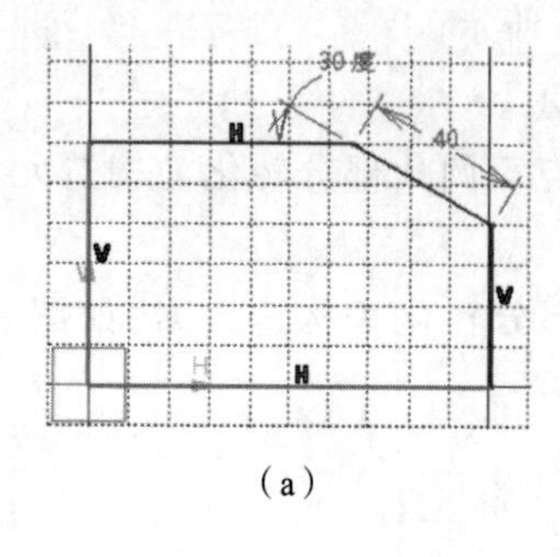

(a)

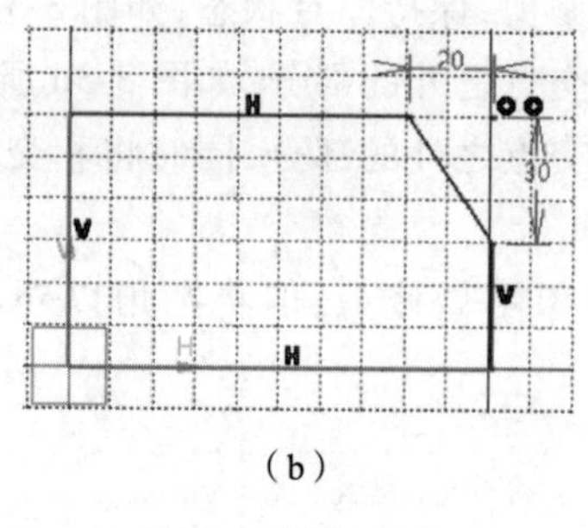

(b)

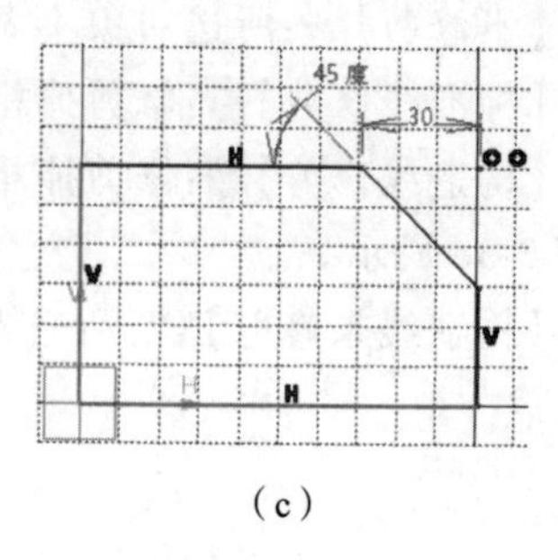

(c)

图 3-5　倒角选项

3.1.3　重新限定

图 3-6　【重新限定】工具条

【重新限定】命令集包含多个编辑命令，如图 3-6 所示。

(1)使用【修剪】命令可以将所选对象的一部分剪断并删除。有两个扩展选项，对图 3-7a 所示的两条相交线进行【修剪】，选择【修剪所有元素】时，结果如图 3-7b 所示，选择【修剪第一元素】时，结果如图 3-7c 所示，需要注意的是，剪切的部位与鼠标选择对象时的位置有关。

提示：当两个所选对象不相交时，则延长至相交。

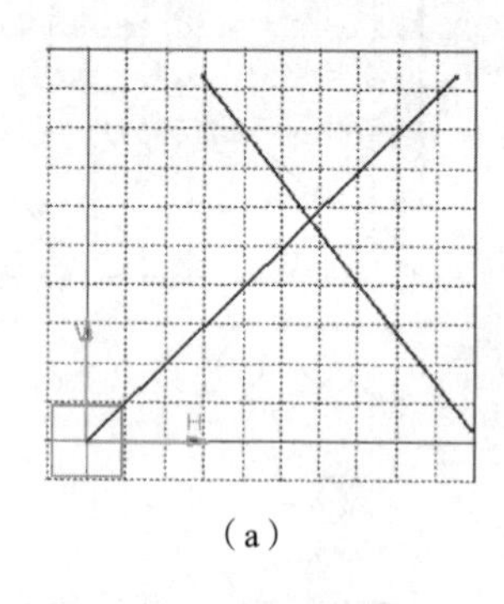

(a)

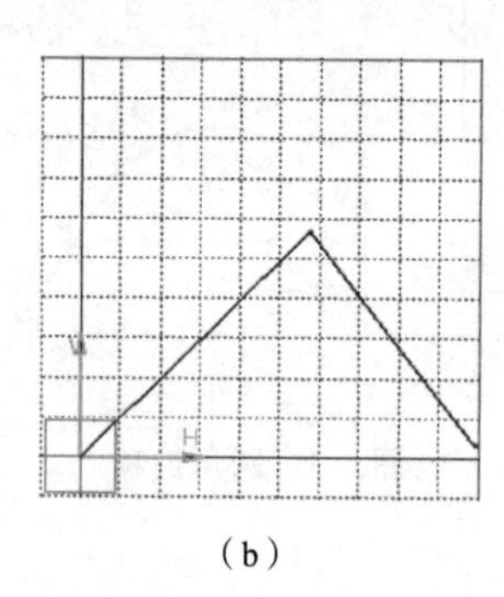

(b)

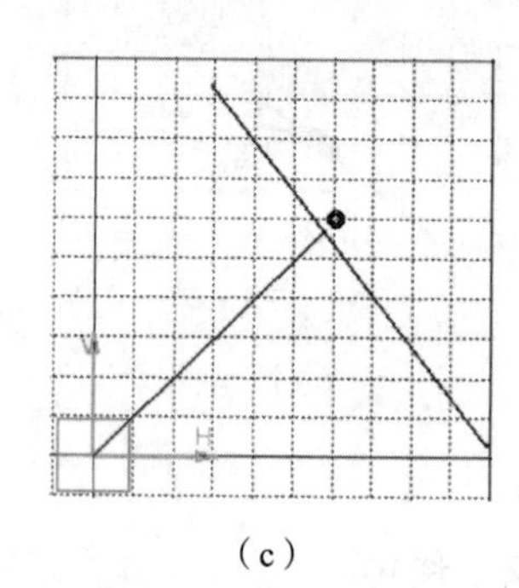

(c)

图 3-7　修剪

(2)使用【断开】命令可以将所选对象打断。先选择需打断的对象，再在需断开的位置单击鼠标，结果如图 3-8a 所示。也可以选择另一参考元素，则在两元素交点处，断开打断对象。

注意：当【断开】对象是圆或椭圆时，其自动形成两个断开点，一个点为所选点，另一个点为 0°象限点，如图 3-8b 所示。

(3)使用【快速修剪】命令可以将选中元素与其他元素相交的部分直接删除。该命令共有三个扩展选项,三个选项均以鼠标点击位置最近的相交线为参考进行修剪,以修剪图 3-9a 所示图形左上线断为例,鼠标点击该线段的中间部分:

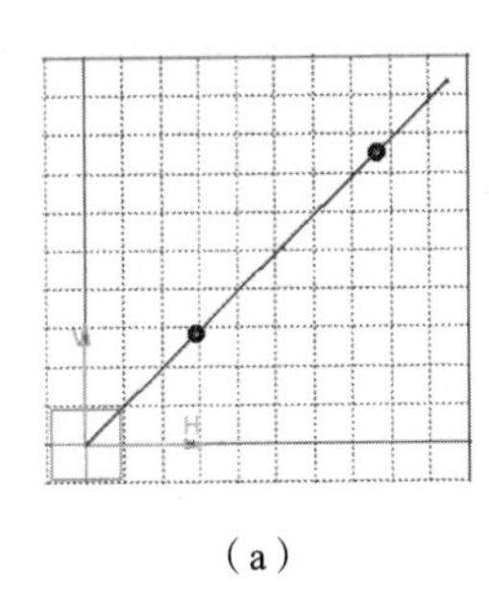
(a)

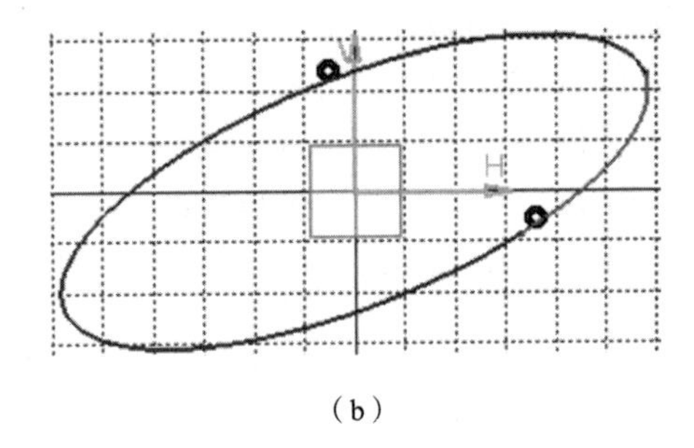
(b)

图 3-8　断开

【断开及内擦除】:鼠标所点击的位置即为修剪区域,如图 3-9b 所示。

【断开及外擦除】:鼠标所点击的位置为保留区域,修剪另一侧区域,如图 3-9c 所示,鼠标点击位置与上一步相同。

【断开并保留】:在参考线的交点处打断所选对象,不做删除操作,如图 3-9d 所示。

提示:如果所选对象与任何其他元素均没有相交,则删除该对象。

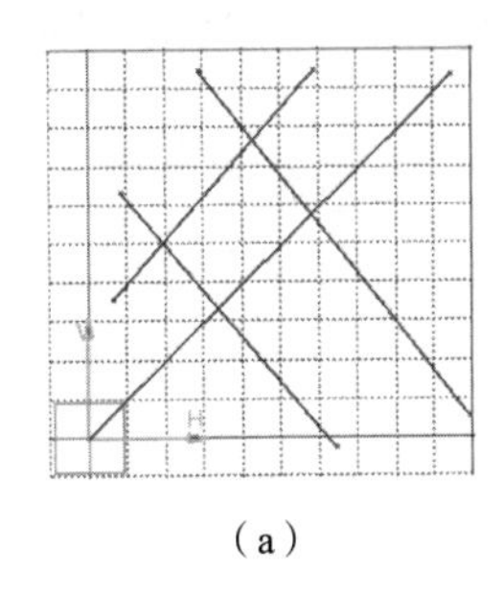
(a)

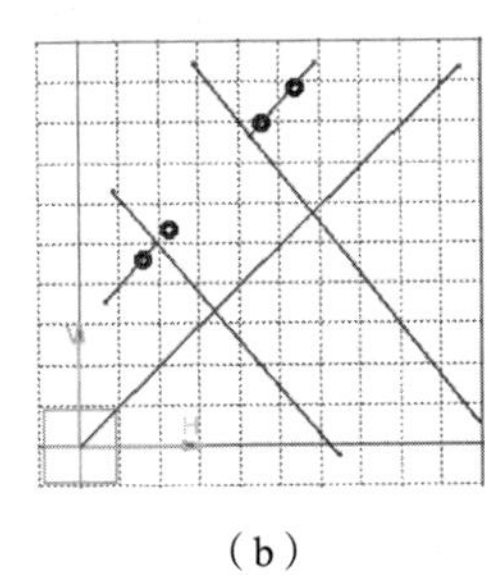
(b)

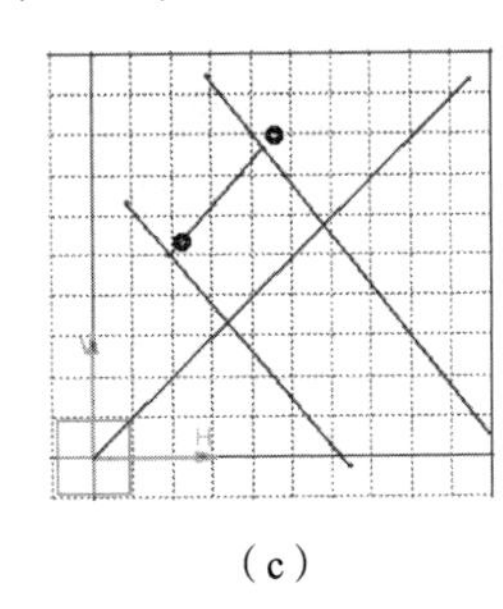
(c)

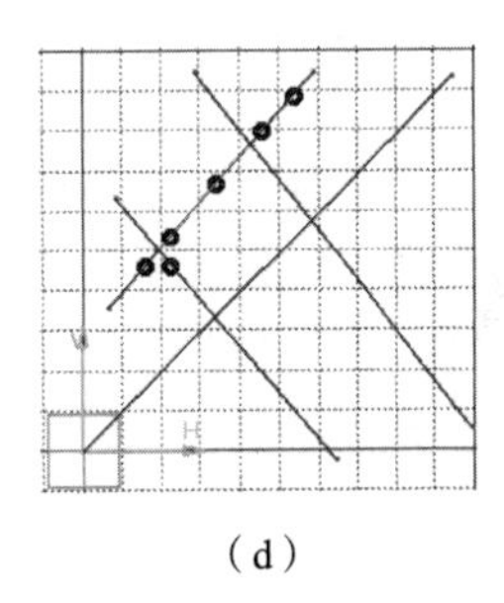
(d)

图 3-9　快速修剪

(4)使用【封闭弧】命令可以将没有封闭的元素封闭起来,这个命令可以封闭圆弧,也可以封闭椭圆弧,如图 3-10a 所示为封闭前的椭圆弧,使用该命令后结果如图 3-10b 所示。

(5)使用【补充】命令可以将未封闭的元素已经存在的部分删除,并生成未存在的部分作为图元素,这个命令可以用于补充圆弧也可以补充椭圆弧,使用该命令对图 3-10 a 所示椭圆弧进行操作时,其结果如图 3-11 所示。

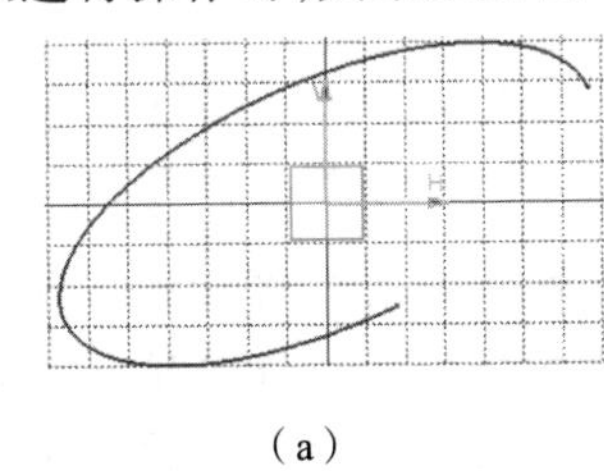
(a)

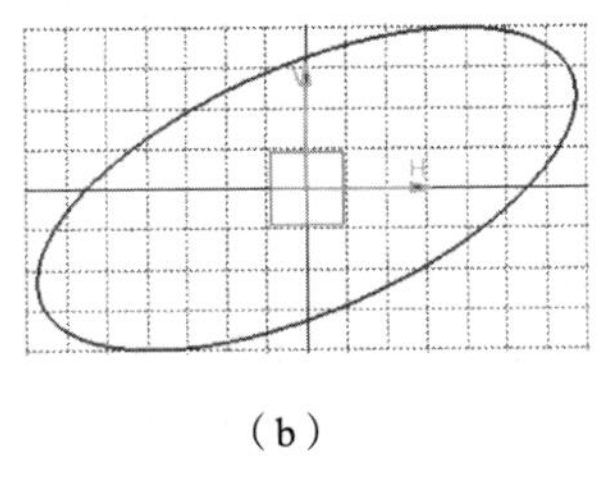
(b)

图 3-10　封闭弧

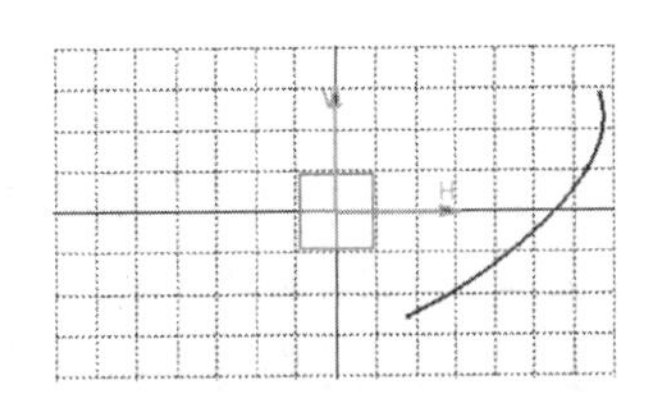

图 3-11　补充

3.1.4　变换

【变换】命令集,包含多个编辑命令,工具条如图 3-12 所示。

(1)使用【镜像】命令可以生成所选对象的镜像图形。单击该命令后选择一个镜像轴,镜像轴可以是直线、点画轴或坐标轴,如图 3-13a 所示,矩形为镜像对象,点画线轴为镜像轴,通过鼠标左键框选矩形后再单击轴线,结果如图 3-13b 所示。

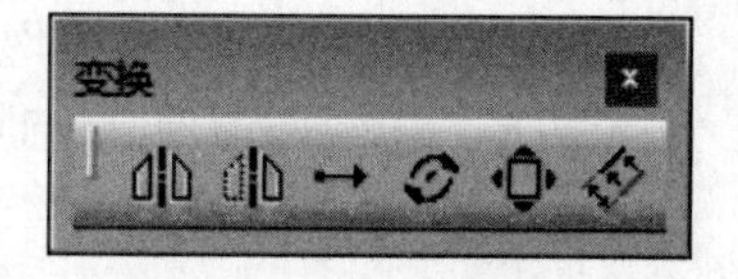

图 3-12 【变换】工具条

技巧:当需要镜像对象比较多或不方便框选时,可以预先选择所有待镜像对象后再单击该命令,然后选择镜像轴即可,该方法适用于大多数的编辑命令。

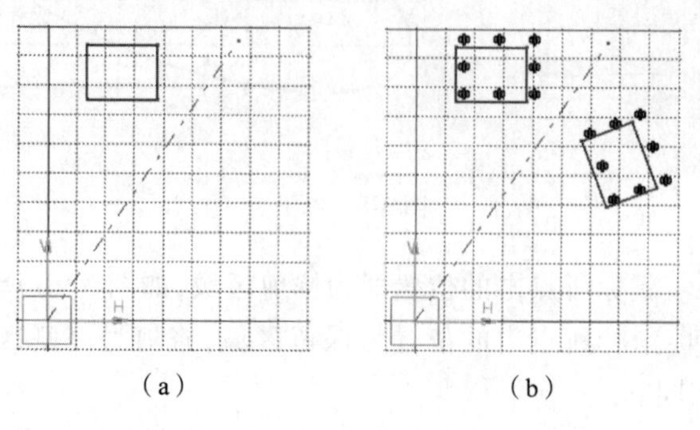

(a)　　　　(b)

图 3-13 镜像

(2)使用【对称】命令可以生成所选对象的镜像图形,而原选择对象会自动删除,只留下对称后的图形。其操作方法与【镜像】命令相同。

(3)使用【平移】命令可以对所选对象进行平移或复制。单击该命令后将弹出图 3-14a 所示的【平移定义】对话框,在【实例】框中输入要复制的个数;如果选中【复制模式】将复制多个对象,否则将只是移动所选对象;设置完成后选择需要【平移】的对象,再用鼠标选择起始点,之后移动鼠标确定复制的方向及距离,如图 3-14 b 所示。

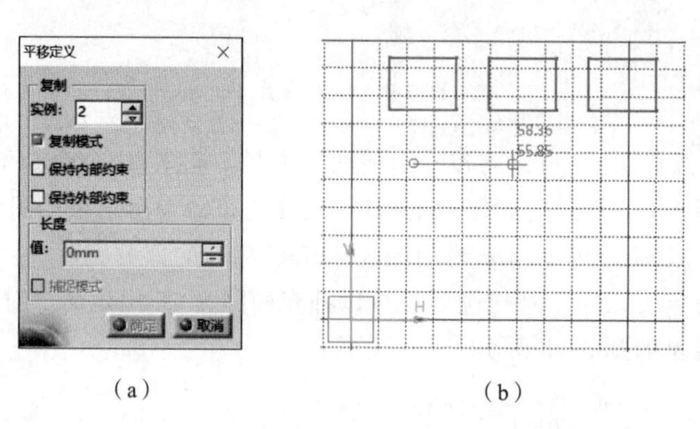

(a)　　　　(b)

图 3-14 平移

注意:当没有选中【复制模式】选项时,将无法在【实例】框中输入需要复制的数量。当需要设置复制的距离时,在【平移定义】对话框中的【值】文本框中输入所需的距离值即可。

【平移定义】中还有两个选项:【保持内部约束】【保持外部约束】,用于设定复制后的对象是否保持原有对象的几何与尺寸约束关系。如图 3-15a 所示草图,有尺寸“25”“H”“V”几个尺寸与几何内部约束及“16”外部约束,如果选择了“保持约束”,其结果如图 3-15b 所示,复制后所有尺寸与几何关系均保持,没有选择时则只复制了图形元素,而不包括这些约束关系,如图 3-15c 所示。

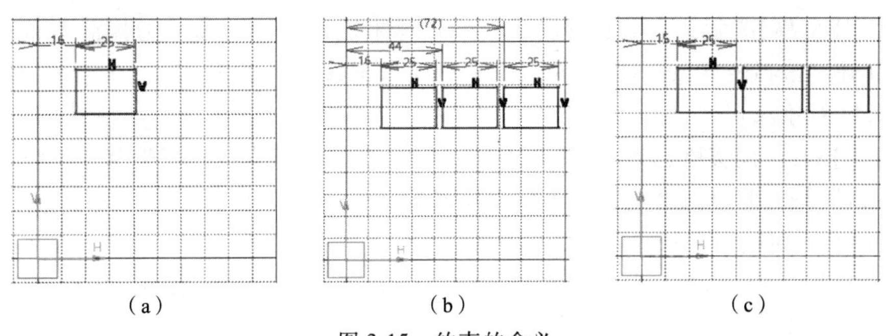

（a）　　（b）　　（c）

图 3-15 约束的含义

提示：此时是否发现了尺寸有了不同的形式（图 3-15b）有的尺寸上有了“（ ）”，该括号表示该尺寸为“参考尺寸”无法修改，带着这个疑问在后面的学习中寻找答案。

（4）使用【旋转】命令将选定的对象旋转一定角度。单击该命令后弹出图 3-16a 所示【旋转定义】对话框，在【实例】框中输入要复制的个数；其【复制模式】选项与【平移】命令相同，选择所需【旋转】的对象，单击第 1 点作为旋转中心，单击第 2 点作为旋转轴的起始点，单击第 3 点确定旋转轴的旋转角度，如图 3-16b 所示。

【约束守恒】选项会保持旋转对象的相关约束关系，对能继承的继续延用，不能继承的则转化为其他合理约束，结果如图 3-16c 所示。

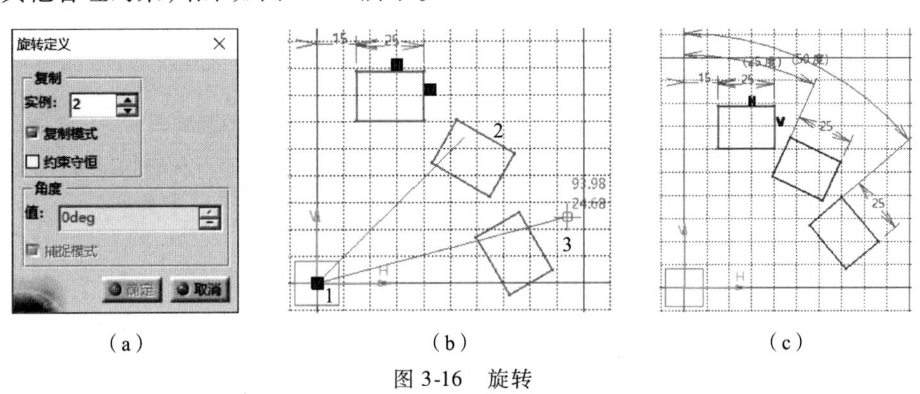

（a）　　（b）　　（c）

图 3-16 旋转

（5）使用【缩放】命令可以对选定的对象进行缩放。单击该命令后将弹出图 3-17a 所示的【缩放定义】对话框，先选中需要缩放的对象，然后单击确定缩放的参考点，再移动鼠标给定缩放比例，或在【缩放定义】对话框的【值】文本框内输入所需的比例值，结果如图 3-17b 所示。其【复制模式】【约束守恒】选项与【旋转】命令对应的选项定义相同。

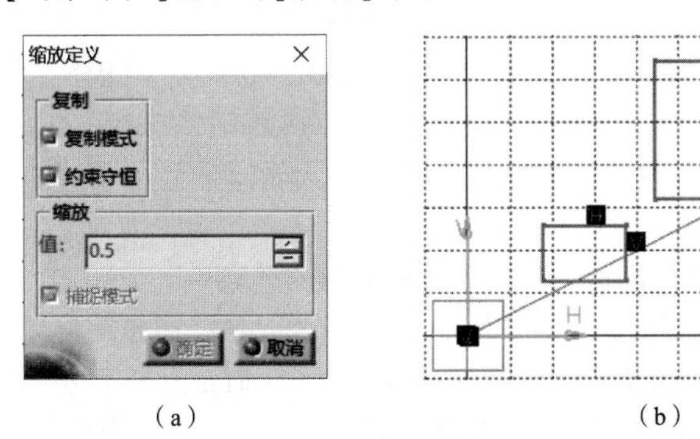

（a）　　（b）

图 3-17 缩放

(6)使用【偏移】命令可以通过设定偏移距离来复制所选对象。选择需要偏移的对象,再移动鼠标确定偏移距离,也可以在扩展工具栏输入偏移值。该命令有 4 个扩展选项,可用于自动选择关联对象。

【无拓展】:仅偏移所选对象,如图 3-18a 所示,选择上侧直线时仅偏移该直线。

【相切拓展】:自动选择与所选对象相切的元素及与相切元素相连的元素,如图 3-18b 所示,选择上侧直线时同时选择了圆弧及右侧直线。

【点拓展】:自动选择与所选对象首尾相连的元素,如图 3-18c 所示,选择上侧直线时同时选择了所有相连元素。

【双侧偏离】:同时向两侧偏离所选对象,如图 3-18d 所示,选择上侧直线【双侧偏离】,同时选中【相切拓展】时的结果。

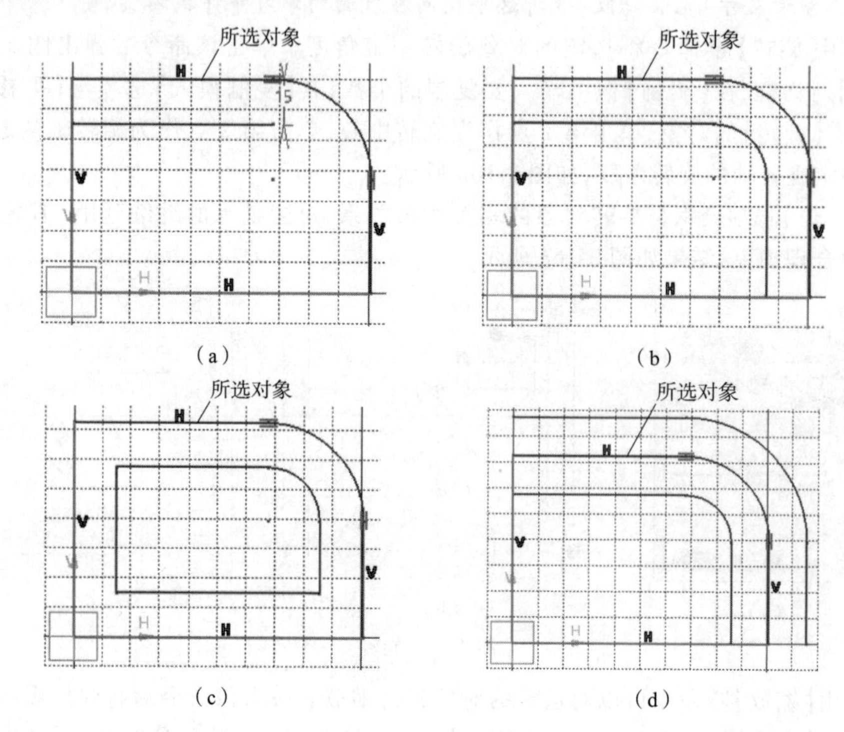

图 3-18　偏移选项

3.1.5　3D 几何图形

【3D 几何图形】命令集包含多个编辑命令,如图 3-19 所示。

(1)使用【投影 3D 元素】命令可以将已有的草图元素或三维元素投影到当前草图中,形成草图的一个元素。新生成的元素默认为黄色,如图 3-20 所示,将已有模型的面投影至当前草图,也可以选择任意边或已有的草图元素进行投影。

图 3-19　【3D 几何图形】工具条

(2)使用【与 3D 元素相交】命令可以将所选对象与当前草图平面相交产生的线转换至当前草图。如图 3-21 所示为先选择圆弧面再单击该命令,其与草图面相交为一竖直直线;当所选面不与草图平面直接相交,而是延长后才能相交时,那么产生的将是构造元素,图 3-21 所示的虚线即为斜面的相交线。

提示：当所选对象为边线时，生成的将会是点。

(3) 使用【投影 3D 轮廓边线】命令可以将回转体的最大外轮廓投影至当前草图中。如图 3-22 所示为将圆柱体边线投影至当前草图，生成两条直线。

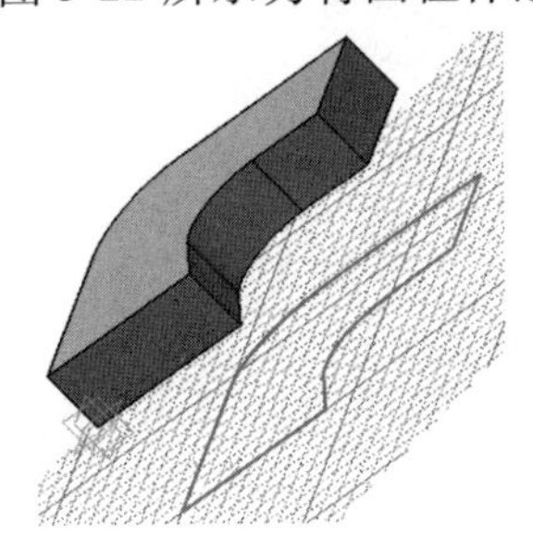

图 3-20　投影 3D 元素

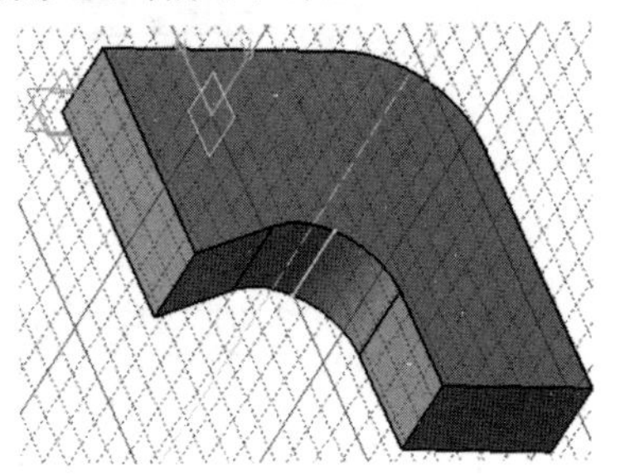

图 3-21　与 3D 元素相交

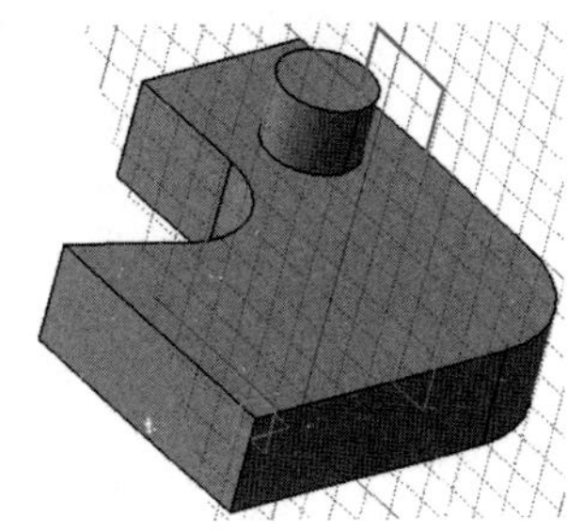

图 3-22　投影 3D 轮廓边线

3.2　约束控制

草图除了满足外形需要外，还需要能够满足设计要求的相互关系及尺寸要求，通过本节所讲内容对草图进行进一步的定义。

3.2.1　对话框中定义的约束

使用【对话框中定义的约束】命令可以对选择的对象添加约束关系，该命令使用时必须先选择需添加定义的对象。如图 3-23a 所示，按住 <Ctrl> 键选择两个圆，再单击该命令，弹出图 3-23b 所示【约束定义】对话框，该对话框列出了所有约束关系，当前可用的约束关系为可选状态，当前所选对象不可用的约束关系为不可选状态，在此选择“半径/直径”与“相切”，单击【确定】按钮，结果如图 3-23c 所示，两圆添加相切约束，同时添加直径标注。

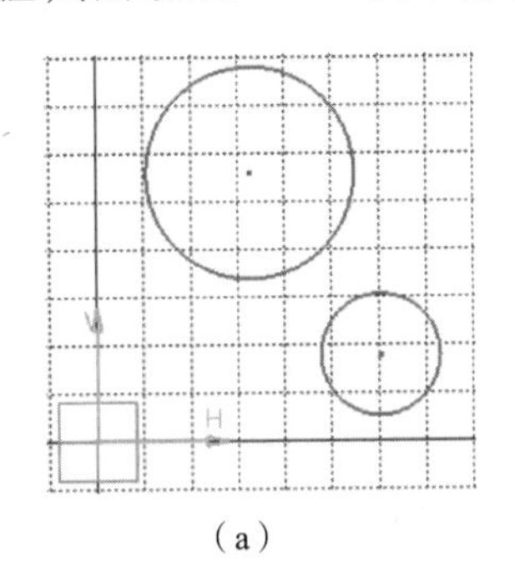

(a)

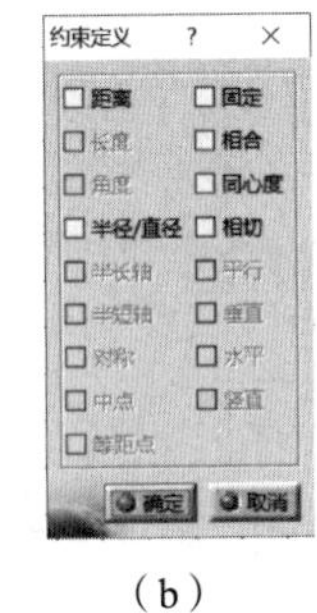

(b)

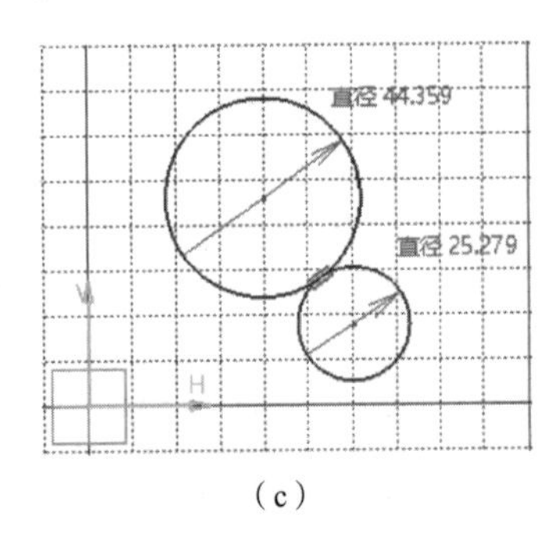

(c)

图 3-23　对话框中定义的约束

注意：当所添加的约束不合理时，系统会将不合理的对象显示为红色，提示有错误，例如该例中再增加一个“同心度”，显然与“相切”是矛盾的，这就会产生冲突错误，又称为过定义。

3.2.2　约束定义

【约束定义】是一个命令集，包含多个约束命令，工具条如图 3-24 所示。

(1) 使用【约束】命令可以对草图元素进行尺寸标注。标注的可以是草图元素自身的尺寸(如线段的长度、圆的直径)，也可以是几个元素之间的尺寸(如夹角、距离等)。如图 3-25a 所示草图，单击【约束】命令，分别标注总高、总长、

图 3-24　【约束定义】工具条

圆弧半径，结果如图 3-25b 所示。如需要对尺寸值进行修改，可双击该尺寸，弹出图 3-25c 所示【约束定义】对话框，修改为所需的尺寸值，不同的尺寸对象，该对话框中的内容也不同。

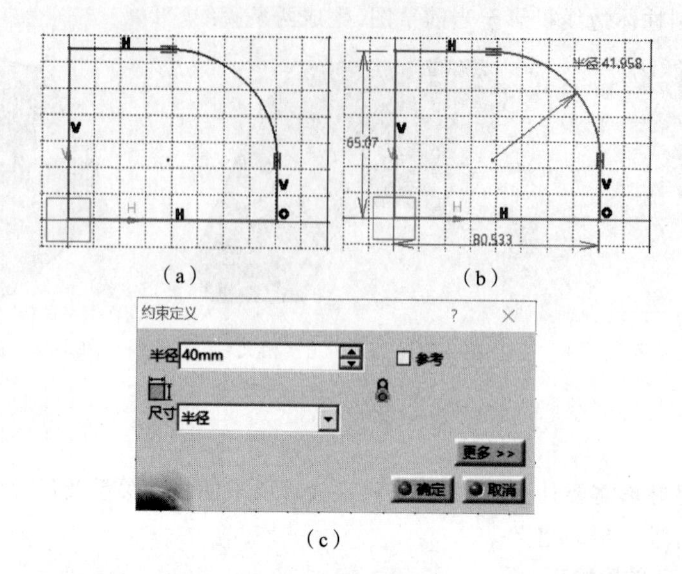

图 3-25 【约束】命令

技巧：当一个命令要使用多次时，可以双击该命令，该命令将可以连续使用，直至取消。

(2)使用【接触约束】命令可以对所选草图对象自动添加几何约束关系。如图 3-26a 所示两个圆，在使用该命令后选择两个圆，两个圆自动添加"同心度"几何关系，结果如图 3-26b 所示。在没有其他约束关系影响的前提下，将以先选择的对象为基准，移动后选对象从而满足约束要求。

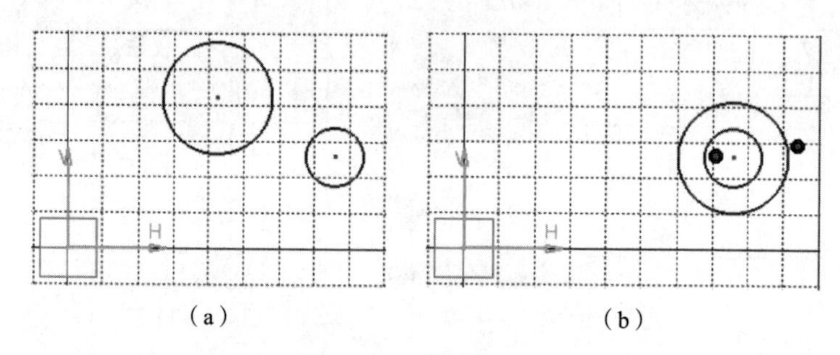

图 3-26 接触约束

注意：当所选对象有多个可能的约束关系时，系统将按"同心度""相合""相切"的优先次序进行添加。这就是这个例子中为什么默认添加的是"同心度"而不是"相切"的原因。

3.2.3 受约束控制

【受约束控制】命令集包含多个约束命令，工具条如图 3-27 所示。

(1)使用【固联】命令可以将所选对象固定在一起，形成一个刚性草图，这些对象只能移动而不能编辑。图 3-28a 所示两个圆，在使用该命令后弹出图 3-28b 所示【固联定义】对话框，选择两个圆后单击【确定】，结果如图 3-28 c 所示，两个圆固

图 3-27 【受约束控制】工具条

定在一起,此时两个圆将变成“一根绳上的蚂蚱”。

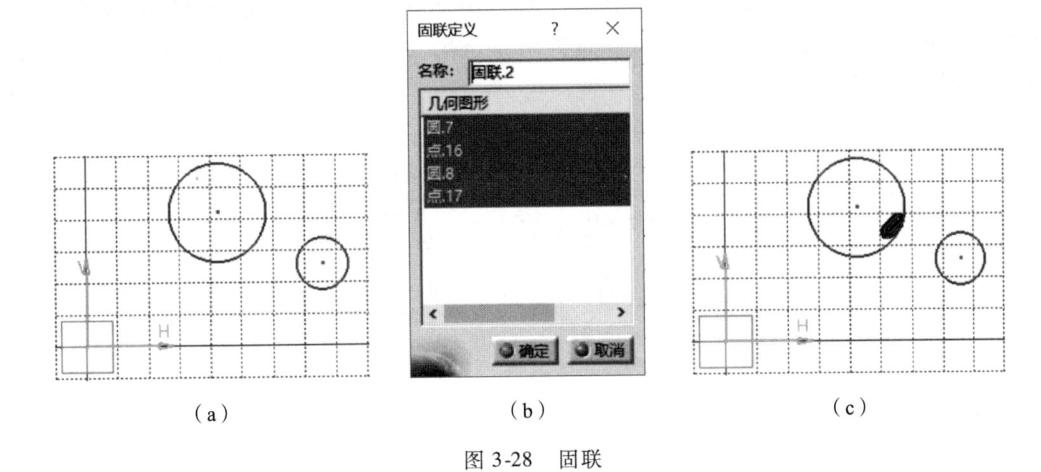

(a) (b) (c)

图 3-28 固联

提示:选择圆时将自动包含圆心,圆心与直线的端点类似,均由系统自动生成,定义时可独立定义。

(2)使用【自动约束】命令可以对选定的对象自动添加尺寸约束。单击该命令会弹出如图 3-29a 所示【自动约束】对话框,【要约束的元素】选择图 3-29b 所示两个圆,【参考元素】选择“V 轴”、“H 轴”,单击【确定】按钮,结果如图 3-29c 所示,标注了所有可能的尺寸,再根据需要对所标注尺寸进行编辑修改。

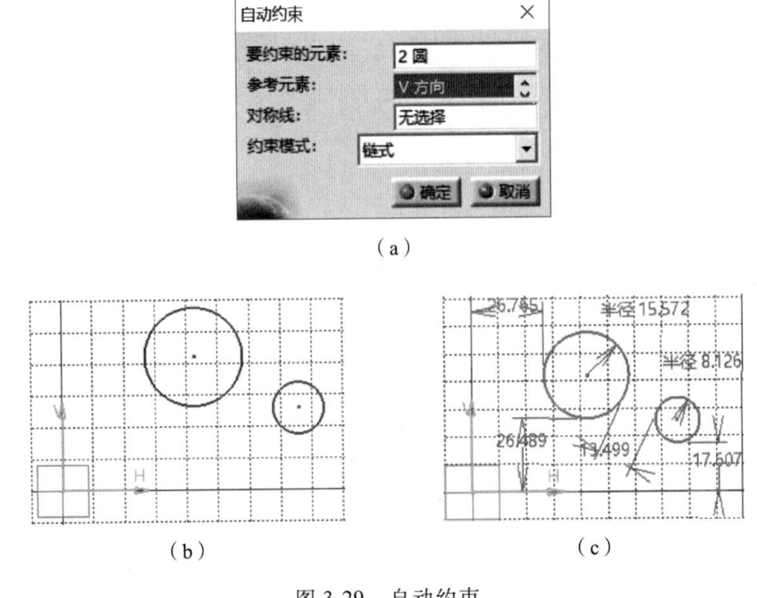

(a)

(b) (c)

图 3-29 自动约束

注意:图 3-29c 中圆所添加的尺寸约束是标注的切边尺寸,而通常需要的是圆心尺寸,此时在选择“要约束的元素”时需要将圆心也同时选中。

3.2.4 制作约束动画

使用【制作约束动画】命令可以对已有的尺寸给定一个范围,这样就可以演示该尺寸变化时,展示草图其他相关元素的相应变化,这对于新产品设计的初步验证相当重要。如图 3-30a 所示草图,选择“直径”为变化的尺寸,弹出图 3-30b 所示对话框,给定该尺寸的变化范围后,单击【运行动画】按钮,可以看到由于该尺寸的变化,所引起的整个草图相关变化的一个动态过程。

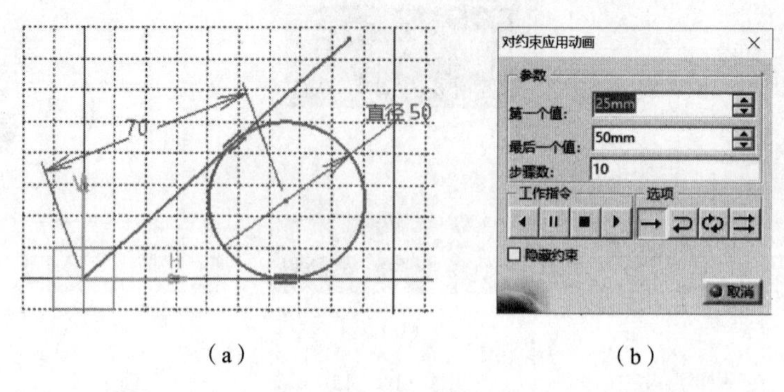

(a)　　(b)

图 3-30　制作约束动画

3.2.5　编辑多重约束

使用【编辑多重约束】命令可以对当前草图中所有的尺寸统一进行编辑修改,节省尺寸修改时的操作时间,如图 3-31a 所示草图中有 3 个尺寸,使用该命令时会弹出图 3-31b 所示的对话框,该对话框中列出了当前草图的所有尺寸,选择所需修改的尺寸输入“当前值”,单击【确定】按钮完成修改。

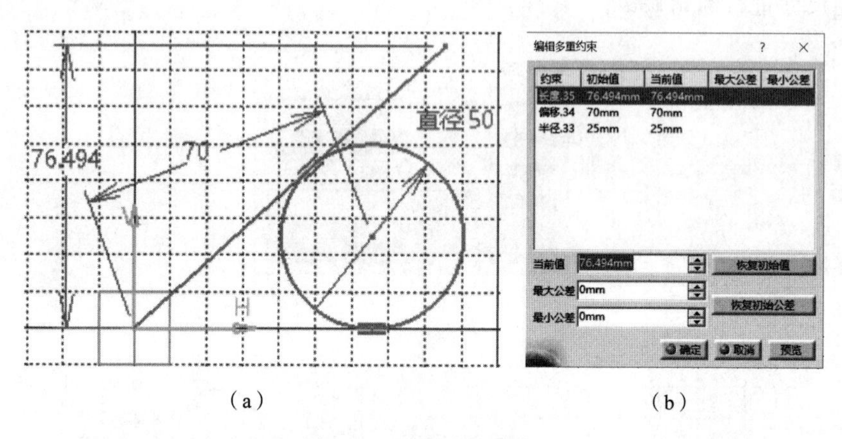

(a)　　(b)

图 3-31　编辑多重约束

3.3　2D 分析

【2D 分析】命令集包含多个分析命令,需要注意的是该工具条默认在通用工具栏中,工具条如图 3-32 所示。

图 3-32　【2D 分析】工具条

（1）使用【草图求解状态】命令可以快速检查当前草图的约束是否合理，如图 3-33a 所示草图，使用该命令时弹出图 3-33b 所示的【草图求解状态】对话框，提示该草图为“不充分约束”，并且将不充分约束的元素高亮显示，如果草图完全约束，将会提示“等约束”，如果草图有约束冲突，将会提示“过分约束”，可单击【草图分析】按钮查看进一步的详细信息。

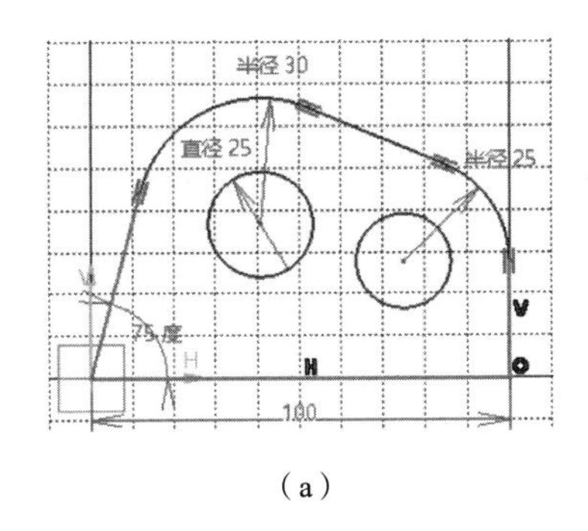

（a）

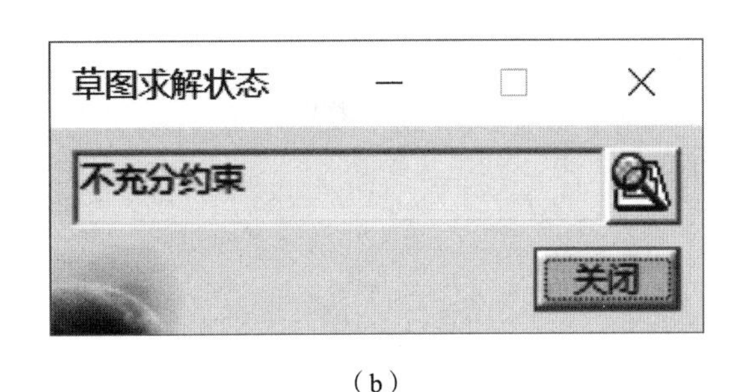

（b）

图 3-33　草图求解状态

（2）使用【草图分析】命令可以详细分析草图的几何图形，并确定是否封闭或存在不合理现象。在对图 3-33a 所示草图进行分析时，其结果如图 3-34a 所示，如有不合理现象可以选中该对象的项目，使用下方提供的“更正操作”工具直接修改。该对话框中的【诊断】选项卡与【草图求解状态】中的【草图分析】工具是关联的，其内容如图 3-34b 所示。

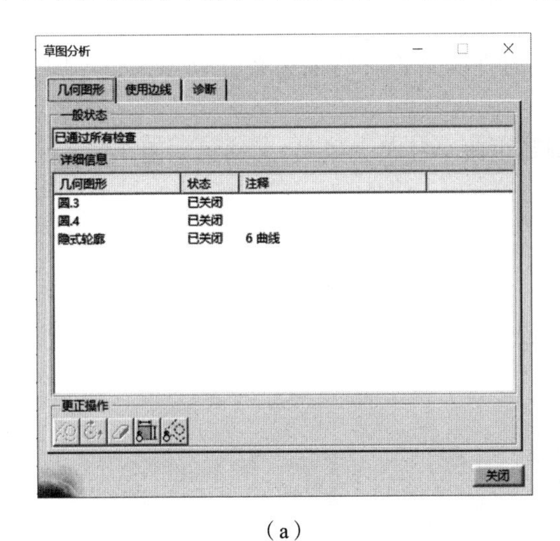

（a）

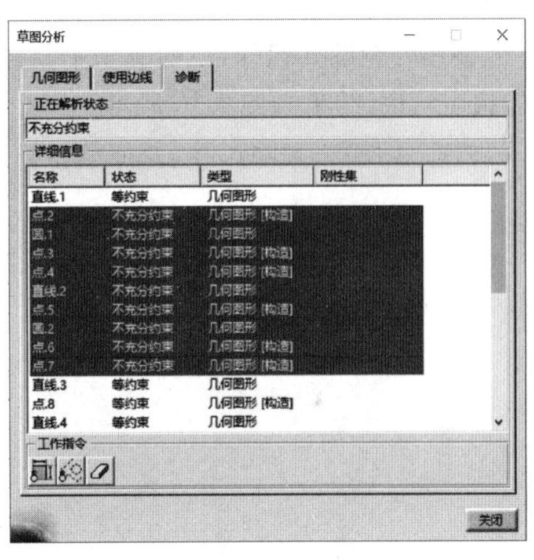

（b）

图 3-34　草图分析

3.4　编辑实例

将“2.3 绘制实例”所生成的草图，按图 3-35 所示编辑修改，要求草图完全约束。

分析：该草图在之前绘制时由于没有尺寸要求，只是形状相似，现在需对其添加合理的几何约束与尺寸约束，并编辑需修改的部分。首先需对其添加相应的几何约束，同时删除有冲突的几何约束关系，再添加相应的尺寸约束，最后再整理图面。需特别注意的是，由于该图的初始状态不尽相同，其结果有所差异，需要针对任务 2 的结果加以调整，而不是盲目按给定的操作示意完成，操作步骤如下：

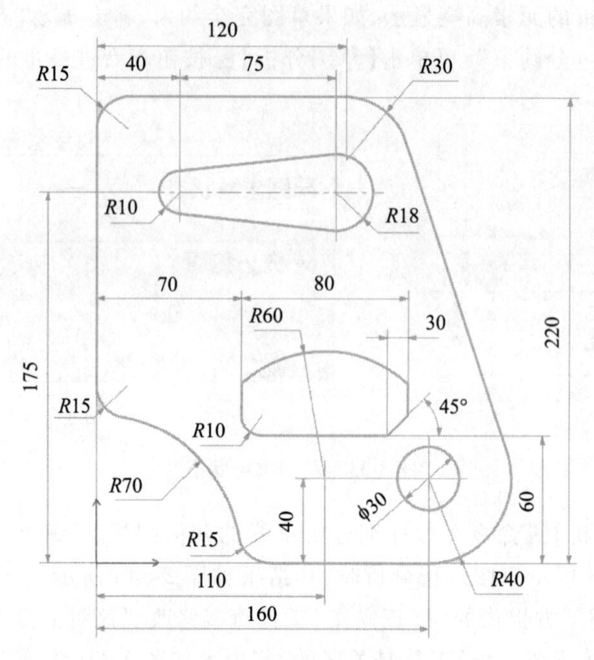

图 3-35　编辑实例

（1）整理外轮廓几何约束：检查水平与竖直的直线是否有约束关系，添加缺少的圆弧与直线间的相切约束，结果如图 3-36 所示。

（2）修改延长孔：删除尺寸，并拖动右侧圆弧更改半径至大概尺寸，结果如图 3-37 所示。

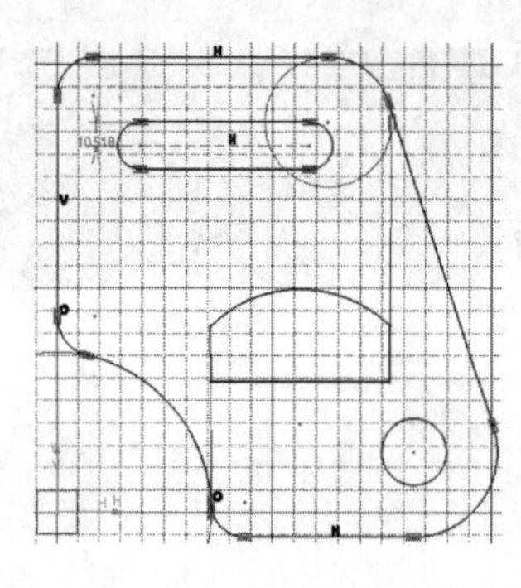

图 3-36　整理外轮廓几何约束

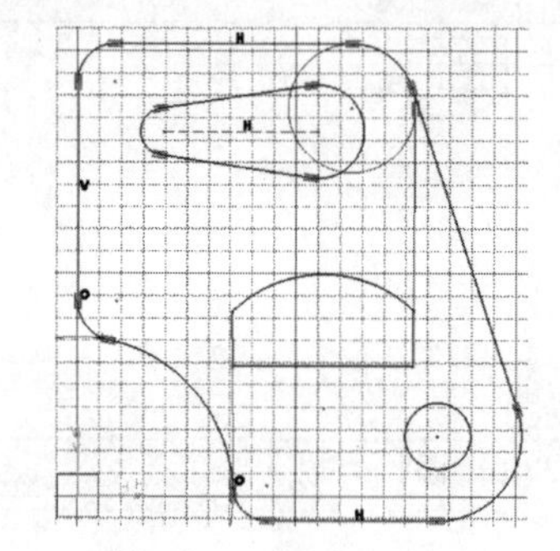

图 3-37　修改延长孔

（3）修改中间轮廓：中间轮廓的直线并没有水平与竖直约束，可先添加，中间轮廓在绘制时有与两个圆弧的相切约束，而这两个相切约束是多余的，选择后删除，再添加圆角与倒角，添加完成后将尺寸更改为所需尺寸，结果如图 3-38 所示。

技巧：当几何约束关系较多时，依次选择约束关系再删除比较困难，此时可按 <Ctrl> 键，同时选择相关对象，再使用【对话框中定义的约束】命令，在弹出的【约束定义】对话框中取消相应的约束即可。

（4）标注外轮廓尺寸：按图纸要求标注外轮廓尺寸并输入相应的尺寸值，当所有外轮廓尺寸均标注完成后，外轮廓还未完全定义，此时可以用鼠标拖动尚未完全定义的线条，这样可以看到还缺少什么约束，发现线条还可以上下移动，将最下侧一条直线添加与“H”轴的相合约束完成完全定义，结果如图3-39所示。

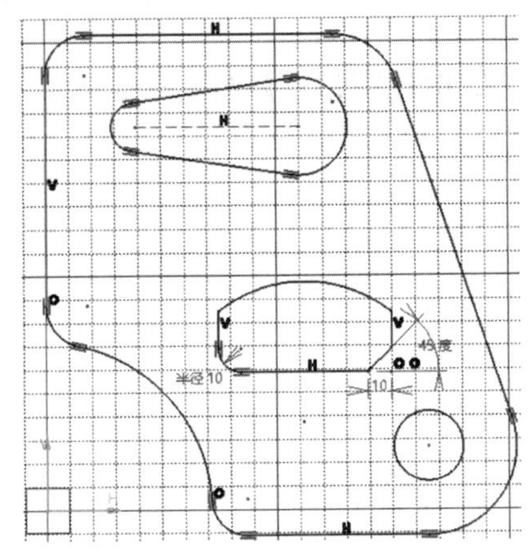

图3-38　修改中间轮廓

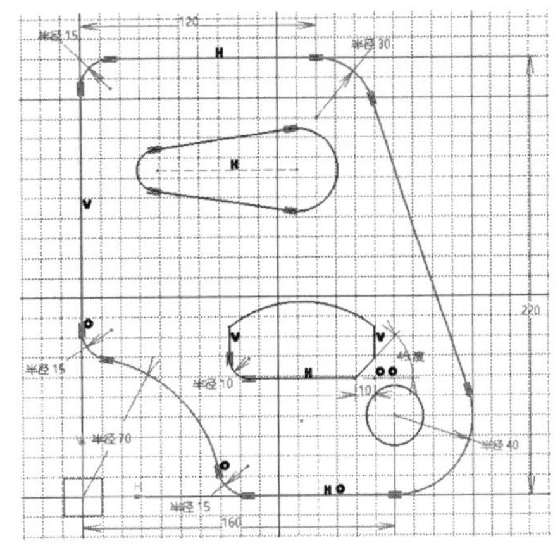

图3-39　标注外轮廓尺寸

(5)添加延长孔尺寸：标注延长孔尺寸，注意标注是否与草图现有约束冲突，一旦出现错误，要及时修改，继续添加约束只会使错误更严重，结果如图3-40所示。

(6)标注内轮廓及圆尺寸：按图标注内轮廓及圆的尺寸，结果如图3-41所示。

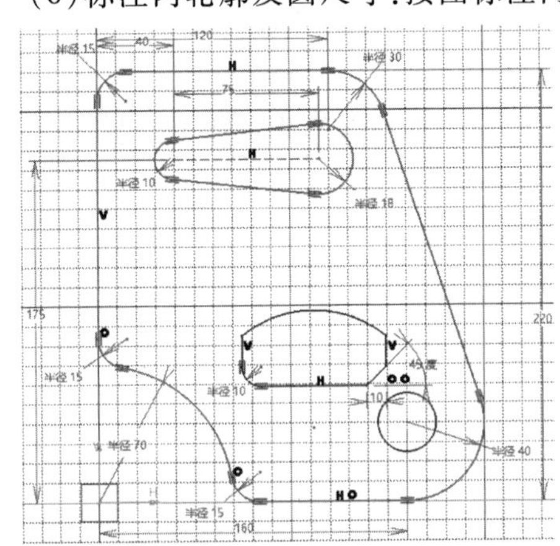

图3-40　添加延长孔尺寸

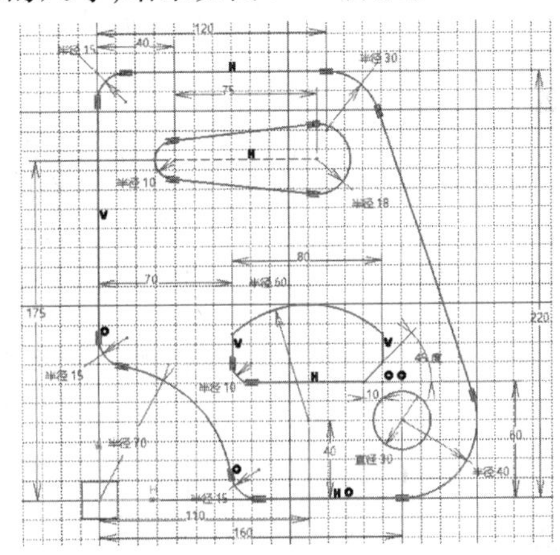

图3-41　标注内轮廓及圆尺寸

(7)使用【草图求解状态】检查草图是否为“等约束”。

(8)整理图面。

注意：虽然整理图面并不是一个必需的操作，但整洁的图面会提高查看、理解、沟通的效率。

练习

一、简答题

1. 要对一个圆添加尺寸约束有多少种方法？分别描述其操作过程。
2. 通过【草图求解状态】命令分析草图时，有哪几种约束状态？

3. 描述草图中的常见颜色，分别表示何种含义？

二、操作题

1. 将“任务 2”的“操作题 2”所完成的草图添加合适的几何约束及尺寸约束，并将尺寸圆整，要求完全定义。

2. 如图 3-42 所示，当图中角度尺寸值在 45°～120°之间变化时，右侧两直线夹角对应的变化范围是多少？

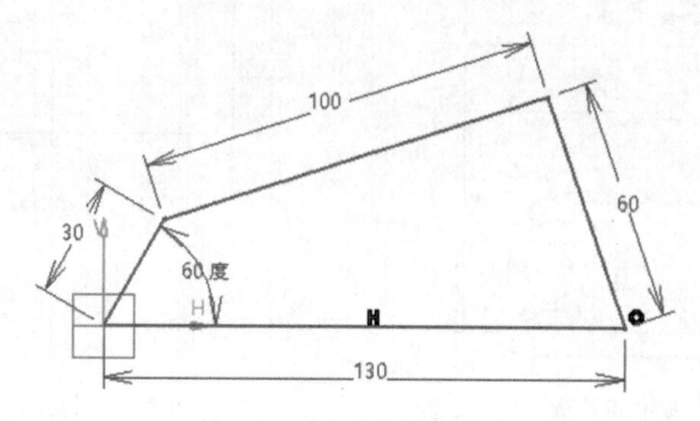

图 3-42　操作题 2

提示：①约束动画使用过程中可以通过通用工具栏的【测量间距】测量所需尺寸。②在尺寸编辑的【约束定义】对话框中选择“参考”时，该尺寸将只是参考，不参与草图驱动，也就是说在计算是否过定义时将忽略该尺寸。

三、思考题

1. 如图 3-43 所示，不论矩形尺寸如何变化如何让圆始终保持在矩形的中间位置？

2. 本任务所学的命令中，哪些命令的可操作性还可以进一步改善？

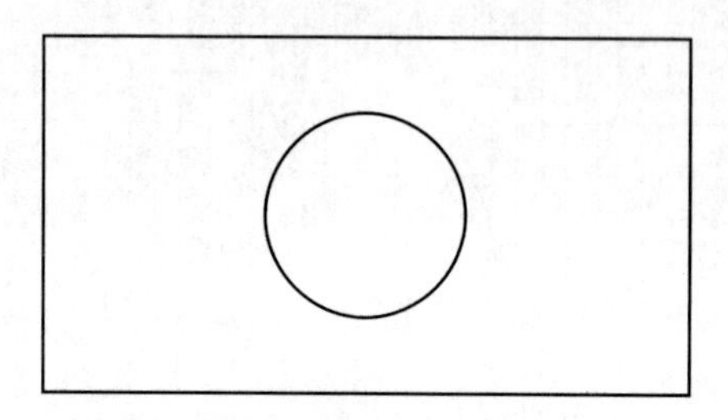

图 3-43　思考题 1

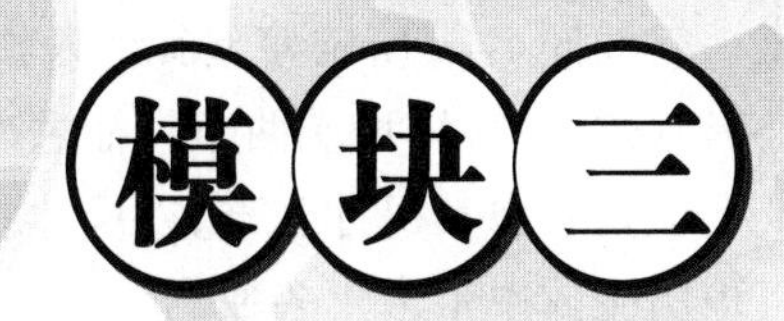

零件设计

本模块主要分为两大部分,任务 4 介绍了基本建模思路及各种特征生成命令,再通过轴类、盖板类、叉架类、齿轮类、叶轮类、箱体类、螺栓螺母等常见的典型零件,介绍其建模方法,使读者能快速将基本功能与实例有效地结合起来,并能迅速将所学命令操作应有于实际案例中,每个模型完成后的成就感更能激发学习的兴趣。

任务4 基于草图特征的建模方法

任务目标

(1)熟悉常见基本零件的建模思路。

(2)熟练掌握基本特征功能创建相应的实体模型。

(3)熟悉基本的实体编辑功能。

任务描述

特征是构成零件的基本要素,一个零件可以由一个或多个特征组成,本任务将对常用特征进行讲解,只有熟悉了这些特征的基本操作,并加以灵活应用,再配合设计理念,才能创建出合理的、符合实际需求的模型。

任务实践

4.1 基本建模思路

在开始学习建模时,要注意思考建模思路,同一模型不同的建模思路,对于后续的编辑、修改有着不同的影响,也称之为模型健壮性,确定建模思路时不仅要考虑便捷性,更要从设计角度考虑可能的变更,及未来模型可能的用途,而不是一上来就开始创建模型。

4.1.1 首特征的确定

参数化建模软件各特征之间存在着父子关系,而父子关系直接影响着模型的后续修改,所以在创建模型时采用哪个特征作为首特征一定要从设计基准、尺寸基准、主体特征、编辑修改等多个角度考虑。

如图 4-1a 所示模型其主要特征为两个拉伸特征，如图 4-1b、图 4-1c 所示，如果仅仅是依据形状进行建模，由于两个特征主次不明显，那么无论用哪个拉伸作为首特征均可，在这种情况下就要考虑其尺寸基准，以尺寸基准所在的特征为首特征将会在草图尺寸标注、后续编辑、工程图生成中带来更多便利。

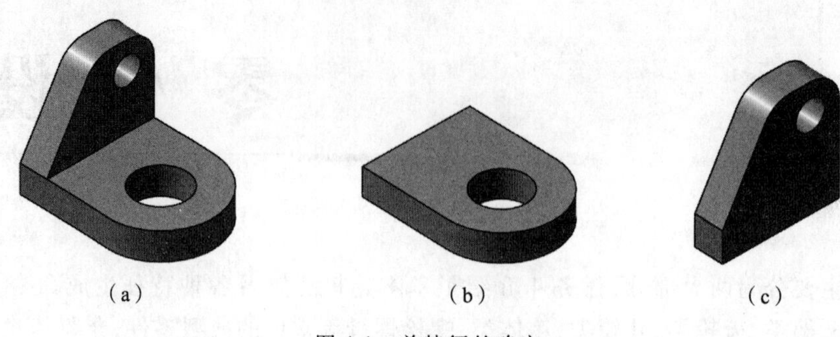

图 4-1　首特征的确定

首特征是后续所有特征的基础，而其创建后的可编辑性要差于后续特征，所以在建模时一定要注意选择合适的首特征。

4.1.2　设计意图规划

参数化建模软件中的尺寸参数直接影响着模型的编辑效率。如果单纯从建模角度来讲，则设计意图的重要性不是很高，但如果从设计角度来讲则设计意图的重要度相当高，绝大多数设计不可能一次性设计出符合要求的产品，这其中涉及工艺、设计、制造、装配、客户需求、市场反馈等多种原因需要对设计进行的编辑修改，在建模时考虑这些后续因素将使得模型的可编辑性大大提高。

模型的基本组成是特征，而特征又基于草图，所以设计意图要统筹考虑这两方面的内容。如图 4-2 所示样例，如果不考虑设计意图只是建模，那么创建的方法有很多种，如图 4-3a、图 4-3b 所示两种常见的建模方法。

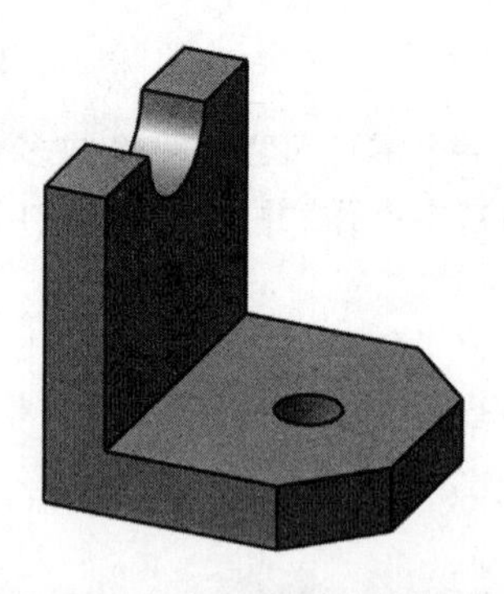

图 4-2　设计意图样例

当然，还可以有很多种方法，对于如此简单的模型而言，尚且有多种方法，再复杂一些的模型呢？那么该用哪种方法才是最合适的呢？在没有前置条件时，图 4-3a 所示方法步骤精练，两个草图加两个特征就可完成，是一种比较好的方式，但如果根据设计需要添加几条，可能存

在的后续要求:

(1)给出半圆孔与圆孔没加工前的毛坯模型。

(2)两侧壁厚相同,需要同步缩放以满足不同需求。

(3)当壁厚大于15 mm时,圆孔会更改为沉孔形式。

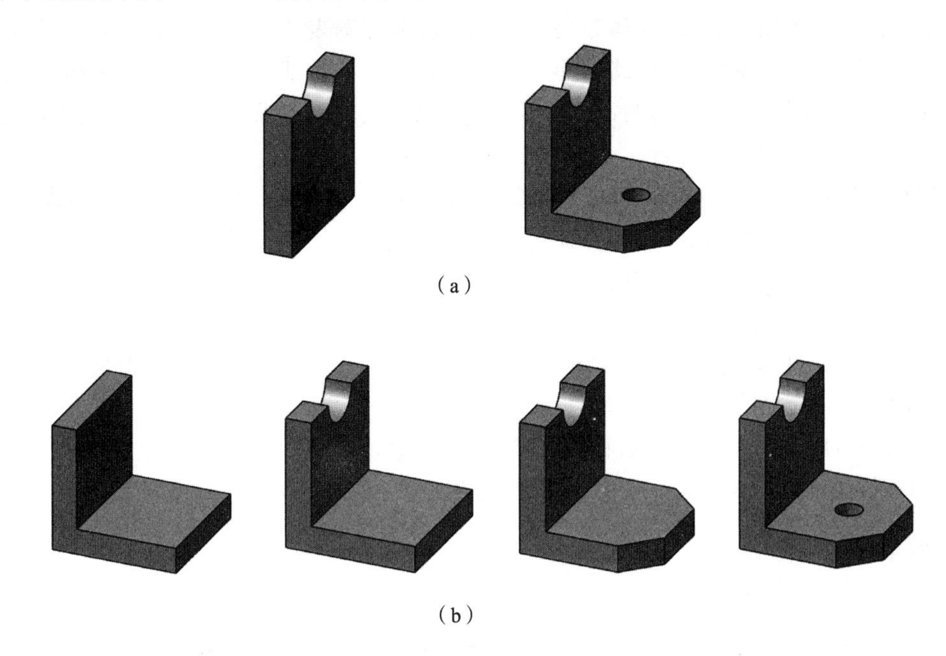

(a)

(b)

图4-3 常见建模方法

针对这几条实际存在的客观需求,模型该如何创建呢?显然图4-3b所示的方式更合适,且圆孔不能通过【凹槽】直接切除,而应该通过【孔】生成。所以说没有一种建模方法是绝对合理的,必须针对不同的场合要求,采用相应的方法,以确保后续编辑修改的便捷性、可靠性,建模时可通过如下几个要素进行评估:

(1)尺寸基准。通常尺寸基准对应着设计思路,作为尺寸基准的特征要优先创建。

(2)修改趋势。模型存在哪些修改的可能性,这些可能性对哪些特征有影响。

(3)工艺要素。工艺图形通常由设计模型编辑修改而成,如果模型需要在工艺过程中使用,则建模过程要充分考虑工艺的可用性。

(4)模型重用。模型是否存在系列化需要,如果存在就需考虑系列的变量参数是哪些?是否将最后几个特征压缩就可以成为另一种零件。

(5)关联特性。模型在整个产品的生命周期中并非独立存在,需要考虑配合件的相关要素如何对接。

(6)易于交流。模型创建过程要利于其他人员理解。

不考虑设计意图的模型是没有灵魂的。实际设计过程中需要考虑的因素更多,而这些因素直接影响到建模的方法,虽然学习该课程时通常还没有学习设计类课程,但从现在起就要有设计意图规划的意识,并将其融合到建模过程中。

设计意图的规划也是长期经验的积累,在学习建模过程中要加以培养并及时总结,与老师同学互动,以提升自己的规划水平,最终提升自己的设计能力,而不仅仅是建模能力。

4.1.3 零件建模步骤

不同的零件、不同的场合建模的步骤与要求不尽相同，但基本均需要遵循如下要求。

（1）确定场合：建模过程与模型的使用场合关系密切，首先需要确定使用的场合，比如初步方案、详细设计、产品改型、样品仿制、工艺用图等，不同场合下的模型需要差异较大。初步方案需考虑自顶向下设计需要、整体布局、全局变量、多方案表达等主要因素；详细设计需考虑设计基准、制造方案、团队协作、思路传递、设计意图等；产品改型需考虑原有方案继承、工艺的通用性、设计的互换性等；样品仿制需考虑功能的匹配性、外形的求异性等；工艺用图需考虑工艺过程、加工余量、重复利用性等。

（2）分析特征：根据第一步对应的场合要求对模型进行特征分析，根据相应的设计要素、参数要求、工艺需求做出合适的建模特征规划，确定基准特征、主要特征的顺序。

（3）选择基准：根据分析的结果选择合适的基准进行创建，优先选用系统基准面、特征中已有平面作为基准。

（4）创建特征：按模型特征主次创建相应特征，注意相关参数、约束的合理性。

（5）辅助特征：添加附加的辅助性、工艺性特征。

（6）附加属性：如材料、代号、名称、质量等属性内容。

零件的建模步骤并非一成不变，实际建模过程中要灵活运用，以实际需求为导向。

4.2 基本草图的特征

4.2.1 凸台

【凸台】命令集包含多个凸台命令，工具条如图 4-4 所示。

图 4-4 【凸台】工具条

（1）使用【凸台】命令可以将一个闭合的草图沿着一个方向或同时沿相反的两个方向拉伸而形成实体，这是最常用的命令之一，也是最基本的生成实体的方法。

新建一零件并以“xy 平面”为基准面，创建如图 4-5a 所示草图。单击【凸台】按钮，弹出如图 4-5b 所示【定义凸台】对话框，在【长度】文本框中输入值“20”，结果如图 4-5c 所示。可以单击对话框下方的【预览】按钮，查看结果的预览。

注意：虽然草图是否完全约束并不影响该命令的操作，但要从一开始就养成草图完全约束的良好习惯，有利于后续的参数化学习。

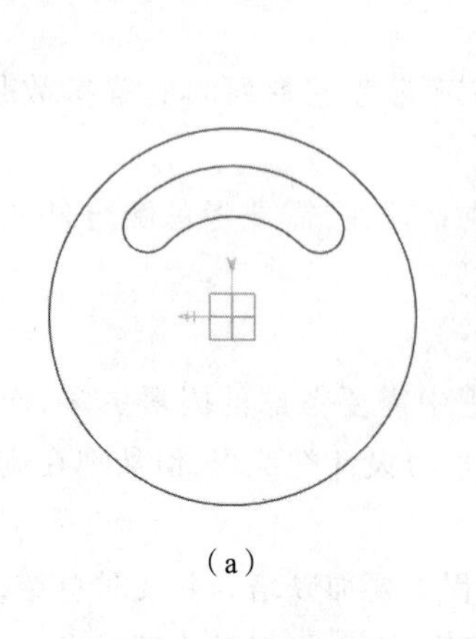

（a）

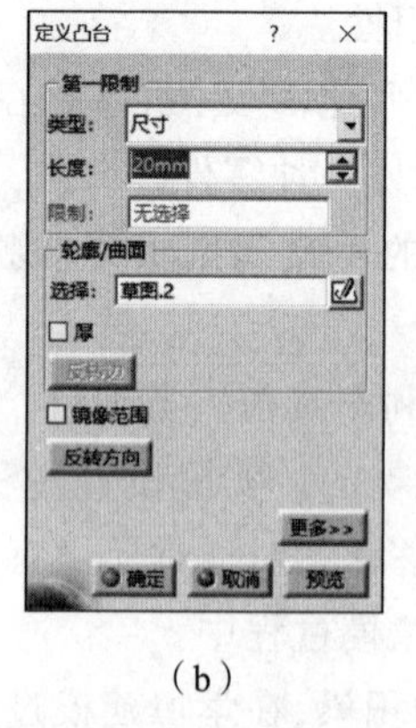

（b）

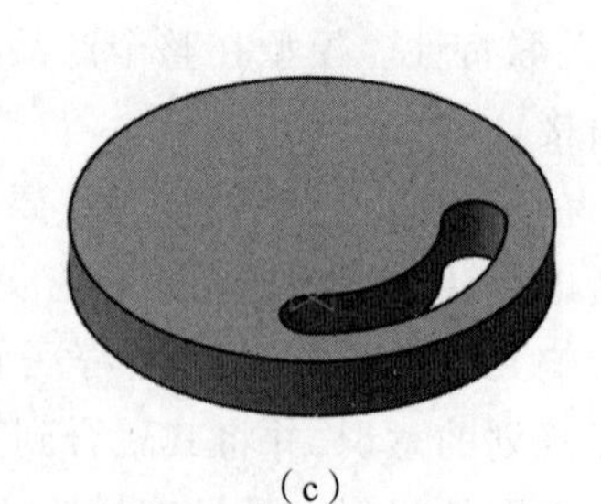

（c）

图 4-5 凸台

提示：为了方便判断基准与方向，后续截图将保留基准平面，注意区分。

主要参数、选项释义：

①【第一限制】。用于选择凸台类型并输入相应尺寸及参数。

【类型】。下拉列表框，共包含 5 个选项，分别为【尺寸】【直到下一个】【直到最后】【直到平面】【直到曲面】。

如图 4-6 所示，模型中已有草图、实体及曲面三个对象，根据该示例介绍以上 5 个选项的含义。

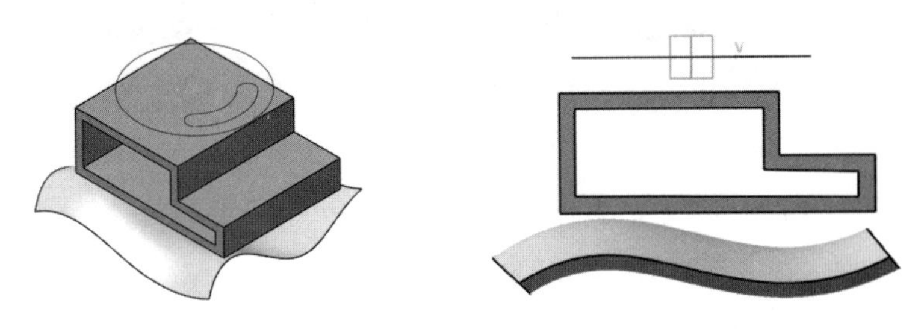

图 4-6　类型示例

【尺寸】。系统默认选项为"尺寸"项，设置时，只需在该项下方的【长度】栏内输入所需的长度值，然后单击【确定】按钮即可。

【直到下一个】。系统自动判断下一个面，以下一个面为拉伸截止面，如图 4-7a 所示；在【偏移】栏中输入偏移值后将以下一面偏移这一距离后的面为截止面，如图 4-7b 所示。

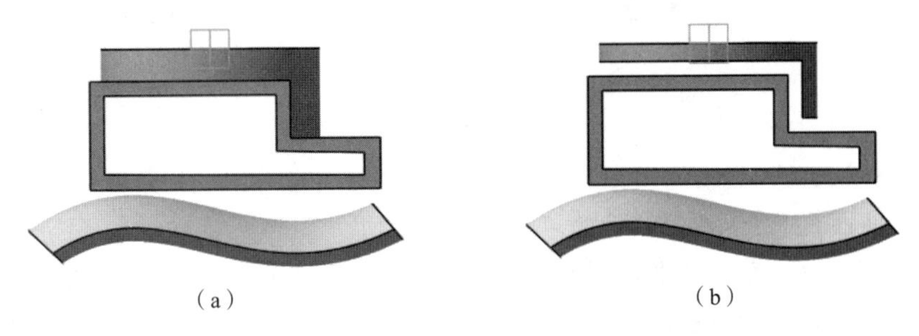

（a）　　（b）

图 4-7　直到下一个

【直到最后】。系统自动判断当前拉伸方向中的最远面，以最远面为拉伸截止面，如图 4-8a 所示；在【偏移】栏中输入偏移值后将以最远面偏移这一距离后的面为截止面，如图 4-8b 所示。

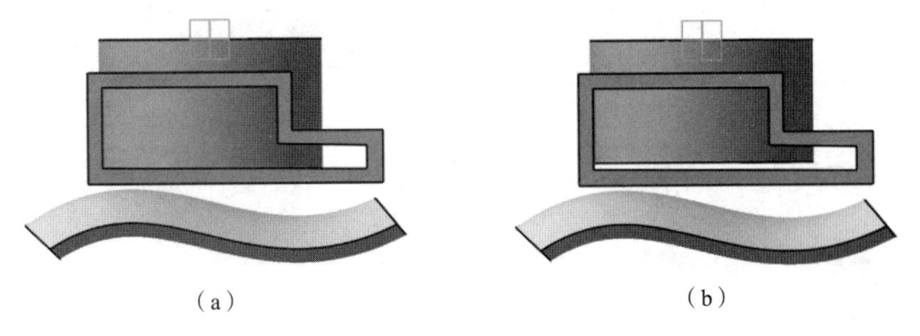

（a）　　（b）

图 4-8　直到最后

【直到平面】。需在【限制】项中选择一参考平面，以所选平面为拉伸截止面，如图 4-9a 所示为选择台阶面为参考平面的结果；在【偏移】栏中输入偏移值后将以所选平面偏移这一距离后的面为截止面，如图 4-9b 所示。

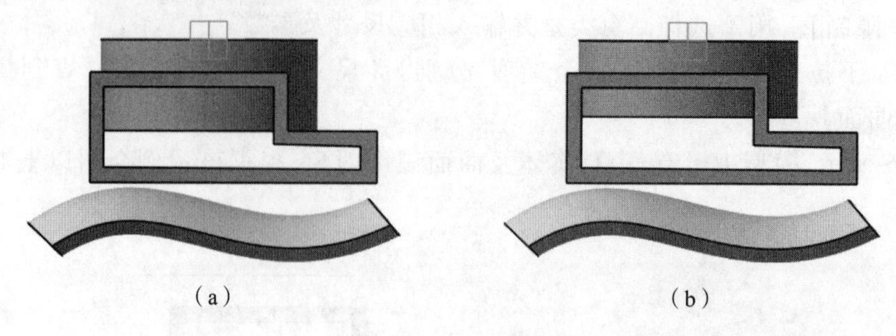

（a）　　（b）

图 4-9　直到平面

【直到曲面】。需在【限制】项中选择一参考曲面，以所选曲面为拉伸截止面，如图 4-10a 所示为选择下方曲面为参考曲面的结果；在【偏移】栏中输入偏移值后将以所选曲面偏移该值后的面为截止面，如图 4-10b 所示。

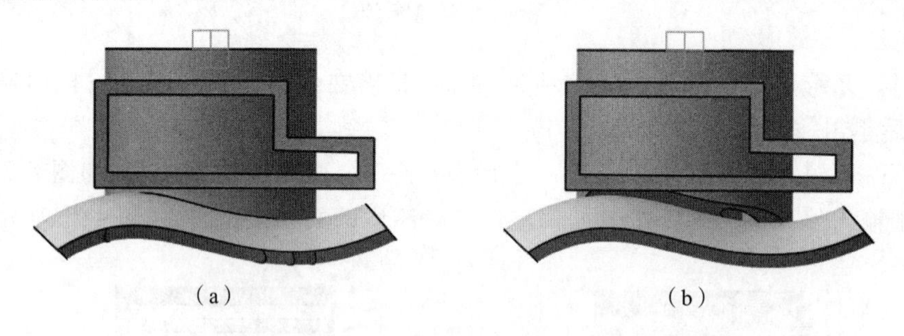

（a）　　（b）

图 4-10　直到曲面

提示：【偏移】值为正时远离草图一侧偏移，值为负时靠近草图一侧偏移。

②【轮廓/曲面】。用于选择拉伸的草图轮廓或曲面。

【选择】。用于选择草图或曲面，如果当前没有草图，可以单击【草图】按钮新建草图。

【厚】。选择该选项后将所选草图轮廓增加一定厚度后拉伸，该选项支持非封闭草图的拉伸。选择该选项后将展开【薄凸台】参数框，如图 4-11a 所示；将【厚度 1】参数输入为“3”，其结果如图 4-11b 所示。

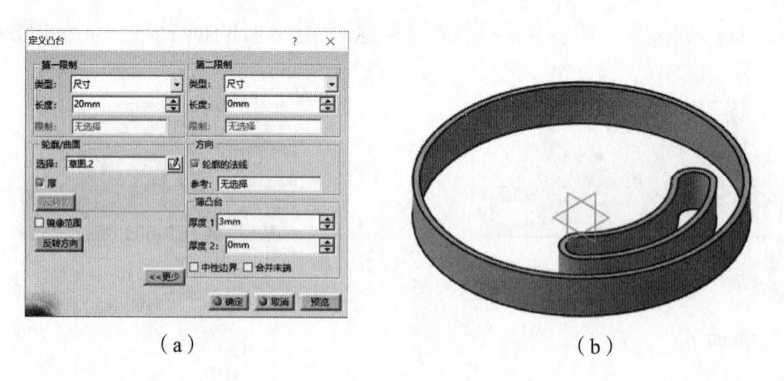

（a）　　（b）

图 4-11　厚

当【选择】对象为曲面时，将展开【方向】参数框，要求选择方向作为拉伸方向的参考。

【反转边】。当草图线是开环且与已有实体相交时，如图 4-12a 所示，草图与已有椭圆环相交；使用【凸台】命令时，将向一侧填充材料生成实体，如图 4-12b 所示；当选择【反转边】时，将向另一侧填充材料，如图 4-12c 所示。如另一侧无法与已有实体形成封闭体，该选项将不可用。

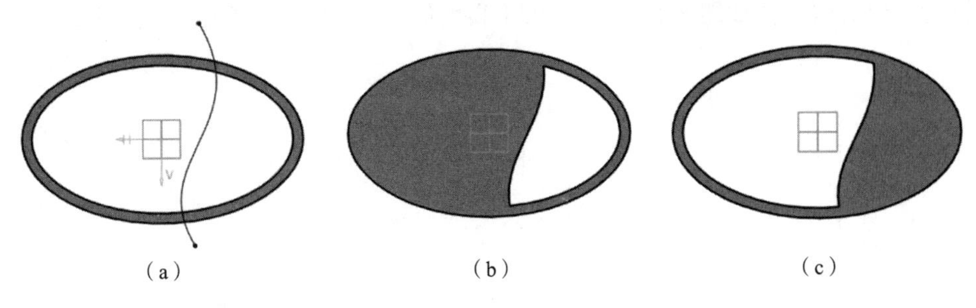

(a)　(b)　(c)

图 4-12　反转边

③【镜像范围】。选择后将向两侧同时对称拉伸。

④【反转方向】。改变拉伸的方向。

⑤【更多】。选择后将展开【第二限制】以输入另一方向的相关参数选项。

(2)使用【拔模圆角凸台】命令可以在拉伸的同时对实体进行圆角和拔模特征设置。如图 4-13a 所示，选中长方体上的矩形，单击【拔模圆角凸台】命令，弹出如图 4-13b 所示【定义拔模圆角凸台】对话框，在【长度】文本框内输入“40”，在【第二限制】文本框中选择长方体上表面，设置拔模【角度】为“10”(也可取消该选项，对实体不进行拔模)，在【圆角】参数框可设置凸台的【侧边半径】【第一限制半径】【第二限制半径】，分别输入“3”“5”“10”，根据情况也可取消其中部分圆角，设置完成后，单击【确定】按钮，结果如图 4-13c 所示。

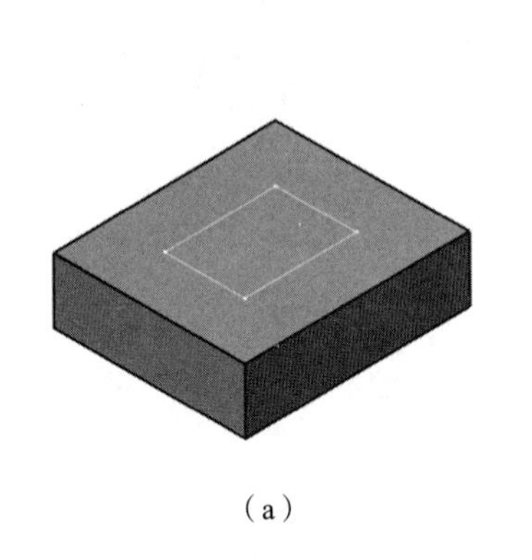

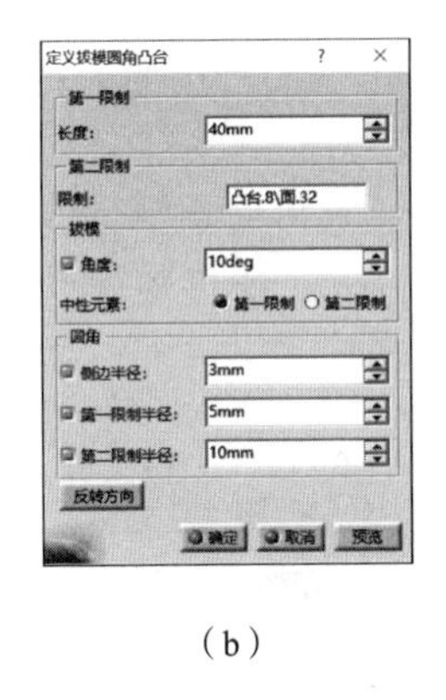

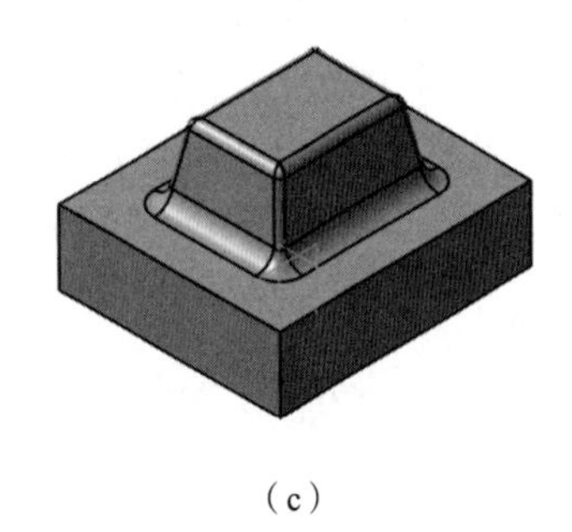

(a)　(b)　(c)

图 4-13　拔模圆角凸台

【拔模圆角凸台】命令实际是三个命令的组合，完成操作后可以在结构树中看到三个步骤，分别为【凸台】【拔模】【倒圆】角，采用该命令可以有效提升建模效率。

注意：“中性元素”选项是指在所选参考对象位置处，草图保持原始尺寸值。选择“第一限制”时，以拉伸的末端面尺寸与草图保持一致；选择“第二限制”时，草图在【第二限制】所选面上尺寸与草图一致，当所选面非草图平面时，会将草图以拉伸方向投影至该面，该面的大小以全包容所投影的草图为宜，否则系统会报错。

(3)使用【多凸台】命令可以对草图中的多个轮廓线进行不同高度一次拉伸成形。如

图 4-14a 所示草图有两个封闭轮廓，单击工具栏中的【多凸台】命令，弹出如图 4-14b 所示【多凸台定义】对话框，在对话框内先选中第一个【拉伸域．1】，然后在【长度】文本框内输入“20”，此时【拉伸域．1】的厚度值变为 20，然后单击【拉伸域．2】，将【长度】设置为“40”，单击【确定】按钮，形成的实体如图 4-14c 所示，由于高度值不同，生成有高度差的实体。

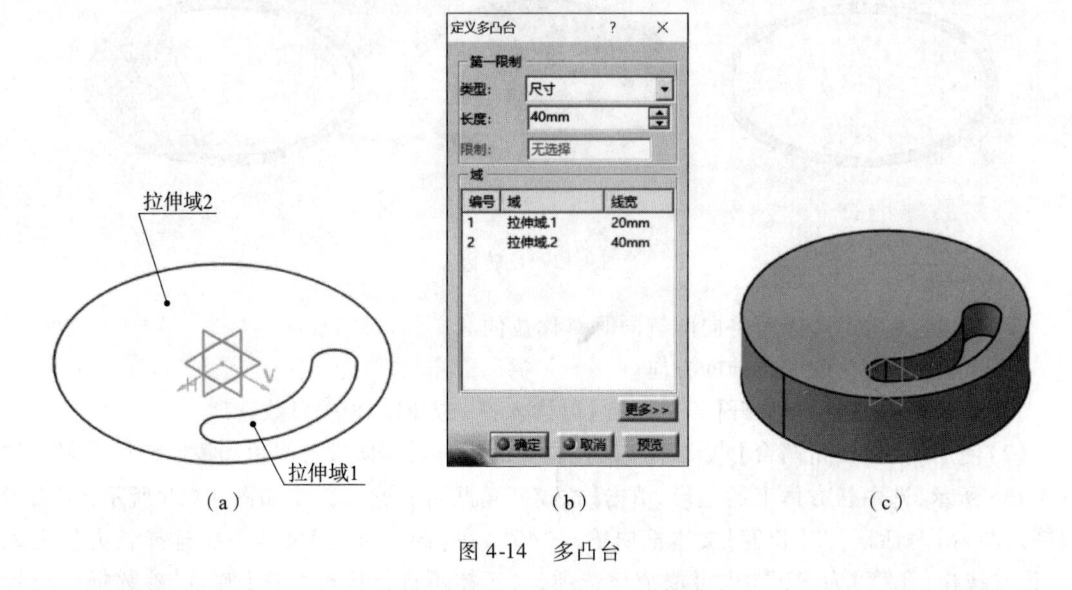

（a）（b）（c）

图 4-14　多凸台

4.2.2　凹槽

【凹槽】命令集包含多个凹槽命令，工具条如图 4-15 所示。

（1）使用【凹槽】命令可以将一个闭合的草图沿着一个方向或同时沿相反的两个方向切除已有实体，是最常用的命令之一，也是最基本的生成实体的方法。

图 4-15　【凹槽】工具条

如图 4-16a 所示，长方体上表面有一六边形草图，单击【凹槽】按钮，弹出图 4-16b 所示【定义凹槽】对话框，输入深度“20”，单击【确定】按钮，结果如图 4-16c 所示。

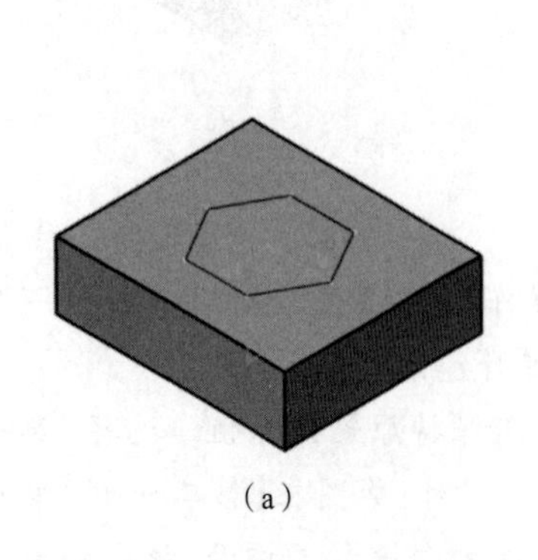

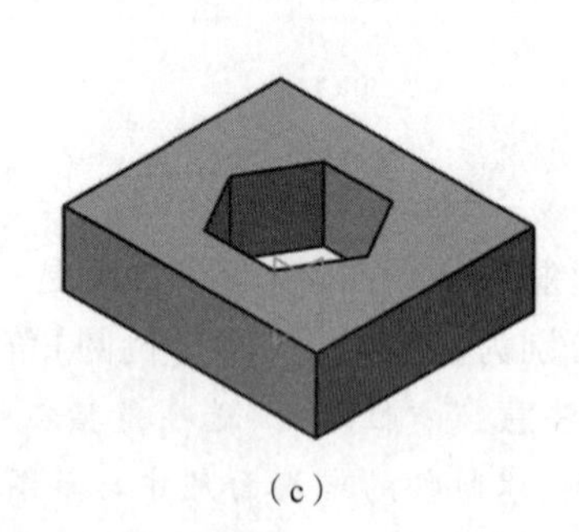

（a）（b）（c）

图 4-16　凹槽

【定义凹槽】与【定义凸台】对话框内的选项含义相同，此处不再赘述。

(2)使用【拔模圆角凹槽】命令可以在拉伸切除的同时对实体进行圆角和拔摸特征设置。如图 4-17a 所示,选中长方体上的六边形,单击【拔模圆角凹槽】按钮,弹出图 4-17b 所示【定义拔模圆角凹槽】对话框,在【深度】文本框内输入“20”,在【第二限制】文本框中选择长方体上表面,设置拔模【角度】为“5”,【圆角】功能区可设置凸台的【侧边半径】【第一限制半径】【第二限制半径】,分别输入“5”“3”“3”,根据情况也可取消其中部分圆角,设置完成后,单击【确定】按钮,结果如图 4-17c 所示。

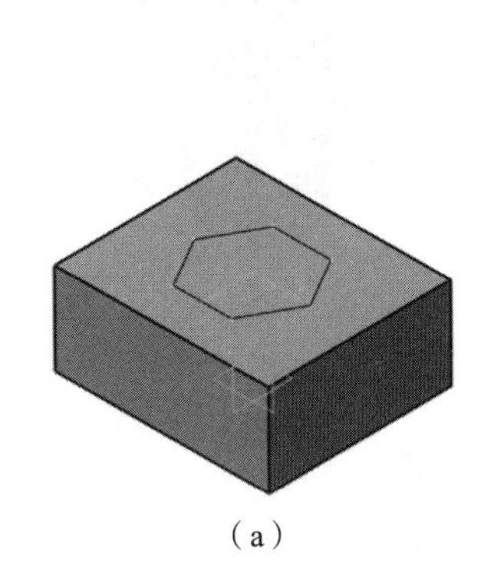

(a)

(b)

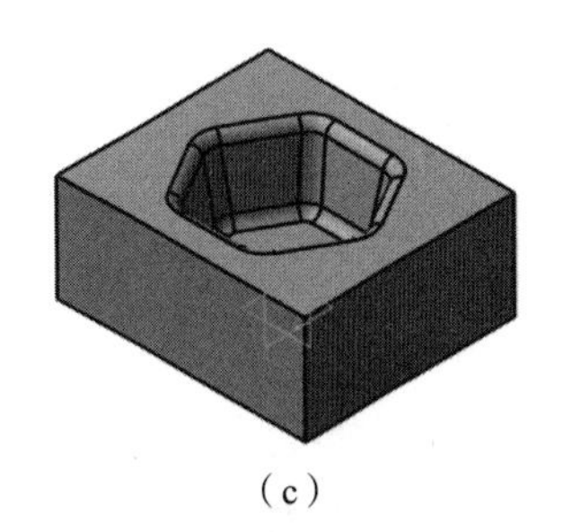

(c)

图 4-17　拔模圆角凹槽

(3)使用【多凹槽】命令可以对草图中的多个轮廓线进行不同高度的一次拉伸切除。如图 4-18a 所示草图有两个封闭轮廓,单击工具栏中的【多凹槽】命令,弹出图 4-18b 所示【多凹槽定义】对话框,在对话框内先选中第一个【拉伸域.1】,然后在【深度】文本框内输入“5”,此时【拉伸域.1】的厚度值变为“5”,然后单击【拉伸域.2】,将【深度】设置为“10”,单击【确定】按钮,形成的实体如图 4-18c 所示,由于深度值不一样,生成有高度差的型腔。

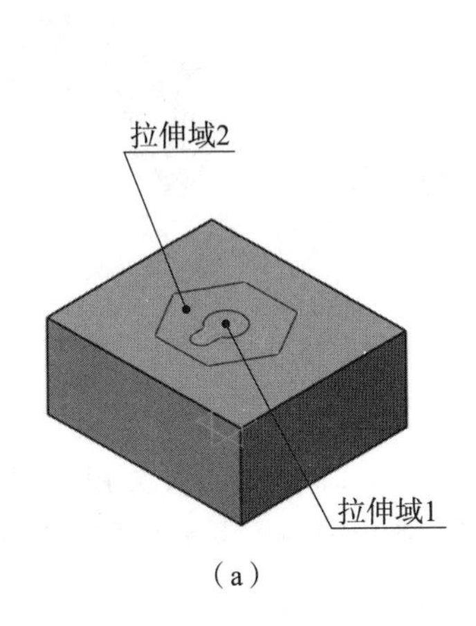

(a)

(b)

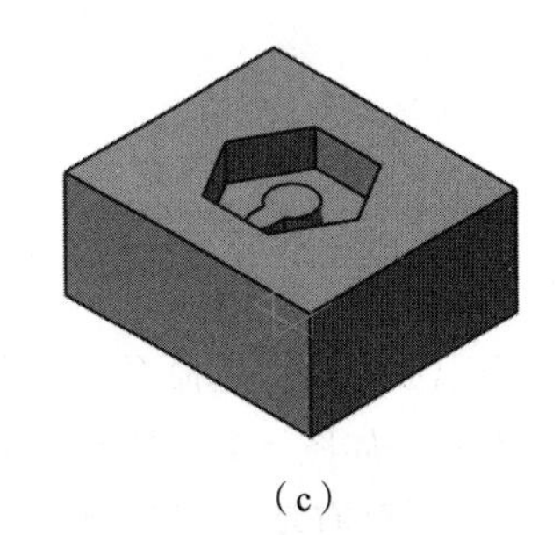

(c)

图 4-18　多凹槽

4.2.3　旋转体/旋转槽

(1)使用【旋转体】命令可以将一个闭合的草图轮廓或曲面绕一根轴线旋转一定角度而

形成实体。如图 4-19a 所示草图，单击【旋转体】按钮，弹出如图 4-19b 所示【定义旋转体】对话框，【选择】为已有草图，【轴线】为“H 轴”，结果如图 4-19c 所示。

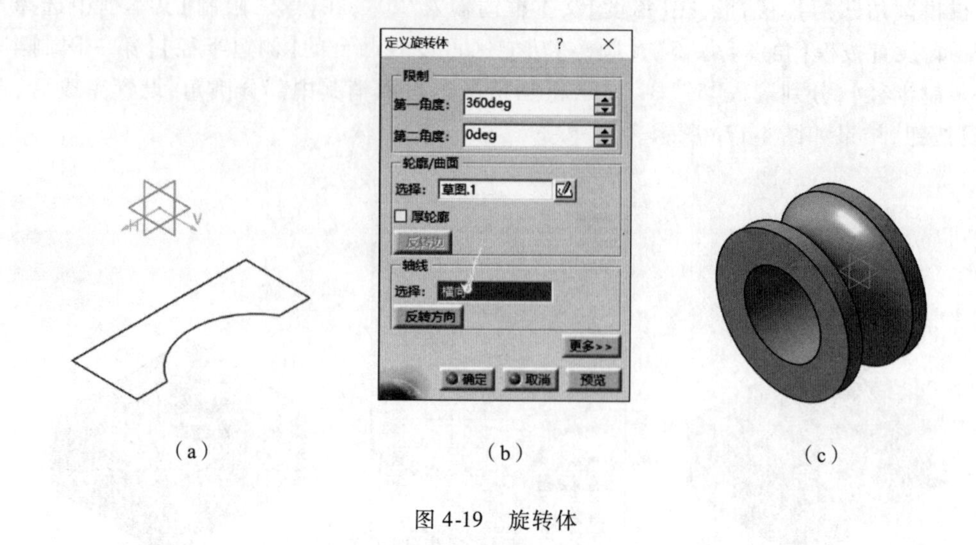

图 4-19　旋转体

旋转角度可以根据需要设置为非 360°角度，如图 4-20a 所示为旋转角度为 45°的结果。

当选择【厚轮廓】选项时，会弹出【定义旋转体】对话框，如图 4-20b 所示，将【厚度 1】更改为“2”，结果如图 4-20c 所示，生成环状回转体。

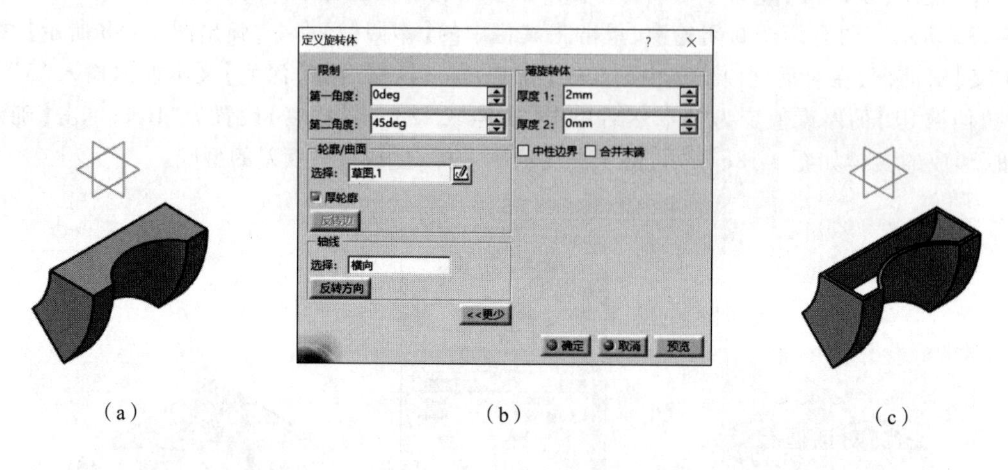

图 4-20　旋转体其余选项

(2)使用【旋转槽】命令可以将一个闭合的草图轮廓或曲面绕一根轴线旋转一定角度而切除已有实体。如图 4-21a 所示为草图，单击【旋转槽】命令，弹出图 4-21b 所示【定义旋转槽】对话框，【选择】已有草图，【轴线】为“H 轴”，结果如图 4-21c 所示。

4.2.4　孔

使用【孔】命令生成常用类型的孔，孔类型有【简单孔】【锥形孔】【沉头孔】【埋头孔】【倒钻孔】。如图 4-22a 所示长方体，单击【孔】按钮，选择长方体上表面，将【直径】更改为“15”，【深度】更改为“15”，单击【定位草图】按钮，将孔中心标注如图 4-22c 所示尺寸，单击【确定】按钮,结果如图 4-22d 所示。

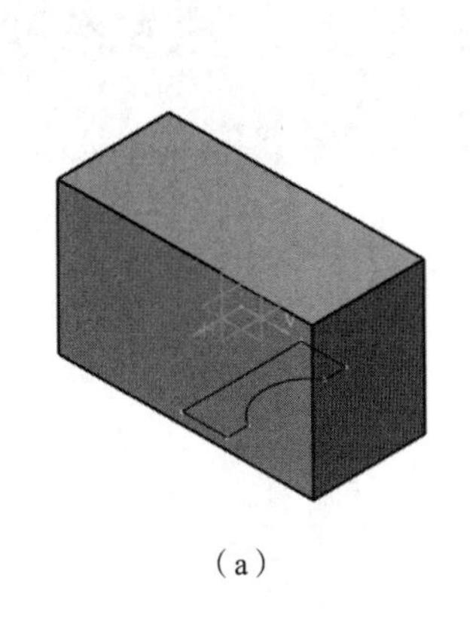

(a)

(b)

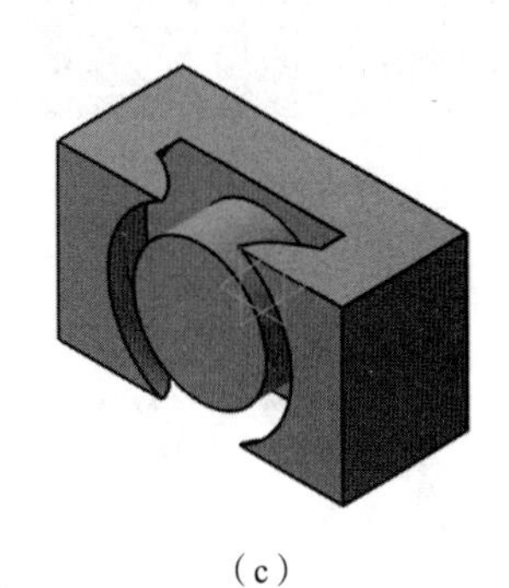

(c)

图 4-21　旋转槽

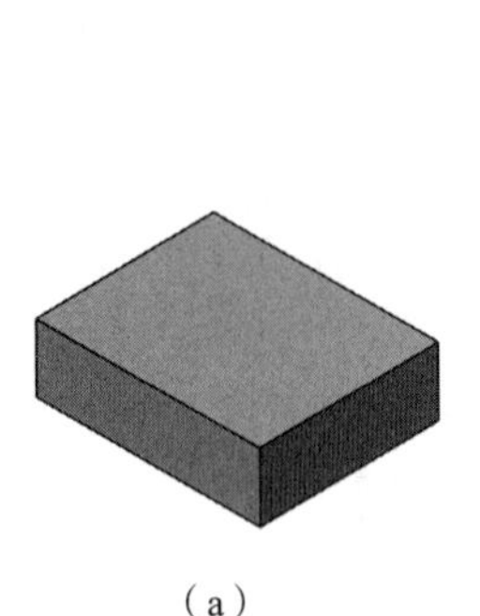

(a)

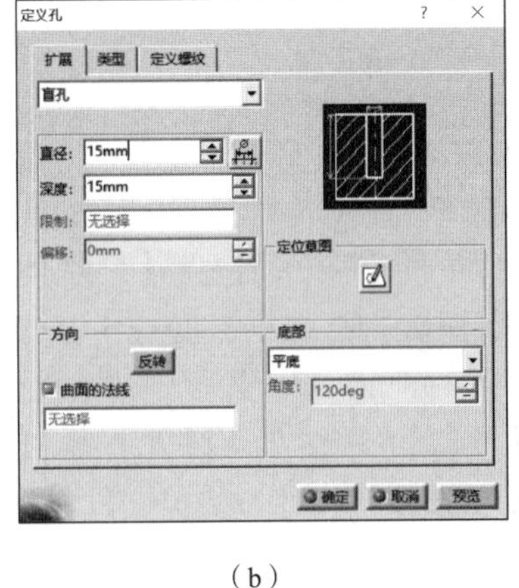

(b)

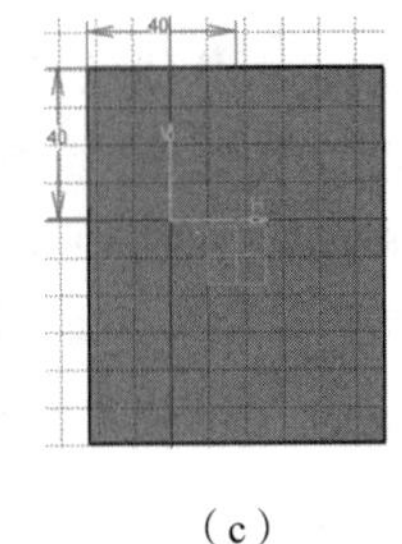

(c)

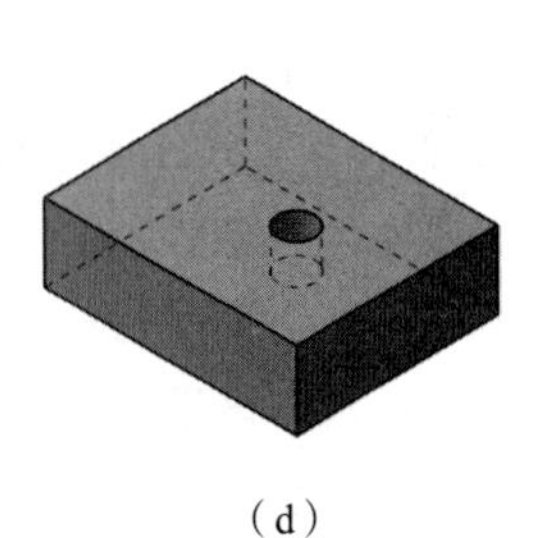

(d)

图 4-22　孔

提示:通用工具栏中的【视图模式】可以切换模型的显示方式。如图 4-22d 所示的显示模式为【含边线和隐藏边线着色】。

【定义孔】对话框有三个选项卡:【扩展】【类型】【定义螺纹】。

①【扩展】选项卡。用于定义孔的主要参数,包括直径、深度、定位等。

【扩展】用于选择孔的深度形式,如图 4-23 所示,共有 5 种类型,不同的类型其下方的【参数】栏也相应变化,其含义与【凹槽】相应的含义相同。

【定位草图】参数栏。进入草图,对孔的中心定位点进行约束定义。

【方向】参数栏。默认设置为【曲面的法线】,也就是垂直于所选参考面,取消默认项后可以选择参考线以改变孔的方向。

【底部】参数栏。用于定义底部形式,当选择“V 型底”时,可以更改角度值。

②【类型】选项卡。用于设置孔的类型,如图 4-24 所示,共有 5 种类型,不同的类型其下方的【参数】也不相同,注意与其示意图对应。

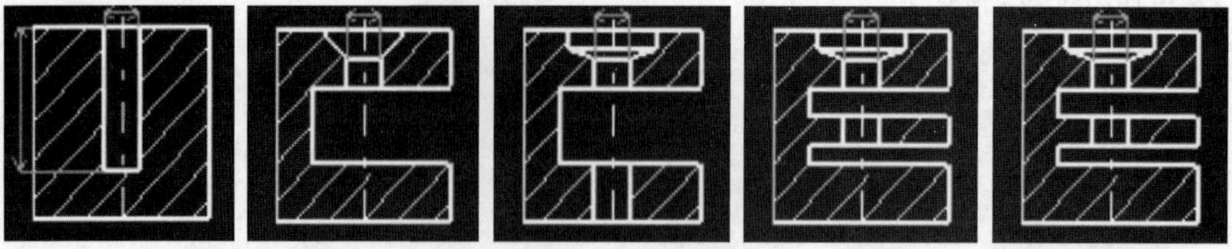

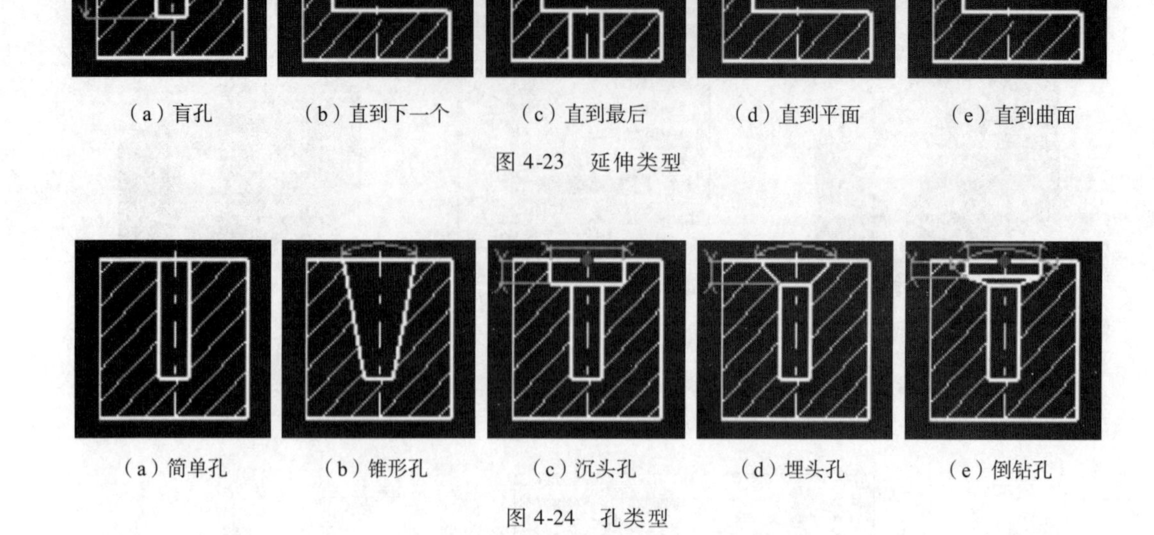

（a）盲孔　（b）直到下一个　（c）直到最后　（d）直到平面　（e）直到曲面

图 4-23　延伸类型

（a）简单孔　（b）锥形孔　（c）沉头孔　（d）埋头孔　（e）倒钻孔

图 4-24　孔类型

③【定义螺纹】选项卡。要定义螺纹首先选中【螺纹孔】选项，才可以对螺纹进行具体定义。

【底部类型】：用于定义螺纹线的长度，并非孔深度；当选择【尺寸】时，在下方【定义螺纹】文本框中输入螺纹深度值；当选择【支持面深度】时，螺纹深度与孔深度相同；当选择【直到平面】时，【底部限制】选项变为可选，选择一参考平面，螺纹深度到该平面为止。

【定义螺纹】选项卡共有 6 个选项：【类型】【螺纹直径】【孔直径】【螺纹深度】【孔深度】【螺距】，在该选项卡的界面下部还有两个单选按钮，即【右旋螺纹】【左旋螺纹】。

4.2.5　肋/开槽

（1）使用【肋】命令可以将指定的一条平面轮廓，沿指定的中心曲线扫描而生成实体。轮廓线是闭合的平面曲线，中心曲线是轮廓线扫描的路径。如果中心曲线是三维空间曲线，那么它必须相切连续，如果中心曲线是平面曲线，则切线无须连续。

如图 4-25a 所示，有两个草图，凹型草图与半槽型草图分别在两个垂直的基准面上，且半槽型草图的一个端点与凹型草图平面“相合”，单击【肋】按钮，弹出图 4-25b 所示对话框，【轮廓】选择【草图 .1】凹型草图，【中心曲线】选择【草图 .2】半槽型草图，单击【确定】按钮，结果如图 4-25c 所示。

提示：【肋】命令在部分资料中称之为【扫掠】。

主要参数、选项释义：

①【控制轮廓】。共有 4 个选项：【保持角度】【拔模方向】【参考曲面】【将轮廓移动到路径】。

【保持角度】：轮廓草图平面与中心曲线切线方向间始终保持初始位置的角度。

【拔模方向】：轮廓草图平面与参考面（线）之间保持初始位置角度。

【参考曲面】：轮廓草图平面与参考曲面间之间保持初始角度。

【将轮廓移动到路径】：根据所选参考对象移动轮廓草图。

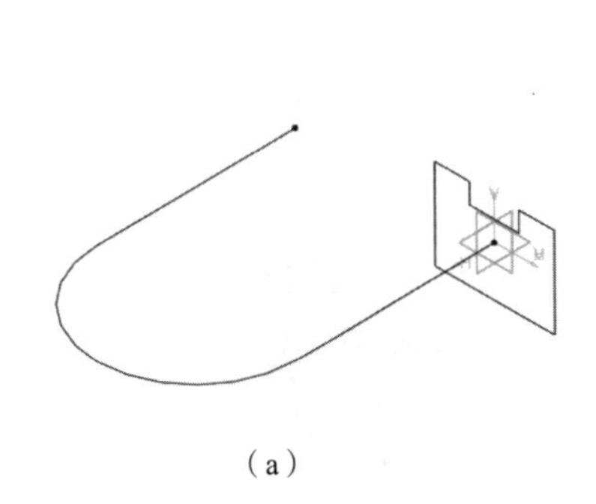

（a）

（b）

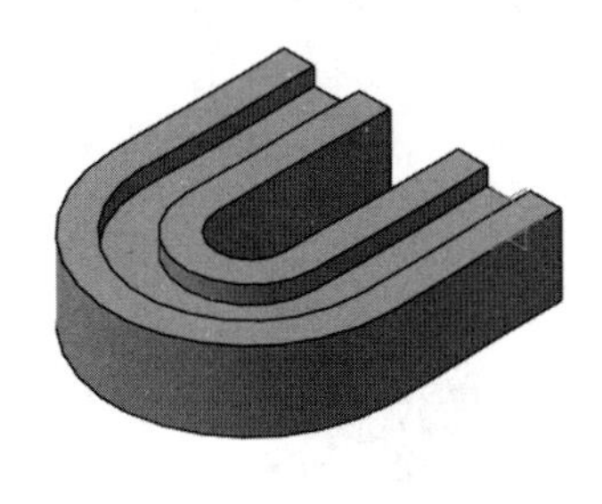

（c）

图 4-25　肋

②【合并肋的末端】:当肋的末端碰到已有实体时超过实体的部分自动修剪掉,间隙部分自动填充。如果同时存在超过与间隙,修剪与填充将同时进行。

③【厚轮廓】:用于生成等壁厚的壳体扫掠体,选中该选项后,将可在下方的【薄肋】文本框输入相应的壁厚参数。

(2)使用【开槽】命令可以将指定的一条平面轮廓,沿指定的中心曲线扫描切除已有实体。如图 4-26a 所示为草图圆、螺旋线与已有实体,单击【开槽】按钮,弹出图 4-26b 所示对话框,【轮廓】选择【草图 .4】圆草图,【中心曲线】选择【螺旋线 .1】,单击【确定】按钮,结果如图 4-26c 所示。

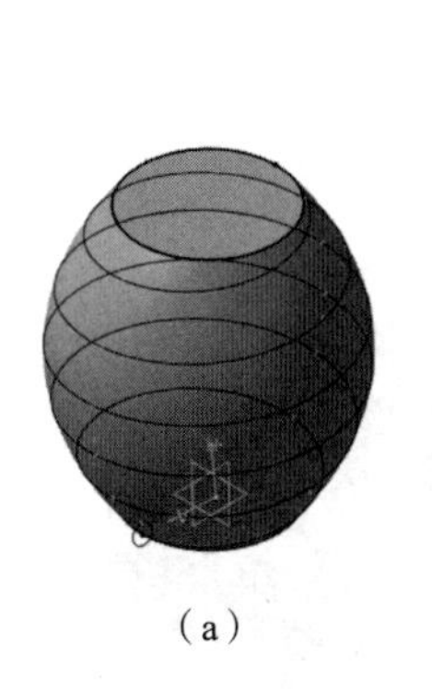

（a）

（b）

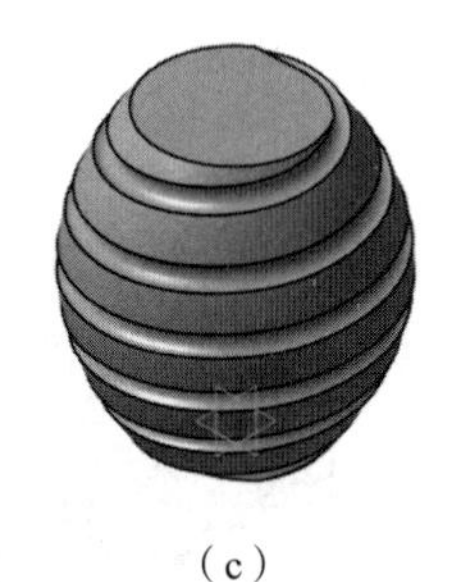

（c）

图 4-26　开槽

【定义开槽】对话框中选项、参数与【定义肋】对话框相同。

4.2.6　高级特征

【高级特征】命令集包含多个高级特征命令,工具条如图 4-27 所示。

图 4-27　【高级特征】工具条

(1)使用【加强肋】命令可以在已有实体的基础上生成加强肋。加强肋的截面是通过已有草图轮廓确定的,可将加强肋的截面沿其法线正向、反向或双向拉伸到指定厚度。如图 4-28a 所示，已有一实体与一草图，单击【加强肋】按钮，弹出图 4-28b 所示对话框，【轮廓】选择【草图 . 2】，【厚度】更改为“5 mm”，单击【确定】按钮，结果如图 4-28c 所示。

提示：草图无须与实体相交，只要其延长线能与实体相交即可。

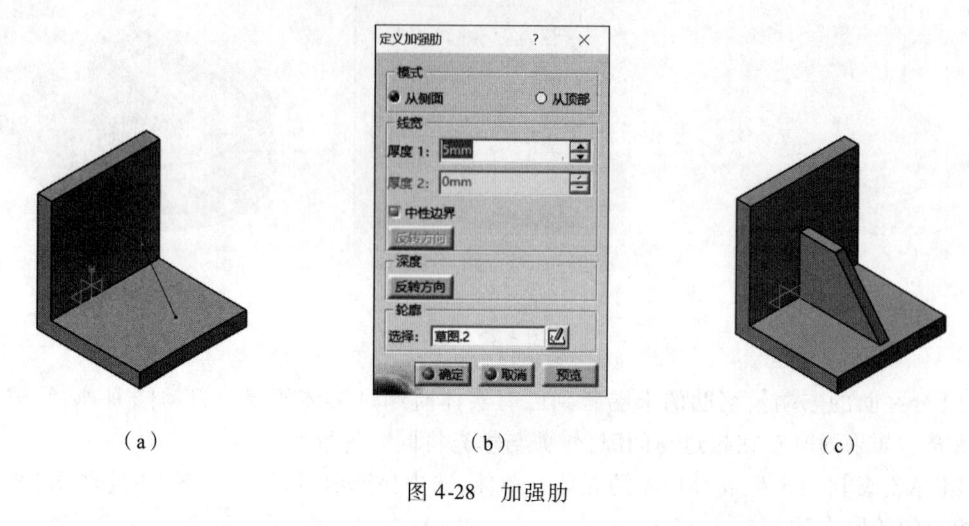

(a)　　(b)　　(c)

图 4-28　加强肋

【定义加强肋】对话框中主要参数、选项释义：

①【模式】。用于定义增加材料的方向，【从侧面】垂直于草图加厚，【从顶部】平行于草图加厚。如图 4-29a 所示为一草图及实体，当选择【从侧面】时结果如图 4-29b 所示，当选择【从顶部】时结果如图 4-29c 所示。

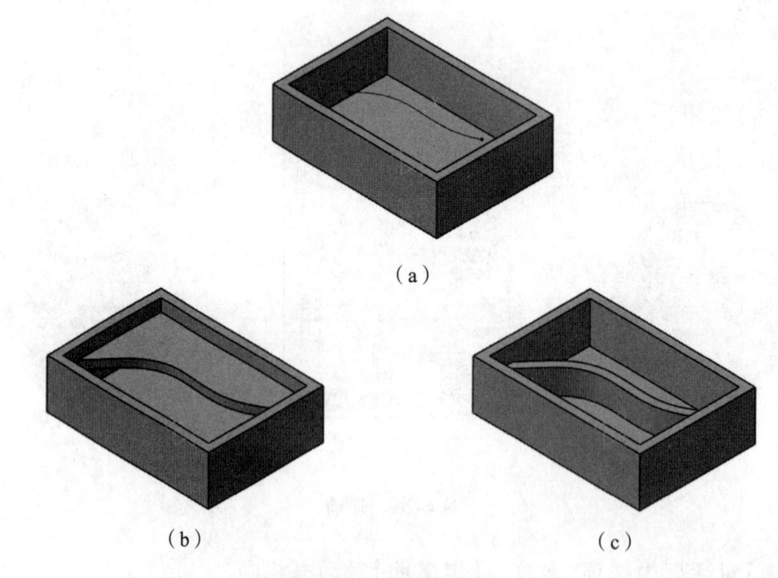

(a)

(b)　　(c)

图 4-29　加强肋模式

②【线宽】。用于定义厚度，当勾选【中性边界】时两侧对称加厚，未勾选时可以分别定义两侧厚度。

③【深度】。用于改变填充方向。

(2)使用【实体混合】命令同时拉伸两个草图，两个拉伸体的交集部分即为生成的实体。

如图 4-30a 所示为两个互相垂直基准面上的草图，单击【实体混合】按钮，弹出图 4-30b 所示对话框，分别选择两个草图，单击【确定】按钮，结果如图 4-30 c 所示。

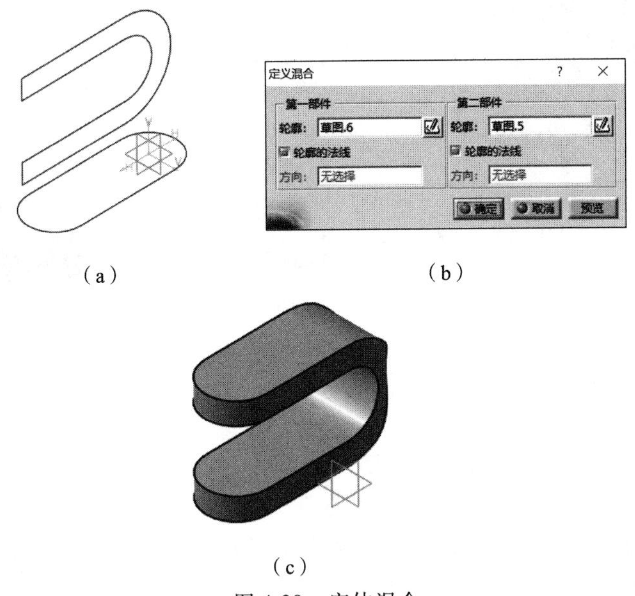

（a）　　（b）

（c）

图 4-30　实体混合

该命令所使用的草图只支持单一封闭区域的草图。当【轮廓的法线】选项取消选择时，可以选择一边线作为草图的拉伸参考方向。

4.2.7　多截面实体/已移除的多截面实体

（1）使用【多截面实体】命令可以将两个或以上的一组互不交叉的截面轮廓沿指定的一条或多条引导线渐进过渡得到实体（可以没有引导线）。如图 4-31a 所示为 3 个草图轮廓，单击【多截面实体】按钮，弹出图 4-31b 所示对话框，分别选择 3 个草图；由于 3 个草图的端点数不相等，所以在选择草图轮廓后，其“闭合点”位置由系统自动判断，如图 4-31c 所示；而“闭合点”不合理则无法生成该特征，可在相应截面的闭合点处右击，在弹出的快捷菜单中选择【替换闭合点】选项，如图 4-31d 所示，选择对应的合理“闭合点”，如图 4-31e 所示；更改完成“闭合点”，在【耦合】选项卡中将【截面耦合】更改为【比率】，单击【确定】按钮，结果如图 4-31f 所示。

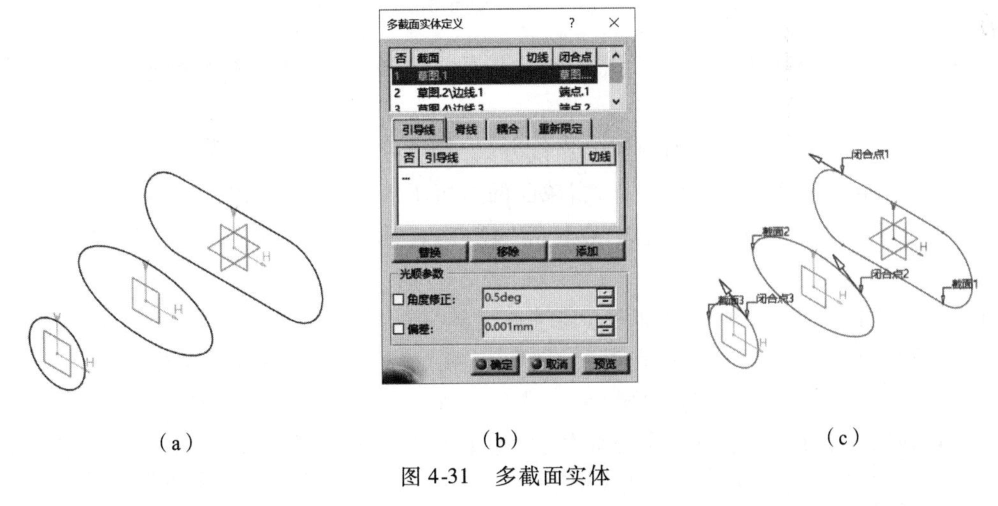

（a）　　（b）　　（c）

图 4-31　多截面实体

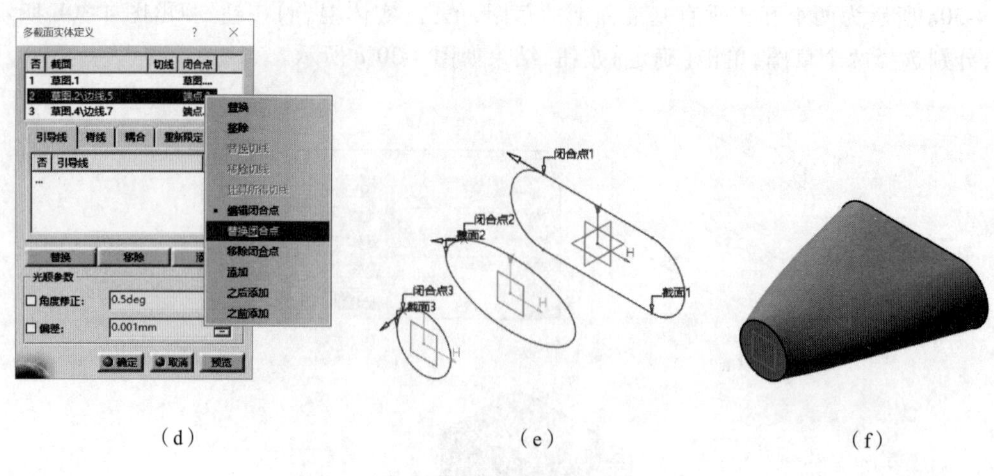

（d）　　（e）　　（f）

图 4-31　多截面实体(续)

【多截面实体定义】对话框主要参数、选项释义:

①【截面选择】。用于选择参与生成实体的草图轮廓，通过单击鼠标右键,可以选择在所选轮廓的【之前添加】或【之后添加】,特别需要注意“闭合点”,闭合点不对应是该命令无法生成实体的主要原因之一,尤其是各截面轮廓端点数不等的情况下,要注意在草图轮廓中添加适当的“点”作为辅助。

②【引导线】。用于选择进一步控制截面间过渡的控制线,如图 4-32a 所示,有一样条曲线,与 3 个草图轮廓均相交,选择该样条曲线为“引导线”,其结果如图 4-32b 所示,可以看到所选线条已改变了过渡趋势。添加“引导线”是完成复杂模型的主要方法之一。

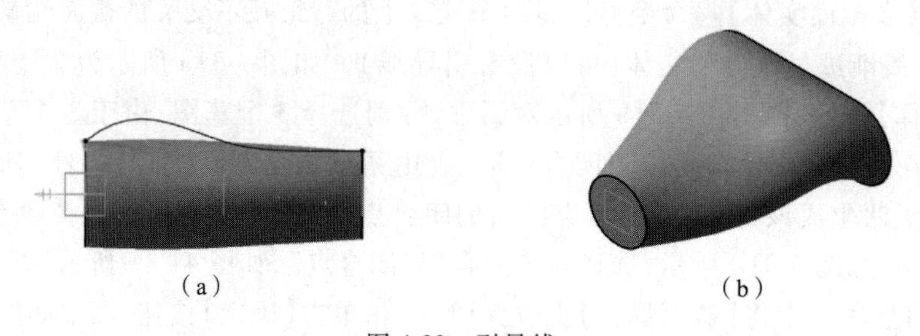

（a）　　（b）

图 4-32　引导线

③【脊线】。系统默认为自动产生“脊线”无须添加,如果需要可添加额外的脊线,要注意所选线必须相切。

④【耦合】。用于控制各截面之间的连接方式,共 4 种方式:

【比率】。通过比率分配对应关系,当截面的边数不同时,使用该方式连接。

【相切】。按截面的相切不连续的点计算“耦合点”,各截面的相切不连续点的数量必须相等。

【相切然后曲率】。按截面的曲率不连续点计算“耦合点”,各截面的相切不连续点与曲率不连续点的数量必须相等,系统将先耦合相切不连续点,再耦合曲率不连续点。

【顶点】。按截面曲线的端点计算“耦合点”,各个截面端点的数量必须相等。

⑤【重新限定】:用于控制【多截面实体】的起始与最终的界限,默认为选中状态,放样的起

始与最终界限为起始截面与最终截面；如果切换开关为关闭状态，若指定脊线，则按照脊线的端点确定起始与结束界限，否则按照选择的第一条引导线的端点确定起始与结束界限；若脊线和引导线均未指定则还是按照截面确定放样的起始与最终界限。

如图 4-33a 所示，当引导线长度超过起始截面，该选项选中时，超出部分不参与建模，当取消该选项时，则自动延伸至引导线末端，如图 4-33b 所示。

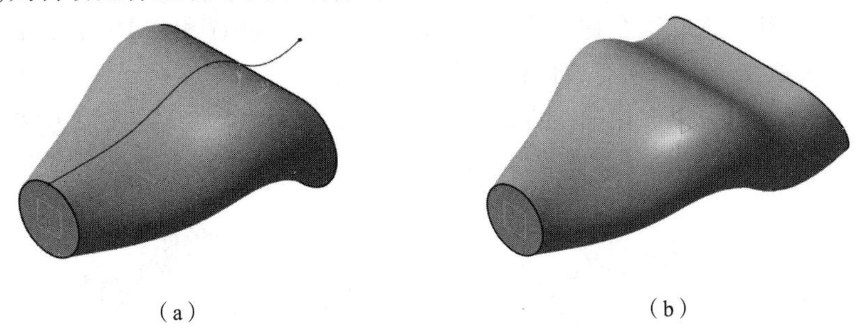

（a）　　　　（b）

图 4-33　重新限定

⑥【光顺参数】：用于调整参数以增加生成结果的光顺程度。

（2）使用【已移除的多截面实体】命令可以将两个或两个以上的一组互不交叉的截面轮廓沿指定的一条或多条引导线渐进过渡切除已有实体（可以没有引导线）。其操作方法、参数与【多截面实体】命令相同。

4.3　修饰特征

4.3.1　圆角

【圆角】命令集包含多个圆角命令，工具条如图 4-34 所示。

图 4-34　【圆角】工具条

（1）使用【倒圆角】命令可以对已有实体的棱边倒圆。如图 4-35a 所示，需对圆柱体上下两端边线倒圆，单击【倒圆角】按钮，弹出图 4-35b 所示对话框，将【半径】更改为“3 mm”，选择圆柱体上下两端边线，单击【确定】按钮，结果如图 4-35c 所示。

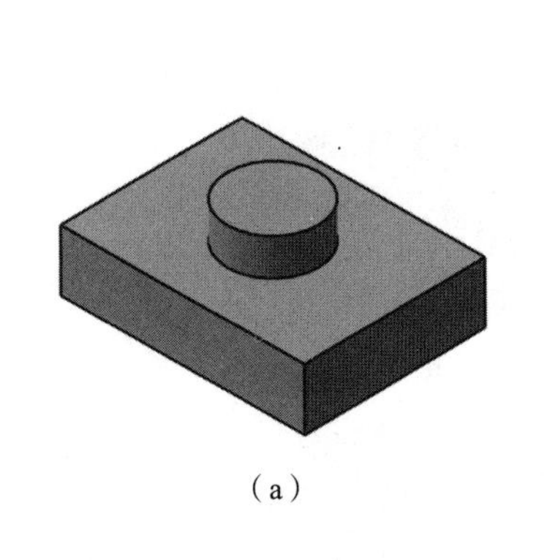

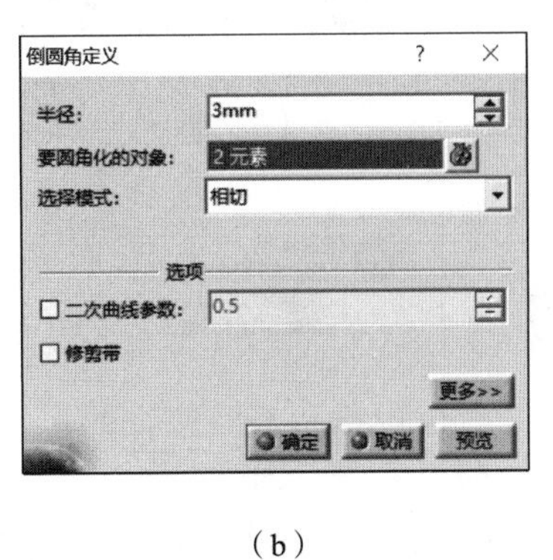

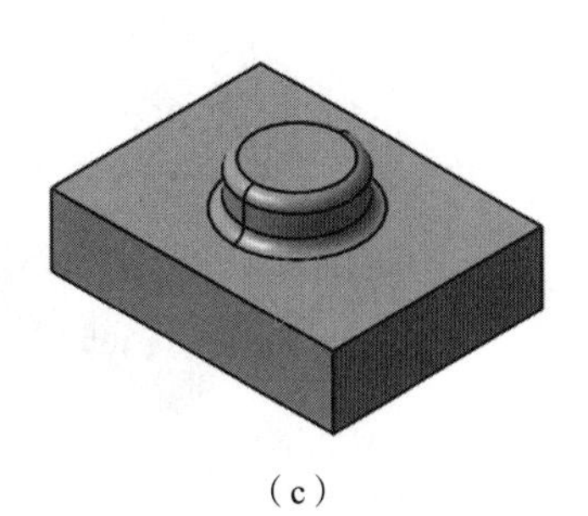

（a）　　　　（b）　　　　（c）

图 4-35　倒圆角

【倒圆角定义】对话框主要参数、选项释义：

①【要圆角化的对象】。可以选择已有实体的边线，当选择面时，面的所有边线将全部倒圆角。

②【选择模式】。用于确定是否选择关联对象。设置为【相切】时将选择所有与所选边相切的边线；设置为【最小】时将仅对所选边线倒圆角；设置为【相交】时将选择特征而非边线，所选特征与其余特征相交的边线全部倒圆角；设置为【与选定特征相交】时将选择特征而非边线，与【相交】的区别在于该选项需选择相交的参考特征。

③【二次曲线参数】。以二次曲线方式过渡，其取值范围为“0～1”，该值为“0.2”时结果如图 4-36a 所示，该值为“0.8”时结果如图 4-36b 所示。

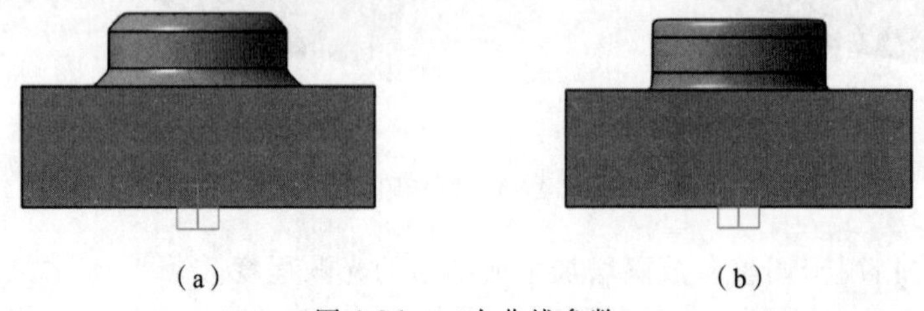
(a)　　(b)

图 4-36　二次曲线参数

④【修剪带】。用于控制两个圆角相交时的处理方式，如图 4-37a 所示，同时对两圆柱体底边线圆角，当半径值大于两圆柱边线距离的一半时，将弹出如图 4-37b 所示提示而无法生成圆角，此时选择该选项时将对重叠区域进行自动修剪，结果如图 4-37c 所示。

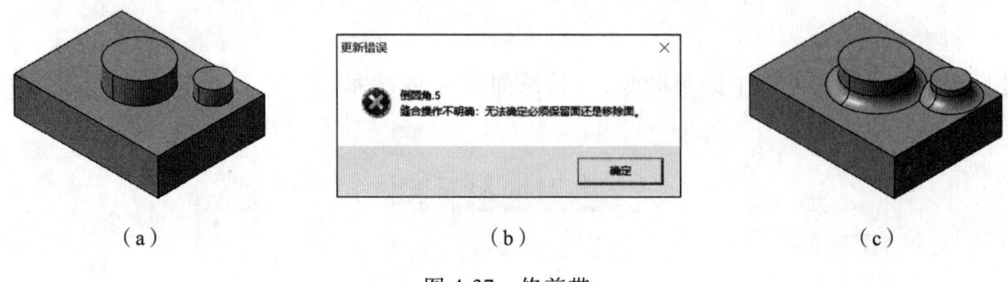

(a)　　(b)　　(c)

图 4-37　修剪带

⑤【要保留的边线】。当圆角的半径值超过圆角边线相邻面的最大切向尺寸时，通过该选项选择保留的边线。如图 4-38a 所示，圆柱体高度为“12”，对其底边线圆角，当圆角半径为“15”时，会弹出如图 4-38b 所示提示，此时将顶边线选择为【要保留的边线】，将保持该边线的尺寸，结果如图 4-38c 所示。

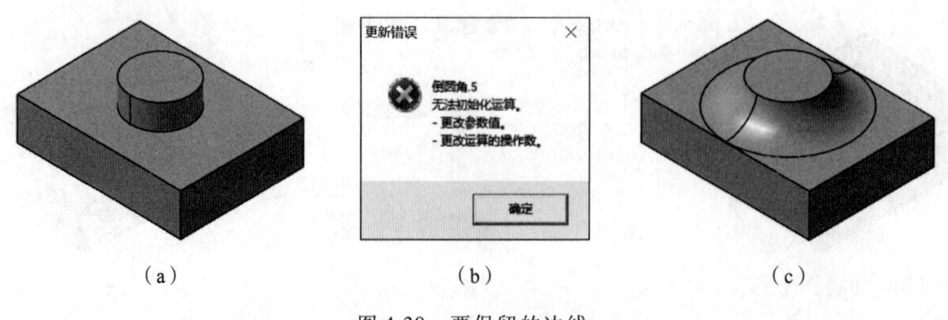

(a)　　(b)　　(c)

图 4-38　要保留的边线

⑥【限制元素】。可以选择参考对象边线的一部分进行圆角，而非边线全长。如图 4-39a 所示为倒圆角时选择“zx 平面”为【限制元素】，结果只对“zx 平面”的一侧进行圆角，如图 4-39b 所示。

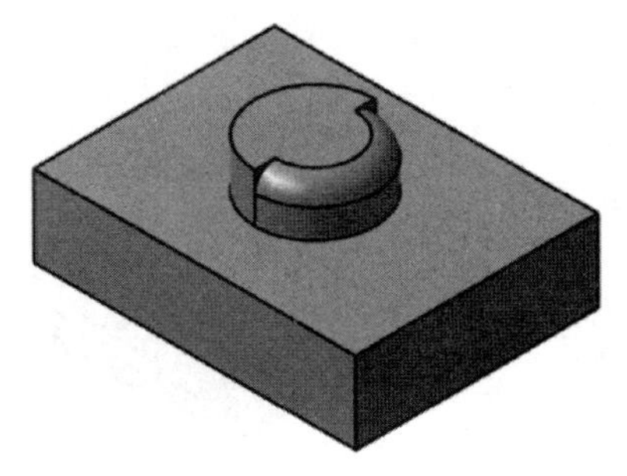

图 4-39 限制元素

技巧：在选择圆角对象时，按住 <Alt> 键同时单击鼠标，将弹出一个局部放大镜，并列出附近的可选对象清单，如图 4-40 所示，按键盘上的光标键 ← → ↑ ↓ 可进行对象选择，有利于在复杂模型中选择对象。

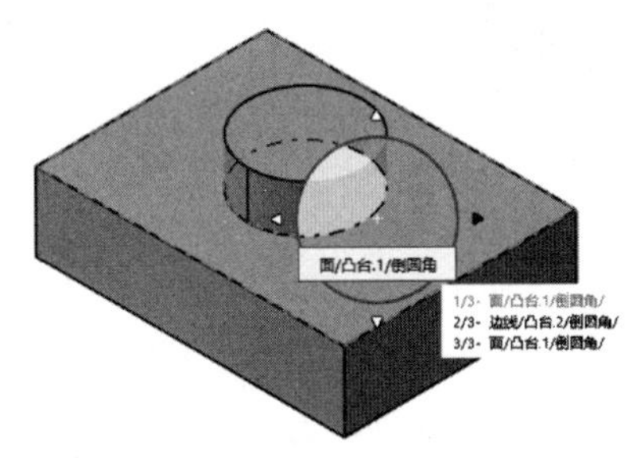

图 4-40 局部放大镜

⑦【分离元素】。选择面时，需与所选边线相交，则该面将分割所生成的圆角。

(2) 使用【可变半径圆角】命令可以在同一棱边上倒出半径变化的圆角。单击【可变半径圆角】，弹出如图 4-41a 所示对话框，选择圆角边线时会出现两个半径标示，如图 4-41b 所示；双击该半径标示，弹出如图 4-41c 所示对话框，输入所需的半径值。采用同样的方法定义另一个半径值，如需增加控制半径的数量，切换至【点】选项，并在边线相应的位置上单击鼠标，即可增加新的控制半径，如图 4-41d 所示，单击【确定】按钮，结果如图 4-41e 所示。

提示：如对一封闭的边线（如圆）使用【可变半径圆角】命令时，由于其没有明确的端点，所以通常需先绘制出定位点，这种方法同样适用于开放边线，需要精确的控制点位置时使用。

【可变半径圆角定义】对话框主要参数、选项释义：

【变化】：用于选择不同半径值之间的过渡形式，有“立方体”与“直线”两种。系统默认设置为“立方体”，过渡呈立方曲线变化，而“直线”选项过渡呈线性变化。

其他选项与参数含义与【倒圆角】命令相同。

(3) 使用【弦圆角】命令倒圆角时，控制尺寸为弦长而非半径。单击该命令弹出对话框如图 4-42a 所示，输入弦长尺寸【10 mm】，其结果如图 4-42b 所示，测量时可以看到该尺寸：弦长为“10 mm”，而半径为“7.071 mm”。

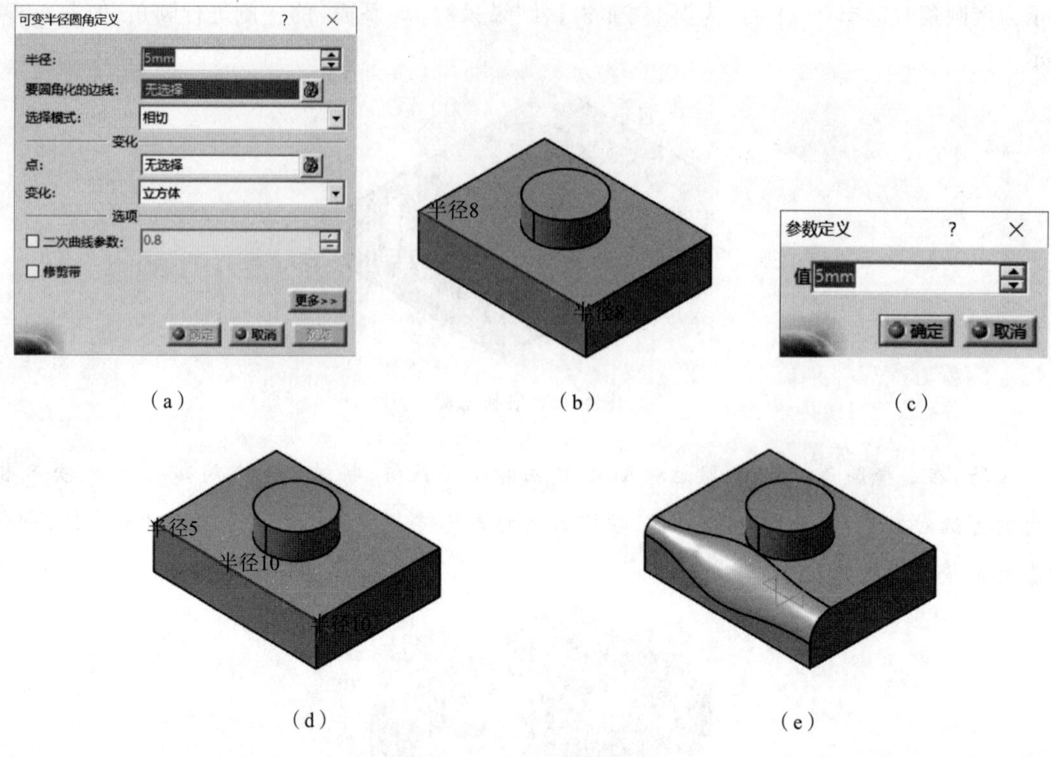

（a）（b）（c）

（d）（e）

图 4-41　可变半径圆角

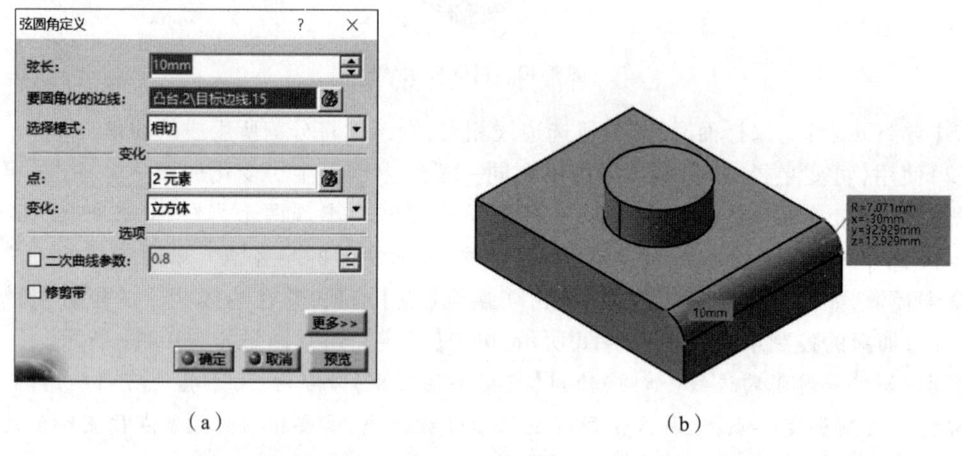

（a）（b）

图 4-42　弦圆角

【弦圆角】命令除尺寸控制不同外，其余与【可变半径圆角】选项、参数相同。

提示：需测量模型对象相关尺寸时，可通过通用工具栏中的【测量间距】与【测量项】进行测量。

（4）使用【面与面的圆角】命令在两个相邻的面之间建立一过渡的曲面圆角。如图 4-43a 所示的两个锥形凸台，单击【面与面的圆角】按钮，弹出图 4-43b 所示对话框，【半径】更改为“5 mm”，单击【确定】按钮，结果如图 4-43c 所示。

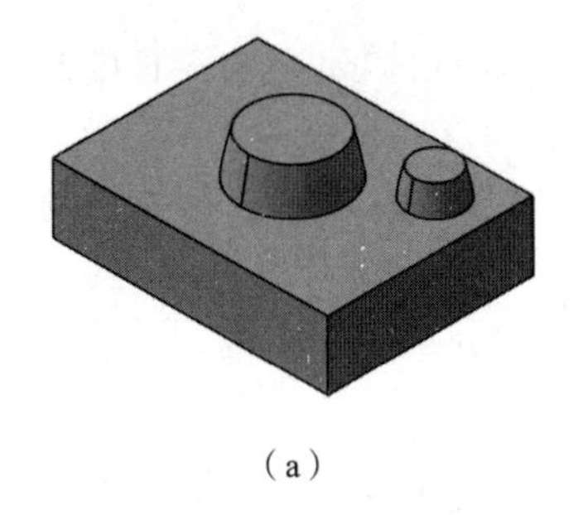

(a)

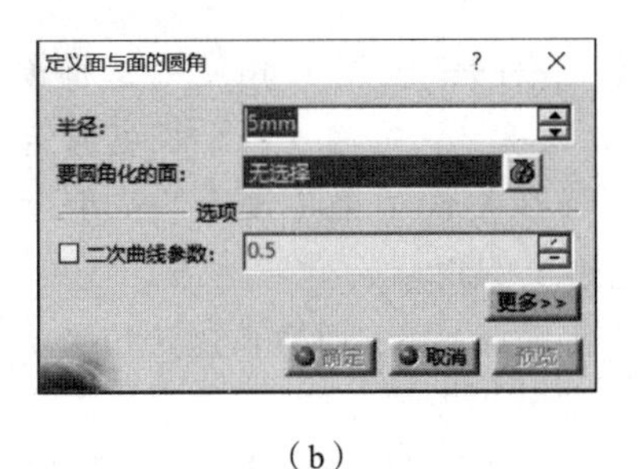

(b)

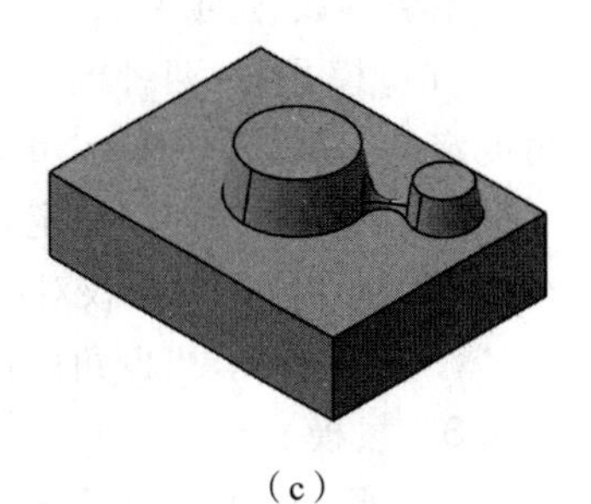

(c)

图 4-43　面与面的圆角

半径值要小于所选两相邻面中高度较低的面的高度,并且大于两面之间最小的距离。

(5)使用【三切线内圆角】命令可以对三组相邻面进行圆角处理,圆角与三组面均相切,同时移除中间面。如图 4-44a 所示实体,单击【三切线内圆角】按钮,弹出如图 4-44b 所示对话框,【要圆角化的面】分别选择两个侧面,由于侧面由多个面组成,此时任选其中之一即可,【要移除的面】选择顶面,再单击【确定】按钮,结果如图 4-44c 所示。

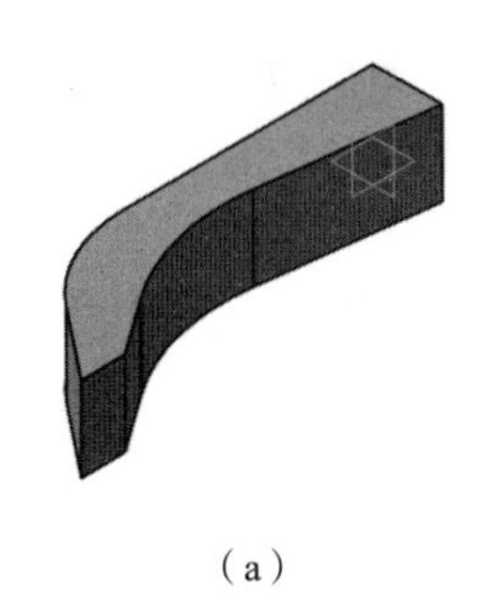

(a)

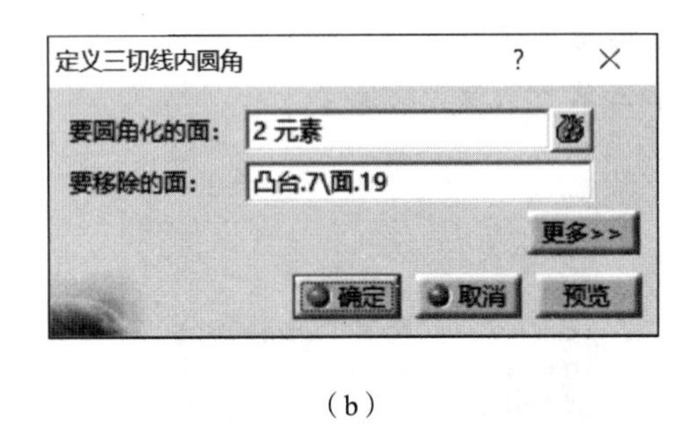

(b)

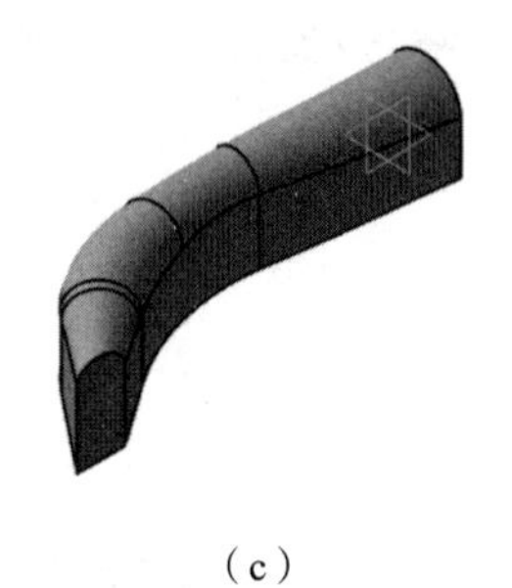

(c)

图 4-44　三切线内圆角

注意:当侧面由多个面组成时,相邻面间必须相切,只有相切的面系统才会自动作为一组面选取,否则只有选择的单一面参与圆角特征生成。

4.3.2　倒角

使用【倒角】命令可以对已有实体的棱边进行倒角。如图 4-45a 所示实体,单击【倒角】按钮,弹出如图 4-45b 所示对话框,在【长度 1】中输入尺寸“5”,选择顶面边线,单击【确定】按钮,结果如图 4-45c 所示。

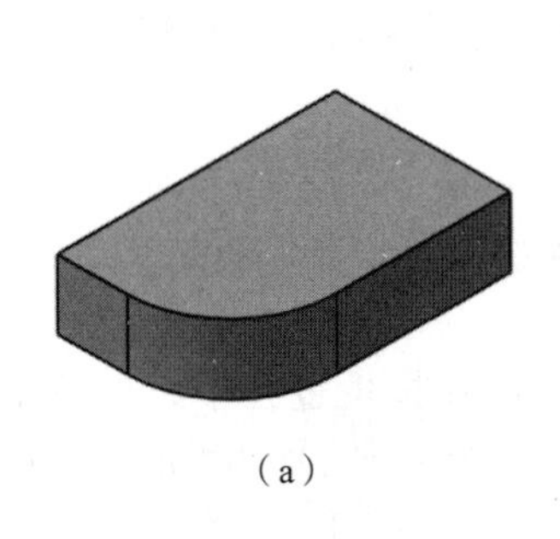

(a)

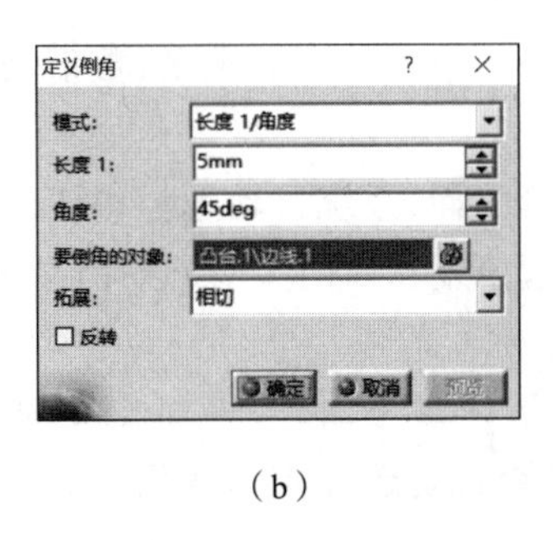

(b)

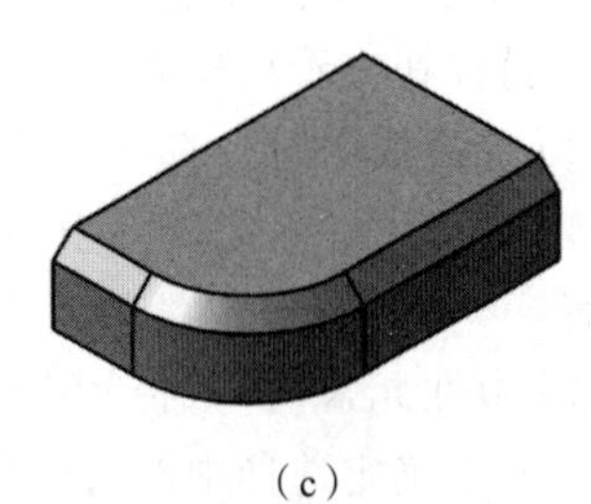

(c)

图 4-45　倒角

主要参数、选项释义：

(1)【模式】。两种模式可选，一种是“长度 1/角度”，这种模式为默认选项，可输入长度及角度定义倒角；另一种是“长度 1/长度 2”，可输入两个长度值定义倒角。

(2)【拓展】。用于确定是否选择关联对象。设为“相切”时将选择所有与所选边相切的边线；设为“最小”时将仅对所选边线倒角。

(3)【反转】。当倒角两边不等长时，可以切换长短边位置。

4.3.3 拔模

为了便于从模具中取出工件，注塑类、铸造类、锻造类零件需要在零件的侧面构造一定斜角，即拔模角度。

【拔模】命令集包含多个命令，工具条如图 4-46 所示。

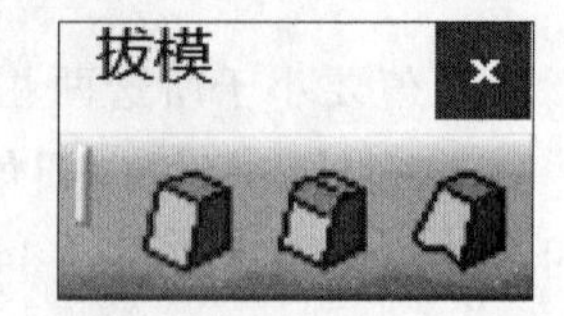

图 4-46 【拔模】工具条

(1)使用【拔模斜度】命令可以对已有实体的面进行拔模。如图 4-47a 所示实体，单击【拔模斜度】按钮，弹出图 4-47b 所示对话框，在【角度】文本框中输入“ -10 deg”，【要拔模的面】选择任意侧面，【中性元素】/【选择】中选取底面，单击【确定】按钮，结果如图 4-47c 所示。

技巧：拔模的方向可通过图形区的橙色箭头判断，当【角度】文本框中数值为正时，箭头指示方向为收窄方向，可通过单击该箭头改变方向。

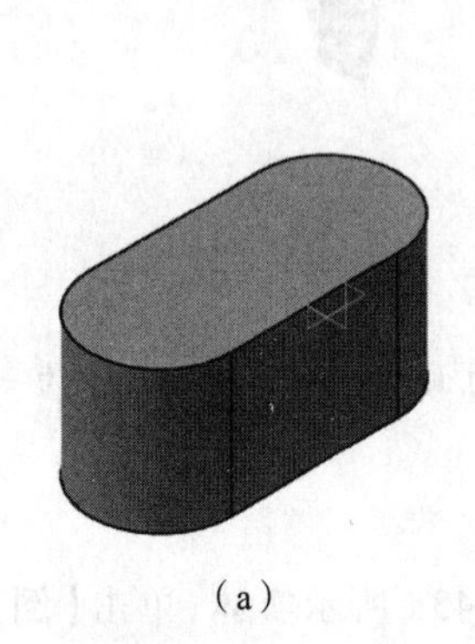

(a)

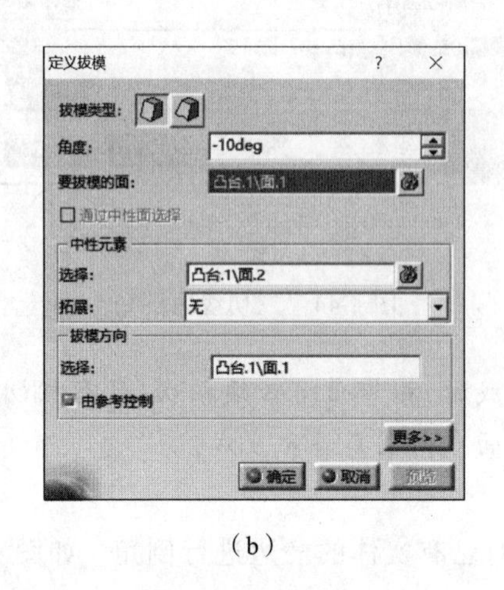

(b)

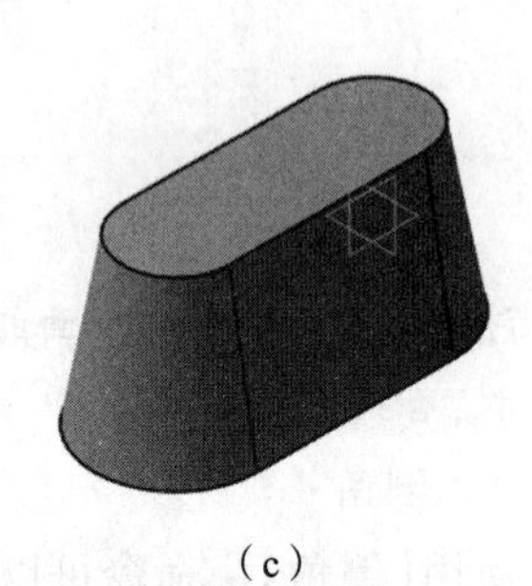

(c)

图 4-47 拔模斜度

【定义拔模】对话框主要参数、选项释义：

①【角度】：即拔模后的拔模面与拔模方向的夹角，数值为负值时为反方向拔模，可通过单击【预览】按钮查看拔模方向。

②【要拔模的面】：选择需拔模的面，系统自动选择相切面。

③【通过中性面选择】：当勾选该复选框时，无须选择【要拔模的面】，系统将根据中性面自动选择。

④【中性元素】：【选择】用于选择参考面，与该面相交的轮廓在拔模过程中将保持不变；【拓展】用于确定选择中性面时是否自动选择相切元素，系统默认为“无”，选为“光顺”时将自动选择相切面。

⑤【拔模方向】:拔模方向默认为垂直于所选的中性面,也可更换为其他合适的面。

⑥【分离元素】:用于选择分割拔模面的参考面,当选择【分离 = 中性】时,中性面即为分离面,选中后可同时选中【双侧拔模】,即以中性面为分界面,两侧同时拔模。如图 4-48 所示为选择"xy 平面"为中性元素的结果。也可另外选择分离元素的参考面,这个参考面可以是平面也可以是曲面,需要与拔模面相交。

⑦【限制元素】。可通过所选面限制拔模面的范围,如图 4-49 所示为选择"zx 平面"为限制元素的结果。

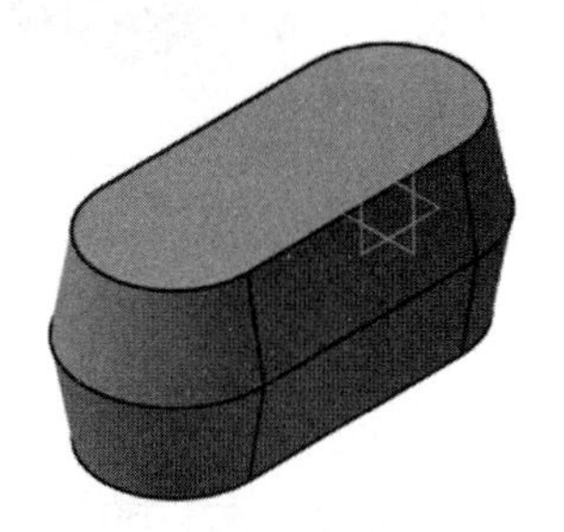

图 4-48　分离元素

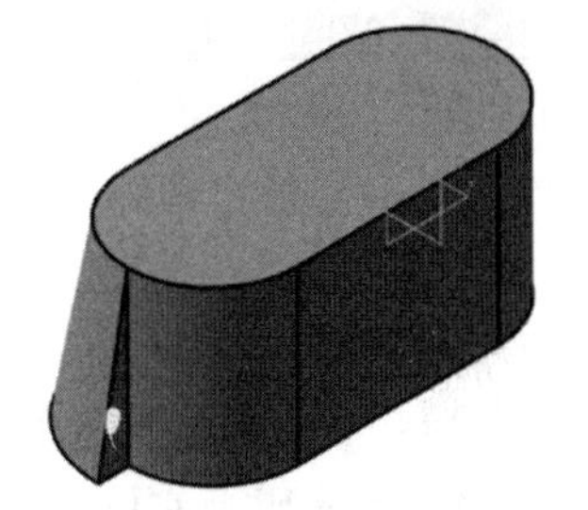

图 4-49　限制元素

(2)使用【拔模反射线】命令可以对轮廓线复杂不规则的面进行拔模,如图 4-50a 所示,需对侧面进行拔模,单击【拔模反射线】按钮,弹出图 4-50b 所示对话框,【要拔模的面】选择曲面,系统会自动生成反射线,单击【确定】按钮,结果如图 4-50c 所示。

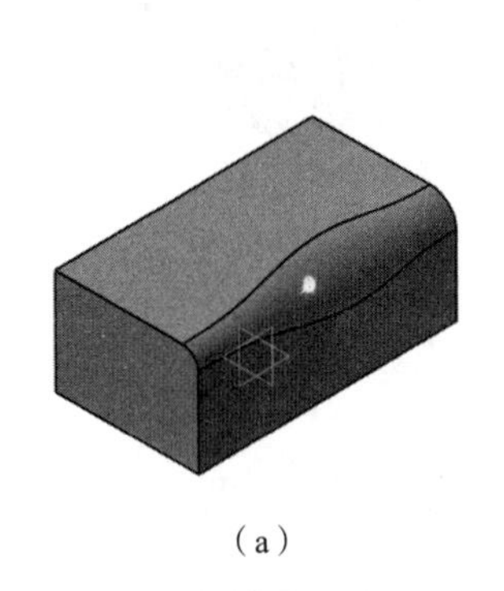

(a)

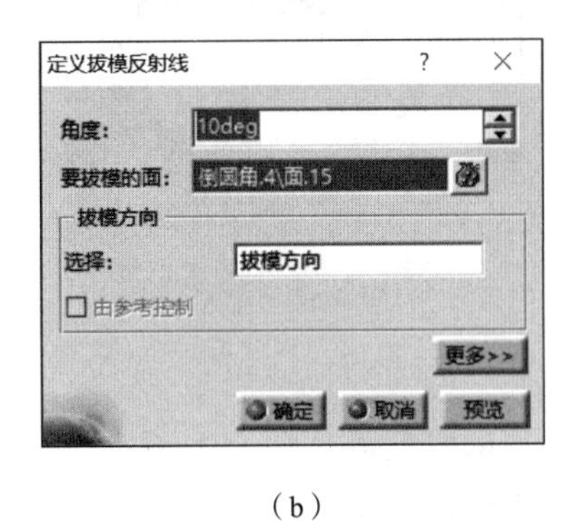

(b)

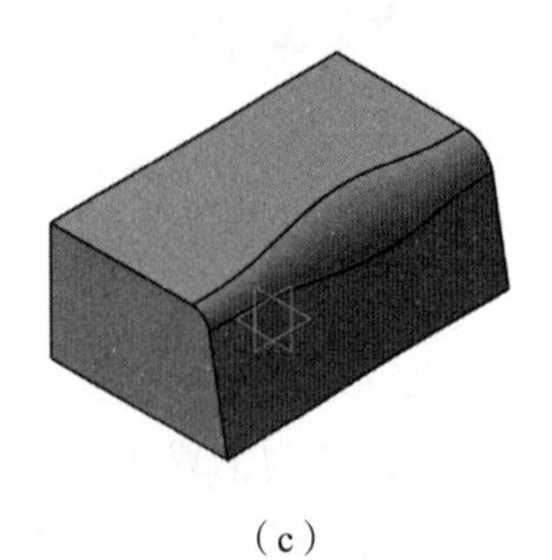

(c)

图 4-50　拔模反射线

注意:【要拔模的面】并非实际倾斜的面,而是其相切面,反射线就是实际倾斜的面在倾斜之后与所选曲面的切交线。如该例中要对右侧面进行拔模,【要拔模的面】需要选择与其相切的圆角面,而非右侧面。由于同一【要拔模的面】通常与多个面相邻,此时可以通过更改【拔模方向】的参考更改所需拔模的面。

(3)使用【可变角度拔模】命令可以对已有实体的面进行变化的角度拔模。对 4-47a 所示实体进行拔模,单击【可变角度拔模】按钮,弹出图 4-51a 所示对话框,其与【拔模斜度】命令最大的区别在于可以通过【点】参数框控制不同的拔模角度,在模型上选择第二个点,出现角度值,双击该角度值即可更改,将其中一个更改为"5",另一个更改为"20",单击【确定】按钮,结果如图 4-51c 所示。

该命令的其余选项与【拔模斜度】命令相同。

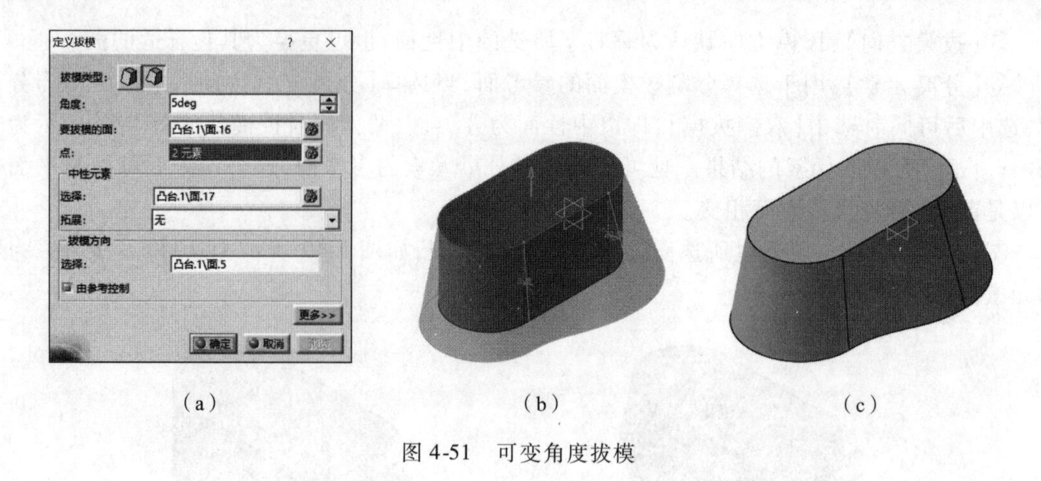

(a)　　(b)　　(c)

图 4-51　可变角度拔模

4.3.4　盒体

使用【盒体】命令可以挖空已有实体的内部,保留设定的厚度,也可以在实体表面外增加设定的厚度。如图 4-52a 所示实体,单击【盒体】按钮,弹出如图 4-52b 所示对话框,【默认内侧厚度】更改为“5 mm”,【要移除的面】选择上表面,单击【确定】按钮,结果如图 4-52c 所示。

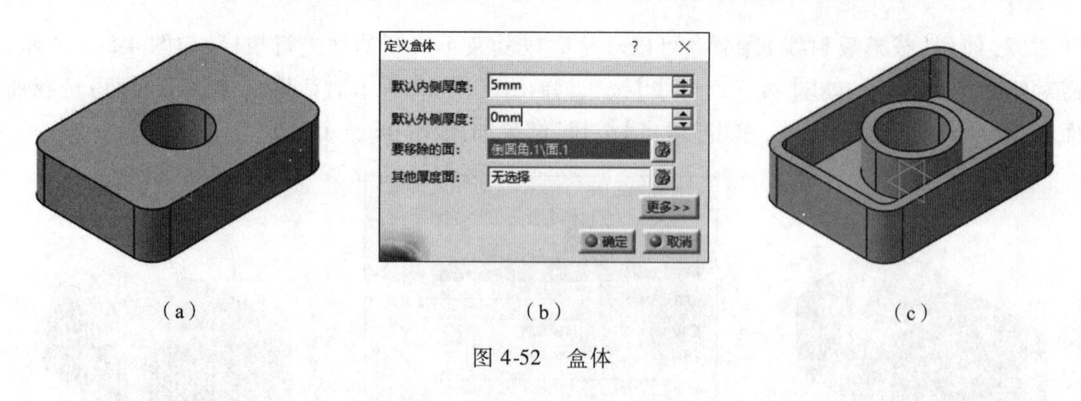

(a)　　(b)　　(c)

图 4-52　盒体

主要参数、选项释义:

①【默认内侧厚度】:定义保留的厚度值。

②【默认外侧厚度】:在实体表面的外侧增加的厚度值。

③【要移除的面】:选择要去掉的面,可以是多个,如图 4-53 所示为同时选择上下表面的结果。

④【其他厚度面】:选择与【默认内侧厚度】所定义的厚度不同的面,选择后模型上会在该面上出现相应尺寸,双击该尺寸更改为所需的尺寸,如图 4-54 所示为将圆柱孔面默认内侧厚度更改为“10 mm”的结果。

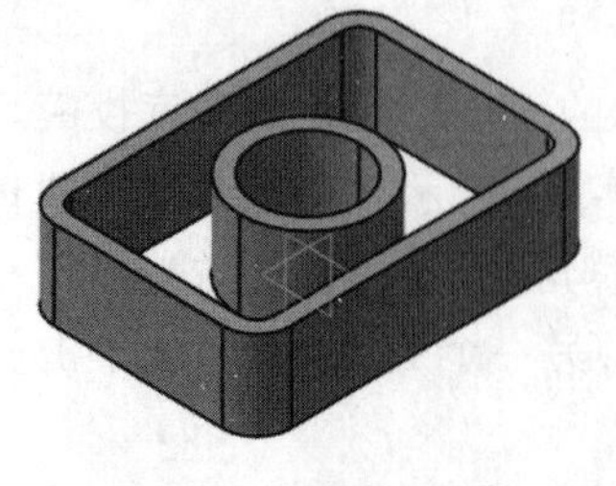

图 4-53　要移除的面

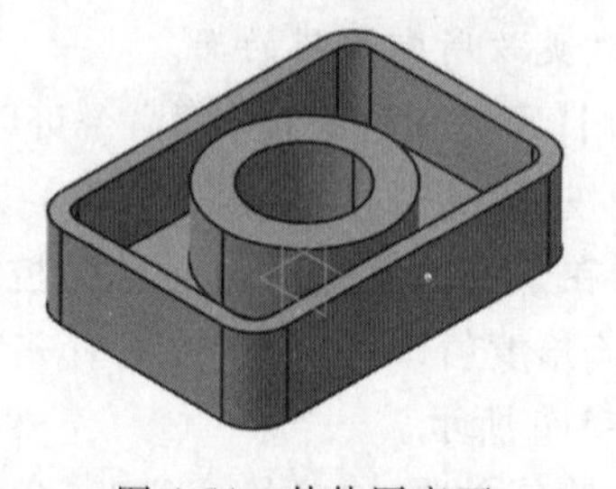

图 4-54　其他厚度面

4.3.5　厚度

使用【厚度】命令可以增加或减少指定实体表面的厚度。如图 4-55a 所示实体，单击【厚度】按钮，弹出图 4-55b 所示对话框，将【默认厚度】更改为“15 mm”，【默认厚度面】选择较低的面，单击【确定】按钮，结果如图 4-55c 所示。

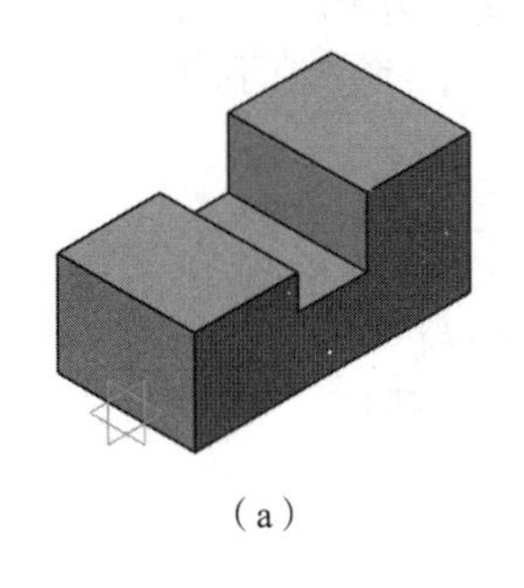

（a）

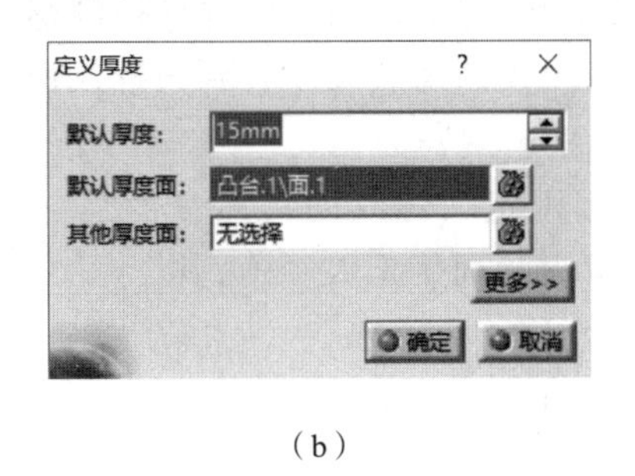

（b）

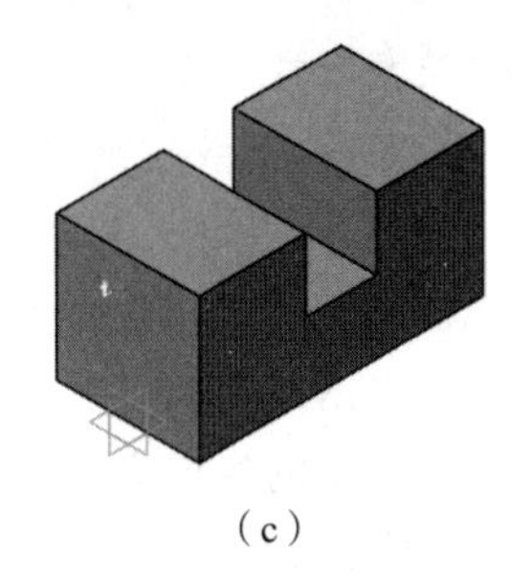

（c）

图 4-55　厚度

主要参数、选项释义：

(1)【默认厚度】：输入需要增加的厚度值，当该值为负值时将减小实体厚度。

(2)【默认厚度面】：选择需要增减厚度的面。

(3)【其他厚度面】：选择与【默认厚度】所定义的厚度不同的面，选择后会在模型的该面上出现相应尺寸，双击该尺寸更改为所需的尺寸，其含义与【盒体】命令相应选项相同。

注意：该命令是修改外来非参数化实体的重要工具之一。

4.3.6　内螺纹/外螺纹

使用【内螺纹/外螺纹】命令可以在已有的圆柱表面生成外螺纹或在圆孔的内表面生成内螺纹，但只是将螺纹信息记录到数据库，三维模型上并不产生实际的螺旋线，但在二维工程图上会按标准螺纹的规定画法绘制。如图 4-56a 所示实体，单击【内螺纹/外螺纹】按钮，弹出如图 4-56b 所示对话框，【侧面】选择直径较小的外圆柱面，【限制面】选择左端面，【外螺纹深度】更改为“40 mm”，【螺距】更改为“1. 5 mm”，单击【确定】按钮，模型上并没有什么变化，但在结构树中已记录下该螺纹特征，如图 4-56c 所示。

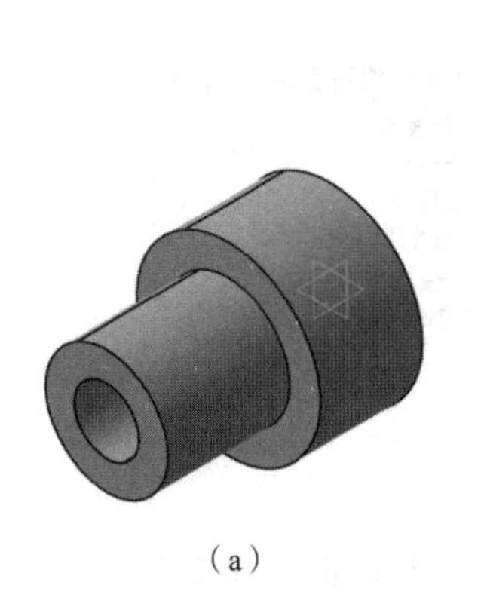

（a）

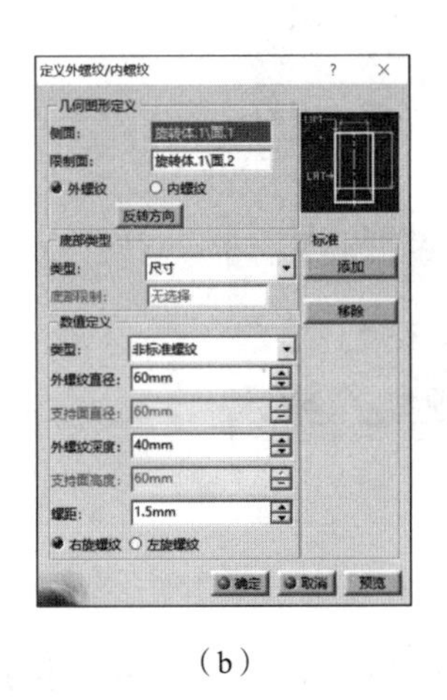

（b）

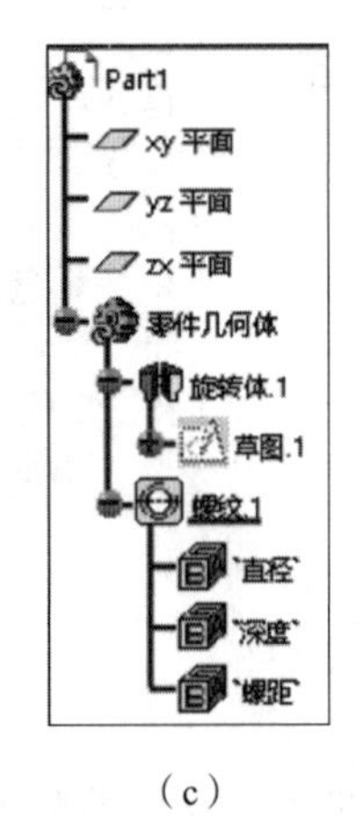

（c）

图 4-56　内螺纹/外螺纹

【定义外螺纹/内螺纹】对话框主要参数、选项释义：

(1)【几何图形定义】功能区：用于定义螺纹的基本参数。【侧面】用于选择生成螺纹的圆柱表面；【限制面】用于定义螺纹的起始面，起始面必须是平面；【外螺纹】【内螺纹】单选按钮用于选择螺纹类型；【反转方向】按钮可更改螺纹的方向。

(2)【底部类型】功能区：在【类型】下拉列表中选择控制螺纹长度的方式，“尺寸”输入螺纹的长度尺寸；“支持面深度”为生成的螺纹长度直到该螺纹面的下一个面；“直到平面”需选择一参考面，螺纹生成到该面为止。

(3)【数值定义】功能区：用于定义螺纹的具体参数，系统默认根据【侧面】文本框显示面确定大径值，其他参数根据所需要求更改。

内螺纹的生成方法与外螺纹生成方法相同。

注意：生成内螺纹时，其孔尺寸需要按小径尺寸创建，否则无法生成标准的公制螺纹。

提示：由于螺纹在模型中并不显示，那如何知道当前模型有哪些螺纹呢？可单击通用工具栏的【外螺纹/内螺纹分析】按钮，弹出如图 4-57 所示对话框，单击【应用】按钮，对话框中会列出当前模型的螺纹情况，并有预览显示。

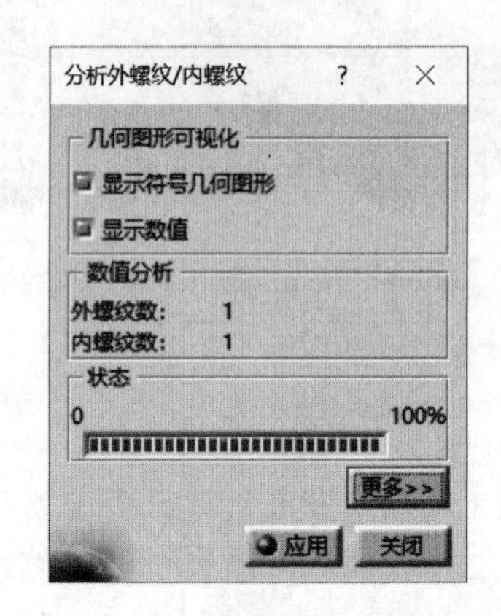

图 4-57 【分析外螺纹/内螺纹】对话框

4.4 参考元素

4.4.1 点

使用【点】命令可以根据需要绘制空间点，单击【点】按钮，弹出如图 4-58a 所示对话框，单击【点类型】下拉按钮，列出所有点类型，共 7 种，如图 4-58b 所示，不同的点类型有不同的参数与选项。

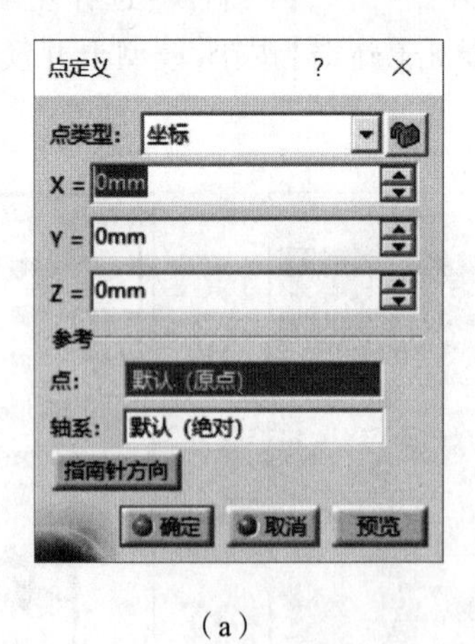

(a)

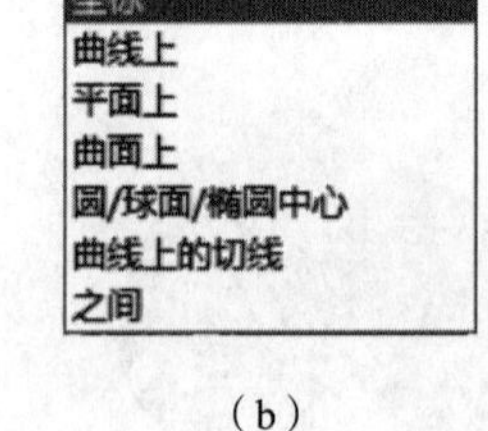

(b)

图 4-58 点

(1)【坐标】：默认类型，输入“X、Y、Z”三点的坐标生成点；【参考】功能区【点】文本框默认设置为系统“原点”，所输入坐标是相对于该参考点的坐标值，也可以选择模型中已有点作为参考。

(2)【曲线上】:以已有曲线为参考绘制点,如图 4-59a 所示为一空间曲线,【点类型】选择“曲线上”,如图 4-59b 所示,【曲线】选择该曲线,并在【长度】文本框中输入尺寸“60 mm”,单击【确定】按钮,结果如图 4-59c 所示。

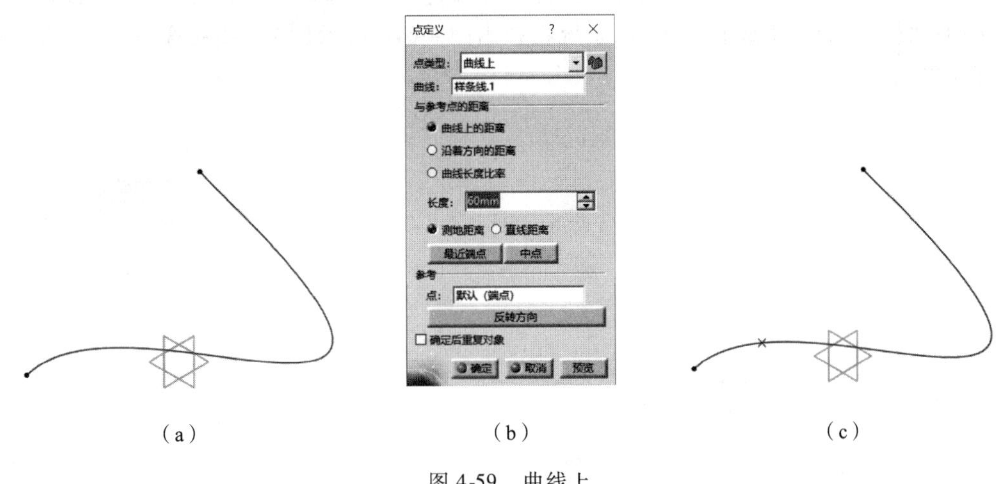

(a)　　(b)　　(c)

图 4-59　曲线上

【与参考点的距离】功能区共有三个子选项,选中【曲线上的距离】时在【长度】文本框输入长度值,从曲线的起始点处开始,距离设定长度值绘制点,【测地距离】与【直线距离】单选按钮决定的长度的计算方法,是沿曲线的长度还是点之间的直线距离计算;选中【沿着方向的距离】单选按钮时可以选择一个参考方向,以该方向计算偏离的距离;【曲线长度比率】选项以点在曲线上的长度百分比计算距离。

【参考】功能区用于确定相关尺寸的起始参考点,如果方向相反,可以单击【反转方向】按钮更改方向。

【确定后重复对象】用于生成点后再次生成多个重复的点。

(3)【平面上】:在所选平面上按“H、V”坐标绘制点,且该点可以投影在所选曲面上。

(4)【曲面上】:在所选曲面上绘制点。如图 4-60a 所示曲面,【点类型】选择“曲面上”,如图 4-60b 所示,选择该曲面,移动鼠标时该曲面上有动态点,在所需位置单击确定方向后,再在【距离】文本框中输入所需的尺寸值,再单击【确定】按钮,结果如图 4-60c 所示。

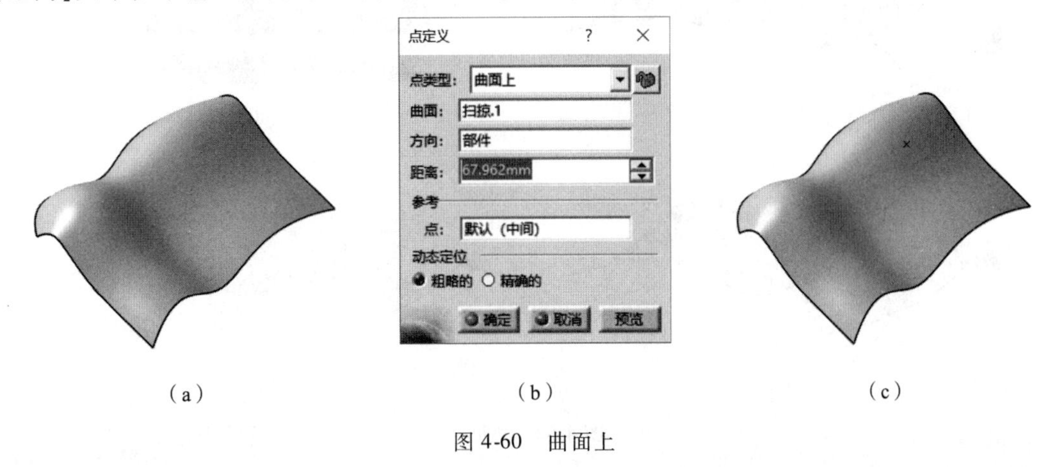

(a)　　(b)　　(c)

图 4-60　曲面上

【动态定位】功能区用于选择在移动鼠标时定位的准确程度，默认为【粗略的】。

(5)【圆/球面/椭圆中心】：在所选的圆、球面或椭圆的中心绘制点。

(6)【曲线上的切线】：求所选参考在曲线的切点，如图 4-61a 所示两条线，【点类型】选择“曲线上的切线”，如图 4-61b 所示，【曲线】选择椭圆，【方向】选择直线，单击【确定】按钮，结果如图 4-61c 所示。如果生成有多个解，系统将弹出图 4-61d 所示【多重结果管理】对话框，用于选择保留的对象。

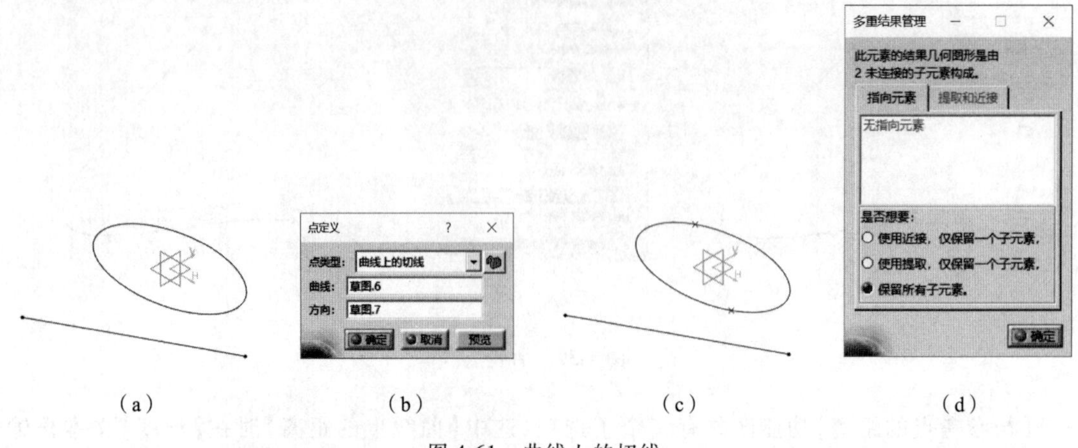

图 4-61　曲线上的切线

(7)【之间】：根据比率生成两点（连线）之间的一个点。如图 4-62a 所示两个点，【点类型】选择“之间”，如图 4-62b 所示，分别选择两个点，在【比率】文本框中输入“0.6”，单击【确定】按钮，结果如图 4-62c 所示；当在【支持面】中选择曲面时，生成的点将投影到所选面上，如图 4-62d 所示。

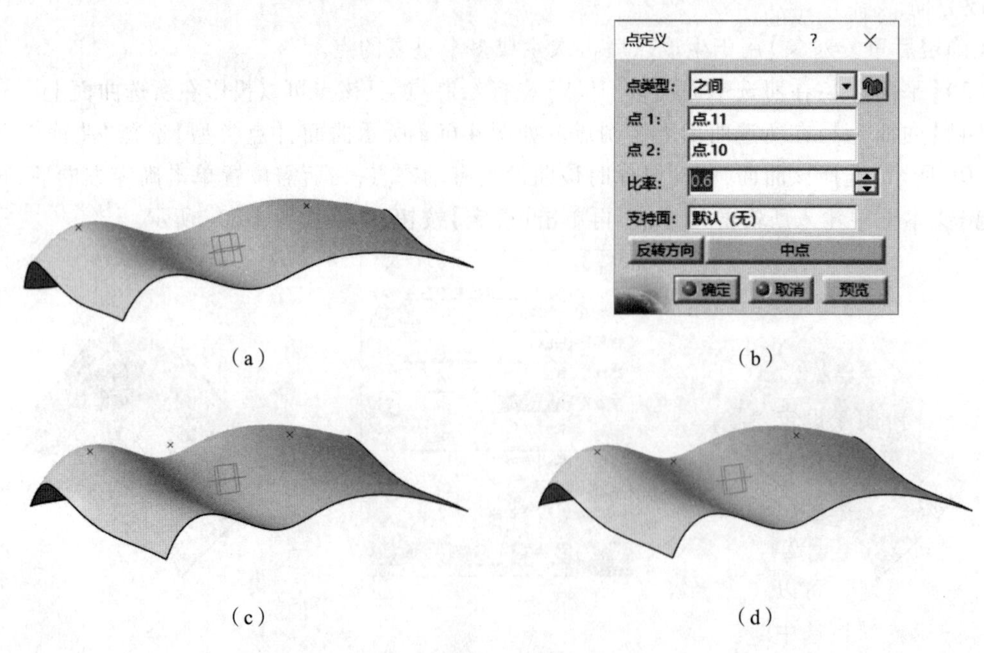

图 4-62　之间

4.4.2 直线

使用【直线】命令可以根据需要绘制空间直线。单击【直线】按钮，弹出图 4-63a 所示对话框，单击【线型】下拉按钮，列出所有直线功能，共 6 种类型，如图 4-63b 所示，不同的线型有着不同的参数与选项。

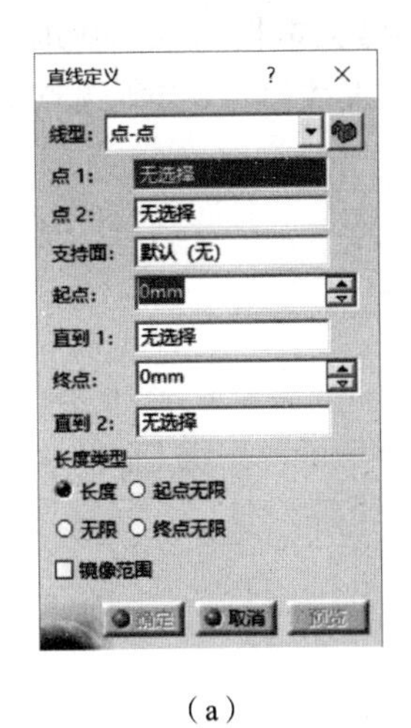

(a)

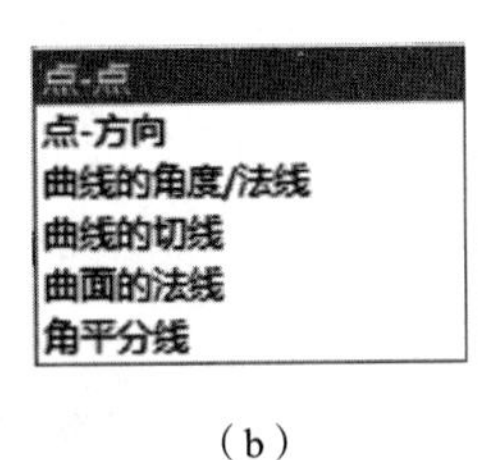

(b)

图 4-63 直线

(1)【点—点】:默认线型，通过两个点生成直线。点可以是绘制的点，也可以是已有实体的端点。

【点 1】【点 2】:用于选择直线的参考点，直接点选即可。

【支持面】:用于选择投影面，所生成的直线将投影至该面。如图 4-64a 所示曲面，选择两对角点为参考点时结果如图 4-64b 所示，将曲面选为【支持面】时，结果如图 4-64c 所示，也就是【直线】命令所生成的线不仅局限于直线，可以根据条件生成相应空间曲线。

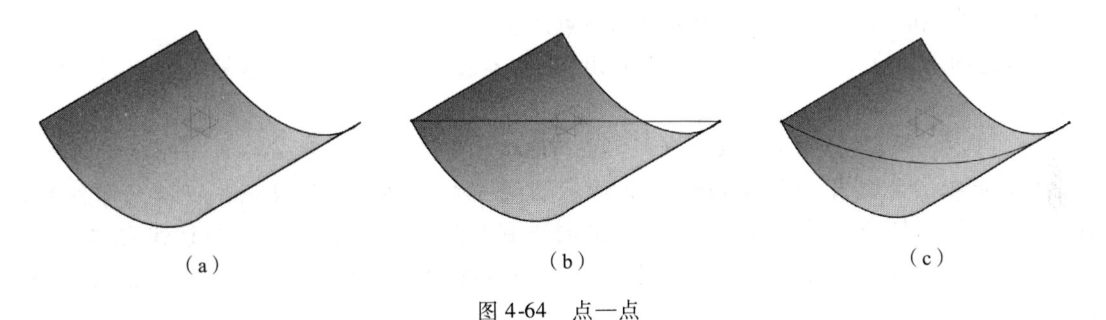

(a) (b) (c)

图 4-64 点—点

【起点】:用于设定生成的直线由所选起点向外延伸的距离，值只能为正。

【直到 1】:用于选择参考对象，直线起点延伸到该参考对象为止。

【终点】:用于设定生成的直线由所选终点向外延伸的距离，值只能为正。

【直到 2】:用于选择参考对象，直线终点延伸到该参考对象为止。

【长度类型】:可以选择生成的直线是定长的还是无限长。

【镜像范围】:选中时，生成的直线起点与终点的延伸长度将同步，且只能更改一端的延伸尺寸值。

(2)【点一方向】:通过一个点、方向以及起始终止界限生成直线,方向参考可以是平面,也可以是边线。

(3)【曲线的角度/法线】:生成与所选曲线的切线成一定角度的直线。如图 4-65a 所示为一条曲线与曲线上一点,【线型】选择“曲线的角度/法线”时,对话框如图 4-65b 所示,【曲线】选择样条曲线,【点】选择样条线上的点,【角度】文本框输入“30 deg”,【终点】文本框输入“30 mm”,单击【确定】按钮生成如图 4-65c 所示直线,该线与所选点上曲线的切线夹角为“30”。

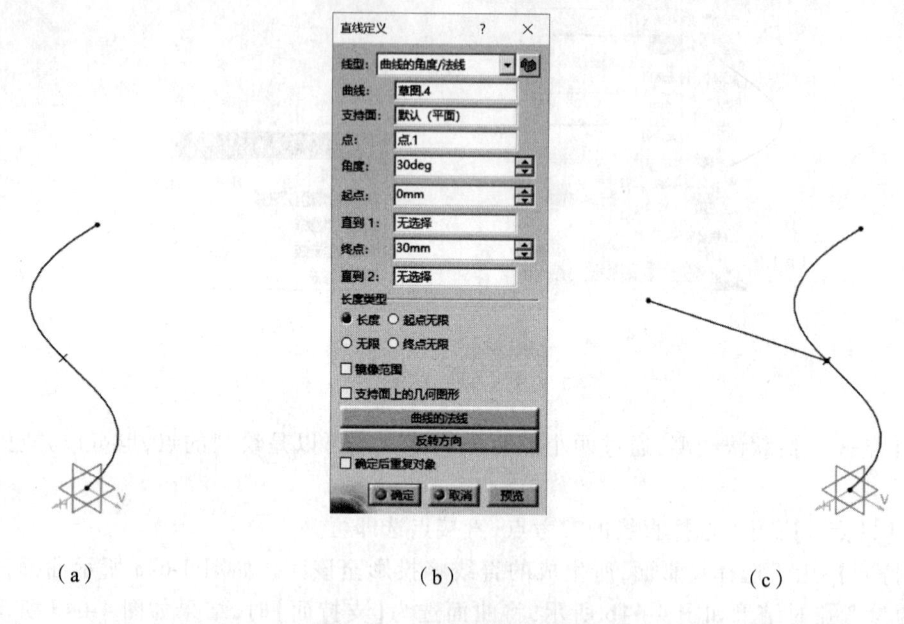

图 4-65　曲线的角度/法线

单击【曲线的法线】按钮后生成的线与该点的切线垂直。

勾选【确定后重复对象】选项后将会弹出【生成多条直线】对话框,可以输入数值以生成多条直线。

(4)【曲线的切线】:用于生成曲线上一点与曲线相切的直线、曲线外一点与曲线相切的直线或作两曲线的公切线。【线型】选择“曲线的切线”时,对话框如图 4-66b 所示,【曲线】选择图 4-66a 所示样条线,【元素 2】选择圆,此时绘制两曲线的公切线,由于公切线有多个解,可以单击下方的【下一个解法】按钮选择所需的直线,单击【确定】按钮,结果如图 4-66c 所示。

【元素 2】可以是参数框线上一点,这时生成曲线上过该点的切线;也可以是线外一点,生成过曲线外的一点与曲线相切的直线;还可以是另一曲线,则生成两条曲线公切线。

【类型】参数框有两个选项,当【元素 2】选中点时选【单切线】,当【元素 2】选中另一曲线时选【双切线】。

(5)【曲面的法线】:用于生成过所选点的曲面法线。【线型】选择“曲面的法线”时,对话框如图 4-67b 所示,【曲面】选择图 4-67a 所示曲面,【点】选择曲面外的点,此时绘制过该点垂直于曲面的直线,单击【确定】按钮,结果如图 4-67c 所示。

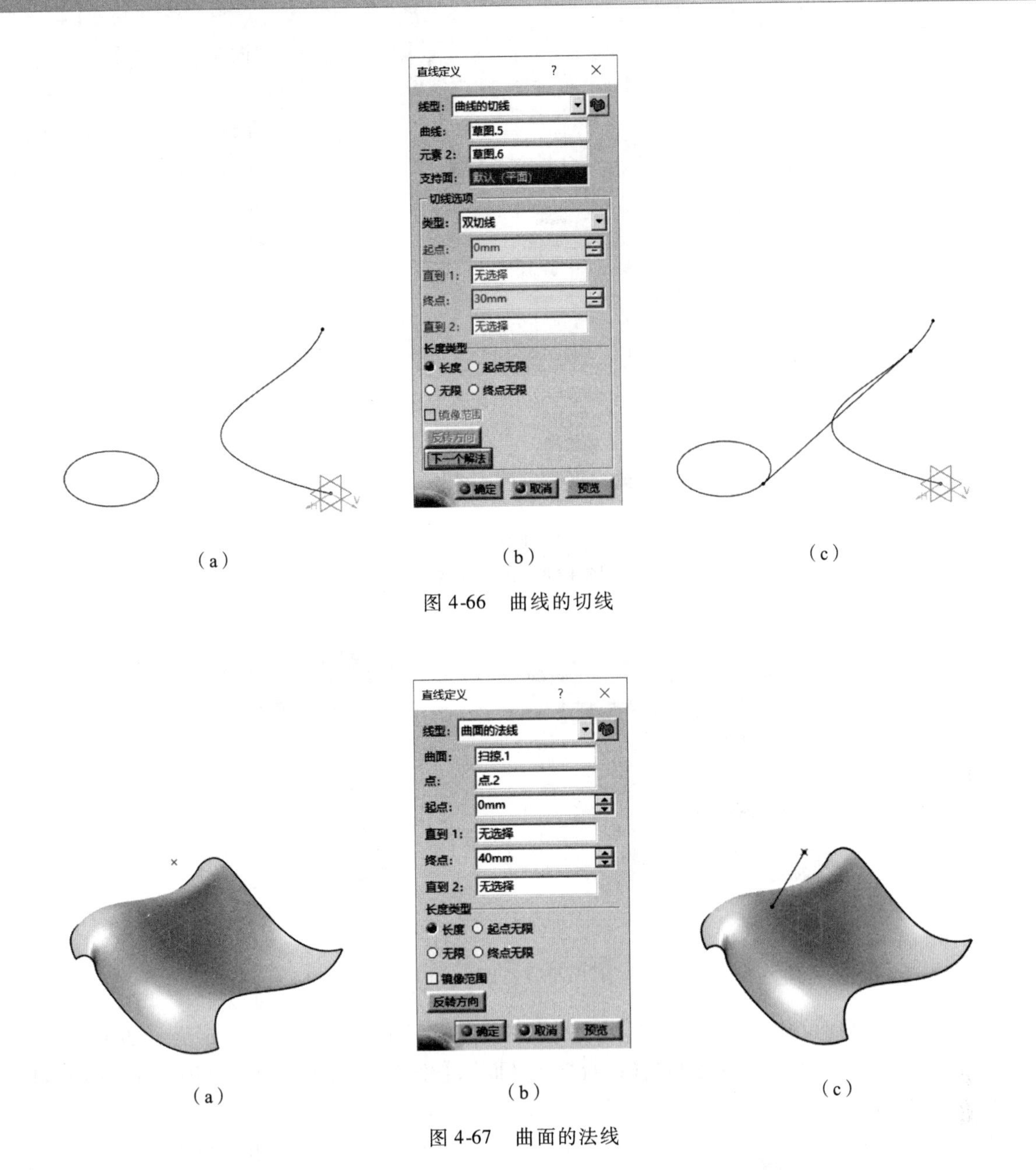

图 4-66　曲线的切线

图 4-67　曲面的法线

【点】可以是曲面上的点也可以是曲面外的点，所生成曲线将以该点为起始点。

(6)【角平分线】：用于生成过所选两条直线的角平分线。如图 4-68a 所示为两条直线，【线型】选择“角平分线”时，对话框如图 4-68b 所示，【直线 1】选择其中一条直线，【直线 2】选择另一条直线，此时有多个解，可以单击【下一个解法】按钮选择所需的解，再单击【确定】按钮，结果如图 4-68c 所示。

4.4.3　平面

使用【平面】命令可以根据需要创建平面。单击【平面】按钮，弹出如图 4-69a 所示对话框，单击【平面类型】下拉按钮，列出所有平面功能，共 11 种类型，如图 4-69b 所示，不同的平面类型有不同的参数与选项。

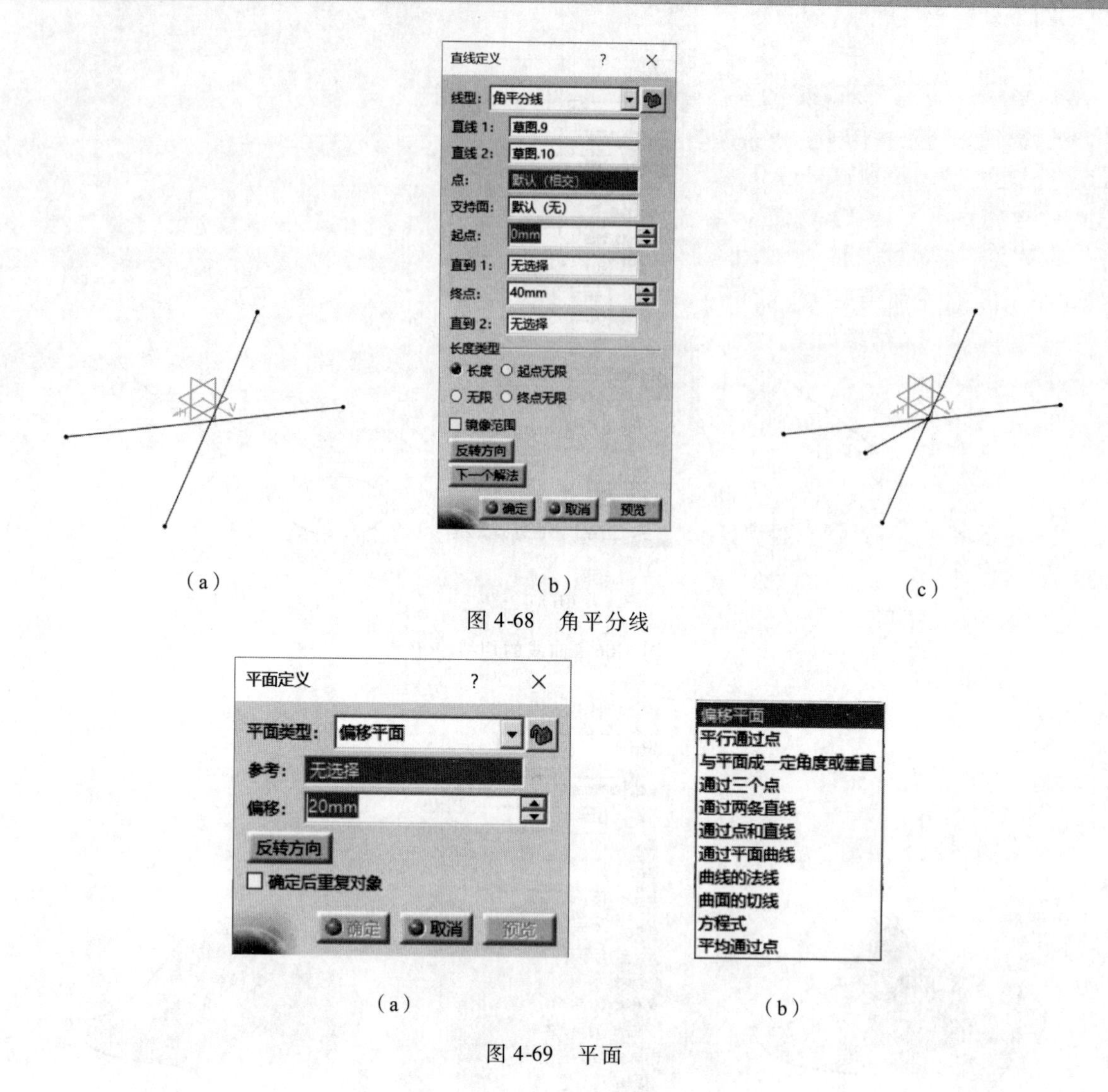

（a）（b）（c）

图 4-68　角平分线

（a）（b）

图 4-69　平面

（1）【偏移平面】:默认平面类型,可生成与所选参考平面有一定距离的平面。如图 4-70a 所示,选择“偏移平面”后【参考】选择系统“xy 平面”,【偏移】文本框中输入“40 mm”,结果如图 4-70b 所示。

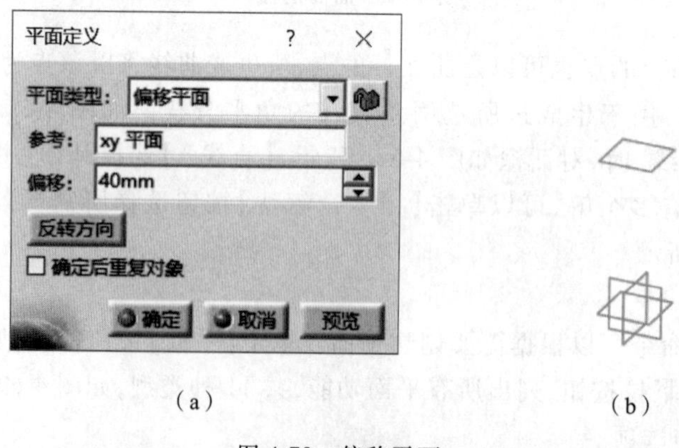

（a）（b）

图 4-70　偏移平面

【参考】:用于选择参考平面。可以是系统已有的 xy 平面、yz 平面、zx 平面,也可以是其他基准面或已有实体的表面。

【偏移】:文本框用于输入与参考平面的偏移距离。

【反转方向】按钮:单击可以更改偏移的方向。

【确定后重复对象】单选项框:勾选后可以连续创建多个平面。

(2)【平行通过点】。生成过一个点与所选参考平面平行的平面。如图 4-71a 所示,模型空间已有一点,【平面类型】选择“平行通过点”,如图 4-71b 所示,【参考】选择系统“xy 平面”,【点】选择空间点,结果如图 4-71c 所示。

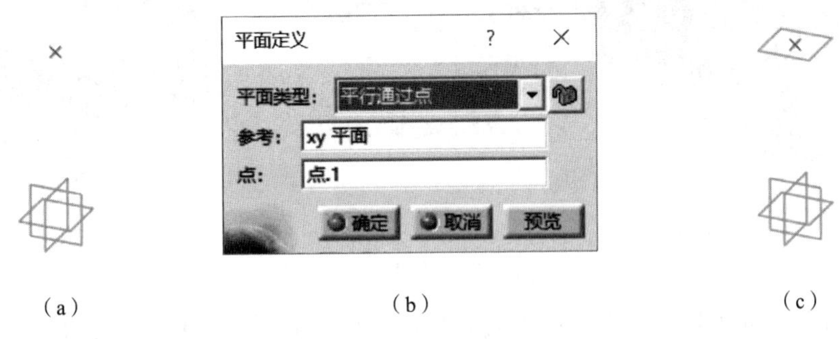

(a)　　(b)　　(c)

图 4-71　平行通过点

(3)【与平面成一定角度或垂直】:用于生成过一条直线与所选参考平面成一定角度的平面。图 4-72a 所示为一草图直线,【平面类型】选择“与平面成一定角度或垂直”,如图 4-72b 所示,【旋转轴】选择草图直线,【参考】选择系统“yz 平面”,在【角度】文本框中输入“45”,结果如图 4-72c 所示。

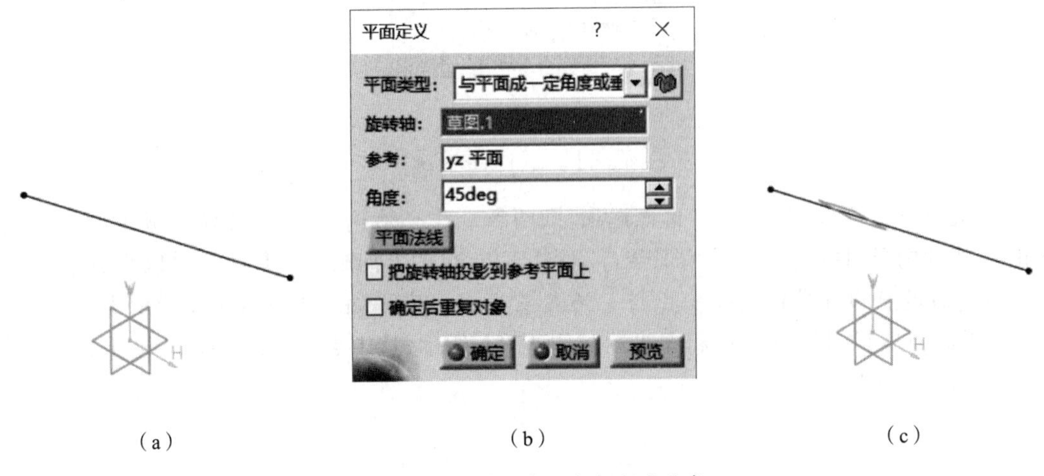

(a)　　(b)　　(c)

图 4-72　与平面成一定角度或垂直

【旋转轴】:用于选择一个旋转轴线,轴线可以是草图线、空间线或实体边线。

【参考】:用于选择参考平面。

【角度】:用于输入旋转角度值。

【平面法线】:用于生成与参考面垂直的平面。

【把旋转轴投影到参考平面上】:如果参考轴不在参考平面上,选择该选项时将旋转轴投影至参考平面上，否则移动参考平面到旋转轴位置。

【确定后重复对象】：勾选后将弹出【重复】对话框，可以生成多个平面。

(4)【通过三个点】：通过选择三个点生成平面。【平面类型】选择“通过三个点”(图 4-73b)，并选择图 4-73a 所示长方体的三个角点，结果如图 4-73c 所示。点可以是草图点、空间点或实体边线的端点。

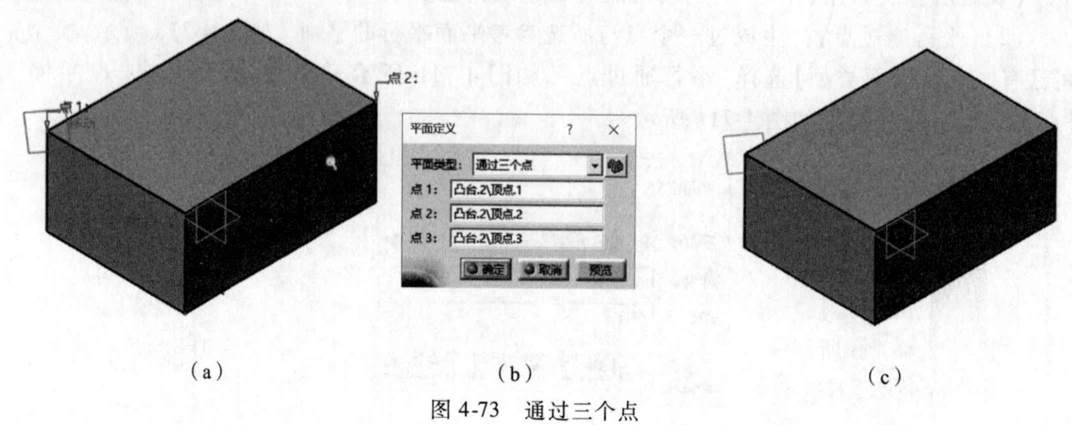

(a) (b) (c)

图 4-73 通过三个点

(5)【通过两条直线】：通过选择两条直线生成平面。如图 4-74a 所示为两条草图线，【平面类型】选择“通过两条直线”，如图 4-74b 所示，选择两条直线，单击【确定】按钮，结果如图 4-74c 所示。

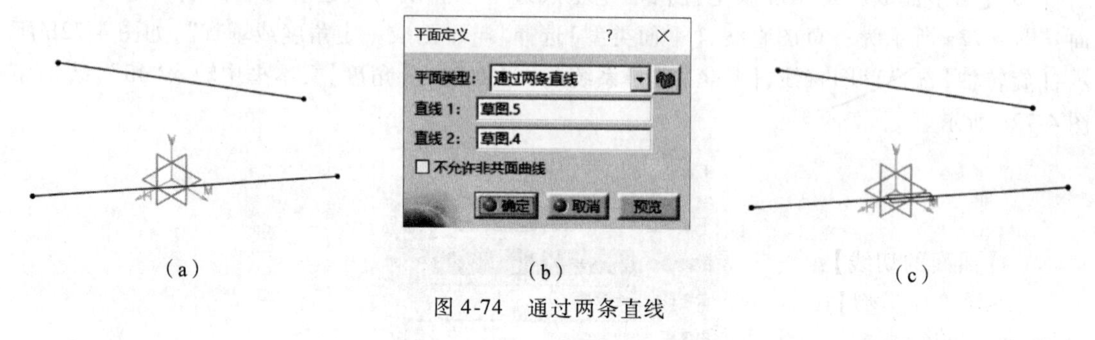

(a) (b) (c)

图 4-74 通过两条直线

【不允许非共面曲线】如果勾选该选项，则两条直线必须相交，否则无法生成平面，而没有勾选时，遇到两条直线不相交的情况会自动将【直线 2】的方向映射至【直线 1】以生成平面。

(6)【通过点和直线】：选择一点与一条参考直线生成平面。如图 4-75a 所示为一点与一直线，【平面类型】选择“通过点和直线”，如图 4-75b 所示，选中点与直线，单击【确定】按钮，结果如图 4-75c 所示。

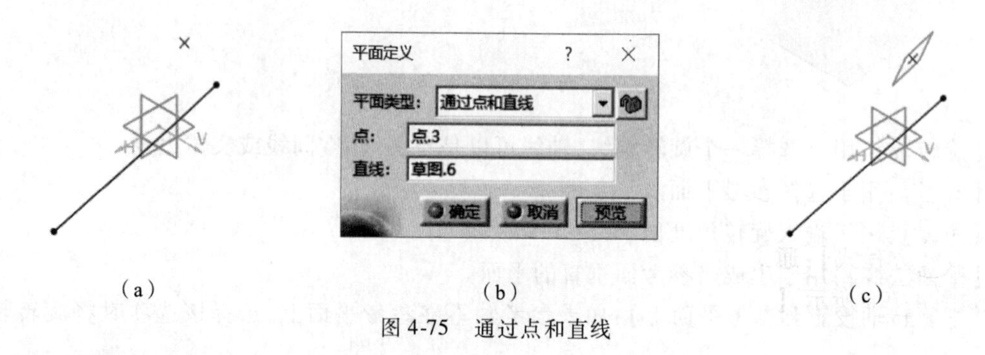

(a) (b) (c)

图 4-75 通过点和直线

(7)【通过平面曲线】:选择一平面曲线生成平面。如图4-76a所示平面曲线,【平面类型】选择“通过平面曲线”,如图4-76b所示,选中该曲线,单击【确定】按钮,结果如图4-76c所示。曲线必须为平面内曲线,空间曲线无法生成。

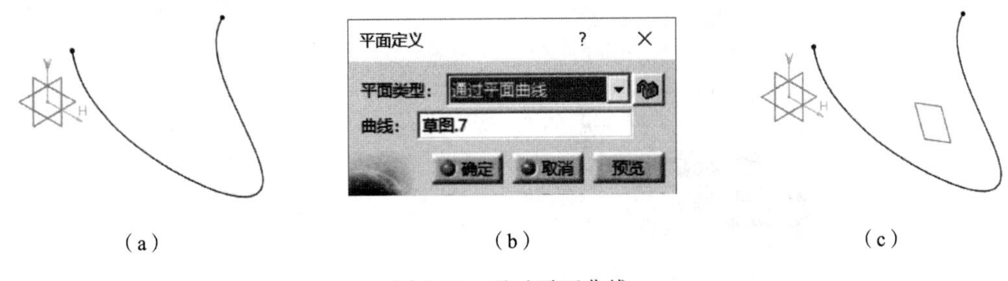

(a)　(b)　(c)

图4-76　通过平面曲线

(8)【曲线的法线】:过曲线上的一点生成垂直于该曲线的平面。【平面类型】选择“曲线的法线”,如图4-77b所示,选择图4-77a所示曲线,单击【确定】按钮,结果如图4-77c所示。曲线可以是任意曲线,不选择【点】的情况下将在该曲线的中点生成平面。

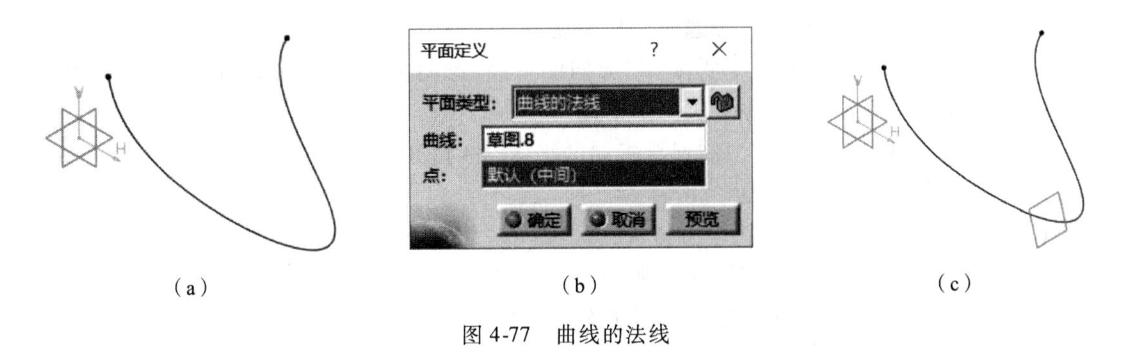

(a)　(b)　(c)

图4-77　曲线的法线

(9)【曲面的切线】:通过所选点生成与所选曲面相切的平面。图4-78a所示为一曲面与空间一点,【平面类型】选择“曲面的切线”,如图4-78b所示,选择曲面与点,单击【确定】按钮,结果如图4-78c所示。点可以是曲面上的也可以是曲面外的。

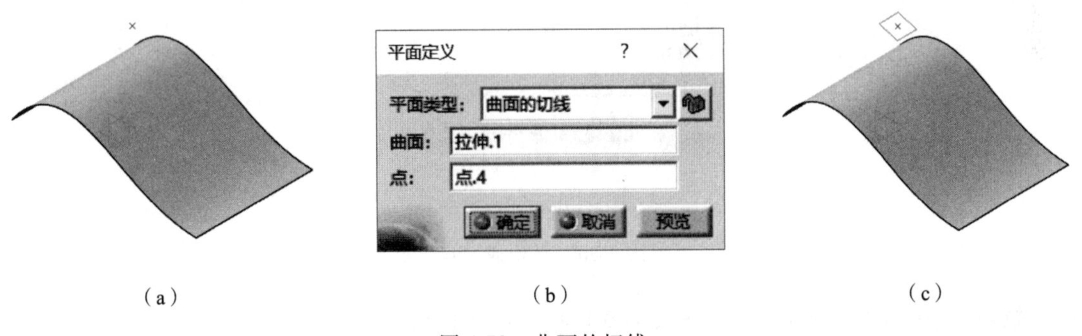

(a)　(b)　(c)

图4-78　曲面的切线

(10)【方程式】:通过平面方程式“Ax + By + Cz = D”创建平面,【平面类型】选择“方程式”,如图4-79a所示,【A】文本框输入“0.5”,【B】文本框输入“0”,【C】文本框输入“0.5”,

【D】文本框输入“50”,单击【确定】按钮,结果如图 4-79b 所示。

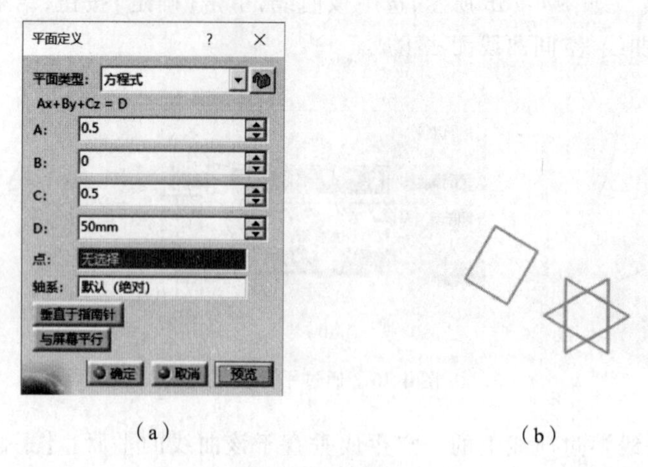

(a)　　　　(b)

图 4-79　方程式

【点】可使生成的平面通过该点,此时【D】参数将不可用。

【轴系】选择参考的坐标系,不选时则以系统默认坐标系为参考。

【垂直于指南针】生成垂直于罗盘“Z”方向的平面,此时的【A】【B】【C】将会自动赋值,从原点向罗盘“Z”方向偏移【D】值生成一个平面。

【与屏幕平行】生成平行于当前屏幕视向的平面,【A】【B】【C】将会自动赋值,从原点向屏幕方向偏移【D】值生成一个平面。

(11)【平均通过点】:以所选点为参考,通过最小二乘法生成平面,即所有选择的点到生成的平面距离的平方和最小。如图 4-80a 所示绘图空间有多个空间点,【平面类型】选择“平均通过点”,如图 4-80b 所示,选中所有点,单击【确定】按钮,结果如图 4-80c 所示。

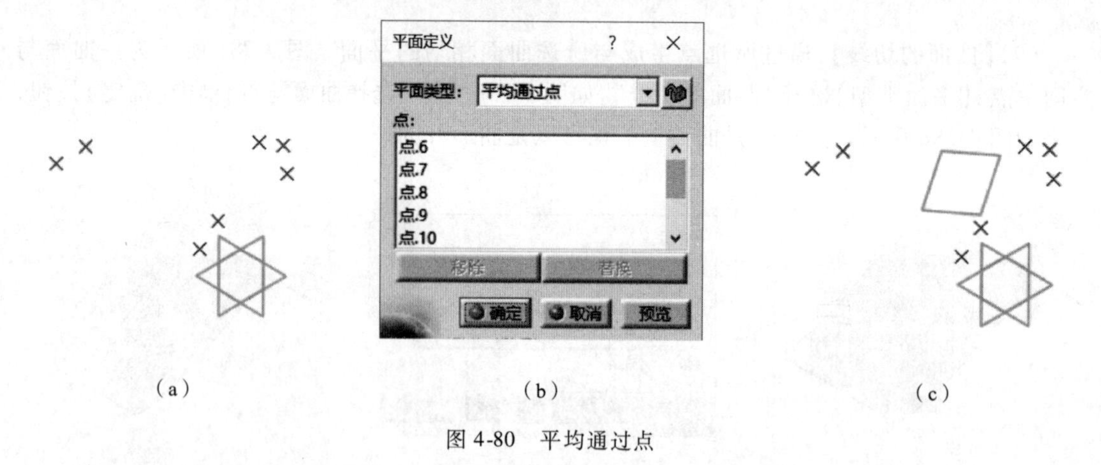

(a)　　　　(b)　　　　(c)

图 4-80　平均通过点

技巧:当所选点较多时,可按住鼠标左键拖动进行框选。

4.5　变换特征

4.5.1　变换

【变换】命令集包含多个变换命令,工具栏如图 4-81 所示。

(1)使用【平移】命令可以平移当前实体。如图4-82a所示为两个实体,单击【平移】按钮,弹出如图4-82b所示对话框,【方向】选择"zx平面",【距离】文本框中输入值"15",单击【确定】按钮,结果如图4-82c所示。

图4-81　【变换】工具栏

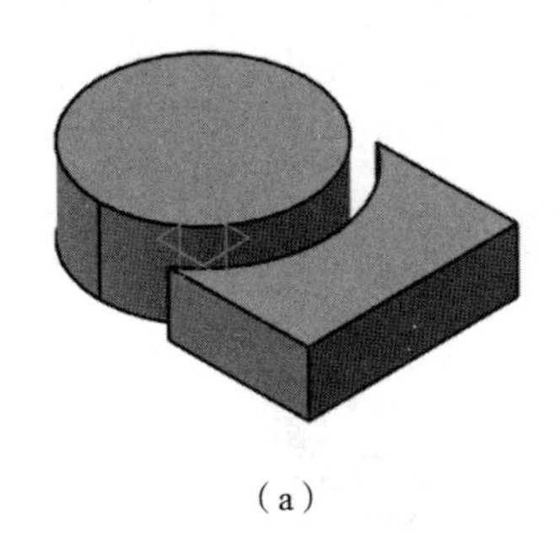

(a)

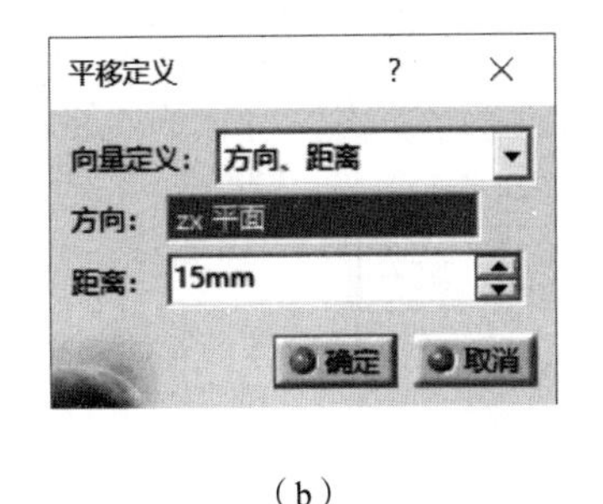

(b)

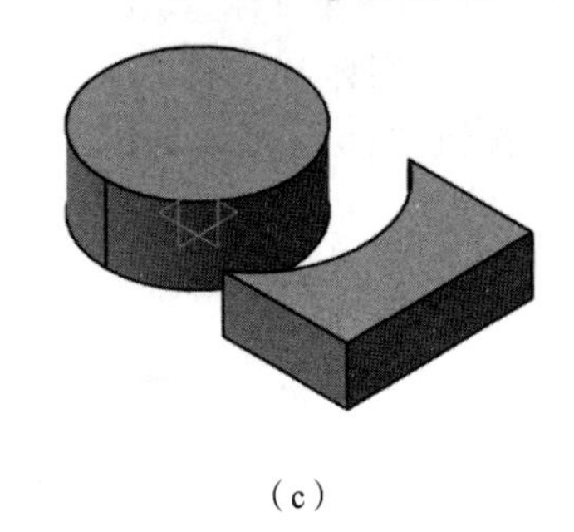

(c)

图4-82　平移

注意:【平移】的对象为整个实体,而非某个特征,如果实体是单一实体零件,则整个零件一起平移。多实体零件的含义是一个零件包含多个互相独立的实体组成的零件,可以通过菜单栏【插入】/【几何体】插入更多独立实体。

【向量定义】参数框有3种选择,"方向、距离"(默认)"点到点""坐标"。

当选择"方向、距离"时,【方向】可以选择平面(法向)、草图线、实体边线;【距离】文本框中直接输入所需移动的距离值,当值为负时反方向移动。

当选择"点到点"时,选择【起点】与【终点】参考对象,移动实体的位置参考两点间的位置变化。

当选择"坐标"时,直接输入X、Y、Z三坐标,实体将参考系统原点至该坐标点的位置变化移动;【轴系】可以选择自定义的坐标系作为参考原点。

(2)使用【旋转】命令可以旋转当前实体。如图4-82a所示为两个实体,单击【旋转】按钮,弹出图4-83a所示对话框,【轴线】选择多边体右上方长边线,【角度】文本框中输入值"45",单击【确定】按钮,结果如图4-83b所示。

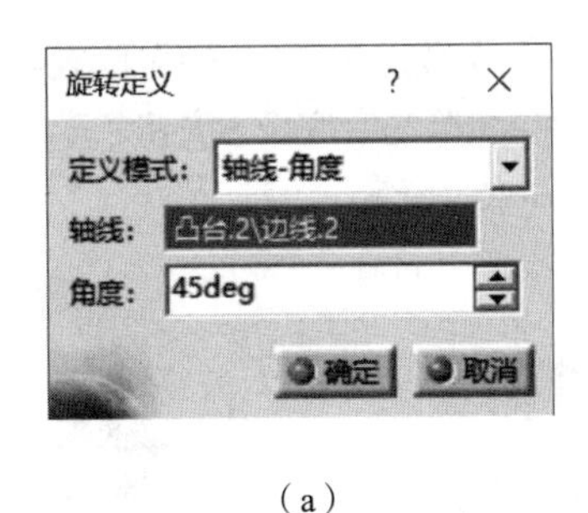

(a)

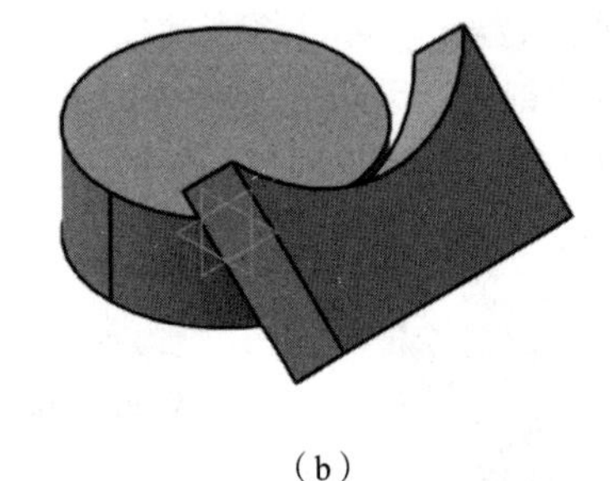

(b)

图4-83　旋转

【定义模式】参数框有3种选择,"轴线—角度"(默认)"轴线—两个元素""三点"。

当选择"轴线—角度"时,【轴线】选择一条直线,可以是草图线、空间线或实体边线;【角度】文本框中输入所需旋转的角度值。

当选择“轴线—两个元素”时,【轴线】选择一条直线为旋转轴;【第一元素】选择一个参考点作为旋转的起始点;【第二元素】选择另一个参考点作为旋转的终点。

当选择“三点”时,需要确认三个参考点,三个参考点分别为:旋转起始点、旋转轴参考点、旋转终点。

(3)使用【对称】命令可以将当前实体变换至参考面的另一侧对称位置。如图 4-82a 所示为两个实体,单击【对称】按钮,弹出图 4-84a 所示对话框,【参考】选择“zx 平面”,单击【确定】按钮,结果如图 4-84b 所示。

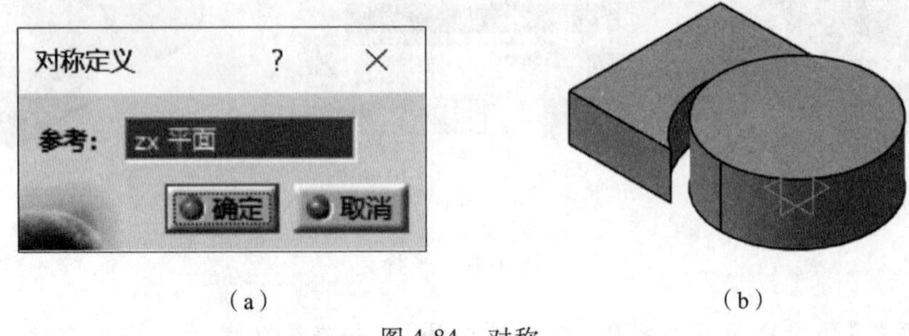

(a)　　(b)

图 4-84　对称

(4)使用【定位】命令可以将当前实体从一个坐标系变换至另一坐标系。如图 4-85a 所示有两个坐标系,单击【定位】按钮,弹出图 4-85b 所示对话框,【参考】选择“轴系 1”,“目标”选择“轴系 2”,单击【确定】按钮,结果如图 4-85c 所示。

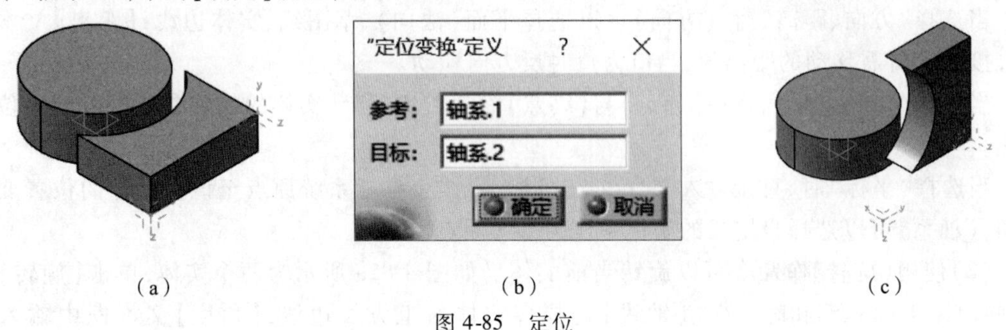

(a)　　(b)　　(c)

图 4-85　定位

4.5.2　镜像

使用【镜像】命令可以将当前实体或特征复制到参考面的另一侧对称位置。如图 4-86a 所示实体,按住键盘的 <Ctrl> 键,同时选中孔和圆柱凸台,单击【镜像】按钮,选择“yz 平面”,弹出图 4-86b 所示对话框,单击【确定】按钮,结果如图 4-86c 所示。

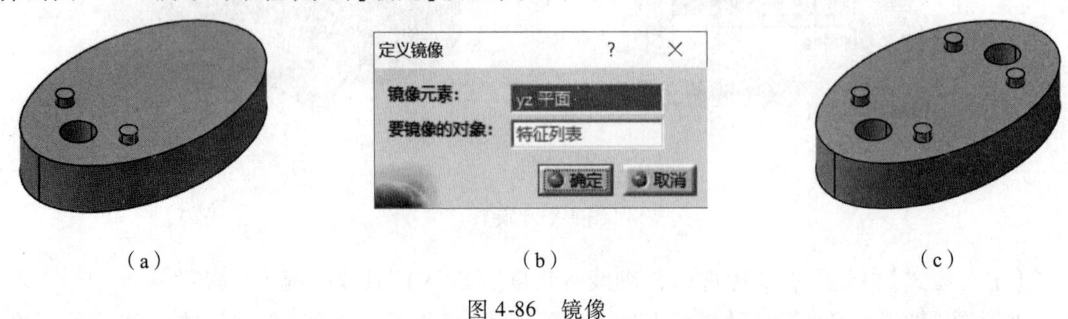

(a)　　(b)　　(c)

图 4-86　镜像

注意:如果不预先选择需镜像的特征,系统将默认的镜像整个实体,需特别注意。

4.5.3　阵列

【阵列】命令集包含多个命令，工具栏如图 4-87 所示。

(1)使用【矩形阵列】命令可以将整个实体或者若干个特征复制为多行多列的矩形阵列。如图 4-88a 所示实体，单击【矩形阵列】按钮，弹出图 4-88b 所示对话框，【实例】文本框中输入“4”，【间距】文本框中输入值“20”，【参考元素】选择长方体长边，【要阵列的对象】选择圆柱凸台；【第二方向】选项卡【实例】文本框中输入“2”，【间距】文本框中输入值“28”，单击【确定】按钮，结果如图 4-88c 所示。

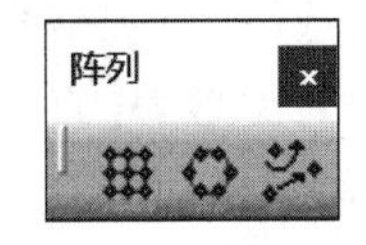

图 4-87　【阵列】工具栏

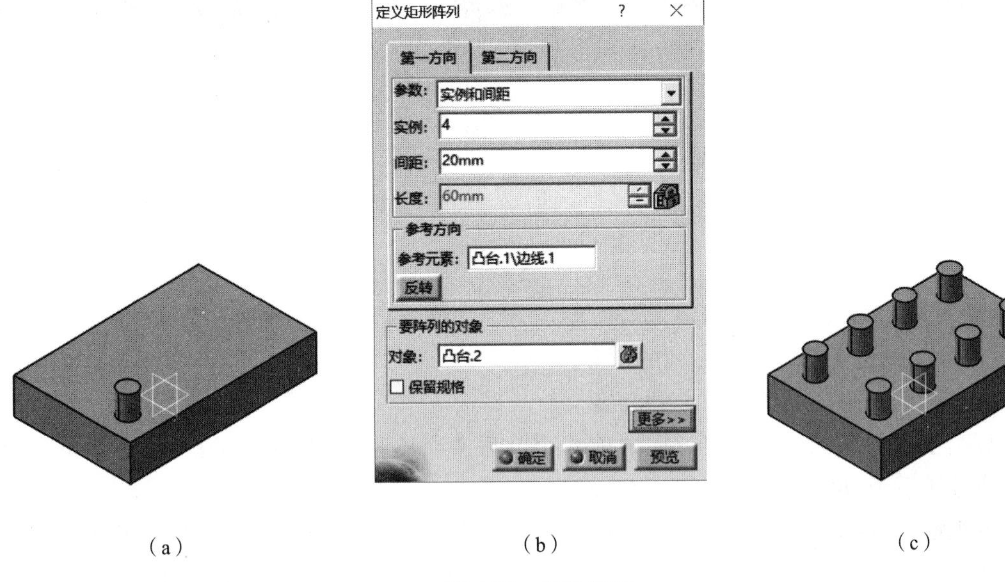

图 4-88　矩形阵列

在【参数】中选择阵列方法。“实例和长度”输入实例数及阵列后的最末一个对象与原对象间的总长度；“实例和间距”(默认值)：输入实例数及每两个相邻实例间的间距；“间距和长度”：输入每两个相邻实例间的间距及最后一个阵列对象与原对象间的总长度；“实例和不等间距”：实体上会显示每两个相邻阵列之间的尺寸值，可在尺寸值上双击鼠标修改，可将每个阵列之间的间距更改为不等值，如图 4-89 所示。

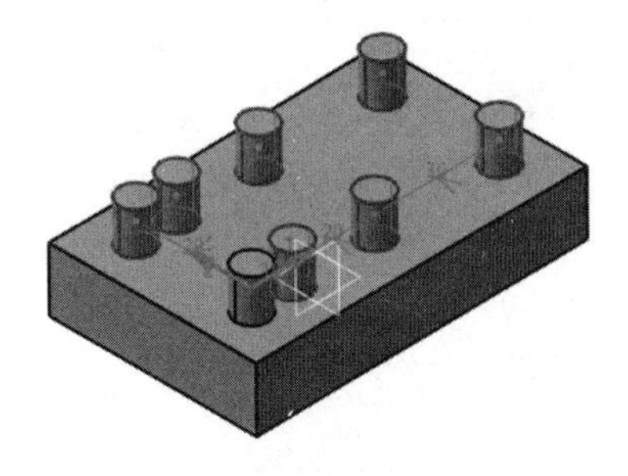
图 4-89　实例和不等间距

提示：每个阵列对象均有一橘色点，单击该点时，阵列对象将取消不生成。

【参考元素】用于确定阵列的方向，可以是直线也可以是面，当选择面时，方向为该面的

“V、H 方向”，同时决定了第一与第二方向。单击【反转】按钮可以改变阵列的正反方向。

【对象】用于选择需要阵列的特征，当不选择时将阵列当前实体。

勾选【保留规格】单选框将保留原特征生成时的参数限制，如图 4-90a 所示的圆柱体拉伸时选择的类型为【直到曲面】，阵列时【参考元素】选择“yz 平面”，阵列对象为圆柱凸台，未勾选【保留规格】单选框时，其结果如图 4-90b 所示，只阵列了拉伸的结果；当勾选中【保留规格】单选框时，该特征的【直到曲面】参数将对阵列后的对象同样有效，结果如图 4-90c 所示。

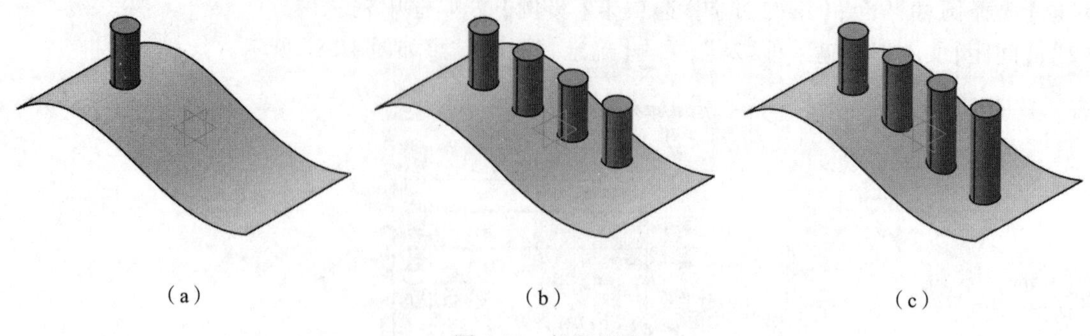

（a）　　（b）　　（c）

图 4-90　保留规格

【对象在阵列中的位置】可以将原对象设定为位于阵列后的任一位置，并以此位置为参考阵列，默认原对象位于第一行第一列的位置。

【旋转角度】可以调整阵列方向的角度。

【已简化展示】将只生成每个方向的前 4 个与后 4 个阵列，忽略中间的阵列，如果阵列对象小于或等于 8 个，该选项将没有实际意义。

(2)使用【圆形阵列】命令可以将整个实体或者若干个特征进行圆周复制，并可多圈复制。如图 4-91a 所示实体，单击【圆形阵列】按钮，弹出如图 4-91b 所示对话框，【实例】文本框中输入“5”，【角度间距】文本框中输入“72”，【参考元素】选择圆柱体外表面，【要阵列的对象】选择凸台，单击【确定】按钮，结果如图 4-91c 所示。

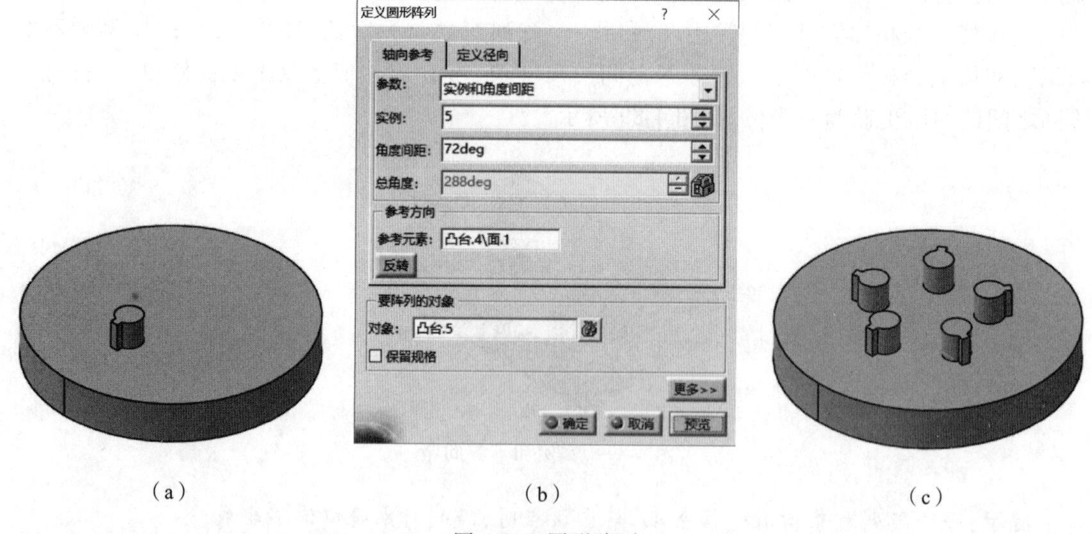

（a）　　（b）　　（c）

图 4-91　圆形阵列

【参数】用于设置圆形阵列方法，包含以下几个选项："实例和总角度"：输入实例数及总角度，每两个相邻实例间的角度自动计算；"实例和角度间距"（默认值）：输入实例数及每两个相邻实例间的角度；"角度间距和总角度"：输入每两个相邻实例间的角度间距及总角度，自动计算实例数，当总角度除以角度间距无法整除时将自动去除小数取整；"完整径向"：将在选中的360°圆周上阵列；"实例和不等角度间距"：实体上会显示每个阵列之间的角度值，可在尺寸值上双击鼠标修改，可将每个阵列之间的角度更改为不等值，如图4-92所示。

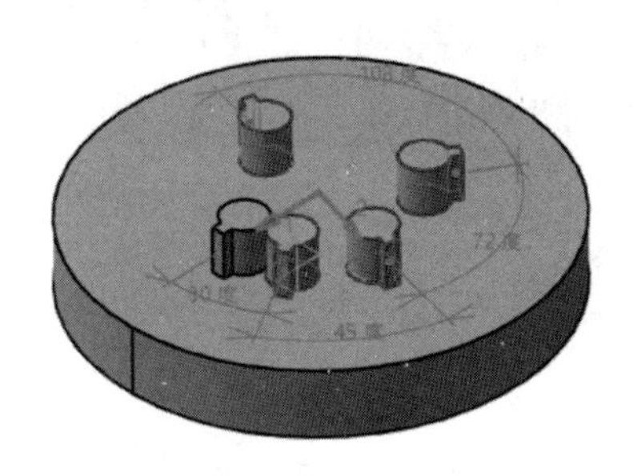

图4-92　实例和不等角度间距

【参考元素】用于选择阵列的旋转轴，可以是直线、实体边线与回转体表面。

【定义径向】选项卡用于定义径向上是否增加阵列对象，如图4-93a所示，当【圆】文本框中输入值"2"，【圆间距】文本框输入"20"时，结果如图4-93b所示。

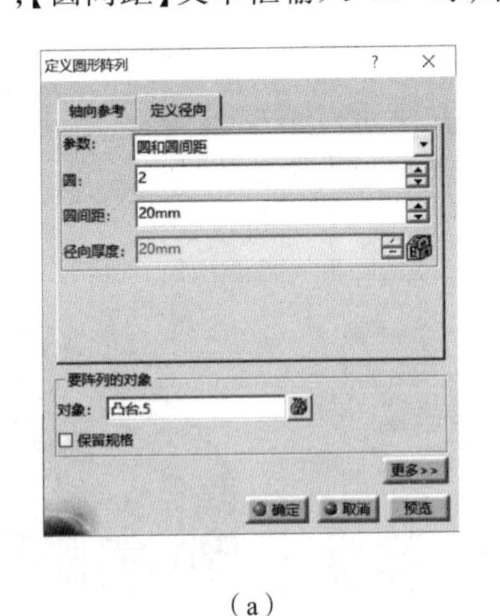

（a）

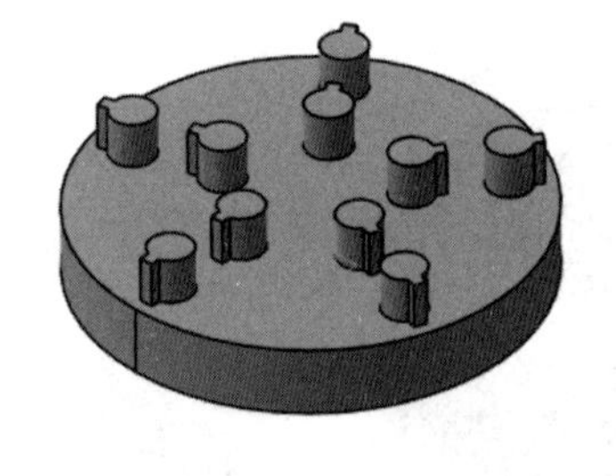

（b）

图4-93　定义径向

【对象在阵列中的位置】可以将原对象设定为阵列后的任一位置，并以此位置为参考阵列，默认原对象为圆周及半径方向第一的位置。

【对齐实例半径】默认为选中状态，阵列后的对象与原对象的径向方向一致，取消该勾选后，阵列对象的绝对方向与原对象相同，如图4-94所示。

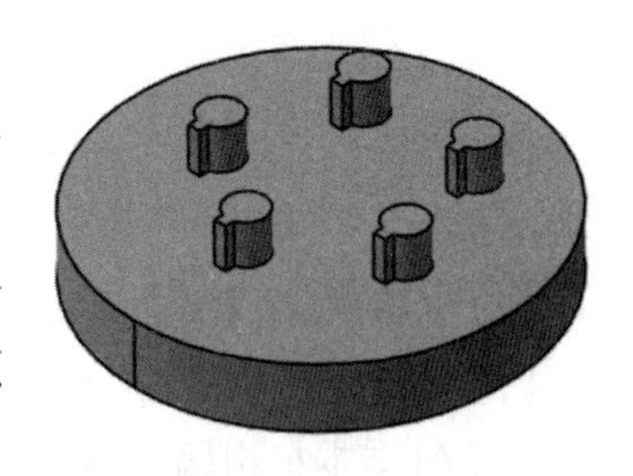

图4-94　对齐实例半径

【圆形阵列】其余选项与【矩形阵列】相同。

（3）使用【用户阵列】命令可以将整个实体或者若干个特征按参考草图中点的位置进

行复制。如图 4-95a 所示实体，单击【用户阵列】按钮，弹出如图 4-95b 所示对话框，【位置】选择点所在草图，【对象】为中间孔，单击【确定】按钮，结果如图 4-95c 所示。

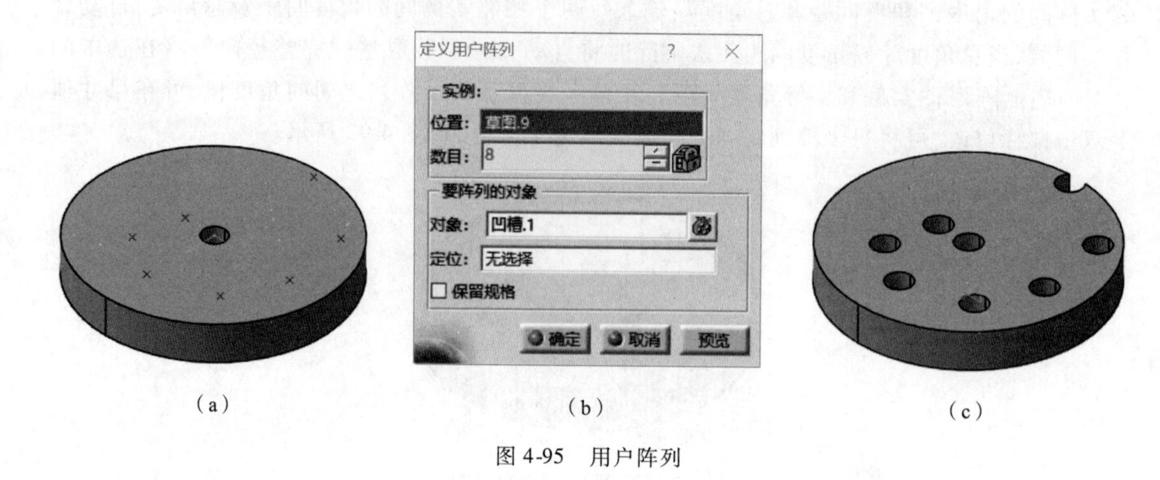

（a）（b）（c）

图 4-95　用户阵列

【定位】用于选择阵列时的参考位置，默认以对象的几何中心为定位点。其余选项与【矩形阵列】相同。

4.5.4　缩放

【缩放】命令集包含多个命令，工具条如图 4-96 所示。

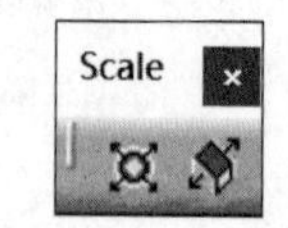

图 4-96　【缩放】工具条

（1）使用【缩放】命令可以对整个实体按参考方向进行缩放。如图 4-97a 所示实体，单击【缩放】按钮，弹出图 4-97b 所示对话框，【参考】选择“yz 平面”，【比率】文本框输入值“2”，单击【确定】按钮，结果如图 4-97c 所示。

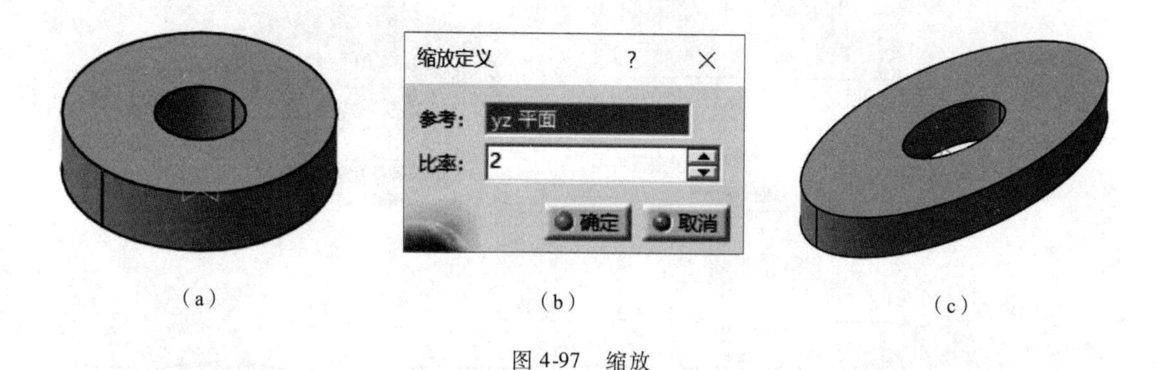

（a）（b）（c）

图 4-97　缩放

【参考】可以选择点或平面，当选择点时将整体以点为中心缩放，选择平面时将在平面的法向上缩放。

（2）使用【仿射】命令可以对整个实体各方向同时任意进行缩放。如图 4-97a 所示实体，单击【仿射】按钮，弹出图 4-98a 所示对话框，【X】文本框中输入值“0.5”，【Y】文本框中输入值“1.5”，【Z】文本框中输入值“2”，单击【确定】按钮，结果如图 4-98b 所示。

【轴系】功能区的参数用于选择参考对象以确定缩放的方向，实际上是生成一个新的坐标系用于参考，当不选择时，以系统默认的坐标系为基准进行缩放。

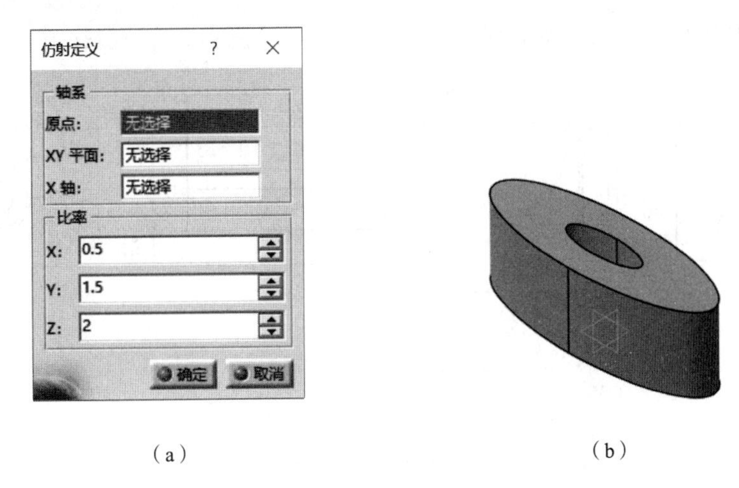

图 4-98　仿射

一、简答题

1. 简述设计意图规划的重要性。
2. 简述【对称】命令与【镜像】命令的区别。
3. 在实体模式下生成一个圆柱形孔有多少种方法？

二、操作题

1. 按图 4-99 所示二维图完成模型的创建。

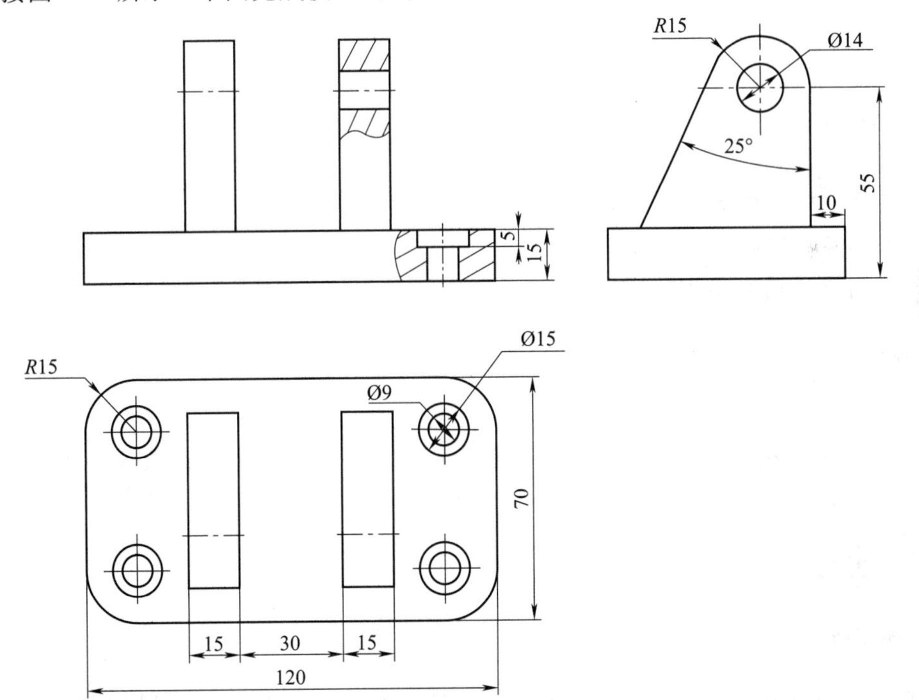

图 4-99　操作题 1

2. 按图 4-100 所示完成模型的创建。

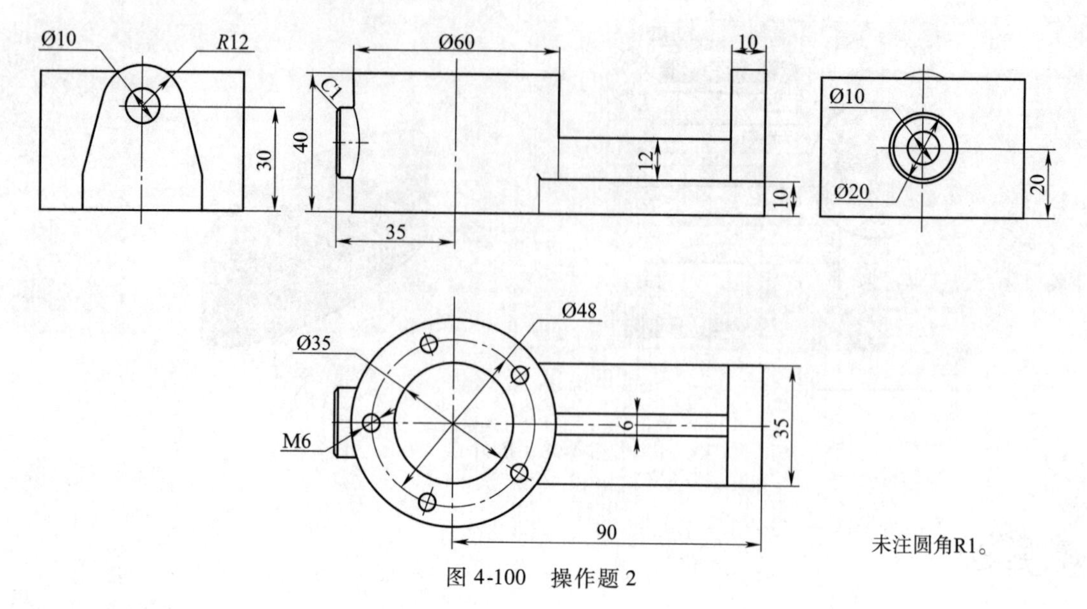

图 4-100　操作题 2

三、思考题

1. 由于 CATIA 保存时不支持中文名，你会如何保存以方便后续查找？

2. 如何使两个凸台特征的高度相同？

任务 5　轴类零件的绘制

任务目标

（1）熟悉示例零件的建模方法。

（2）复习草图绘制与旋转特征功能。

（3）了解常见轴类零件。

任务描述

轴类零件通常指以若干段由回转圆柱体为主要特征所组成的零件，其由一半的截面草图经旋转生成，通常还有附加的键槽、退刀槽、倒角等特征。

任务实践

5.1　示例零件 1

如图 5-1 所示为一典型轴类零件图，它的三维建模主要通过【旋转体】【凹槽】【倒角】等功能完成。

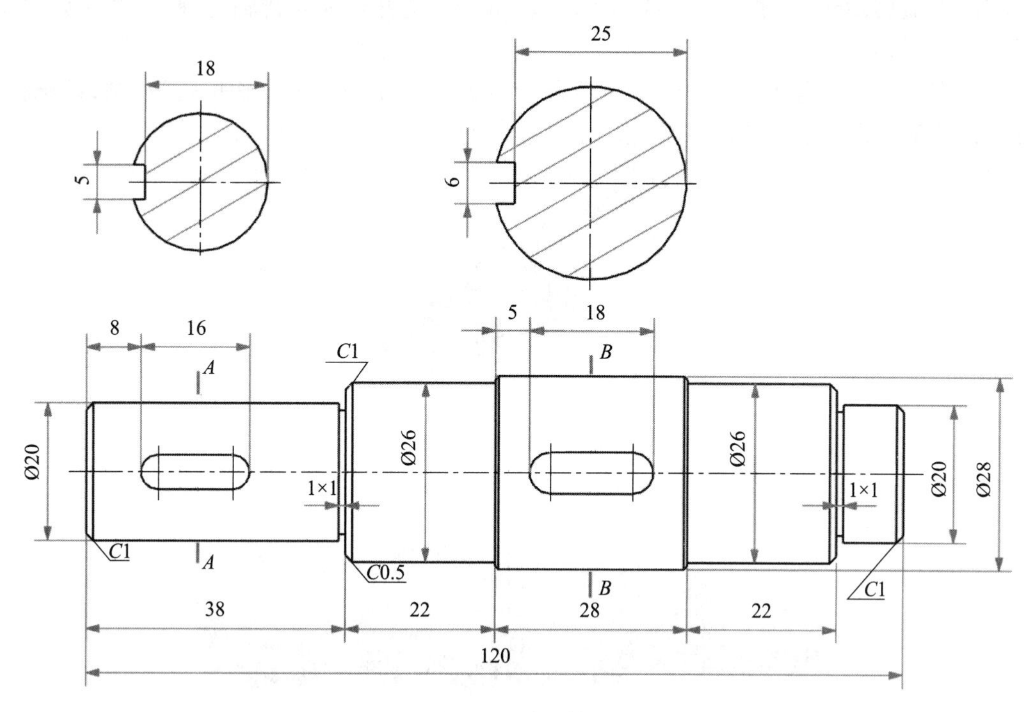

图 5-1　示例零件 1

操作步骤如下：

(1)单击菜单栏【开始】/【机械设计】/【零件设计】,进入零件设计环境。

(2)以“xy 平面”为基准面,绘制如图 5-2 所示草图。由于该草图是为【旋转体】命令准备的,所以需要在草图界面需绘制一条辅助“轴线”(左侧虚线段),标注草图线与该“轴线”距离时,选择完对象后单击鼠标右键,可在“半径/直径”间进行切换。直径相同的轴段可以用【对话框中定义的约束】中的“相合”进行约束。

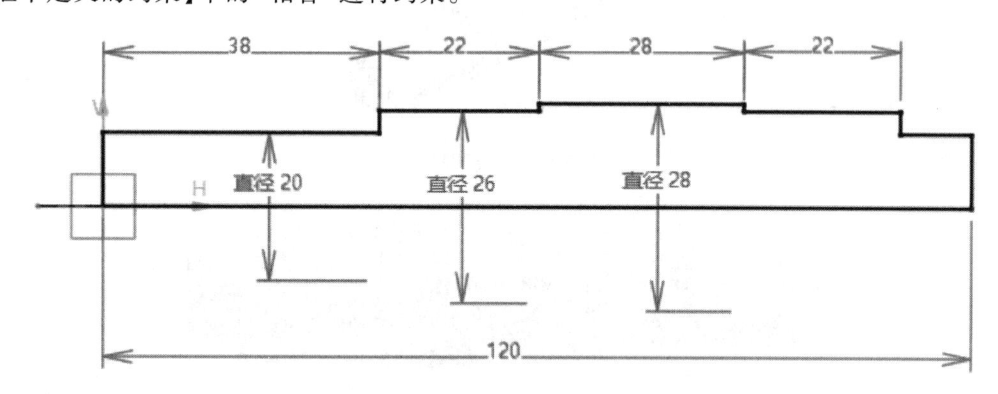

图 5-2　绘制草图 1

注意:为清楚表达草图图形,本节开始,草图的截图将隐藏网格及几何约束关系符号,几何约束关系符号可通过通用工具栏中的【几何约束】功能打开或关闭。

为更好地适应参数化建模的特点,所有草图均要求完全定义。

(3)单击【旋转体】命令,以该草图为轮廓,由于草图有且只有一条“轴线”,系统将自动以该“轴线”为旋转轴线，如果草图中有多条轴线，可手动选择作为回转轴的轴线，结果如图 5-3 所示。

(4)以“xy 平面”为基准面，绘制图 5-4 所示草图，该草图可通过【延长孔】绘制，系统自动标注的尺寸不符合要求时可将其删除后，再按要求标注。

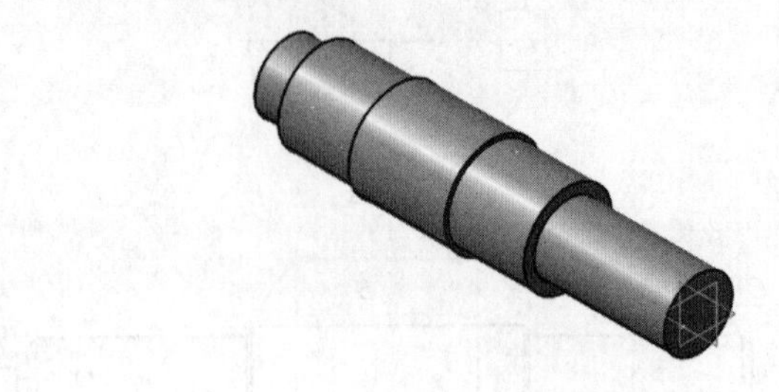

图 5-3　生成旋转体

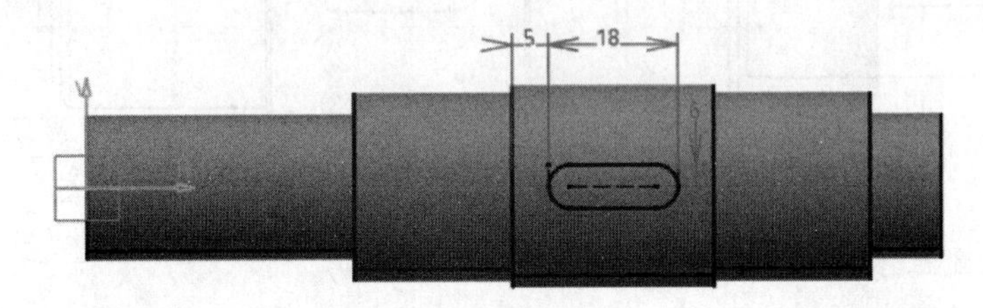

图 5-4　绘制草图 2

(5)单击【凹槽】命令，【第一限制】的【类型】选择“直到最后”，【第二限制】的【类型】选择“尺寸”，并在【深度】文本框中输入尺寸“－11”，注意方向，结果如图 5-5 所示。

(6)以“xy 平面”为基准面，绘制如图 5-6 所示草图，该草图可通过【延长孔】绘制。

图 5-5　生成凹槽 1

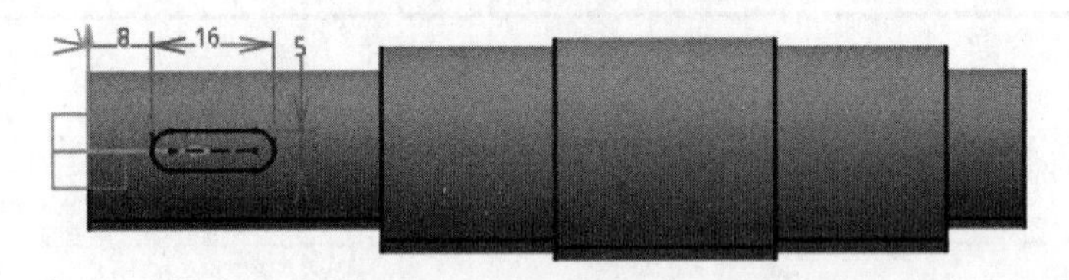

图 5-6　绘制草图 3

(7)单击【凹槽】命令，【第一限制】的【类型】选择“直到最后”，【第二限制】的【类型】选择“尺寸”，并在【深度】文本框中输入尺寸“－8”，结果如图 5-7 所示。

(8)以“xy 平面”为基准面，绘制如图 5-8 所示两个矩形草图，由于该草图是为【旋转槽】命令准备的，所以需要在草图界面绘制一条辅助“轴线”(左侧虚线段)，其水平线与圆柱体边线

【相合】时,可通过【投影 3D 轮廓边线】功能将圆柱体两侧边投射至当前草图,由于所得投影线是辅助线,所以需要转变为“构造元素”。

图 5-7　生成凹槽 2

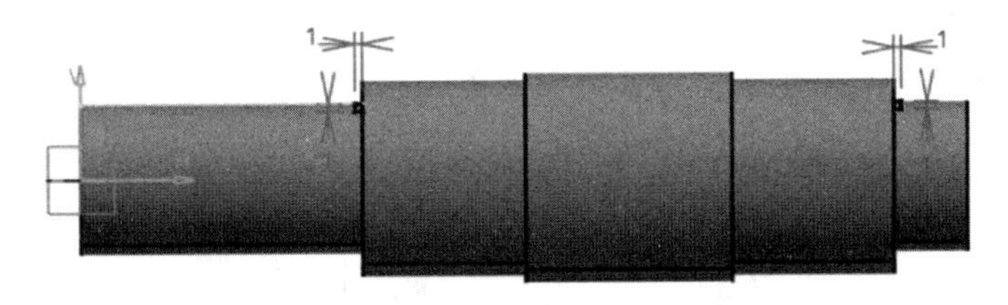

图 5-8　绘制草图 4

注意:由于圆柱体投射的轮廓边是两条边,所以在编辑或转化为“构造元素”时一定要注意不要遗漏。

(9)单击【旋转槽】命令,以该草图为轮廓,由于草图有且只有一条“轴线”,系统将自动以该“轴线”为旋转轴线,结果如图 5-9 所示。

(10)单击【倒角】命令,【模式】选择“长度 1/角度”,在【长度 1】文本框输入“0. 5”,选择直径最大的圆柱段两端面外边线,结果如图 5-10 所示。

图 5-9　生成旋转槽

图 5-10　倒角 1

(11)单击【倒角】命令,【模式】选择“长度 1/角度”,在【长度 1】文本框输入值“1”,选择其余 4 段圆柱段的侧边线,结果如图 5-11 所示。

图 5-11　倒角 2

（12）保存零件，文件名为“shafts”。

5.2 示例零件 2

如图 5-12 所示为较复杂的轴类零件，建模时除了用到示例零件 1 所用特征命令外，还需要配合【凸台】【平面】【镜像】等命令完成。

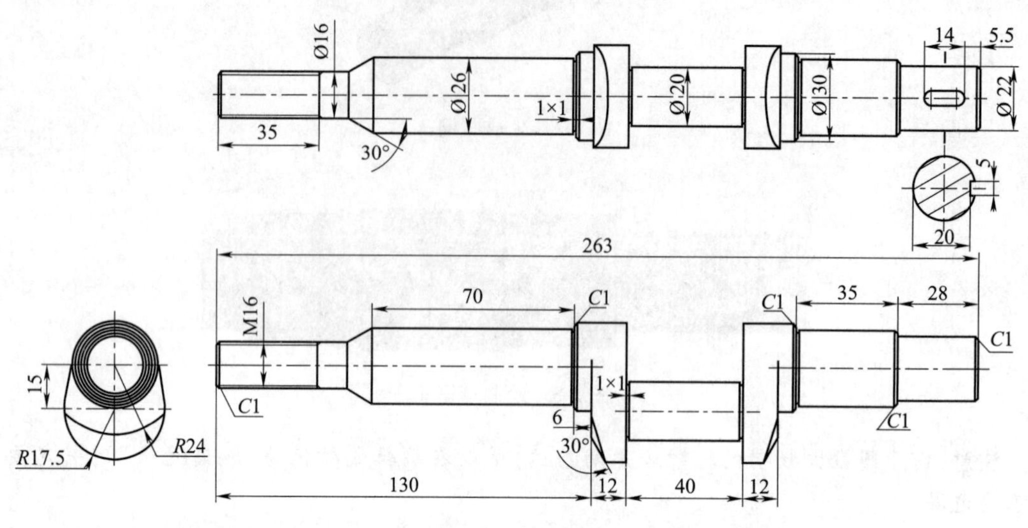

图 5-12 示例零件 2

操作步骤如下：

（1）单击菜单栏【开始】/【机械设计】/【零件设计】，进入零件设计环境。

（2）以“xy 平面”为基准面，绘制如图 5-13 所示草图。由于该草图是为【旋转体】命令准备的，所以需要在草图界面绘制一条辅助“轴线”（右侧虚线段）。

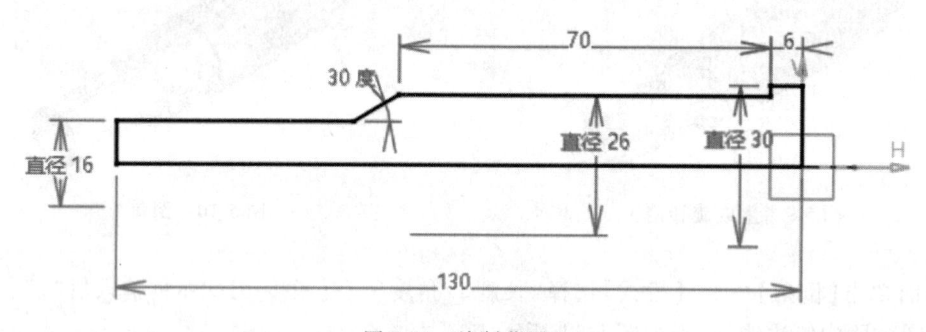

图 5-13 绘制草图 1

（3）单击【旋转体】命令，以图 5-13 所示草图为轮廓，由于草图有且只有一条“轴线”，系统将自动以该“轴线”为旋转轴线，如果草图中有多条轴线，可手动选择作为回转轴的轴线，结果如图 5-14 所示。

（4）以“xy 平面”为基准面，绘制如图 5-15 所示矩形草图，由于该草图是为【旋转槽】命令准备的，所以需要在草图界面绘制一条辅助“轴线”（右侧虚线段），其水平线与圆柱体边线【相合】。

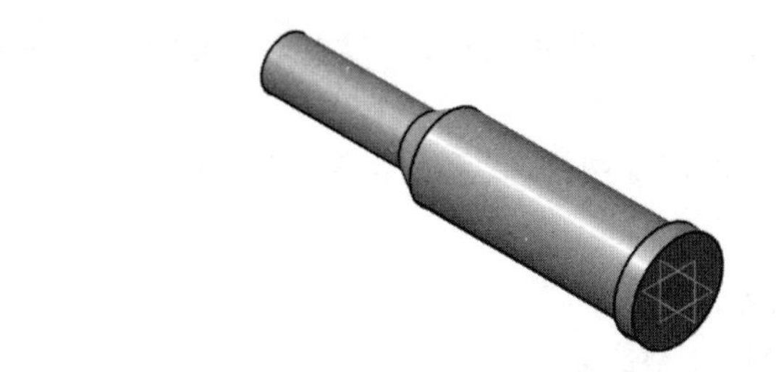

图 5-14　生成旋转体

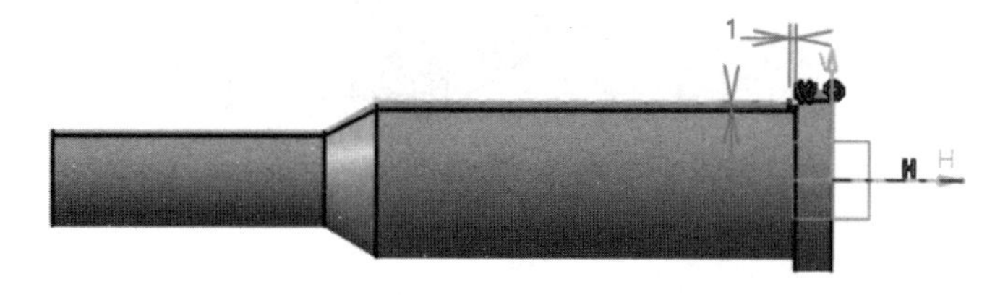

图 5-15　绘制草图 2

(5)单击【旋转槽】命令,以图 5-15 所示草图为轮廓,由于草图有且只有一条"轴线",系统将自动以该"轴线"为旋转轴线,结果如图 5-16 所示。

(6)以直径较大的圆柱段端面为基准面,绘制如图 5-17 所示草图,利用【投影 3D 元素】命令投影圆柱体圆形边线,再增加其余线条,利用【修剪】命令进行编辑。

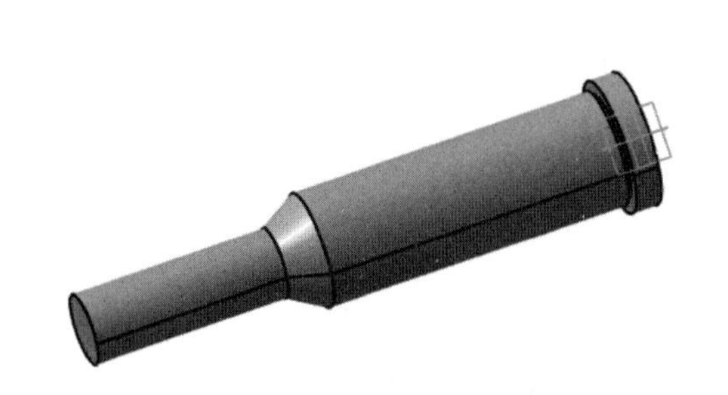

图 5-16　生成旋转槽 1

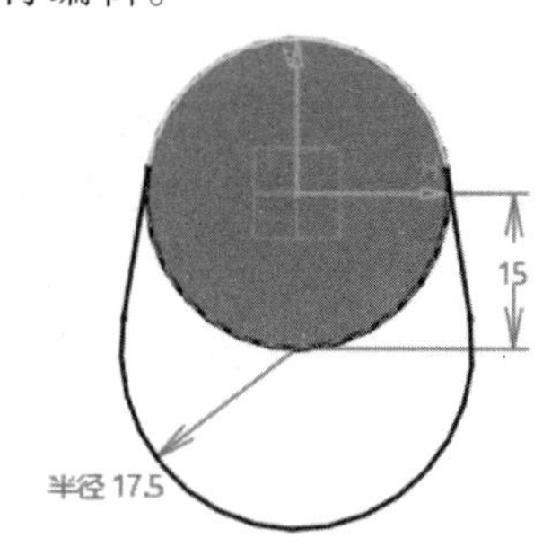

图 5-17　绘制草图 3

提示:【投影 3D 元素】命令是减少草图绘制工作量并使相关元素保持关联的重要手段,后续操作中会经常使用该命令以及【投影 3D 轮廓边线】命令。

(7)单击【凸台】命令,【类型】选择"尺寸",在【长度】文本框输入"12",结果如图 5-18 所示。

(8)以上一步凸台端面为基准面,绘制如图 5-19 所示草图圆,圆与凸台直径较大一侧圆弧同心。

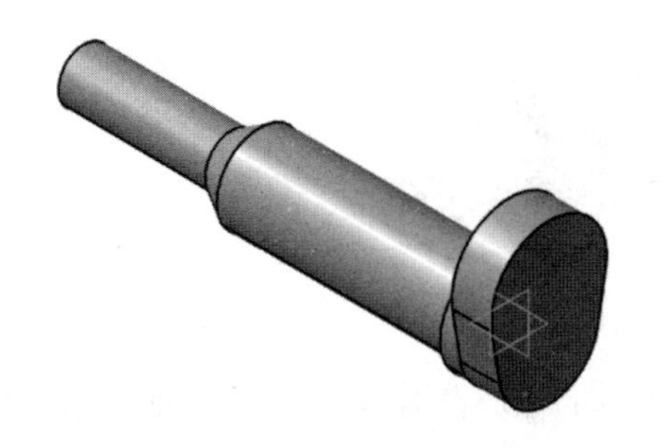

图 5-18　生成偏心凸台

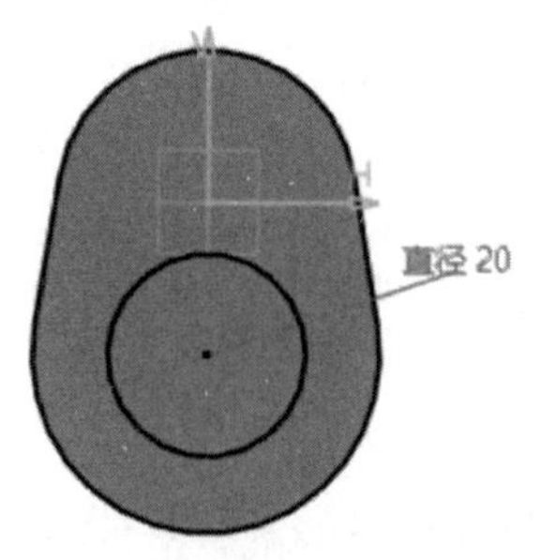

图 5-19　绘制草图 4

(9)单击【凸台】命令,【类型】选择“尺寸”,在【长度】文本框输入值“40”,结果如图 5-20 所示。

(10)以“zx 平面”为基准面,绘制如图 5-21 所示矩形草图,草图中包含一偏移“H 方向”距离“15”的“轴线”。

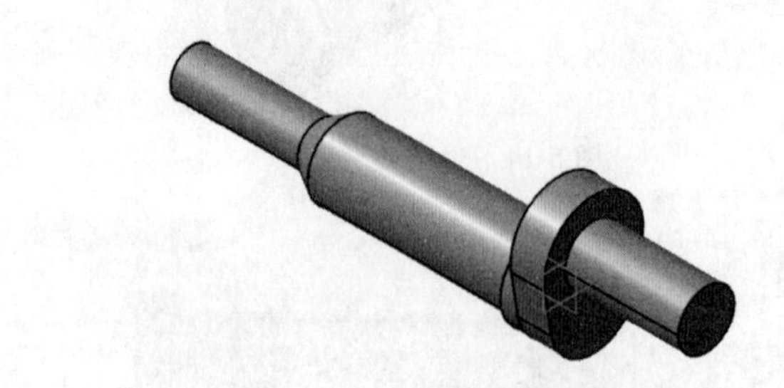

图 5-20　生成圆柱凸台 1

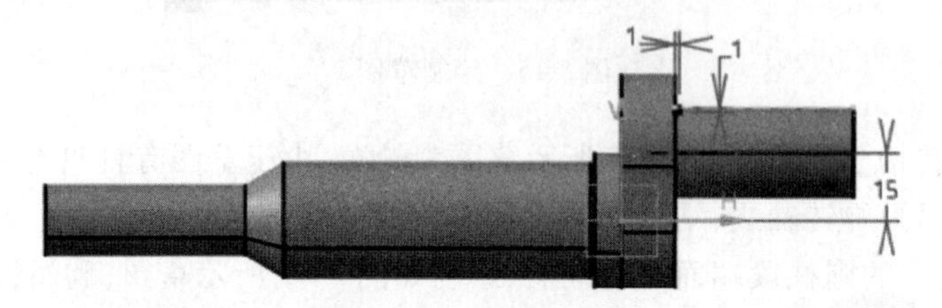

图 5-21　绘制草图 5

(11)单击【旋转槽】命令,以图 5-21 所示草图为轮廓,由于草图有且只有一条“轴线”,系统将自动以该“轴线”为旋转轴线,结果如图 5-22 所示。

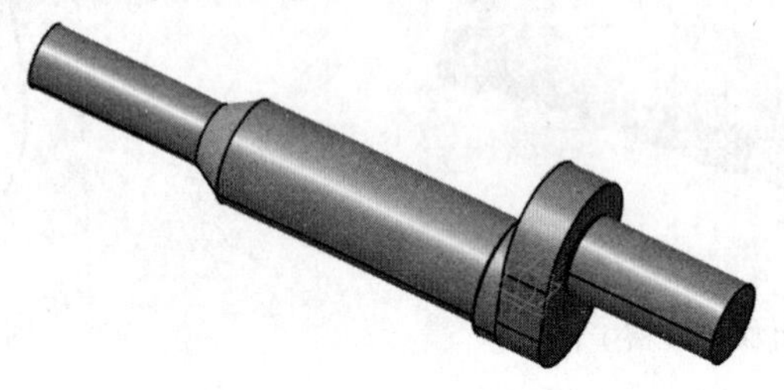

图 5-22　生成旋转槽 2

(12)单击【平面】命令,【参考】选择(7)生成的偏心凸台侧面,【偏移】文本框输入“20”,结果如图 5-23 所示。

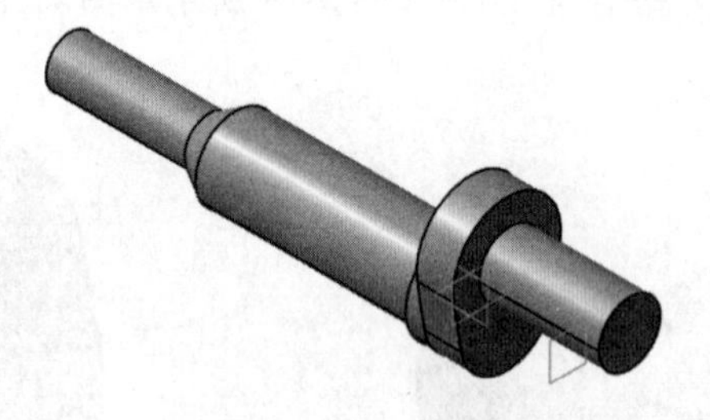

图 5-23　生成基准面

(13)按住键盘的 <Ctrl> 键,同时选择(7)生成的偏心凸台与(11)生成的“旋转槽”,单击【镜像】命令,【镜像元素】选择(12)生成的平面,结果如图 5-24 所示。

(14)以“zx 平面”为基准面,绘制图 5-25 所示三角形草图,草图中包括一与“H 方向”相合的“轴线”。

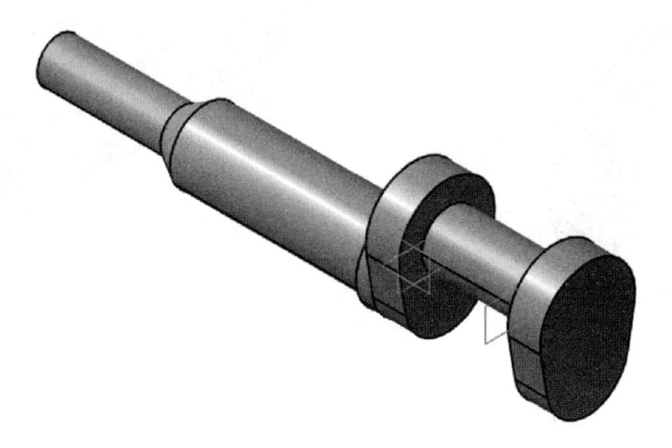

图 5-24　镜像特征

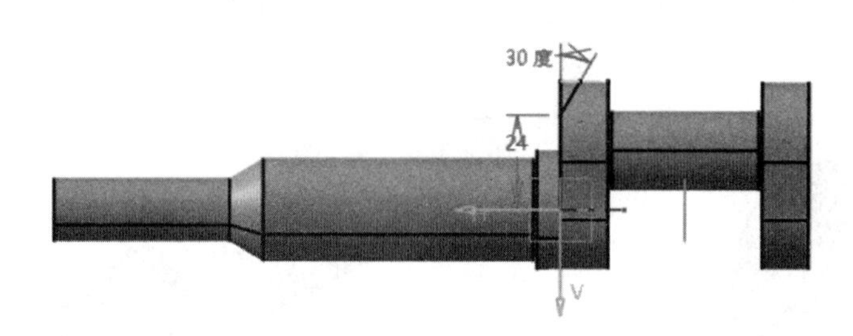

图 5-25　绘制草图 6

(15)单击【旋转槽】命令,以图 5-25 所示草图为轮廓,由于草图有且只有一条“轴线”,系统将自动以该“轴线”为旋转轴线,结果如图 5-26 所示。

(16)选择上一步生成的“旋转槽”,单击【镜像】命令,【镜像元素】选择(12)生成的平面,结果如图 5-27 所示。

提示:由于生成的平面暂不使用,可以在该平面上右击,在弹出的关联菜单中选择【隐藏/显示】将其隐藏。

(17)以图 5-27 所示的最右端面为基准面绘制草图,通过【投影 3D 元素】命令投射另一侧的同尺寸圆柱边线,结果如图 5-28 所示。

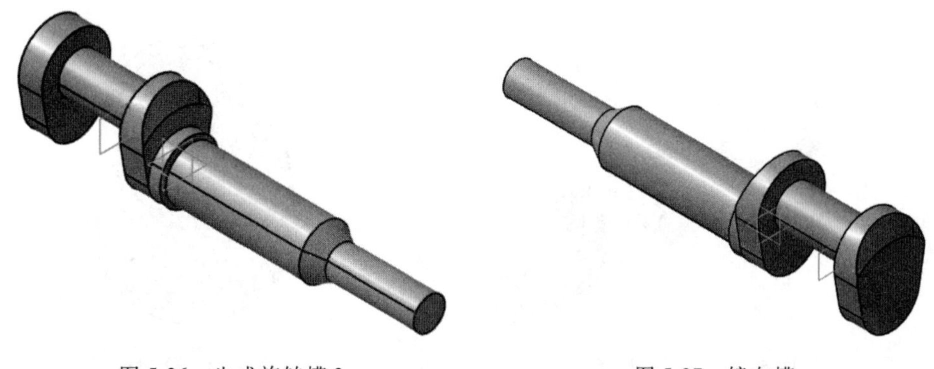

图 5-26　生成旋转槽 3　　　图 5-27　镜向槽

(18)单击【凸台】命令,【类型】选择“尺寸”,【长度】文本框输入“6”,结果如图 5-29 所示。

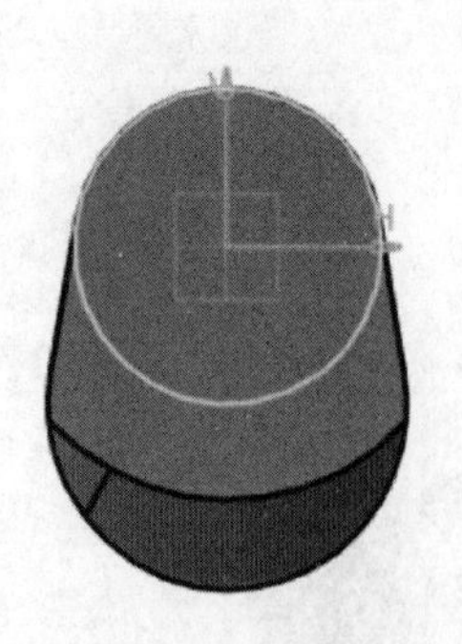

图 5-28　绘制草图 6

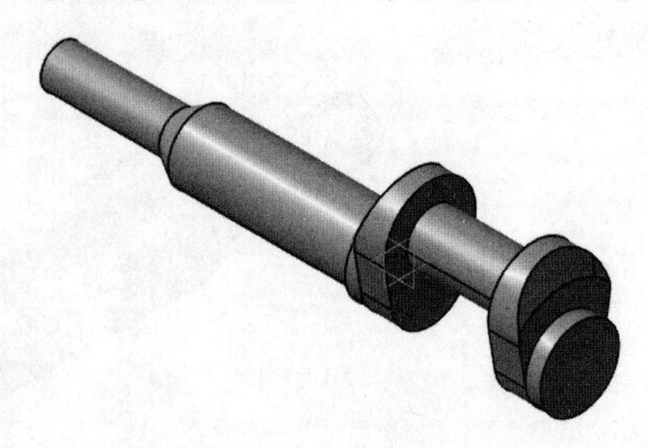

图 5-29　生成圆柱凸台 2

(19)以新生成的凸台端面为基准面绘制草图,采用【投影 3D 元素】命令投射另一侧的同尺寸圆柱边线,结果如图 5-30 所示。

(20)单击【凸台】命令,【类型】选择“尺寸”,【长度】文本框输入“35”,结果如图 5-31 所示。

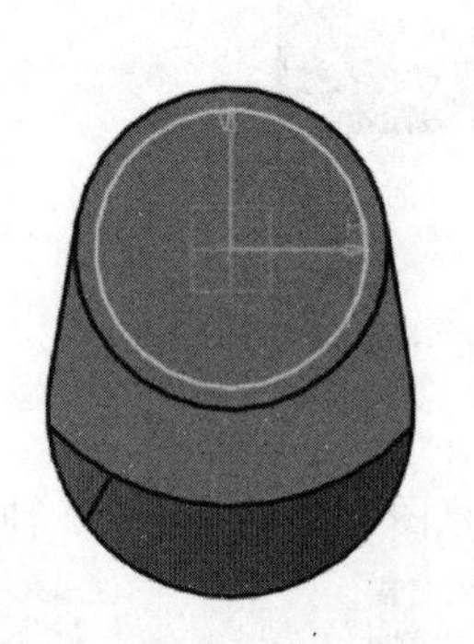

图 5-30　绘制草图 7

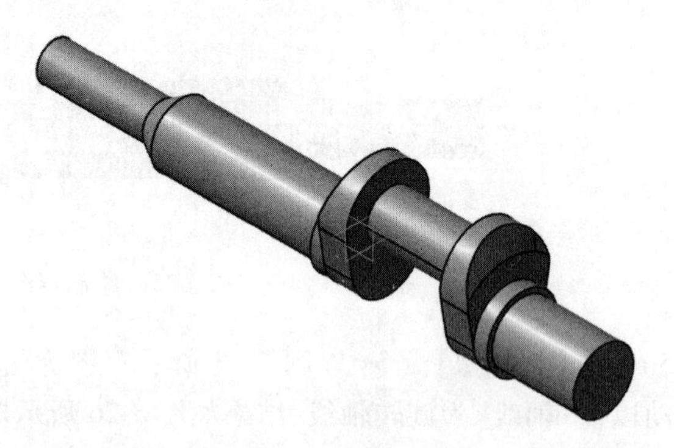

图 5-31　生成圆柱凸台 3

(21)选择(5)生成的“旋转槽”,单击【镜像】命令,【镜像元素】选择(12)生成的平面,结果如图 5-32 所示。

提示:由于前面操作已将该平面隐藏,所以在图形区域无法选择该平面,此时可以在结构树中进行选择。

(22)以图 5-32 所示的最右端面为基准面绘制图 5-33 所示草图圆。

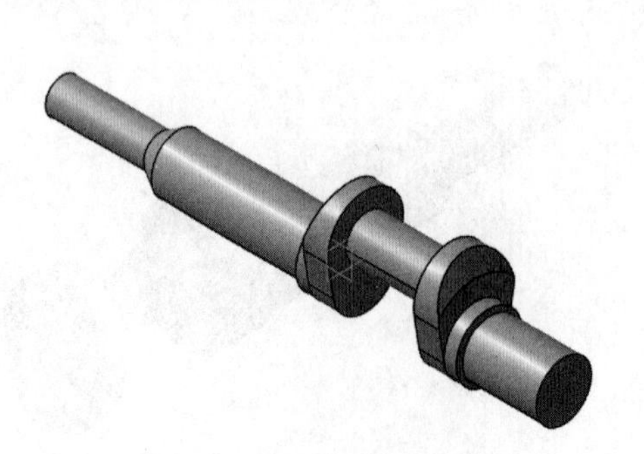

图 5-32　镜像旋转槽

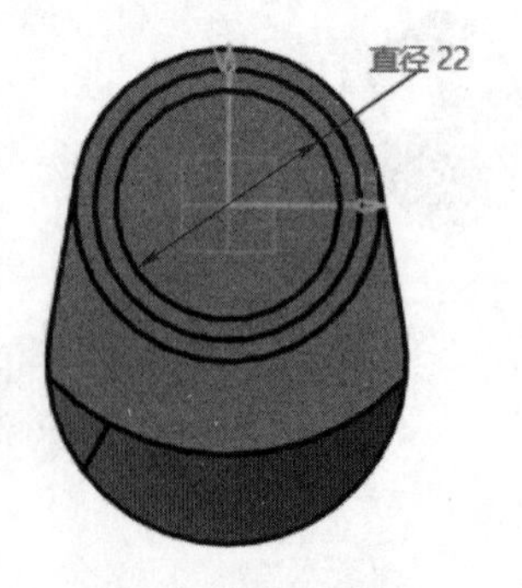

图 5-33　绘制草图 8

(23)单击【凸台】命令,【类型】选择“尺寸”,【长度】文本框输入“28”,结果如图 5-34 所示。

(24)以“xy 平面”为基准面,绘制如图 5-35 所示延长孔草图。

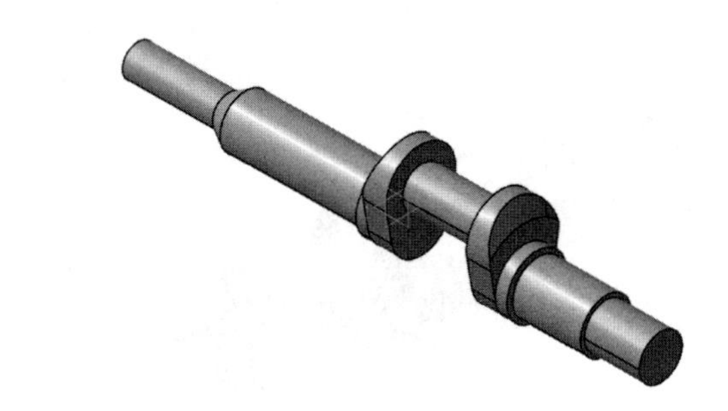

图 5-34　生成圆柱凸台 4

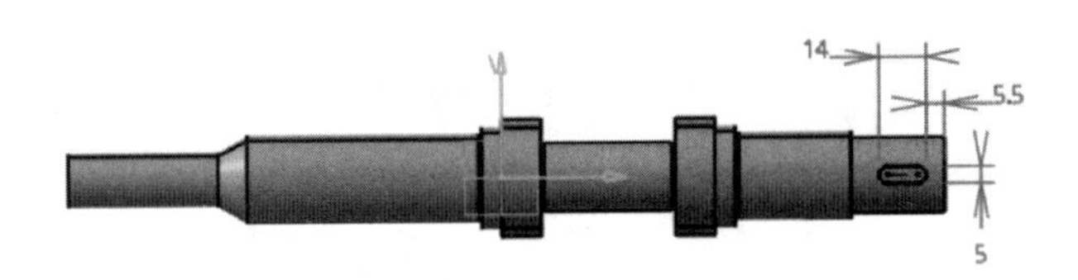

图 5-35　绘制草图 9

(25)单击【凹槽】命令,【第一限制】的【类型】选择“直到最后”,【第二限制】的【类型】选择“尺寸”,并在【深度】文本框输入尺寸“ -9”,结果如图 5-36 所示。

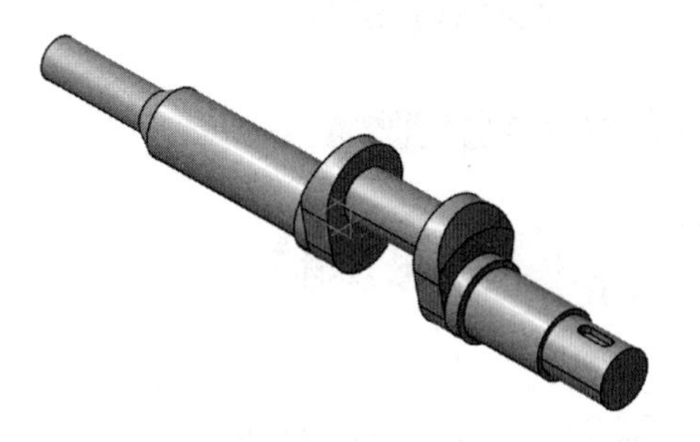

图 5-36　切除键槽

(26)单击【倒角】命令,【模式】选择“长度 1/角度”,【长度 1】文本框输入值“1”,选择五段圆柱段的侧边线,结果如图 5-37 所示。

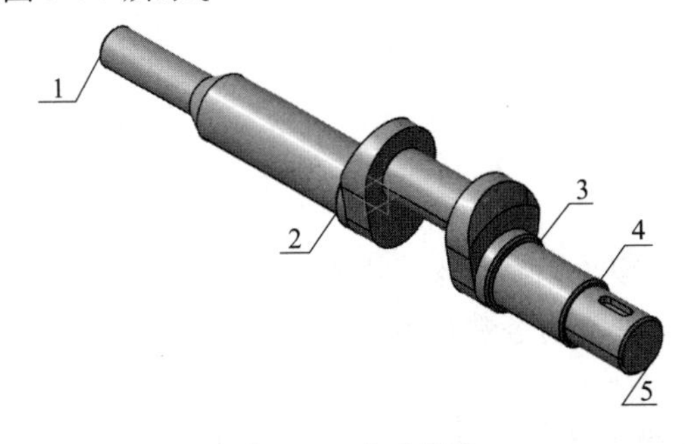

图 5-37　生成倒角

(27)单击【内螺纹/外螺纹】命令,【侧面】选择图 5-37 所示最左侧圆柱段圆柱面,【限制面】选择最左侧端面,【类型】选择“公制粗牙螺纹”,【外螺纹描述】选择“M16”,【外螺纹深度】文本框输入“35”,结果如图 5-38 所示。

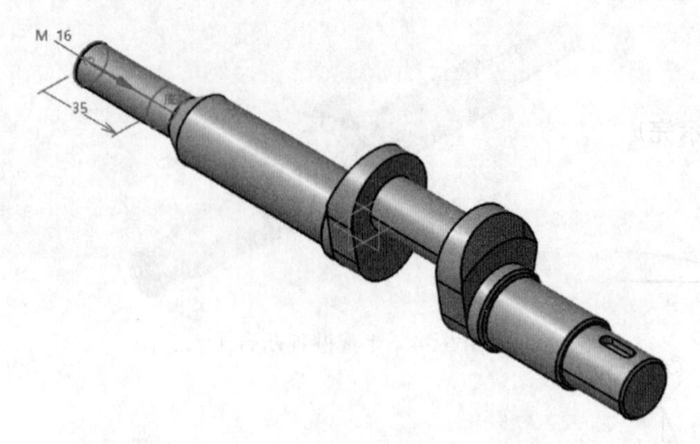

图 5-38　添加外螺纹

(28)保存零件,文件名为“crank”。

5.3　常见轴类零件

如图 5-39 所示为常见轴类零件。

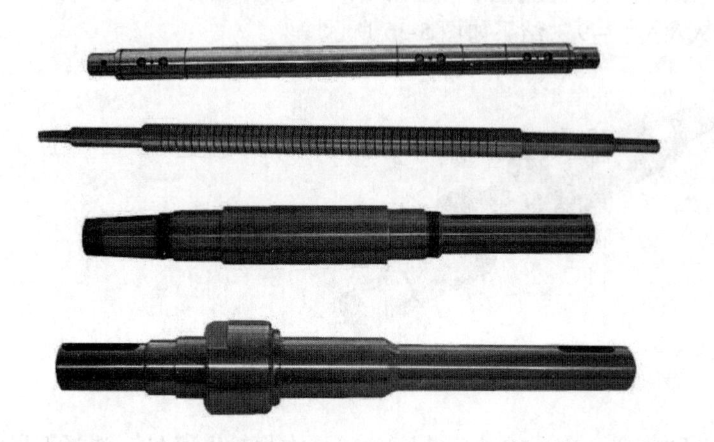

图 5-39　常见轴类零件

练习

一、简答题

1. 轴类零件的主要特征是什么?
2. 轴在机械设备中的主要作用是什么?
3.【倒角】命令还可以用什么命令替代?

二、操作题

1. 按图 5-40 所示完成模型的创建,以文件名“pin”保存。

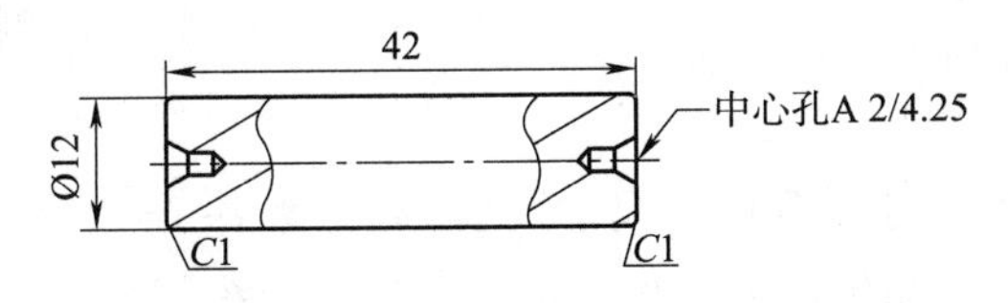

图 5-40　操作题 1

2. 按图 5-41 所示完成模型的创建，以文件名“piston”保存。

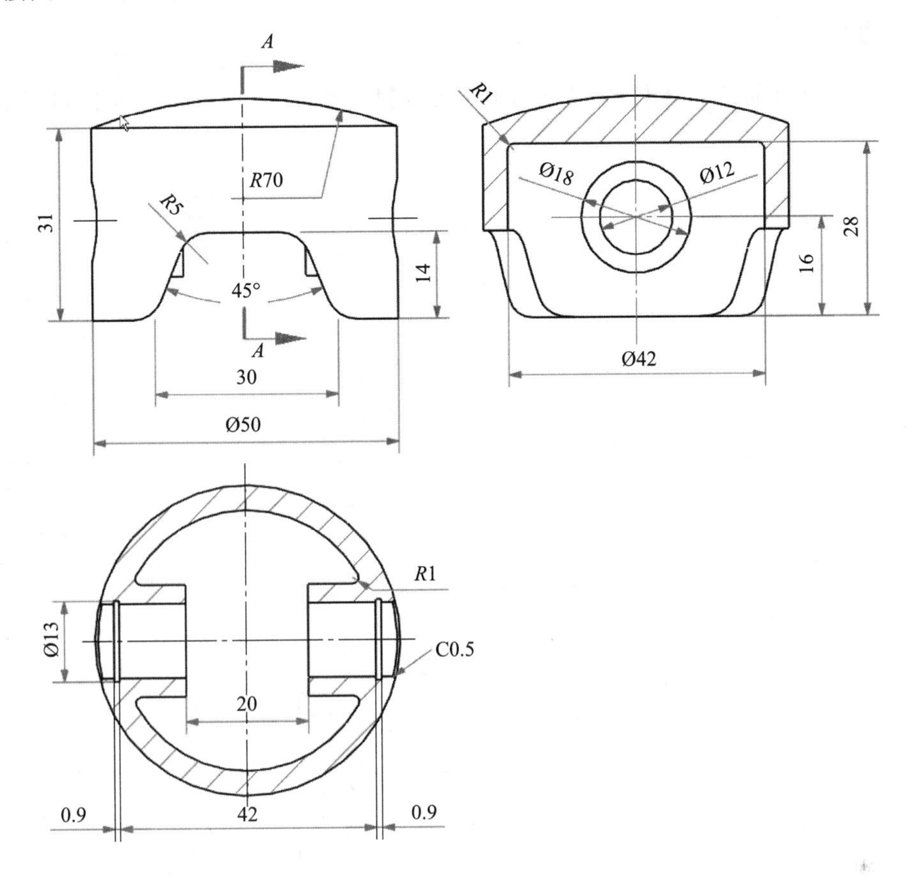

图 5-41　操作题 2

任务 6　盖板零件的绘制

任务目标

(1)熟悉示例零件的建模方法。

(2)复习草图绘制与拉伸功能。

(3)了解常见盖板类零件。

任务描述

盖板类零件主要由凸台与各类孔组成,常见的有支承件、连接件、箱体上盖类零件,在模具、运动部件、化工容器等产品中较为常见。本任务主要介绍盖板类零件的绘制。

任务实践

6.1 示例零件 1

图 6-1 所示为箱体上盖零件图,主要使用【凸台】【凹槽】【孔】【矩形阵列】【圆角】等功能完成建模。

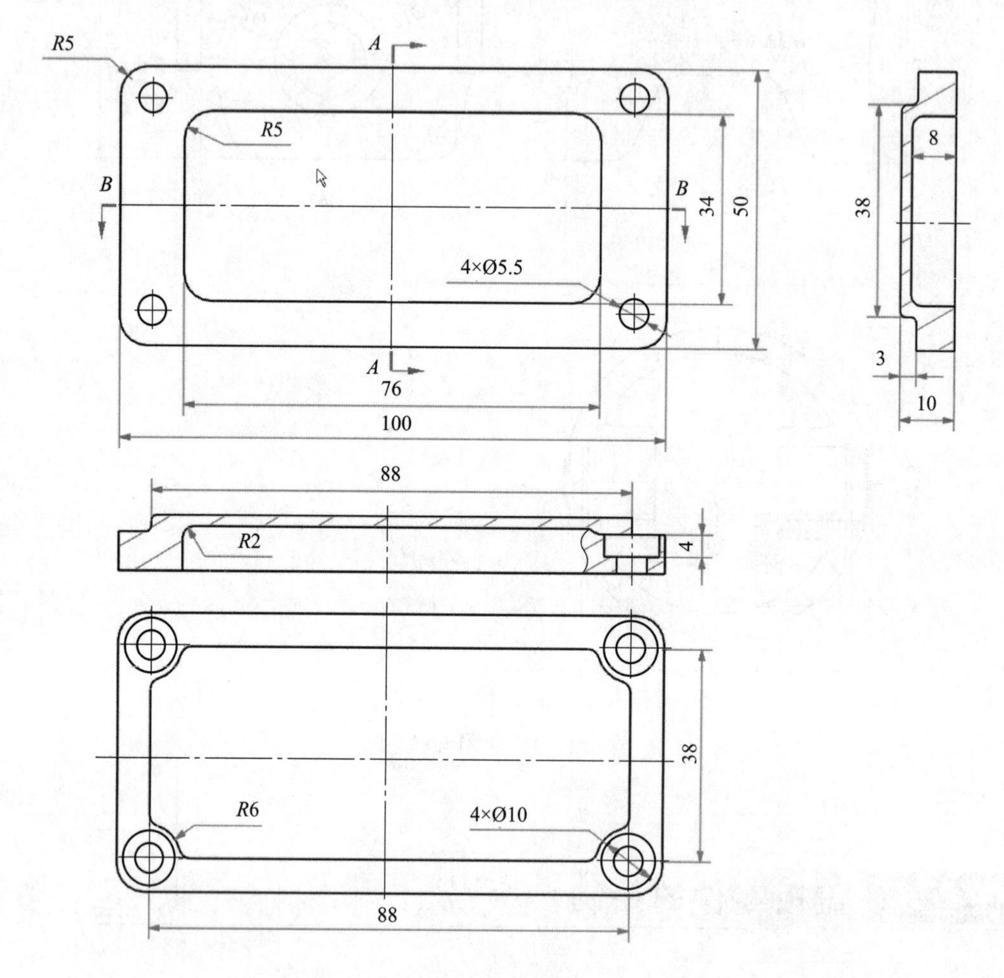

图 6-1 示例零件 1

操作步骤如下:

(1)单击菜单栏【开始】/【机械设计】/【零件设计】,进入零件设计环境。

(2)以“xy 平面”为基准面,绘制图 6-2 所示草图。以系统原点为参考,通过【居中矩形】命令完成设置。

（3）单击【凸台】命令，在【长度】文本框输入尺寸“10”，结果如图6-3所示。

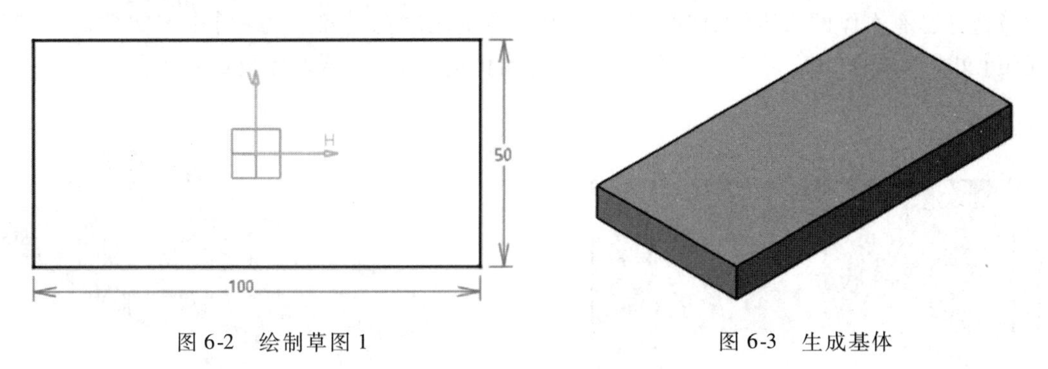

图6-2　绘制草图1　　　　图6-3　生成基体

（4）以生成的长方体上表面为基准面，绘制如图6-4所示矩形。

（5）单击【凹槽】命令，在【深度】文本框输入“8”，结果如图6-5所示。

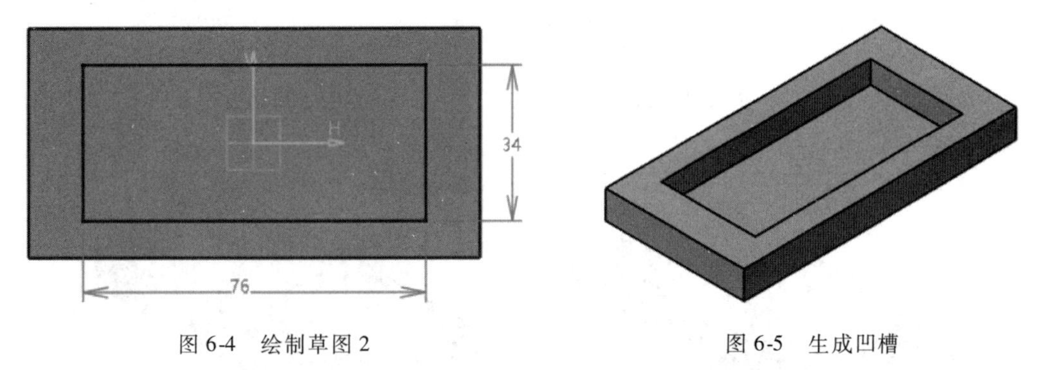

图6-4　绘制草图2　　　　图6-5　生成凹槽

（6）以“xy平面”为基准面，绘制如图6-6所示草图。圆弧与外侧已有轮廓边线相切，可先绘制整圆，添加完成几何约束后再用【修剪】命令修剪。

（7）单击【凹槽】命令，【深度】文本框输入“3”，由于切除的是外侧区域，而草图绘制的是内侧轮廓，所以要单击【反转边】选项以反侧切除，结果如图6-7所示。

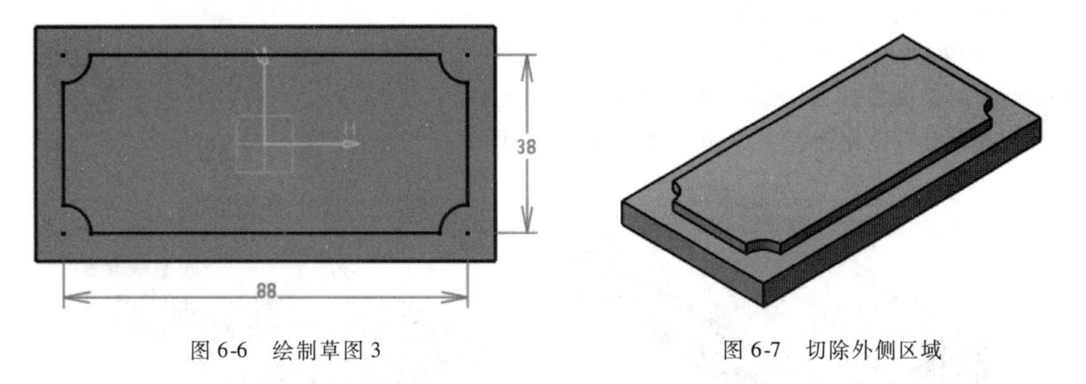

图6-6　绘制草图3　　　　图6-7　切除外侧区域

（8）单击【孔】命令，选择上一步使用【凹槽】命令切除生成的面，【扩展】选择“直到下一个”，【直径】文本框输入“5.5”；【类型】选择“沉头孔”，直径输入“10”，【深度】文本框输入“4”；单击【扩展】中的“定位草图”，将定位点与圆弧同心，如图6-8a所示，单击【确定】按钮，结果如图6-8b所示。

(9)单击【矩形阵列】命令,【第一方向】中实例输入“2”,【间距】文本框输入“88”,【参考元素】选择已有实体的长边线,【对象】选择上一步生成的孔;【第二方向】中实例数输入“2”,【间距】文本框输入“38”,【参考元素】选择已有实体的短边线,结果如图 6-9 所示。

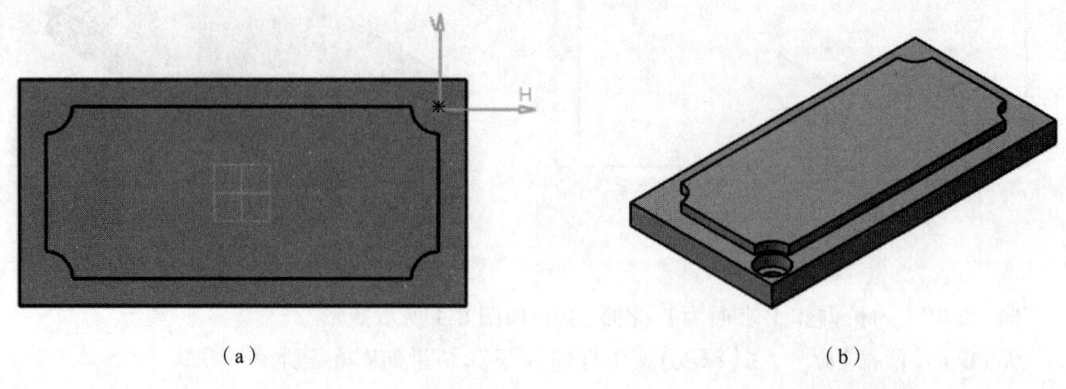

(a)　　(b)

图 6-8　生成孔

(10)单击【倒圆角】命令,【半径】文本框输入“5”,【要圆角化的对象】选择已有实体的 4 条侧棱边,结果如图 6-10 所示。

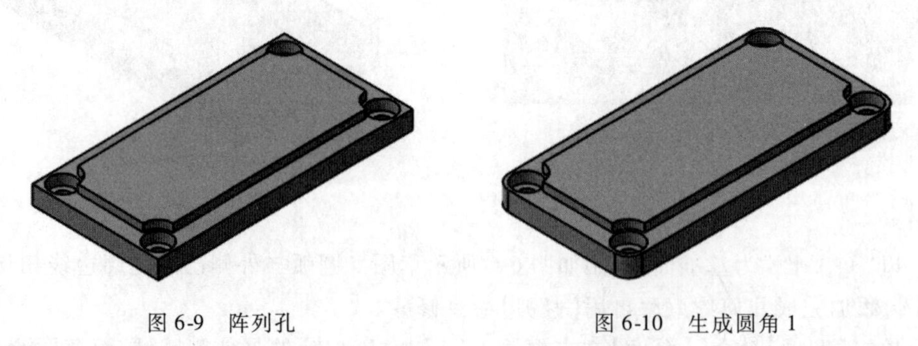

图 6-9　阵列孔　　图 6-10　生成圆角 1

(11)单击【倒圆角】命令,【半径】文本框输入“2”,【要圆角化的对象】选择切除生成的圆弧部分的 8 条侧棱边,结果如图 6-11 所示。

(12)单击【倒圆角】命令,【半径】文本框输入“1”,【要圆角化的对象】选择切除生成部分上下两面所形成的边,此时由于周边边线为相切状态,所以系统在“相切”的【选择模式】下会自动选择所有首尾相连的边线,结果如图 6-12 所示。

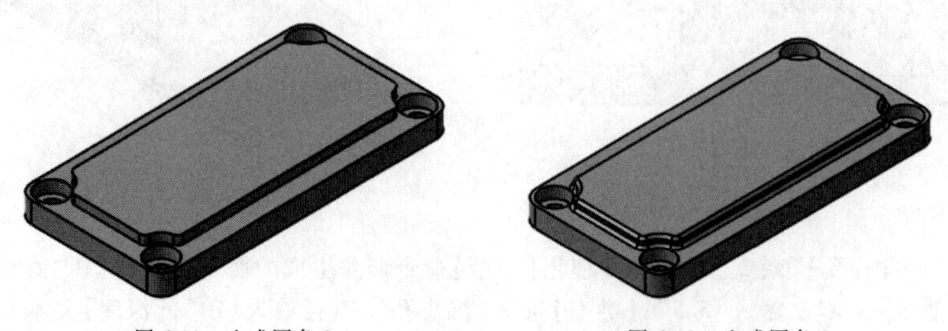

图 6-11　生成圆角 2　　图 6-12　生成圆角 3

(13)单击【倒圆角】命令,【半径】文本框输入“5”,【要圆角化的对象】选择内侧切除生成的 4 条棱边，结果如图 6-13 所示。

(14)单击【倒圆角】命令，【半径】文本框输入“2”，【要圆角化的对象】选择内侧切除生成的底面，结果如图 6-14 所示。

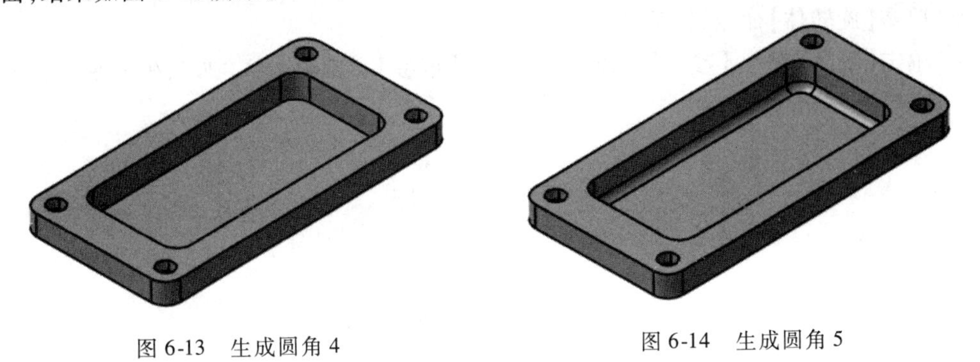

图 6-13　生成圆角 4　　　　图 6-14　生成圆角 5

(15)保存零件，文件名为“Cover Plate”。

思考：多步倒圆角中有部分的半径值是相同的，为什么不在一步操作中完成，而是分开完成呢？

6.2　示例零件 2

图 6-15 所示为端盖零件，主要使用【旋转体】【孔】【圆形阵列】【开槽】等功能完成三维建模。

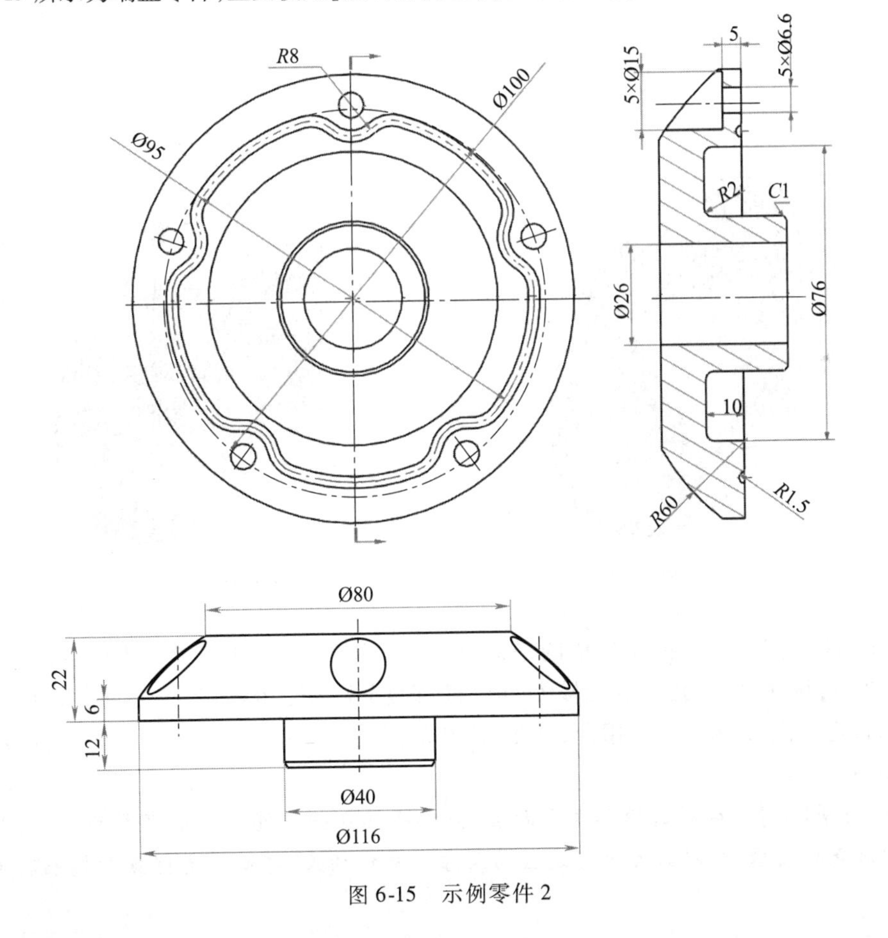

图 6-15　示例零件 2

操作步骤如下：

(1)单击菜单栏【开始】/【机械设计】/【零件设计】,进入零件设计环境。

(2)以“xy 平面”为基准面,绘制如图 6-16 所示草图,需绘制一条轴线作为“旋转轴”参考。

(3)单击【旋转体】命令,结果如图 6-17 所示。

(4)单击【平面】命令,【参考】选择“yz 平面”,【偏移】文本框输入“20”,生成平面如图 6-18 所示。

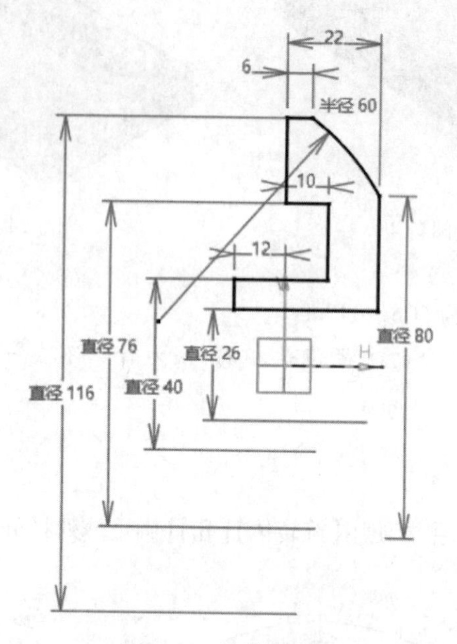

图 6-16　绘制草图 1

图 6-17　生成旋转体

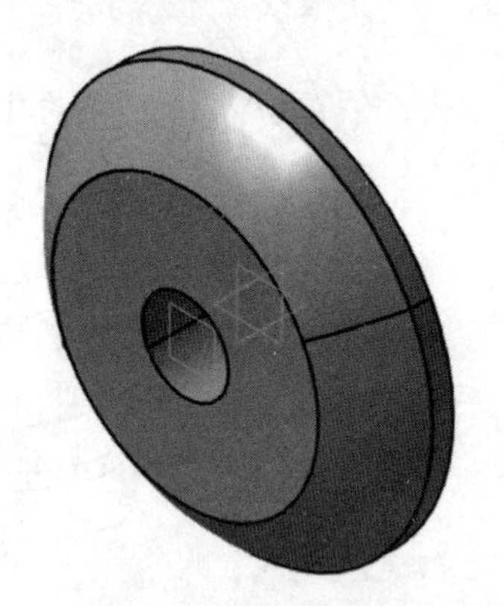

图 6-18　生成平面

(5)单击【孔】命令,选择新生成的平面,【扩展】选择“直到下一个”,【直径】文本框输入“6. 6”;【类型】选择“沉头孔”,直径输入“15”,【深度】文本框输入“15”;单击【扩展】中的“定位草图”,将定位点与“zx 平面”相合,且在 $\phi100$ 的圆上,如图 6-19a 所示,单击【确定】按钮,结果如图 6-19b 所示。

注意:使用【孔】命令时选择参考平面后,会以鼠标点击位置为当前草图的原点,而通常情况下由于该点较随意,所以需要进行适当的尺寸与几何约束,即使该定位点看起来满足要求也需要进行约束。

(6)单击【圆形阵列】命令,【参数】选择“完整径向”,【实例】文本框输入“5”,【参考元素】选择中间回转孔的内表面,【对象】选择(5)生成的孔,结果如图 6-20 所示。

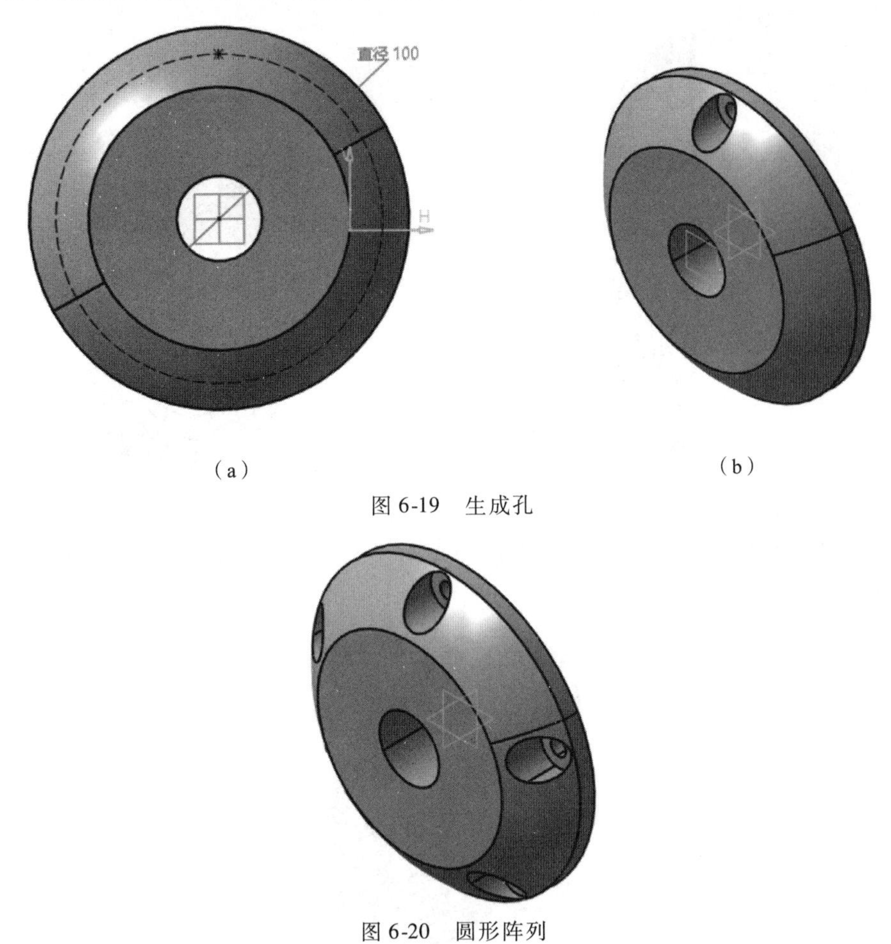

(a)　　(b)

图 6-19　生成孔

图 6-20　圆形阵列

(7)以 ϕ116 的圆柱部分侧面为基准面,绘制图 6-21 所示草图,小圆弧与孔同心。

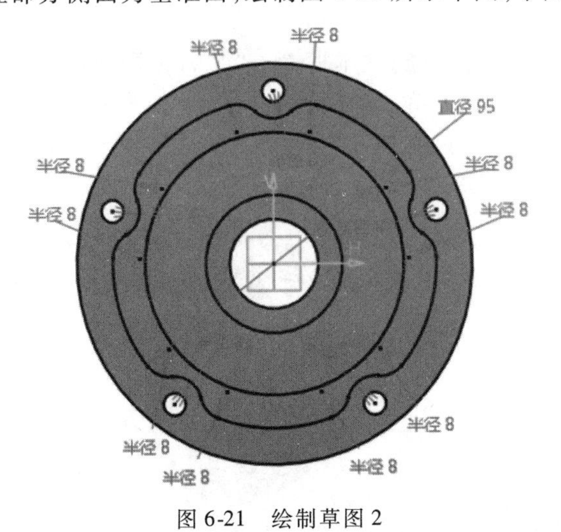

图 6-21　绘制草图 2

(8)以“xy 平面”为基准面绘制图 6-22 所示草图。

(9)单击【开槽】命令,【轮廓】选择(8)所绘草图,【中心曲线】选择(7)绘制的草图,结果如图 6-23 所示。

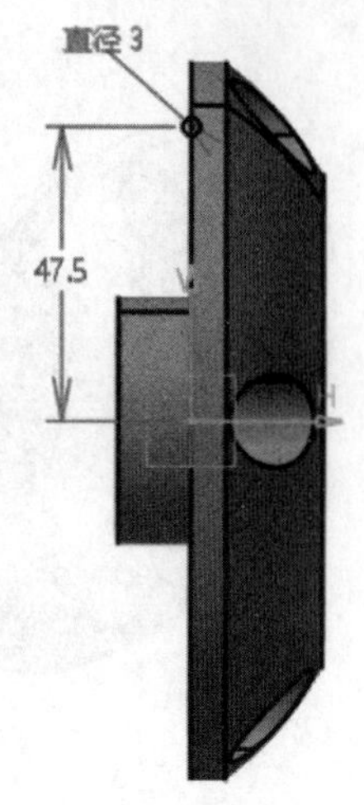

图 6-22 绘制草图 3

图 6-23 生成环槽

(10)单击【倒角】命令,【长度 1】文本框输入“1”,【要倒角的对象】选择 ϕ40 的圆柱外棱边,结果如图 6-24 所示。

图 6-24 生成倒角

(11)单击【倒圆角】命令,【半径】文本框输入“2”,【要圆角化的对象】选择凹槽面,结果如图 6-25 所示。

(12)保存零件,文件名为“flange”。

图 6-25 生成圆角

6.3　常见盖板类零件

图 6-26 所示为常见盖板类零件。

图 6-26　常见盖板类零件

一、简答题

1. 示例零件 1 用到的【矩形阵列】命令还可用什么命令替代？
2. 示例零件 2 中为了生成孔新建了一平面，是否可以不生成该平面？操作时要注意什么？
3. 使用【开槽】命令时，如果【轮廓】与【中心曲线】不相交会有什么结果？

二、操作题

1. 按图 6-27 所示完成模型的创建，以文件名“cover”保存。

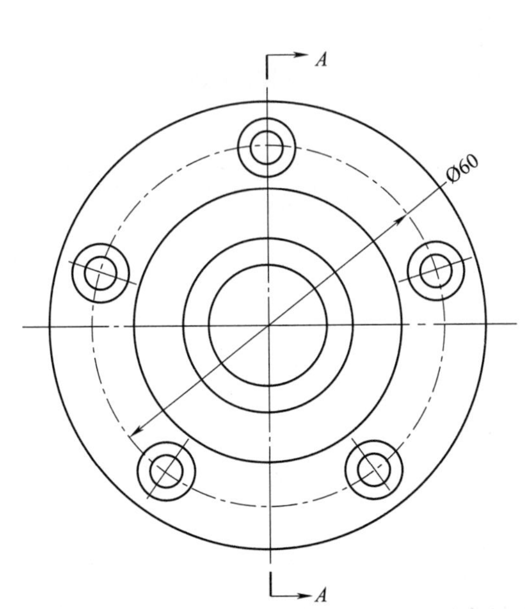

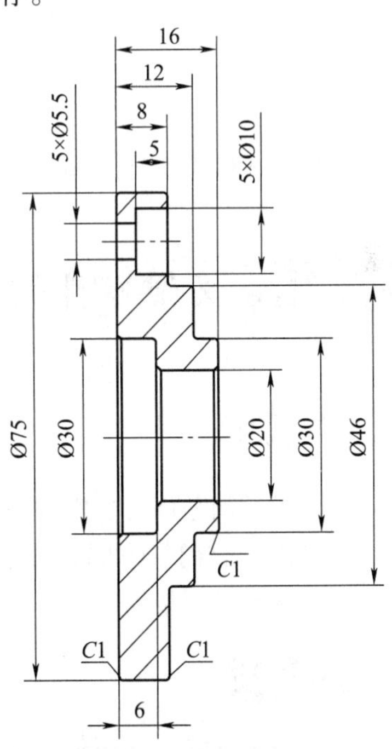

图 6-27　操作题 1

2. 按图 6-28 所示完成模型的创建，以文件名“Cylinder”保存。

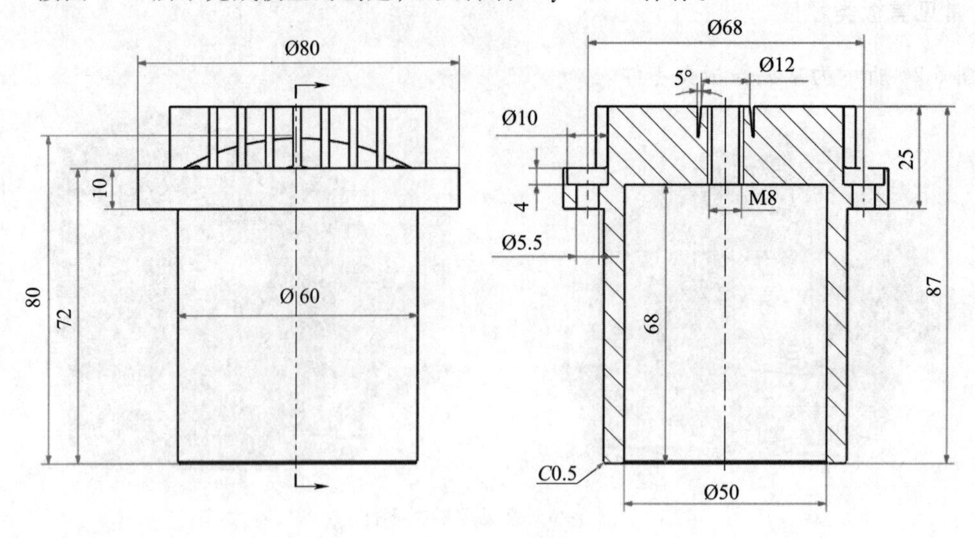

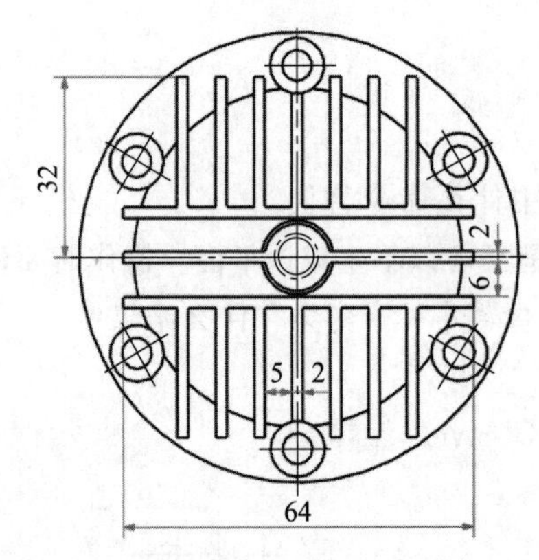

图 6-28　操作题 2

提示：散热翅片可用【加强肋】命令完成；阵列时注意【保留规格】选项的作用。

任务 7　叉架零件的绘制

任务目标

（1）熟悉示例零件的建模方法。

（2）巩固【凸台】【镜像】【孔】【加强肋】等命令。

（3）了解常见叉架类零件。

任务描述

叉架类零件在产品中通常起连接、支承、调节等作用，其主体特征以拉伸凸台与各类孔为主。

任务实践

7.1　示例零件

如图 7-1 所示为连杆零件，主要使用【凸台】【凹槽】【孔】【矩形阵列】【圆角】等命令完成建模。

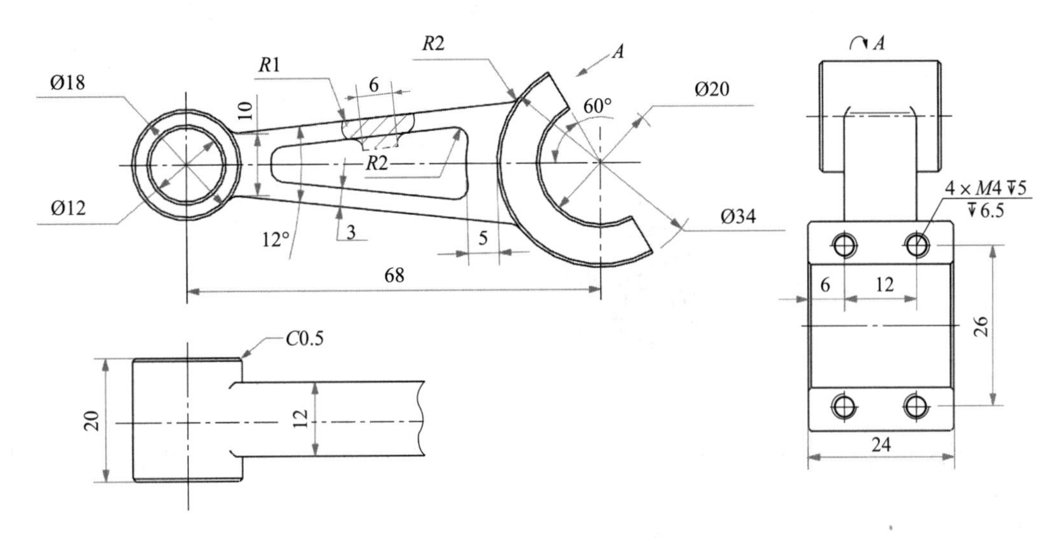

图 7-1　示例零件 1

操作步骤如下：

(1) 单击菜单栏【开始】/【机械设计】/【零件设计】，进入零件设计环境。

(2) 以“xy 平面”为基准面，绘制图 7-2 所示草图。

(3) 单击【凸台】命令，【长度】文本框输入“10”，选择【镜像范围】选项，结果如图 7-3 所示。

注意：当选择【镜像范围】选项时，在基准面两侧各增加一个【长度】文本框输入值，也就是总长为【长度】文本框输入值的两倍，这在不同的三维设计软件中定义是不同的。

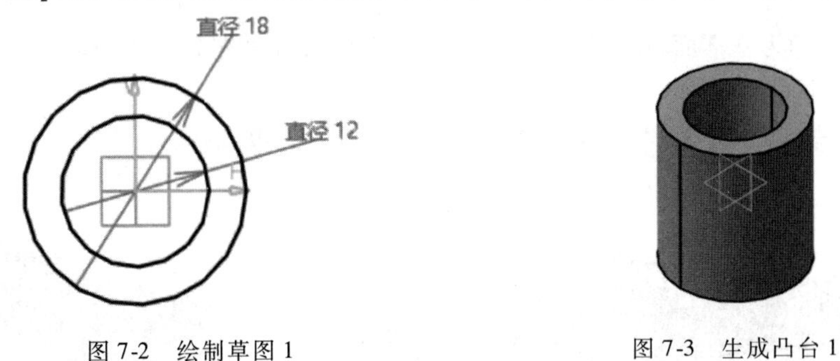

图 7-2　绘制草图 1　　　图 7-3　生成凸台 1

(4) 以“xy 平面”为基准面，绘制如图 7-4 所示草图。

(5) 单击【凸台】命令，【长度】文本框输入“12”，选择【镜像范围】选项，结果如图 7-5 所示。

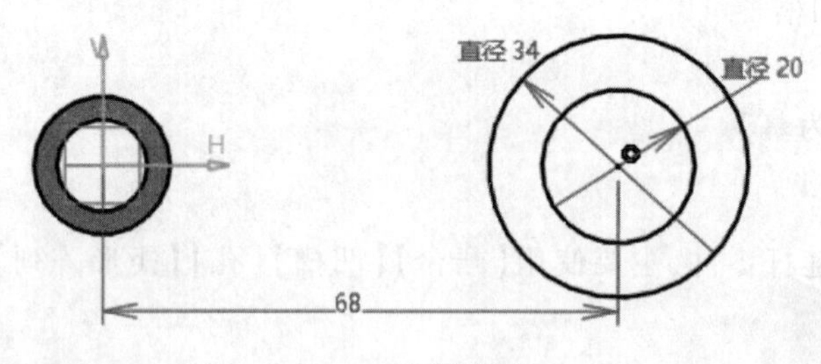

图 7-4　绘制草图 2

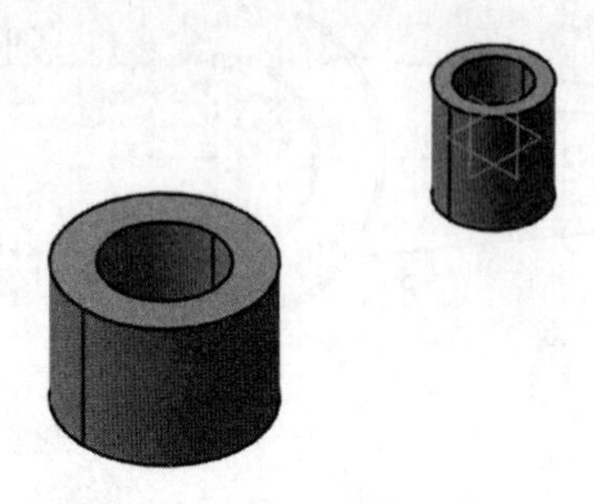

图 7-5　生成凸台 2

(6)以"xy 平面"为基准面,绘制如图 7-6 所示草图。绘制时要充分利用【投影 3D 元素】将已有圆柱凸台边线投影至当前草图。

(7)单击【凸台】命令,【长度】文本框输入"6",选择【镜像范围】选项,结果如图 7-7 所示。

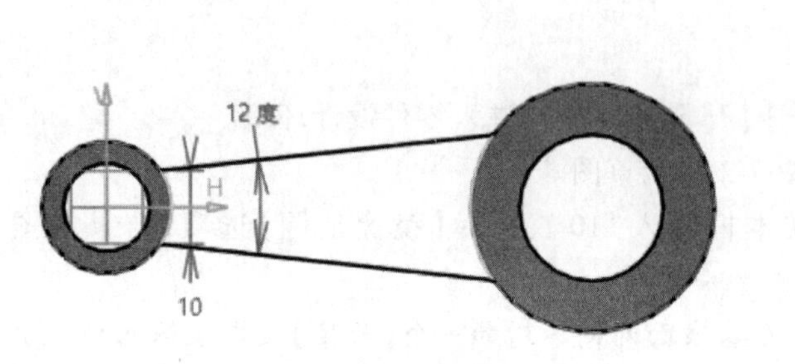

图 7-6　绘制草图 3

图 7-7　生成凸台 3

(8)以"xy 平面"为基准面,绘制图 7-8 所示草图。绘制时要充分利用【偏移】命令将相关边线引用至当前草图。

(9)单击【凹槽】命令,【深度】文本框输入"4",结果如图 7-9 所示。

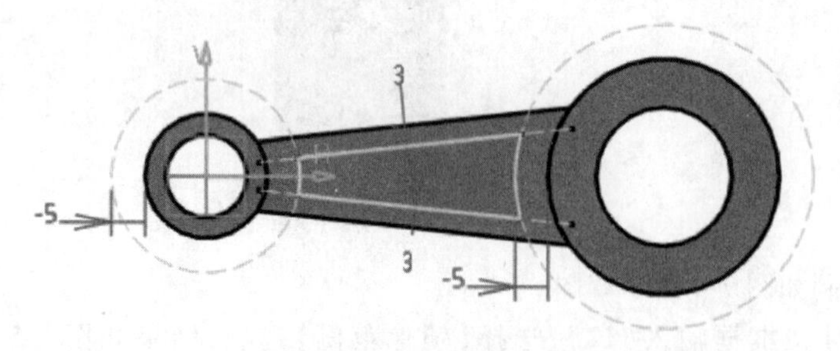

图 7-8　绘制草图 4

图 7-9　生成凹槽

(10)选择生成的凹槽特征,单击【镜像】命令,【镜像元素】选择“xy 平面”,结果如图 7-10 所示。

(11)以“xy 平面”为基准面,绘制图 7-11 所示草图。

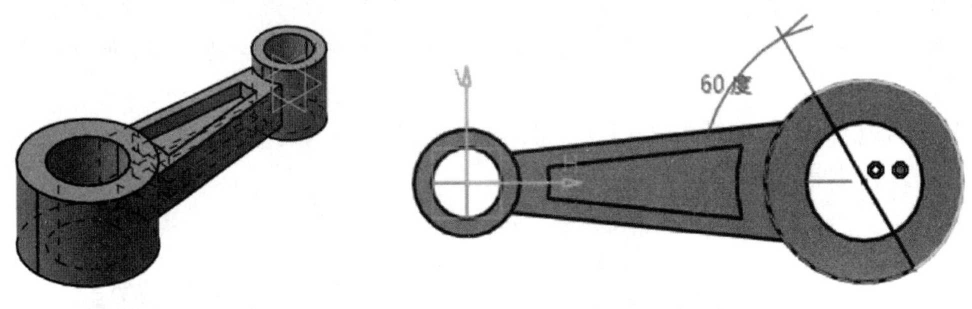

图 7-10　镜像凹槽　　　　图 7-11　绘制草图 5

(12)单击【凹槽】命令,【第一限制】中的类型选择“直到最后”,第二限制中选择同样选项,结果如图 7-12 所示。

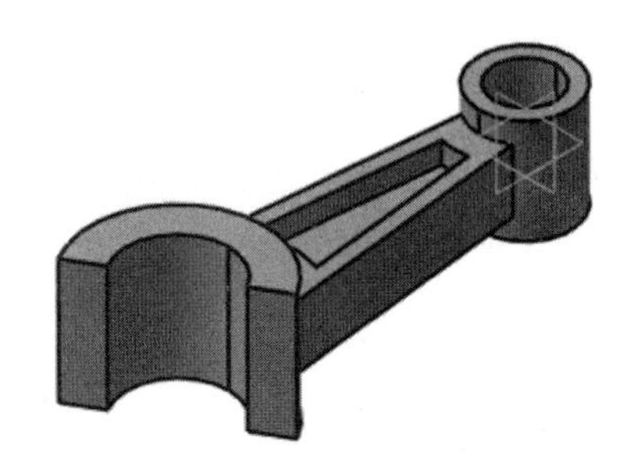

图 7-12　切除特征

(13)单击【孔】命令,选择上一步生成的切除面,切换至【定义螺纹】选项卡,选中【螺纹孔】选项,【底部类型】选择“尺寸”,【定义螺纹】中的类型选择“公制粗牙螺纹”,【螺纹描述】选择“M4”,【螺纹深度】输入值“5”,【孔深度】输入值“6. 5”;单击【扩展】中的【定位草图】,定位点如图 7-13a 所示,【底部】选择“V 形底”,单击【确定】按钮,结果如图 7-13b 所示。

提示:当标注尺寸是参考回转体轴线时,可选择该回转体的回转面,系统自动参考回转轴线标注。

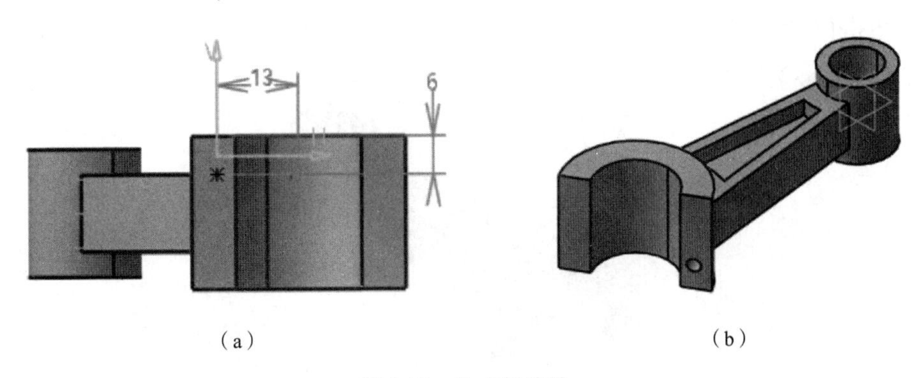

图 7-13　生成螺纹孔

(14)单击【矩形阵列】命令,【第一方向】中实例输入“2”,【间距】输入“26”,【参考元素】选择切除产生的平面,【对象】选择上一步生成的螺纹孔;【第二方向】中实例数输入“2”,【间距】输入“12”,【参考元素】中无须选择,结果如图 7-14 所示。

提示:当【参考元素】选择的是“面”时,系统将自动参考该面的“V”与“H”方向,同时形成两个参考,需要注意的是其正反方向。由于这种方法可以减少选择量,所以实际使用较多。

(15)单击【倒角】命令,【长度 1】文本框输入“0.5”,【要倒角的对象】选择半圆形内孔的两端面圆边线,结果如图 7-15 所示。

图 7-14 阵列螺纹孔

图 7-15 生成倒角 1

(16)单击【倒角】命令,【长度 1】输入“0.5”,【要倒角的对象】选择小圆柱孔两端面边线,结果如图 7-16 所示。

(17)单击【倒圆角】命令,【半径】输入“2”,【要圆角化的对象】选择两圆柱体与中间连接部分的所有竖直棱边,结果如图 7-17 所示。

图 7-16 生成倒角 2

图 7-17 生成圆角 1

(18)单击【倒圆角】命令,【半径】输入“1”,【要圆角化的对象】选择中间连接部分的其余棱边,结果如图 7-18 所示。

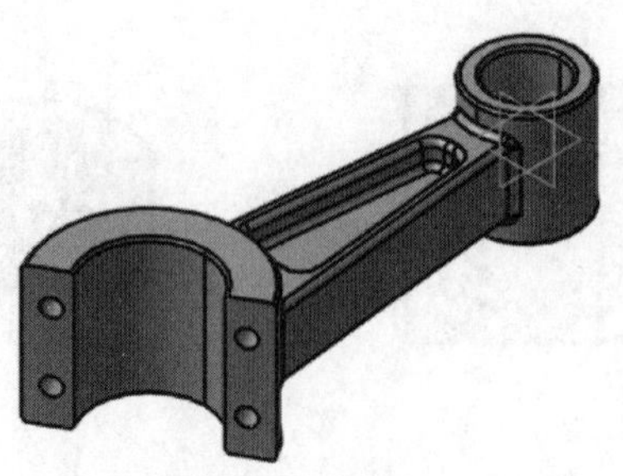

图 7-18 生成圆角 2

(19)保存零件,文件名为“linkage”。

7.2 常见叉架类零件

如图 7-19 所示为常见叉架类零件。

图 7-19　常见叉架类零件

一、简答题

1. 使用【投影 3D 元素】产生的对象参与草图绘制有什么好处?
2. 使用【矩形阵列】命令时,【参考元素】选择边线与平面的主要差异是什么?

二、操作题

1. 按图 7-20 所示完成模型的创建,以文件名“LinkagePlate”保存。

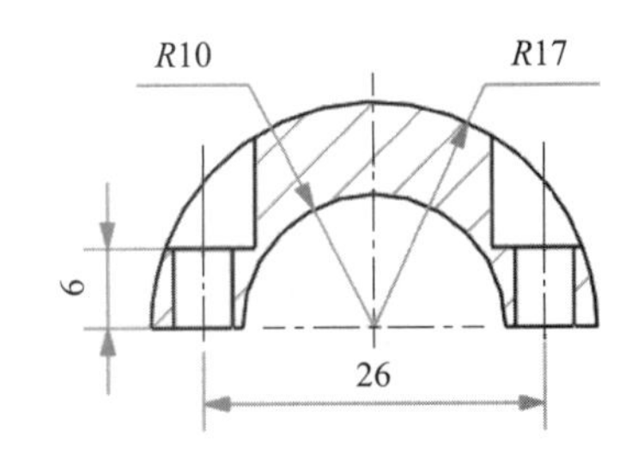

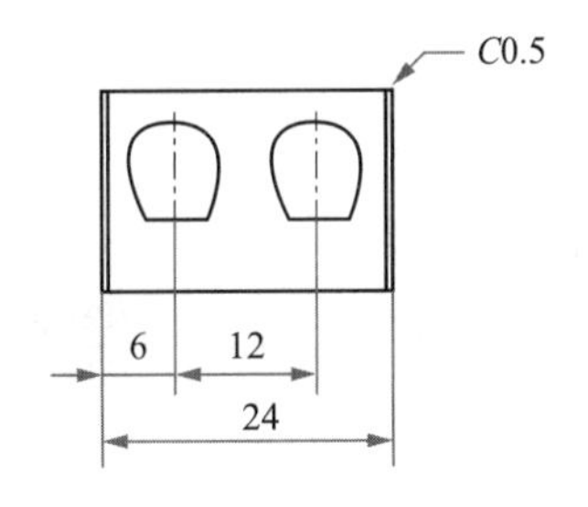

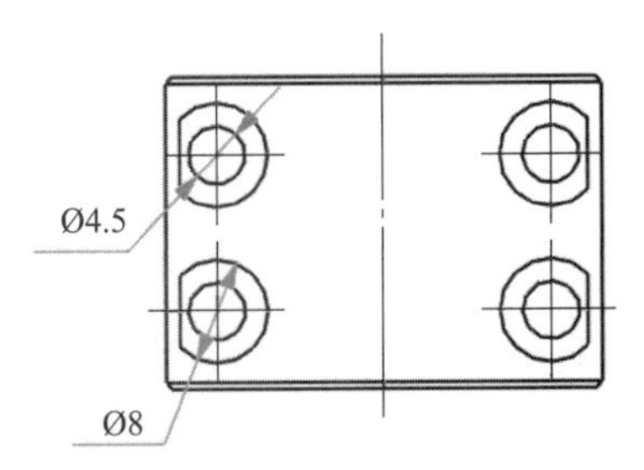

图 7-20　操作题 1

2. 按图 7-21 所示完成模型的创建，以文件名“L7-2-2”保存。

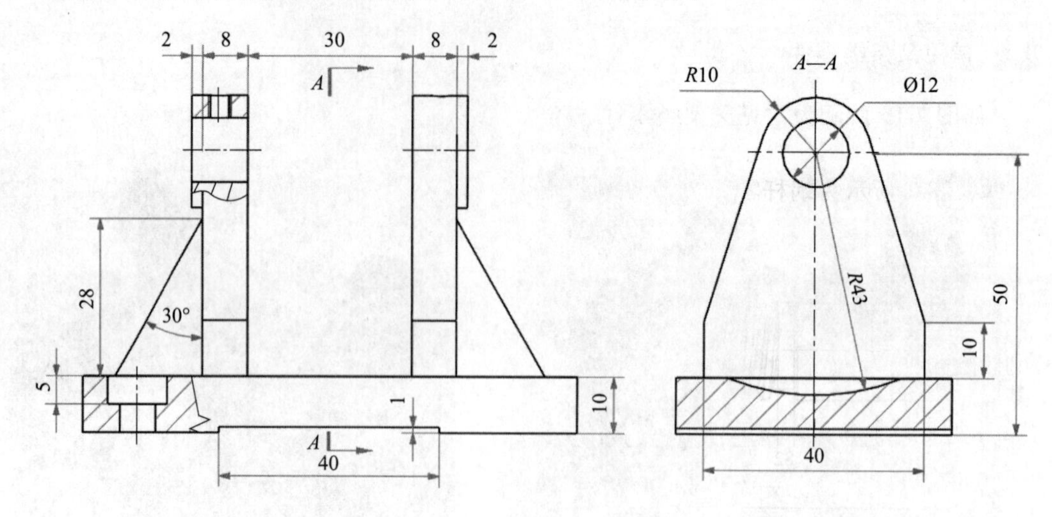

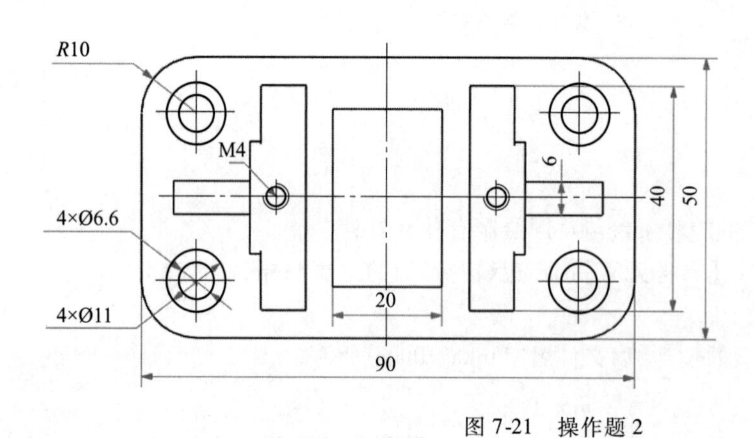

图 7-21　操作题 2

任务 8　齿轮零件的绘制

任务目标

(1) 熟悉示例零件的建模方法。

(2) 复习草图绘制与阵列功能。

(3) 了解常见齿轮类零件。

任务描述

齿轮类零件是机械产品中非常重要的传动机构，且种类繁多，本任务将完成常见的齿轮建模，由于不涉及齿轮的设计，所以其中齿形均以简化形式表达，重点介绍其建模方法，建模齿轮要与真实的齿轮区别开来。

任务实践

8.1　示例零件 1

如图 8-1 所示为蜗杆零件图，主要使用【凸台】【开槽】【凹槽】【倒角】等功能完成建模。

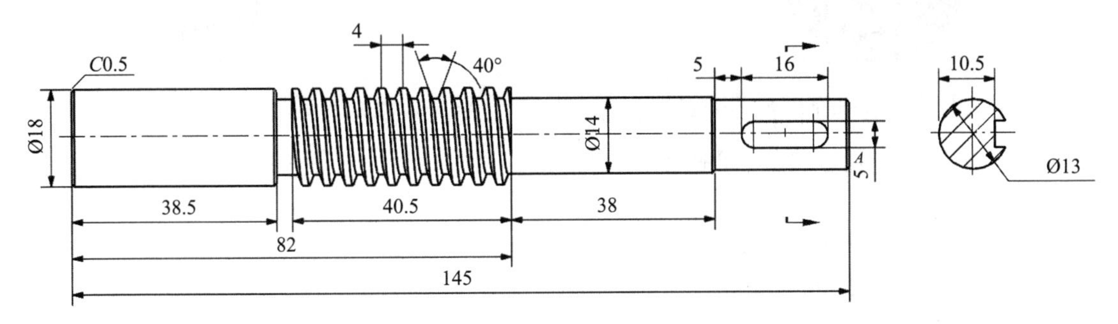

图 8-1　示例零件 1

操作步骤如下：

(1)在菜单栏单击【开始】/【机械设计】/【零件设计】，进入零件设计环境。

(2)以“zx 平面”为基准面，绘制图 8-2 所示草图。

(3)单击【凸台】命令，【长度】输入“82”，结果如图 8-3 所示。

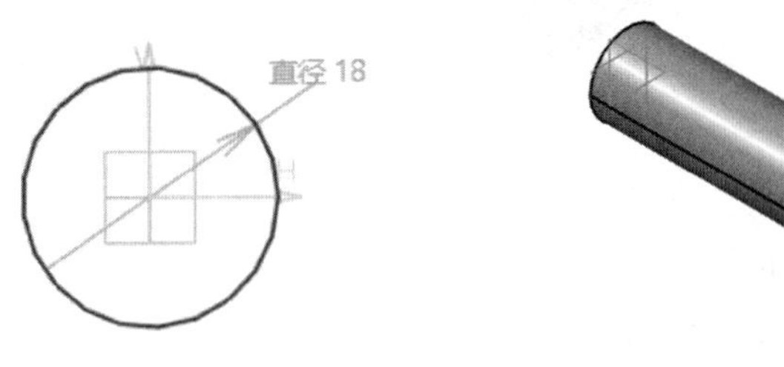

图 8-2　绘制草图 1　　图 8-3　生成凸台 1

(4)以已有圆柱凸台顶端为基准，绘制图 8-4 所示草图，与已有圆柱同心。

(5)单击【凸台】命令，【长度】输入“38”，结果如图 8-5 所示。

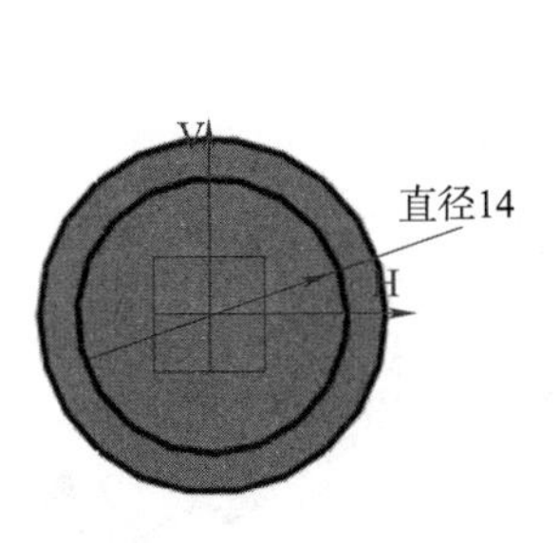

图 8-4　绘制草图 2

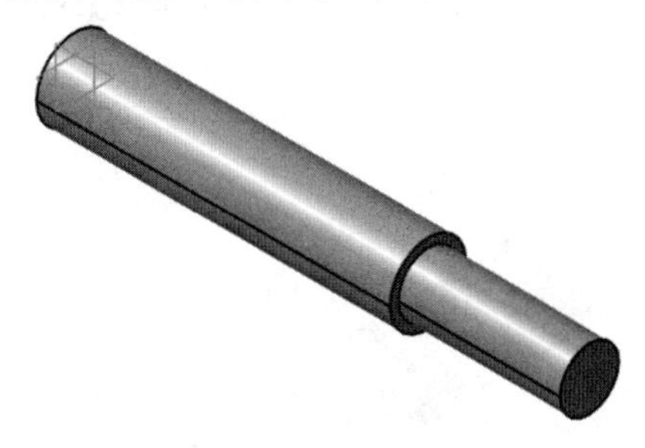

图 8-5　生成凸台 2

(6)以上一步生成的圆柱凸台顶端为基准，绘制图 8-6 所示草图，与已有圆柱同心。

(7)单击【凸台】命令，【长度】输入“25”，结果如图 8-7 所示。

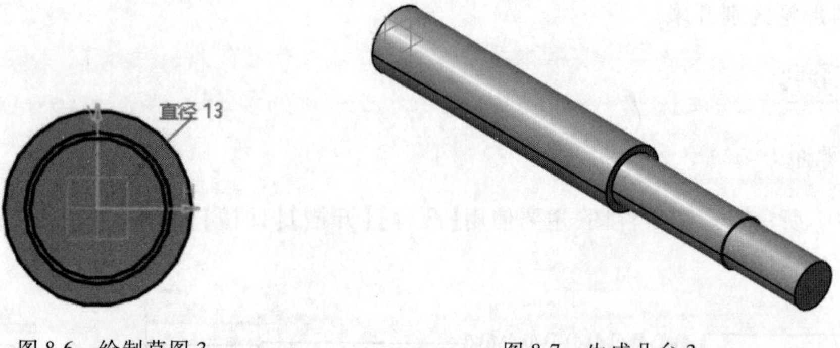

图 8-6　绘制草图 3　　　　图 8-7　生成凸台 3

（8）单击【平面】命令，【参考】选择“zx 平面”，【偏移】输入“40”，生成新的基准面，如图 8-8 所示。

（9）以新建平面为基准面绘制草图，草图只需绘制一点，该点与大圆重合，同时与“H 方向”重合，结果如图 8-9 所示。

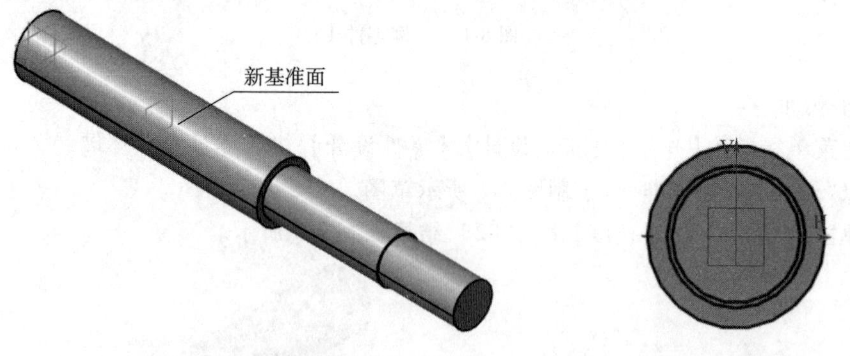

图 8-8　生成新基准面　　　　图 8-9　绘制草图 4

（10）单击【点】命令，以【坐标】类型绘制一点，各坐标值均为“0”，如图 8-10 所示。

（11）单击【直线】命令，【线型】选择【点—方向】，【点】选择上一步的坐标点，【方向】选择“zx 平面”，其余按默认值即可，结果如图 8-11 所示。

（12）在菜单中选择【开始】/【机械设计】/【线框与曲面设计】，切换至曲面工作台，单击【螺旋线】命令，弹出图 8-12a 所示对话框，【起点】选择（9）生成的草图点，【轴】选择上一步生成的直线，【螺距】文本框输入“4”，【高度】文本框输入值“43. 5”，单击【确定】按钮，结果如图 8-12b 所示。

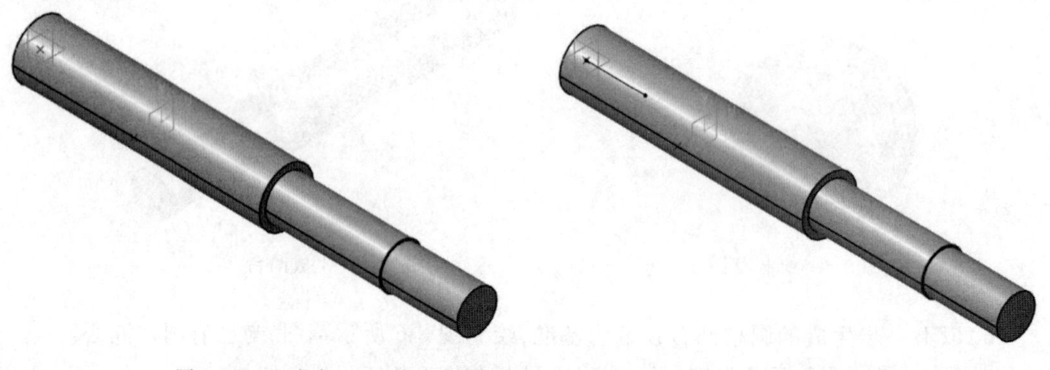

图 8-10　生成点　　　　图 8-11　生成直线

提示：【螺旋线】命令在 CATIA 中属于在曲面模块的命令，所以前面讲基本草图时并未涉及，其基本要素为定义螺旋线开始位置的【起点】，定义螺旋线中心轴向位置的【轴】，设置【螺距】值及螺旋线的【高度】，更详细的信息可查看相关曲面建模教程。

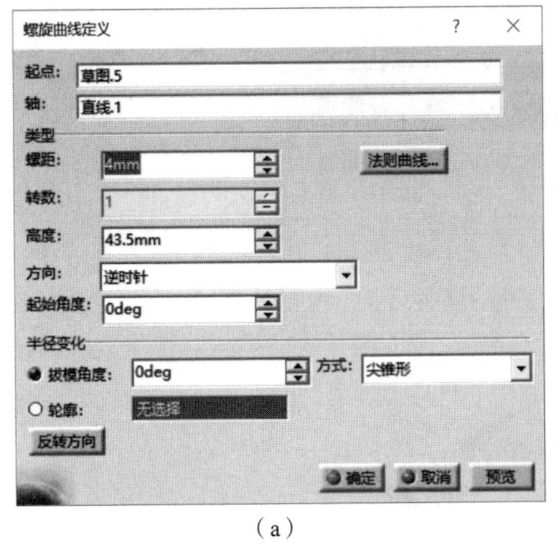

（a）

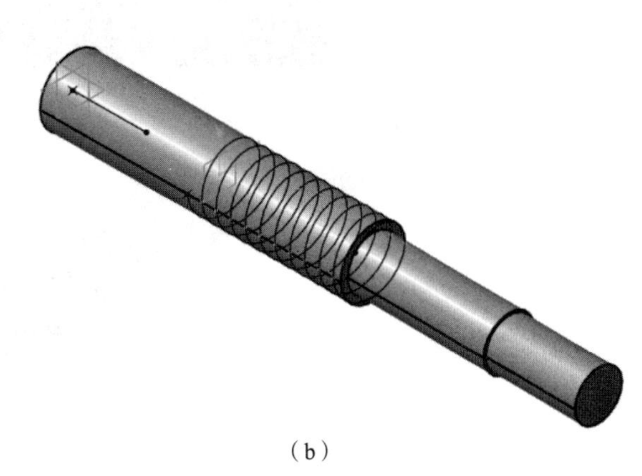

（b）

图 8-12　生成螺旋线

（13）隐藏不再使用的辅助点、线、面，并在菜单栏中选择【开始】/【机械设计】/【零件设计】，切换回零件设计状态。

（14）以“xy 平面”为基准面绘制草图，如图 8-13 所示，该草图为一个等腰梯形，其两腰上的中点连线长度为“2”，是螺旋线螺距的一半。

（15）单击【开槽】命令，【轮廓】选择上一步生成的梯形草图，【中心曲线】选择螺旋线，【控制轮廓】选择“拔模方向”，并选中“zx 平面”为参考，结果如图 8-14 所示。

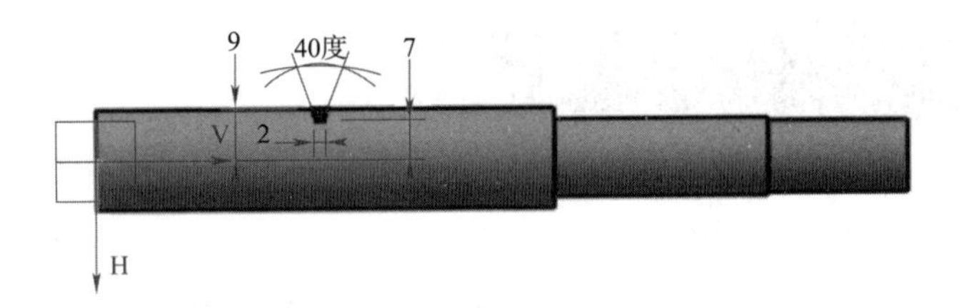

图 8-13　绘制草图 5

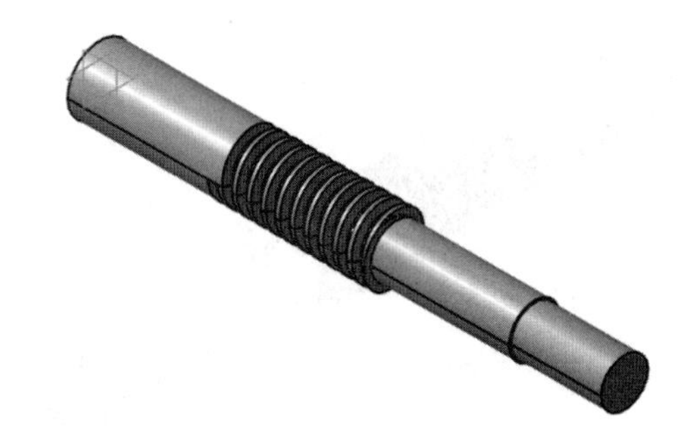

图 8-14　生成蜗杆

（16）以“xy 平面”为基准面绘制图 8-15 所示草图，该草图为一矩形草图，是为【旋转槽】命令准备的草图,需沿“V 方向”绘制一条轴线。

(17)单击【旋转槽】命令,旋转切除退刀槽部分,结果如图 8-16 所示。

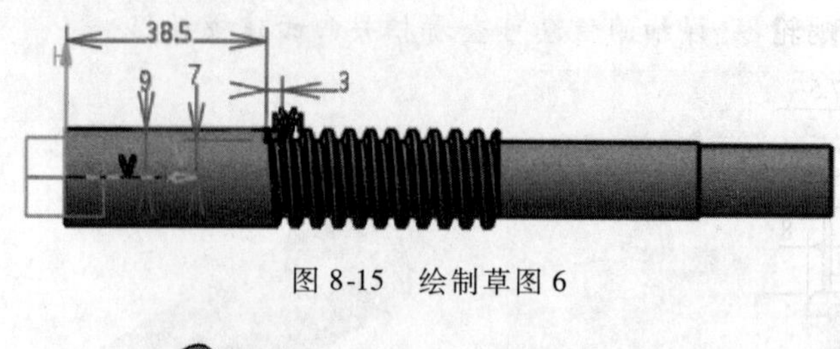

图 8-15　绘制草图 6

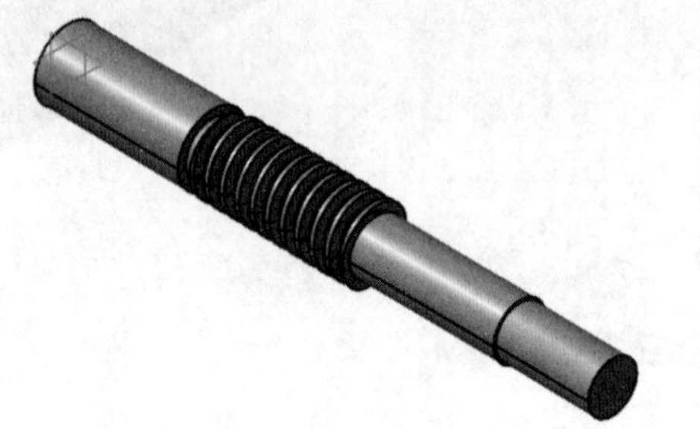

图 8-16　生成退刀槽

(18)以“xy 平面”为基准面绘制图 8-17 所示草图。

(19)单击【凹槽】命令,【第一限制】的【类型】选择“直到下一个”,【第二限制】的【类型】选择“尺寸”,在【深度】文本框输入“-4”,结果如图 8-18 所示。

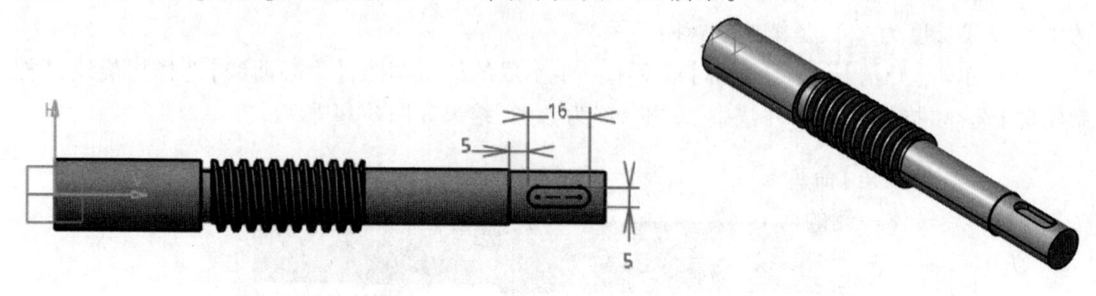

图 8-17　绘制草图 7

图 8-18　生成键槽

(20)单击【倒角】命令,【长度 1】文本框输入值“0.5”,选择 4 条圆柱体圆边线,结果如图 8-19 所示。

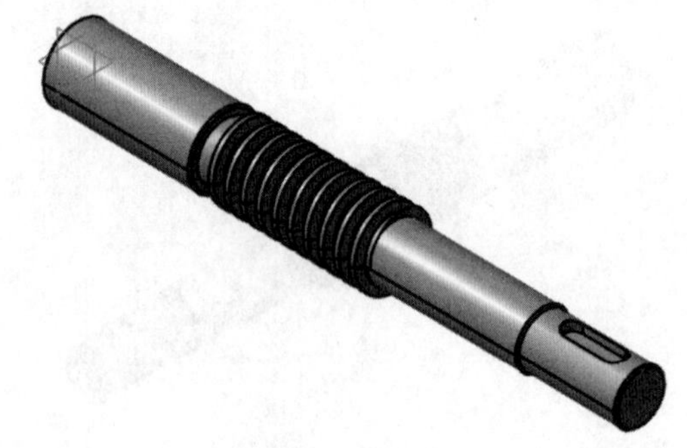

图 8-19　生成倒角

(21)保存零件,文件名为“Offset Shaft”。

8.2　示例零件 2

图 8-20 所示为蜗轮零件图，主要使用【旋转】【开槽】【凹槽】【倒角】等命令完成建模。

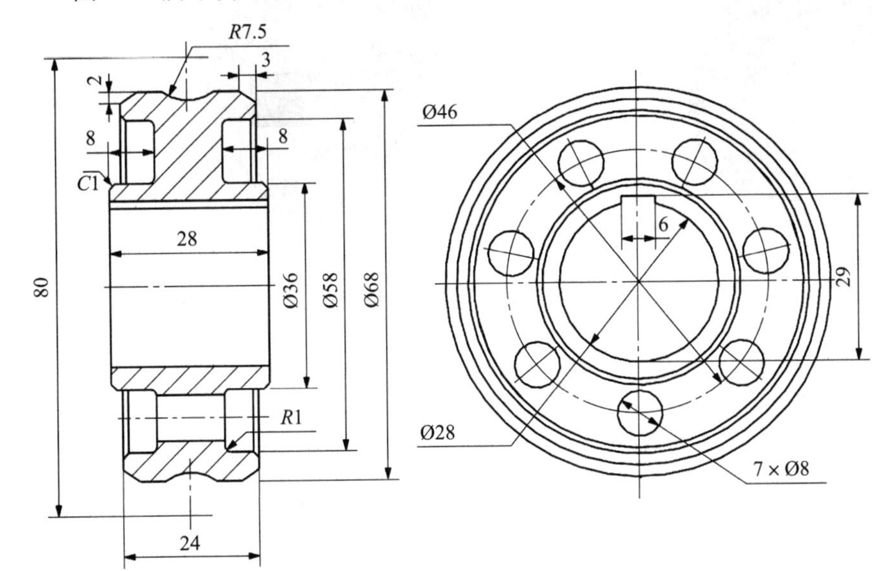

图 8-20　示例零件 2

操作步骤如下：

(1) 单击菜单栏【开始】/【机械设计】/【零件设计】，进入零件设计环境。

(2) 以“xy 平面”为基准面，绘制图 8-21 所示草图，注意添加用于旋转参考的轴线。

(3) 单击【旋转体】命令，使用上一步所绘草图生成旋转体，结果如图 8-22 所示。

(4) 单击【倒角】命令，【模式】选择【长度 1/长度 2】，【长度 1】输入值“2”，【长度 2】输入值“3”，选择旋转体一侧的外圆边线，结果如图 8-23 所示。由于两个方向长度不一样，所以需要注意方向性。

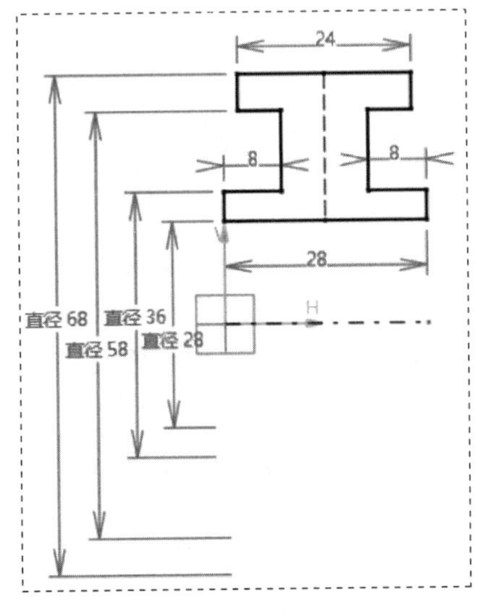

图 8-21　绘制草图 1

图 8-22　生成旋转体

(5)单击【倒角】命令,采用上一步所用的参数对另一侧边线进行倒角,结果如图 8-24 所示。

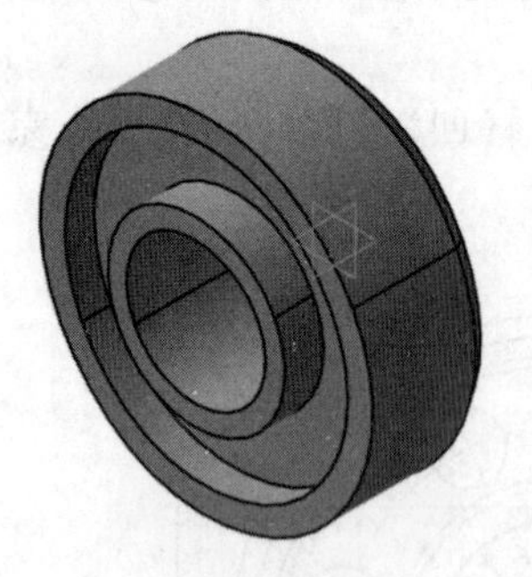

图 8-23 生成倒角 1

图 8-24 生成倒角 2

(6)以“xy 平面”为基准面,绘制图 8-25 所示草图,注意添加用于旋转参考的轴线。

(7)单击【旋转槽】命令,旋转切除圆弧面,结果如图 8-26 所示。

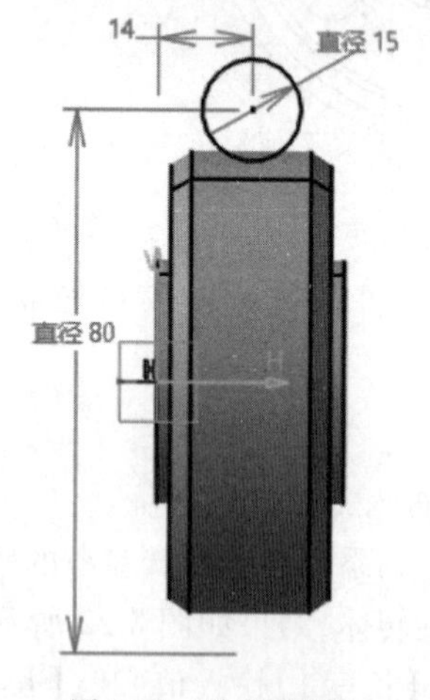

图 8-25 绘制草图 2

图 8-26 生成旋转槽

(8)单击【平面】命令,【参考】选择“zx 平面”,【偏移】文本框输入“1”,结果如图 8-27 所示。

(9)以新建平面为基准面绘制图 8-28 所示草图,草图圆与旋转切除的圆弧槽同心,注意草图中需增辅助点单独点的生成,该点将用作螺旋线生成的参考点。

图 8-27 生成平面 1

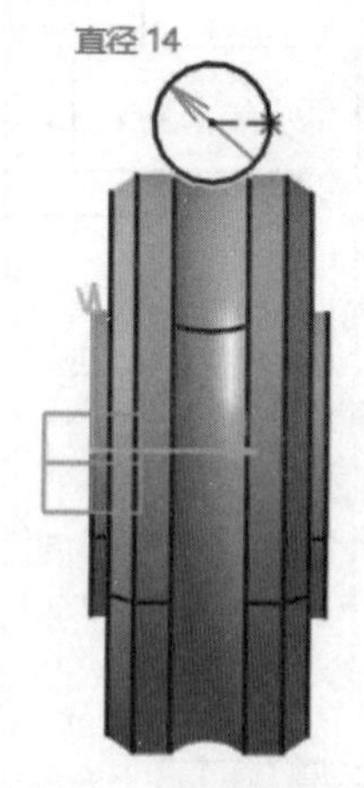

图 8-28 绘制草图 3

(10)单击【平面】命令,【参考】选择“yz 平面”,【偏移】文本框输入“14”,结果如图 8-29 所示。

(11)以新建平面为基准面绘制如图 8-30 所示草图,草图只需一直线元素即可,作为螺旋线的参考轴。

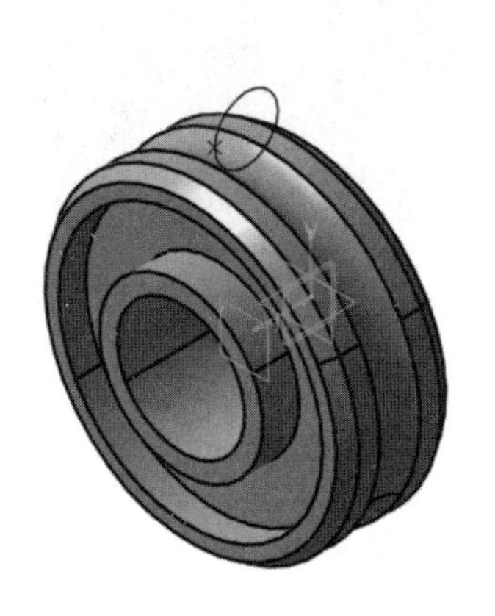

图 8-29　生成平面 2

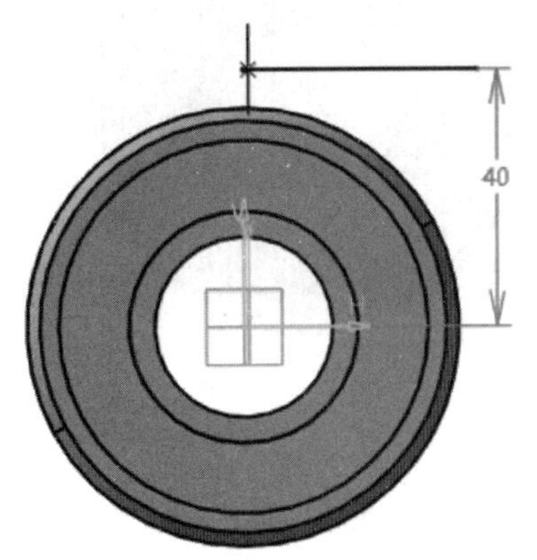

图 8-30　绘制草图 4

(12)在菜单栏中单击【开始】/【机械设计】/【线框与曲面设计】,切换至曲面工作台,单击【螺旋线】命令,弹出如图 8-31a 所示对话框,【起点】选择(9)生成的草图点,【轴】选择上一步生成的直线,【螺距】输入值“4”,【高度】输入值“2”,单击【确定】按钮,结果如图 8-31b 所示。

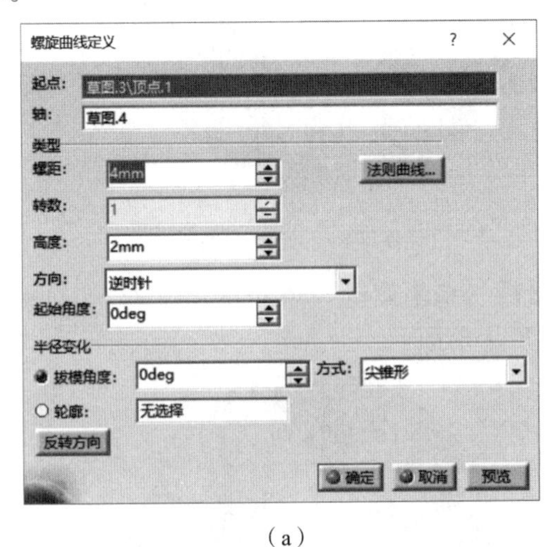

(a)

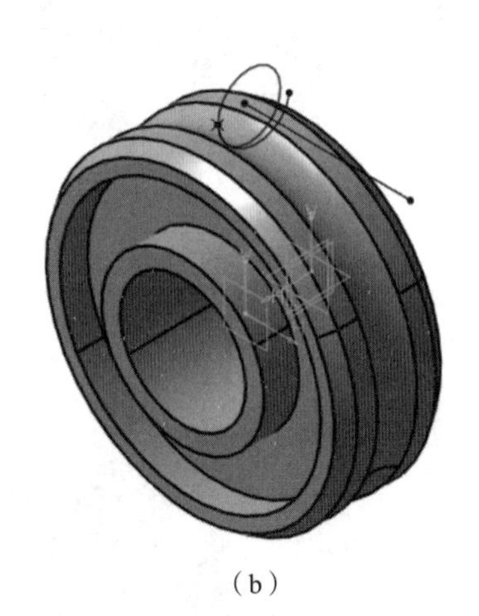

(b)

图 8-31　生成螺旋线

(13)隐藏不再使用的辅助点、线、面,并在菜单栏中单击【开始】/【机械设计】/【零件设计】,切换回零件设计状态。

(14)以(10)生成的平面为基准面绘制草图,如图 8-32 所示,该草图为一等腰梯形,其两腰上的中点连线长度为“2”,为螺旋线螺距的一半,顶端直线设置为“构造元素”,用于确定蜗轮蜗杆的中心距尺寸。

(15)单击【开槽】命令,【轮廓】选择上一步生成的梯形草图,【中心曲线】选择螺旋线,【控制轮廓】选择【保持角度】,结果如图 8-33 所示。

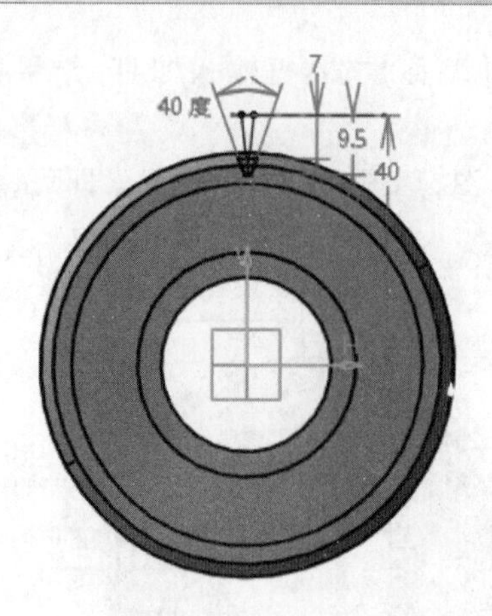

图 8-32　绘制草图 5

图 8-33　生成齿形

（16）单击【圆形阵列】命令，【参数】选择“完整径向”，在【实例】文本框中输入“54”，【参考元素】选择内孔表面，【对象】选择为上一步生成的齿形，结果如图 8-34 所示。

（17）以“yz 平面”为基准面，绘制图 8-35 所示草图，

图 8-34　阵列齿形

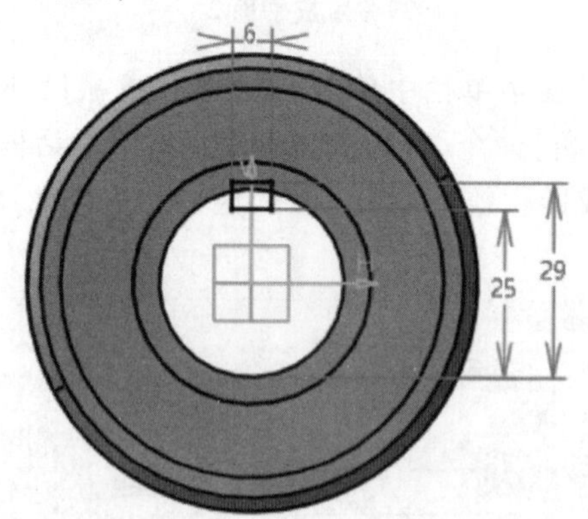

图 8-35　绘制草图 6

（18）单击【凹槽】命令，【类型】选择“直到最后”，结果如图 8-36 所示。

（19）以“yz 平面”为基准面，绘制如图 8-37 所示草图。

图 8-36　切除键槽

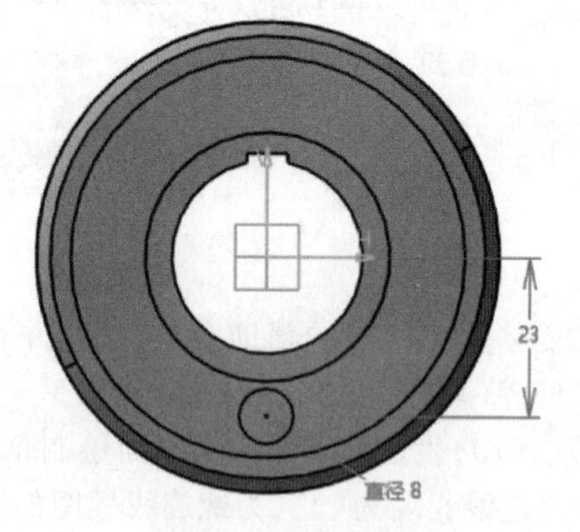

图 8-37　绘制草图 7

（20）单击【凹槽】命令，【类型】选择“直到最后”，结果如图 8-38 所示。

（21）单击【圆形阵列】命令，【参数】选择“完整径向”，【实例】文本框中输入“7”，【参考元

素】选择内孔表面,【对象】为上一步生成的工艺孔,结果如图 8-39 所示。

图 8-38　切除工艺孔

图 8-39　阵列工艺孔

(22)单击【倒角】命令,【长度 1】文本框输入"1",选择 4 条凹槽外侧边线,结果如图 8-40 所示。

(23)单击【倒圆角】命令,【半径】文本框输入"1",选择 4 条凹槽内侧边线,结果如图 8-41 所示。

图 8-40　生成倒角

图 8-41　生成圆角

(24)保存零件,文件名为"gear"。

8.3　常见齿轮类零件

如图 8-42 所示为常见齿轮类零件。

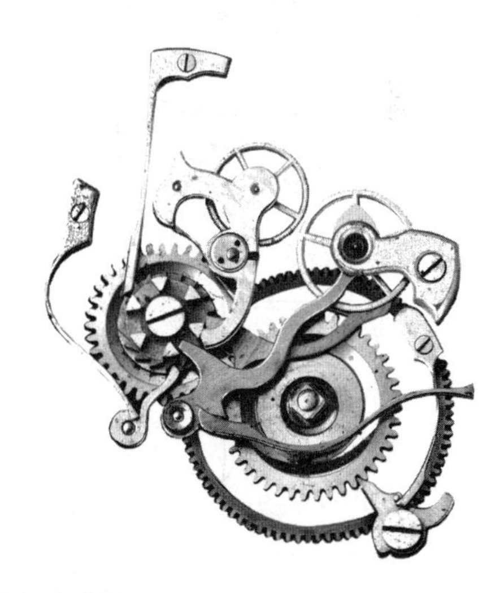

图 8-42　常见齿轮类零件

一、简答题

1. 齿轮的齿形可以通过切除方法创建，也可以通过增加材料方法创建，比较这两种方法各自的优缺点。

2. “示例零件 2”的螺旋线能否做长些？为什么？

3. 描述一下你所见到的齿轮有哪些形式？

二、操作题

1. 按图 8-43 所示完成模型的创建，以文件名“L8-2-1”保存。

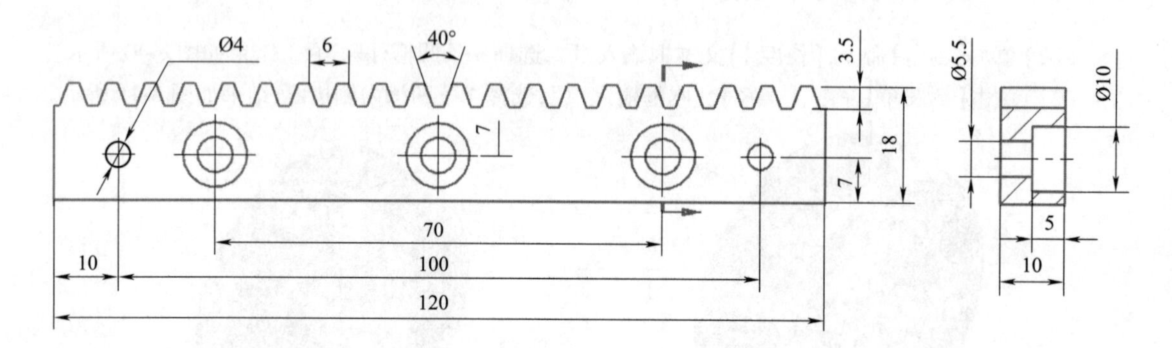

图 8-43 操作题 1

2. 按图 8-44 所示完成模型的创建，以文件名“L8-2-2”保存。

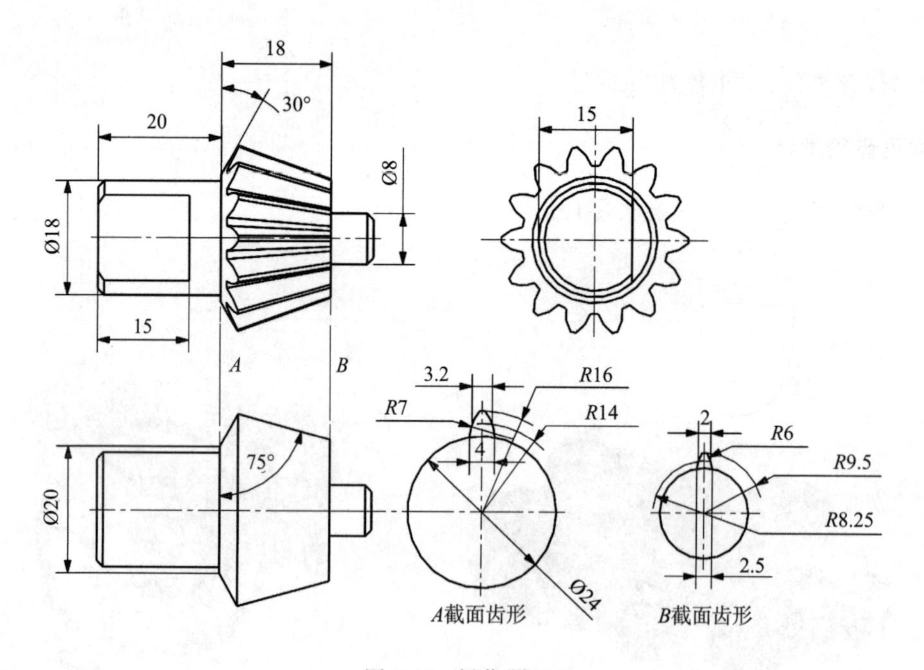

图 8-44 操作题 2

任务9　叶轮零件的绘制

任务目标

(1)熟悉示例零件的建模方法。

(2)复习草图绘制与多截面实体功能。

(3)了解常见叶轮类零件。

任务描述

叶轮类零件在风机、螺旋桨、翅片中有着较广泛的应用,截面形状单一的可通过【肋】功能完成,复杂的主要通过【多截面实体】完成主叶片特征造型,其余则使用【凸台】【旋转体】【圆形阵列】即可完成。实际建模中的难度最大的是【多截面实体】各截面的数据来源。

任务实践

9.1　示例零件1

如图9-1所示二维图为叶片零件,主要使用【肋】【凸台】【旋转槽】【倒圆角】等功能来完成。

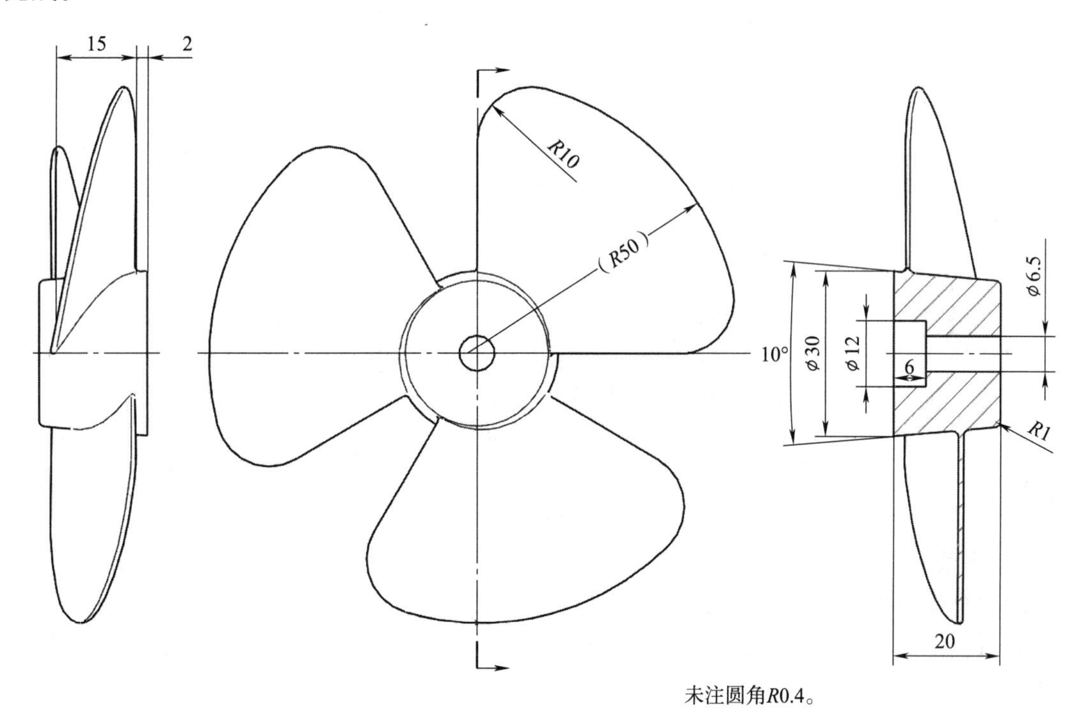

图9-1　示例零件1

操作步骤如下：

(1)单击菜单栏【开始】/【机械设计】/【零件设计】,进入零件设计环境。

(2)以“xy 平面”为基准面,绘制图 9-2 所示草图。

(3)单击【凸台】命令,【第一限制】中【类型】选择“尺寸”,【长度】输入值“18”,【第二限制】中【类型】输入“尺寸”,【长度】文本框输入“2”,结果如图 9-3 所示。

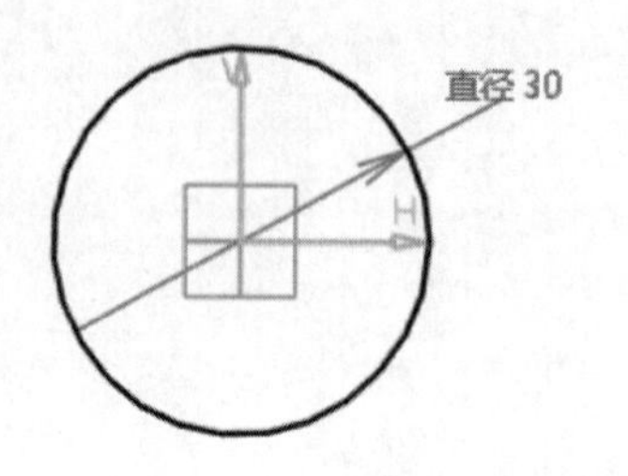

图 9-2 绘制草图 1

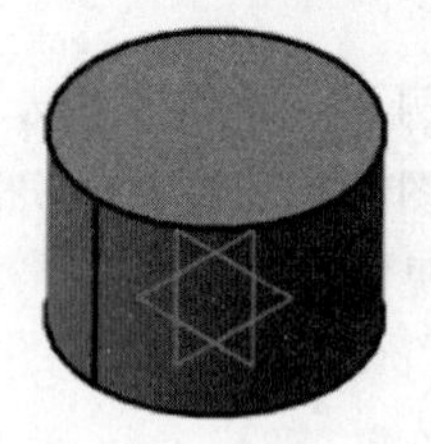

图 9-3 生成凸台

(4)单击【拔模斜度】命令,【角度】文本框输入“5”,【要拔模的面】选择圆柱面,【中性元素】中的【选择】为凸台底面,【拔模方向】中的【选择】为“xy 平面”,结果如图 9-4 所示。

(5)以“xy 平面”为基准面,绘制图 9-5 所示草图,该草图只有一个点元素。

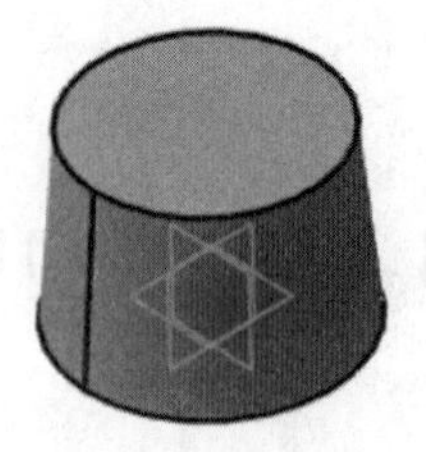

图 9-4 拔模

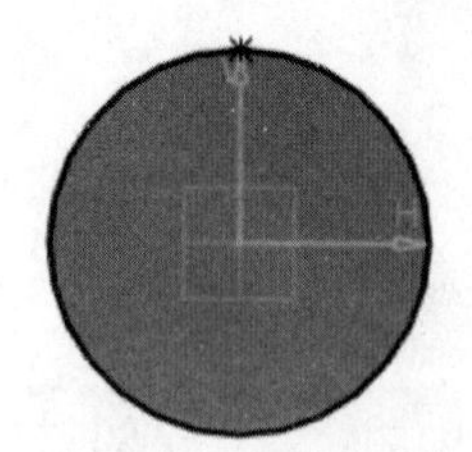

图 9-5 绘制草图 2

提示:前面的“直线”生成操作均是“按步生成”,下一步生成“直线”操作将用到 CATIA 中另一种重要的操作方法“按需生成”,这两者的操作方式区别较大,“按步生成”是在确定完成某个命令前将其所有条件元素均创建好,而“按需生成”则是先选中命令,在执行命令过程中缺少某个条件时再行创建,学会这种操作方法后,将会减少执行命令过程中因缺少条件,而频繁的退出、进入命令,提高操作效率。

(6)单击【直线】命令,【线型】选择“点—方向”,在【点】参数框中右单击,弹出图 9-6a 所示关联菜单,选择【创建点】,此时弹出图 9-6b 所示【点定义】对话框,并在屏幕右下角提示该操作属于哪个命令,由于所需直线就是要从原点开始,所以直接在【点类型】显示为“坐标”时单击【确定】即可,系统退回到【直线】定义对话框,在【方向】中选择“xy 平面”,【终点】尺寸为“20”,其余按默认值,单击【确定】,结果如图 9-6c 所示。

(7)在菜单栏中单击【开始】/【机械设计】/【线框与曲面设计】,切换至曲面工作台,单击【螺旋线】命令,【起点】选择(5)生成的草图点,【轴】选择上一步生成的直线,【螺距】文本框输入“60”,【高度】文本框输入值“15”,【拔模角度】文本框输入值“5”,单击【确定】按钮,结果如图 9-7 所示。

(8)隐藏不再使用的辅助点、线,并在菜单栏中单击【开始】/【机械设计】/【零件设计】,切换回零件设计状态。

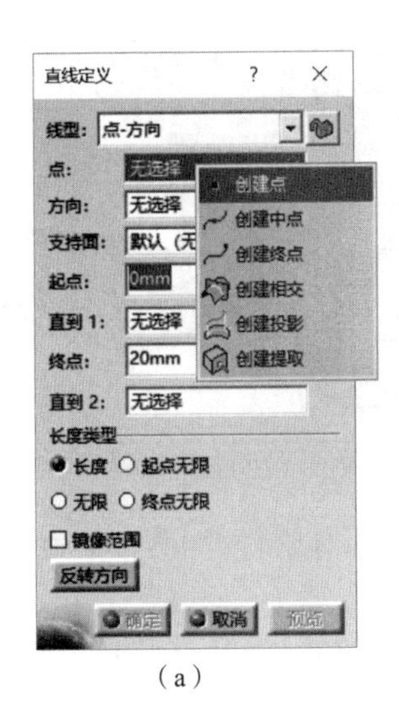

(a)

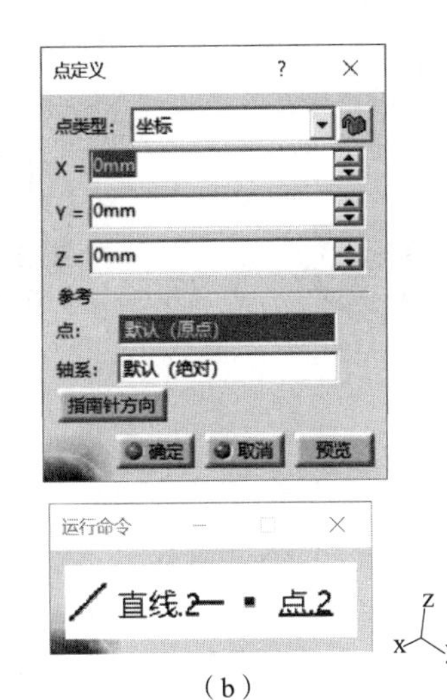

(b)

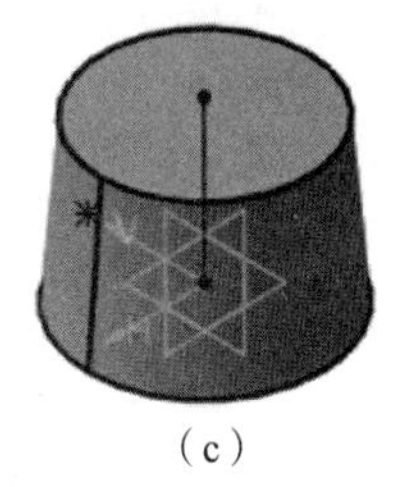
(c)

图 9-6　生成参考直线

(9)以“yz 平面”为基准面，绘制图 9-8 所示草图，注意矩形底边与“H 方向”重合。

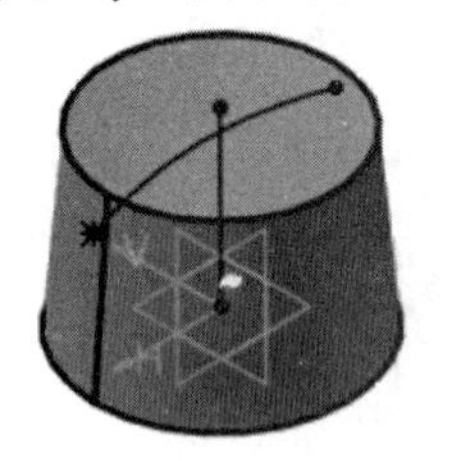
图 9-7　生成螺旋线

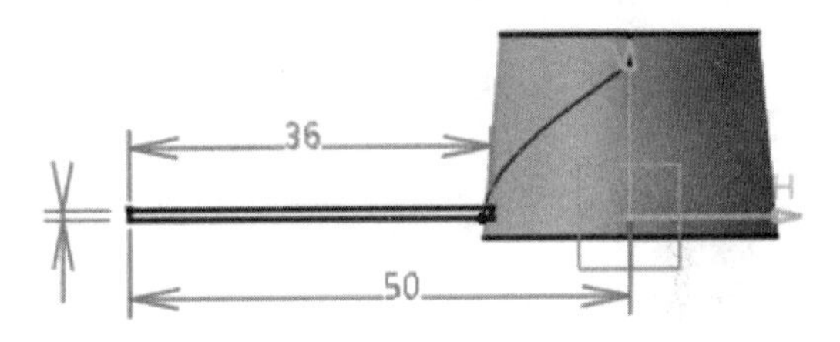

图 9-8　绘制草图 3

(10)单击【肋】命令，【轮廓】选择上一步生成的矩形草图，【中心曲线】选择螺旋线，【控制轮廓】选择“拔模方向”并选择凸台底面为参考，结果如图 9-9 所示。

(11)单击【圆形阵列】命令，【参数】选择“完整径向”，【实例】文本框输入“3”，【参考元素】选择凸台圆柱面，【对象】选择上一步生成的叶片，结果如图 9-10 所示。

图 9-9　生成叶片

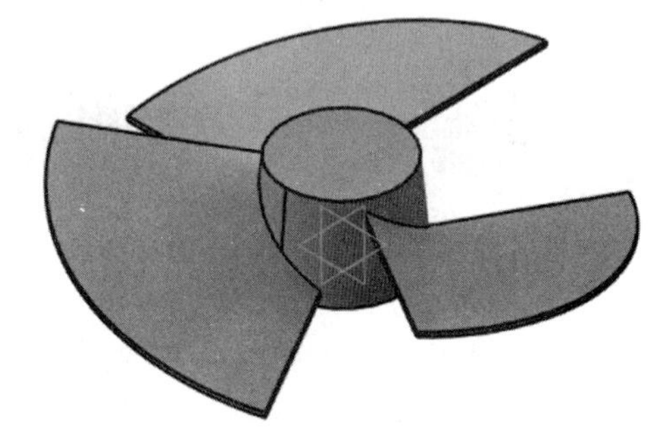
图 9-10　阵列叶片

(12)单击【倒圆角】命令，【半径】文本框输入“10”，【要圆角化的对象】选择叶片的 6 条竖棱边，结果如图 9-11 所示。

(13)单击【倒圆角】命令，【半径】文本框输入“0.4”，【要圆角化的对象】选择叶片上下两面的边线，结果如图 9-12 所示。

图 9-11　生成圆角 1

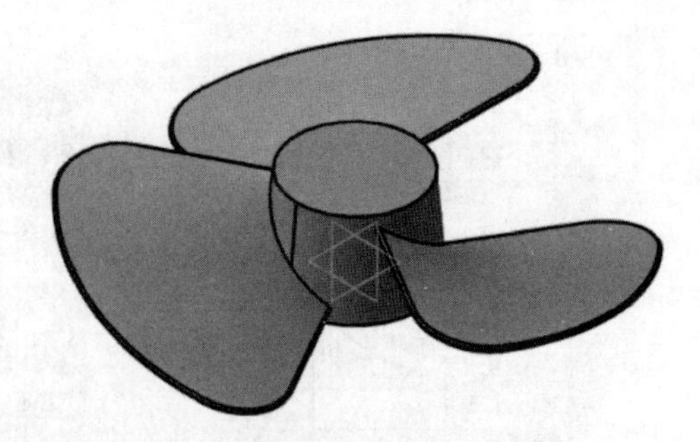

图 9-12　生成圆角 2

(14)单击【倒圆角】命令,【半径】文本框输入“1”,【要圆角化的对象】选择凸台上边线,结果如图 9-13 所示。

(15)单击【倒圆角】命令,【半径】文本框输入“1”,【要圆角化的对象】选择叶片与凸台连接处的边线,结果如图 9-14 所示。

图 9-13　生成圆角 3

图 9-14　生成圆角 4

(16)以“yz 平面”为基准面,绘制图 9-15 所示草图。

(17)单击【旋转槽】命令,旋转切除中间孔,结果如图 9-16 所示。

(18)保存零件,文件名为“9-1”。

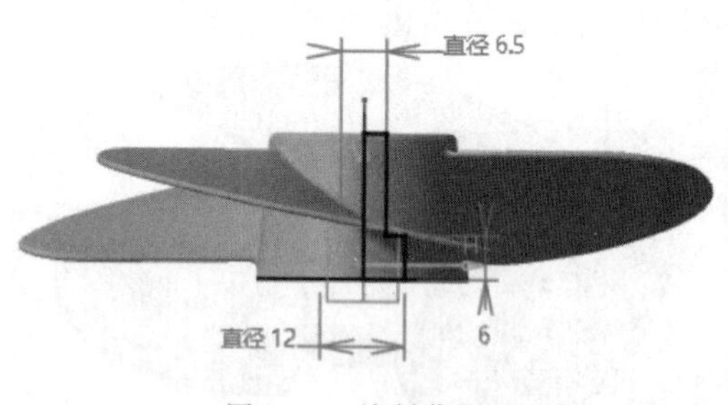

图 9-15　绘制草图 4

图 9-16　旋转切除

9.2　示例零件 2

如图 9-17 所示为叶片零件图,可使用【旋转体】【多截面实体】【孔】【倒圆角】等命令完成建模。

操作步骤如下:

(1)单击菜单栏【开始】/【机械设计】/【零件设计】,进入零件设计环境。

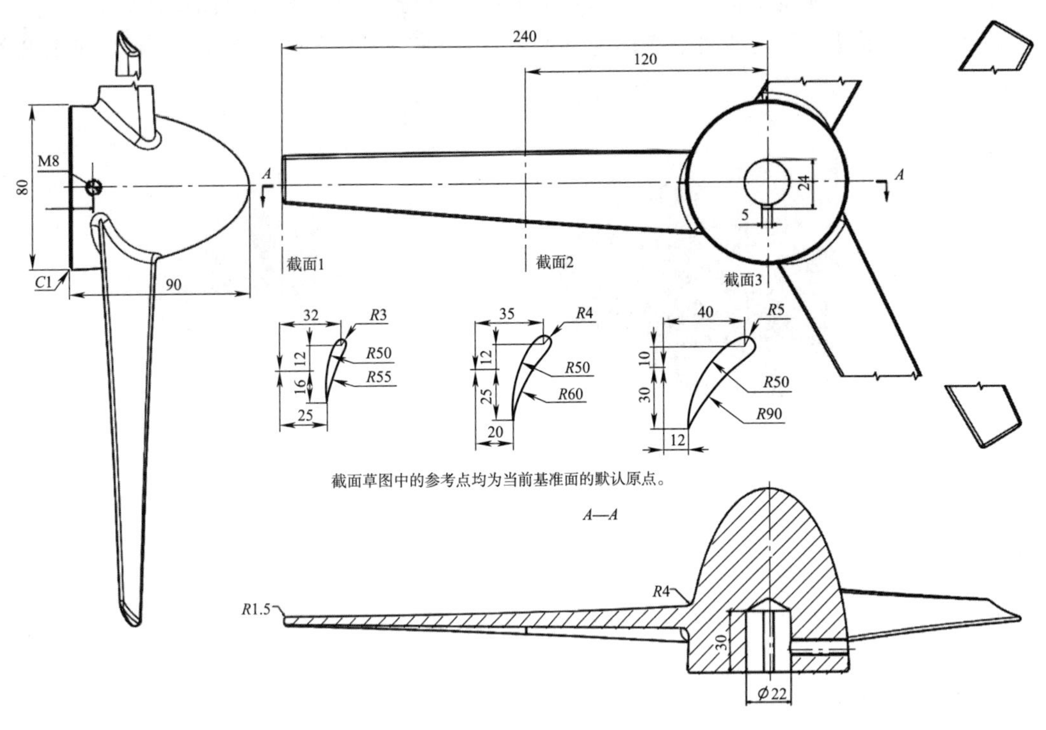

图 9-17　示例零件 2

(2)以“xy 平面”为基准面,绘制图 9-18 所示草图,草图为四分之一椭圆,“H 方向”绘制一轴线。

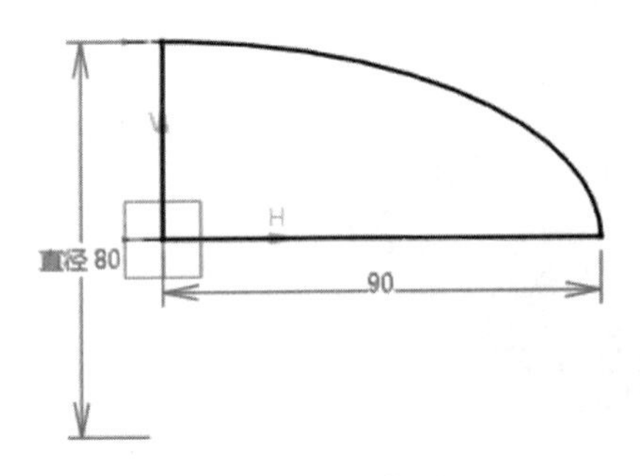

图 9-18　绘制草图 1

(3)单击【旋转体】命令,结果如图 9-19 所示。

图 9-19　生成旋转体

(4)以“xy 平面”为基准面,绘制图 9-20 所示草图,位置尺寸均参考草图默认原点。

(5)单击【平面】命令,【参考】选择“xy 平面”,【偏移】文本框输入“120”,结果如图 9-21 所示。

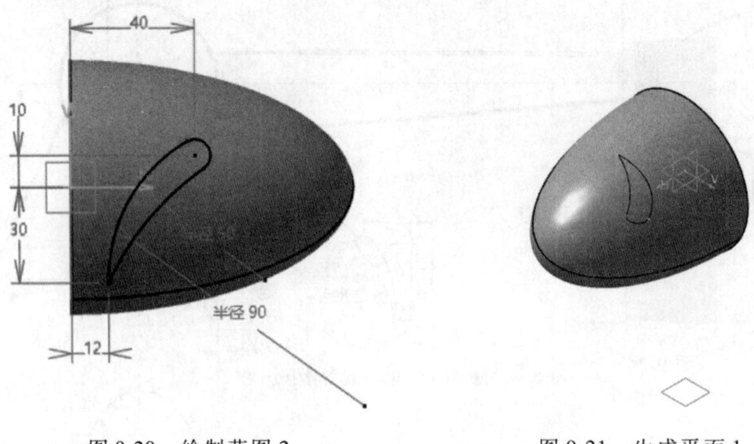

图 9-20　绘制草图 2　　　　图 9-21　生成平面 1

(6)以上一步生成的平面为基准面,绘制图 9-22 所示草图,位置尺寸均参考草图默认原点。

(7)单击【平面】命令,【参考】选择第 5 步生成的平面,【偏移】文本框输入“120”,结果如图 9-23 所示。

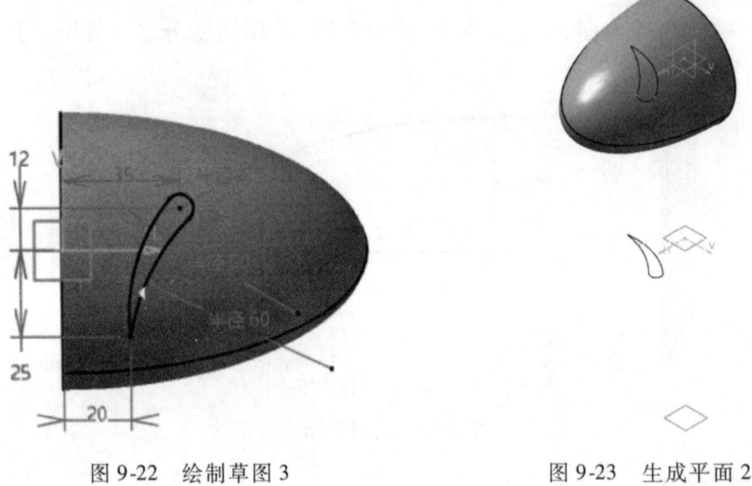

图 9-22　绘制草图 3　　　　图 9-23　生成平面 2

(8)以上一步生成的平面为基准面,绘制图 9-24 所示草图,位置尺寸均参考草图默认原点。

(9)单击【多截面实体】命令,选择三个截面草图,注意“闭合点”位置及方向,结果如图 9-25 所示。

(10)单击【直线】命令,【线型】选择“曲面的法线”,【曲面】选择椭圆体底平面,在【点】参数框中右击,在弹出的关联菜单中选择【创建点】,并在弹出的【点】定义对话框中,【点类型】选择【坐标】,单击【确定】按钮,系统退回到【直线】定义对话框,【长度类型】选择【长度】,【终点】文本框输入“100”,其余按默认值,单击【确定】按钮,结果如图 9-26 所示。

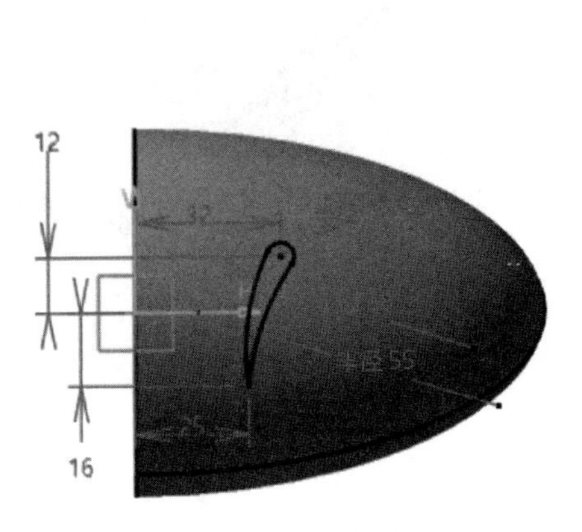

图 9-24　绘制草图 4

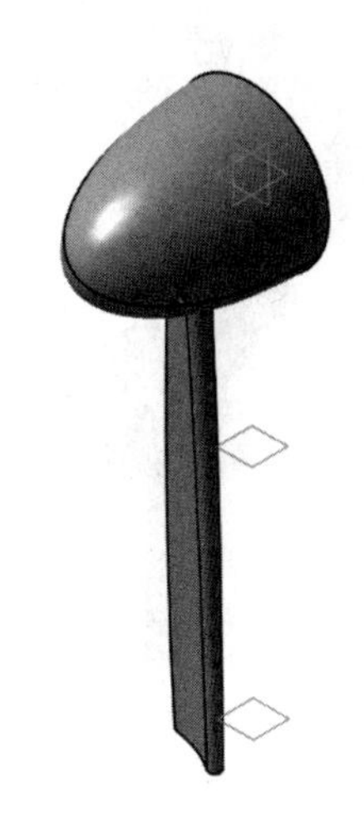

图 9-25　生成叶片

提示:当【长度类型】为【终点无限】时,无须输入【终点】值。

(11)单击【圆形阵列】命令,【参数】选择“完整径向”,【实例】文本框输入“3”,【参考元素】选择上一步生成的直线,【对象】选择生成的叶片,结果如图 9-27 所示。

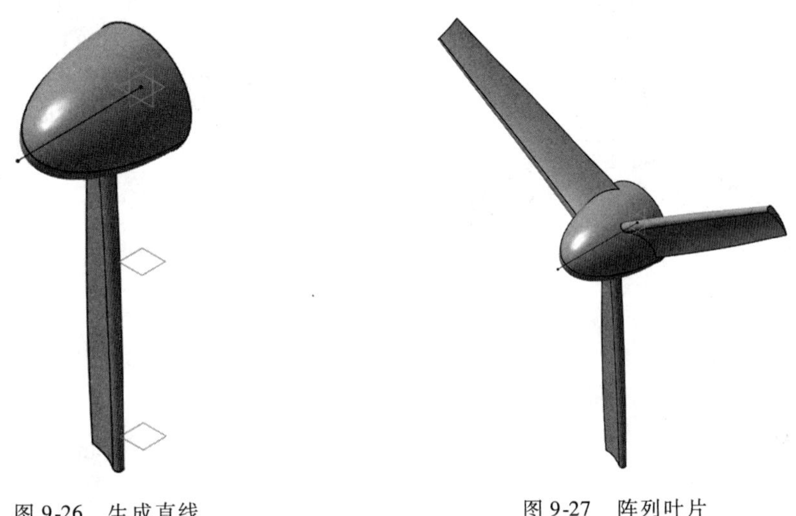

图 9-26　生成直线

图 9-27　阵列叶片

(12)单击【倒圆角】命令,【半径】文本框输入“1.5”,【要圆化的对象】选择三个叶片的顶平面,结果如图 9-28 所示。

(13)单击【倒圆角】命令,【半径】输入“1”,【要圆化的对象】选择三个叶片的侧棱边,结果如图 9-29 所示。

(13)单击【孔】命令,选择椭圆体底平面,【扩展】中类型选择“盲孔”,【直径】文本框输入“22”,【深度】文本框输入“30”;单击【扩展】中的【定位草图】,定位点如图 9-30a 所示,与圆同心,【底部】选择“V 形底”,单击【确定】按钮,结果如图 9-30b 所示。

(14)以椭圆体底平面为基准面绘制图 9-31 所示草图。

(15)单击【凹槽】命令,在【深度】文本框输入“30”,结果如图 9-32 所示。

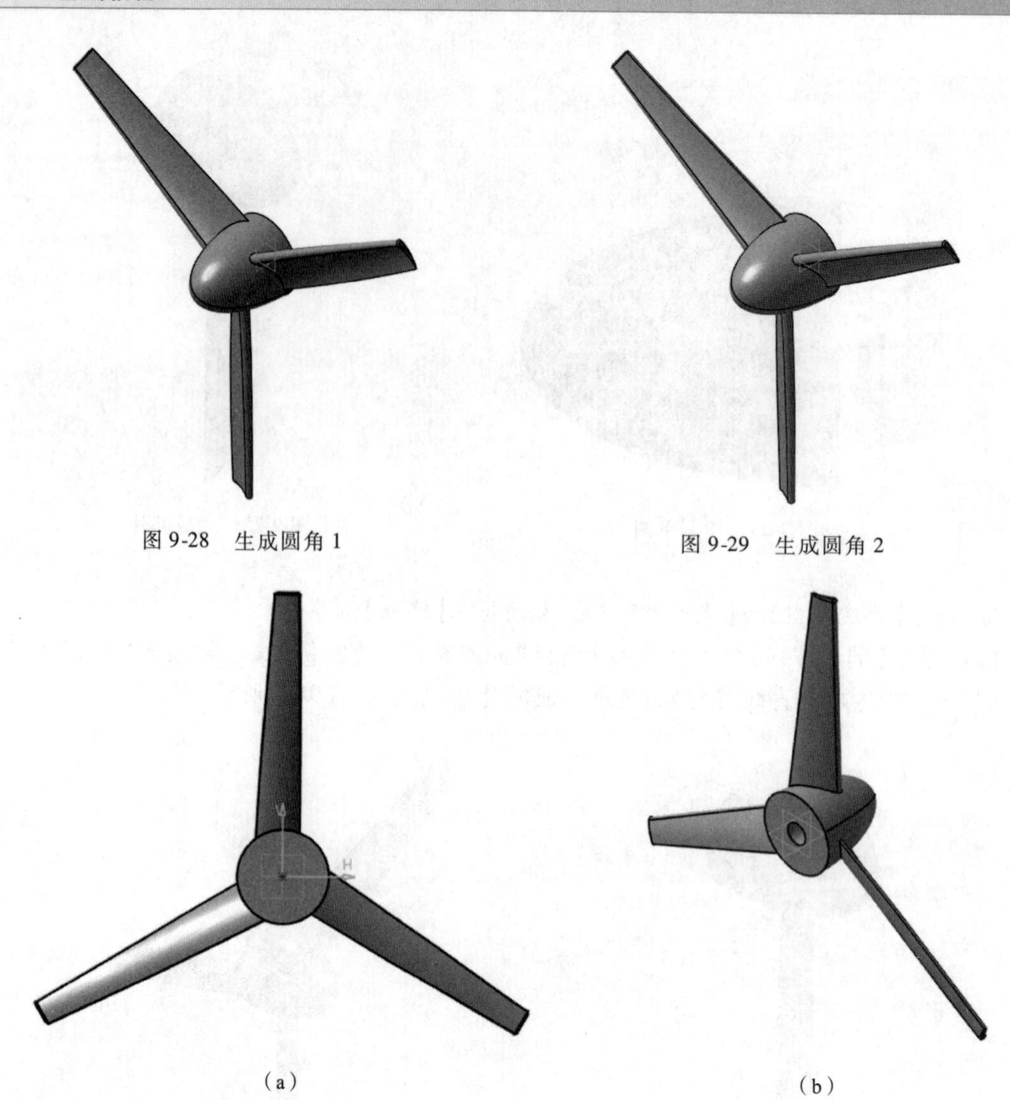

图 9-28　生成圆角 1

图 9-29　生成圆角 2

（a）

（b）

图 9-30　生成孔 1

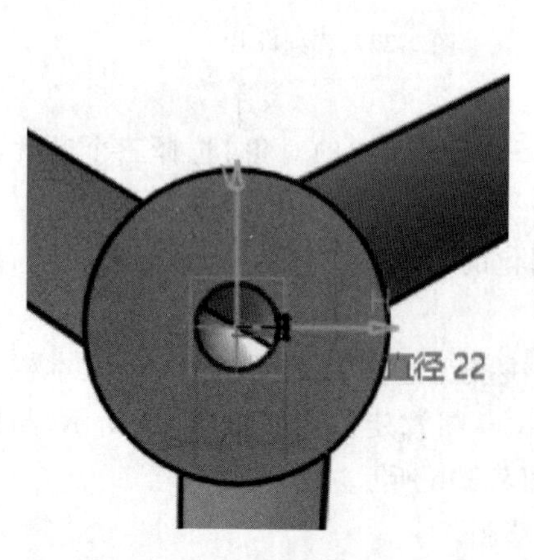

图 9-31　绘制草图 5

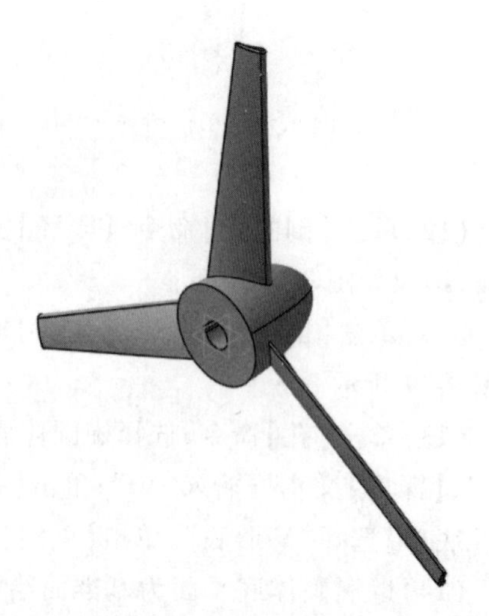

图 9-32　切除凹槽

(16)单击【平面】命令,【参考】选择“xy 平面”,【偏移】文本框输入“40”,结果如图 9-33 所示。

(17)单击【孔】命令,选择上一步新建的平面,切换至【定义螺纹】选项卡,选中【螺纹孔】,【类型】选择“支持面深度”,螺纹【类型】选择“公制粗牙螺纹”;【螺纹描述】选择“M8”,单击【扩展】中的【定位草图】,定位点如图 9-34a 所示,单击【确定】按钮,结果如图 9-34b 所示。

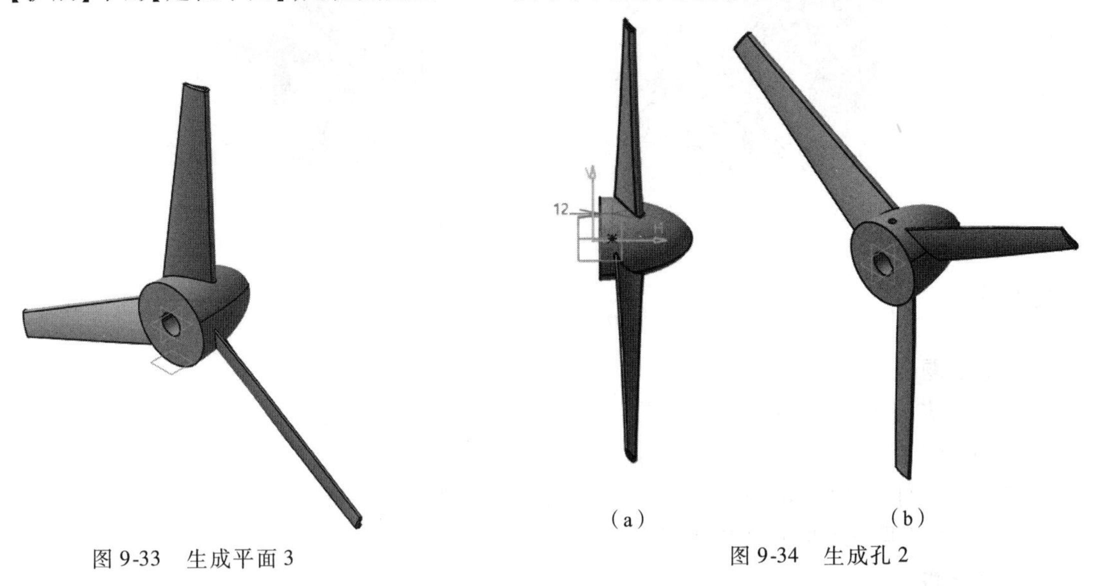

图 9-33　生成平面 3

图 9-34　生成孔 2

(18)单击【倒圆角】命令,【半径】文本框输入“4”,【要圆化的对象】选择 3 个叶片的根部,结果如图 9-35 所示。

(19)单击【倒角】命令,【长度 1】文本框输入“1”,【要倒角的对象】选择椭圆体底面外边线,结果如图 9-36 所示。

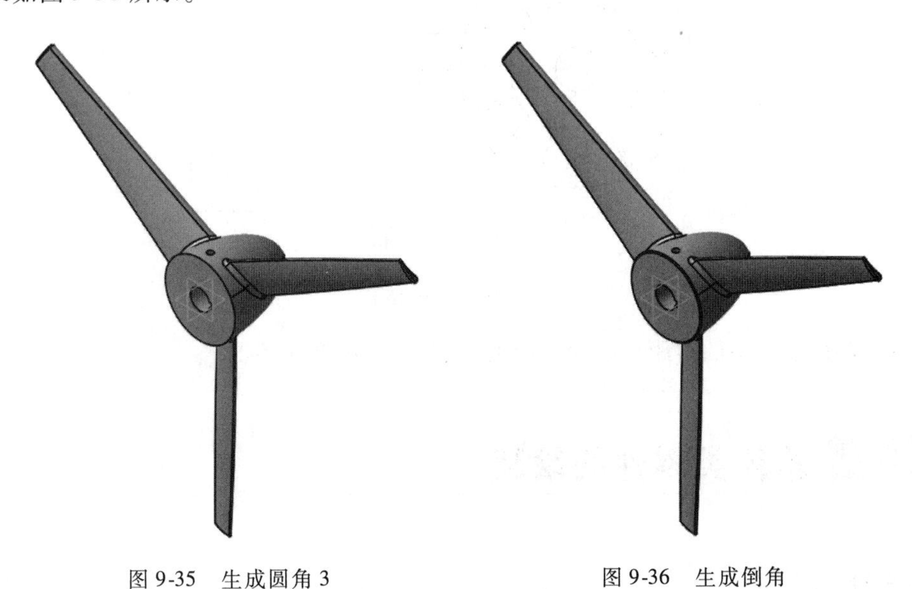

图 9-35　生成圆角 3

图 9-36　生成倒角

(20)保存零件,文件名为“blade”。

9.3　常见叶片类零件

如图 9-37 所示为常见叶片类零件。

图 9-37　常见叶片类零件

练习

一、简答题

1.“示例零件 1”中步骤(3)生成凸台时不在一个方向上输入长度 20,而是分两个方向输入“长度”输入,有什么好处?

2.“示例零件 1”中步骤(9)的矩形草图为什么要伸入凸台内部?

3. 描述你所见到的叶片的应用场合。

二、操作题

1. 按图 9-38 所示完成模型的创建,以文件名“L9-2-1”保存。

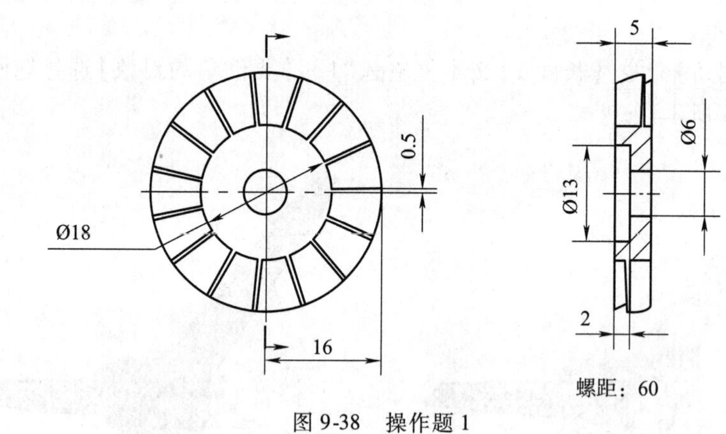

图 9-38　操作题 1

2. 将“操作题 1”中的螺距更改为不同值,观察叶片的变化情况。

任务 10　箱体类零件的绘制

任务目标

(1)熟悉示例零件的建模方法。

(2)复习草图绘制与(加强肋)命令。

(3)了解常见箱体类零件。

任务描述

箱体类零件通常作为产品的基础零件,用于安装各零部件,形成一有效的整体以实现特定功能,其特征通常较多,但大多以【凸台】【凹槽】【孔】【圆形阵列】等基本特征为主。本任务主要学习箱体类零件的绘制。

任务实践

10.1　示例零件1

如图10-1所示为箱体零件图,可使用【凸台】【孔】【阵列】【倒圆角】等命令完成建模。

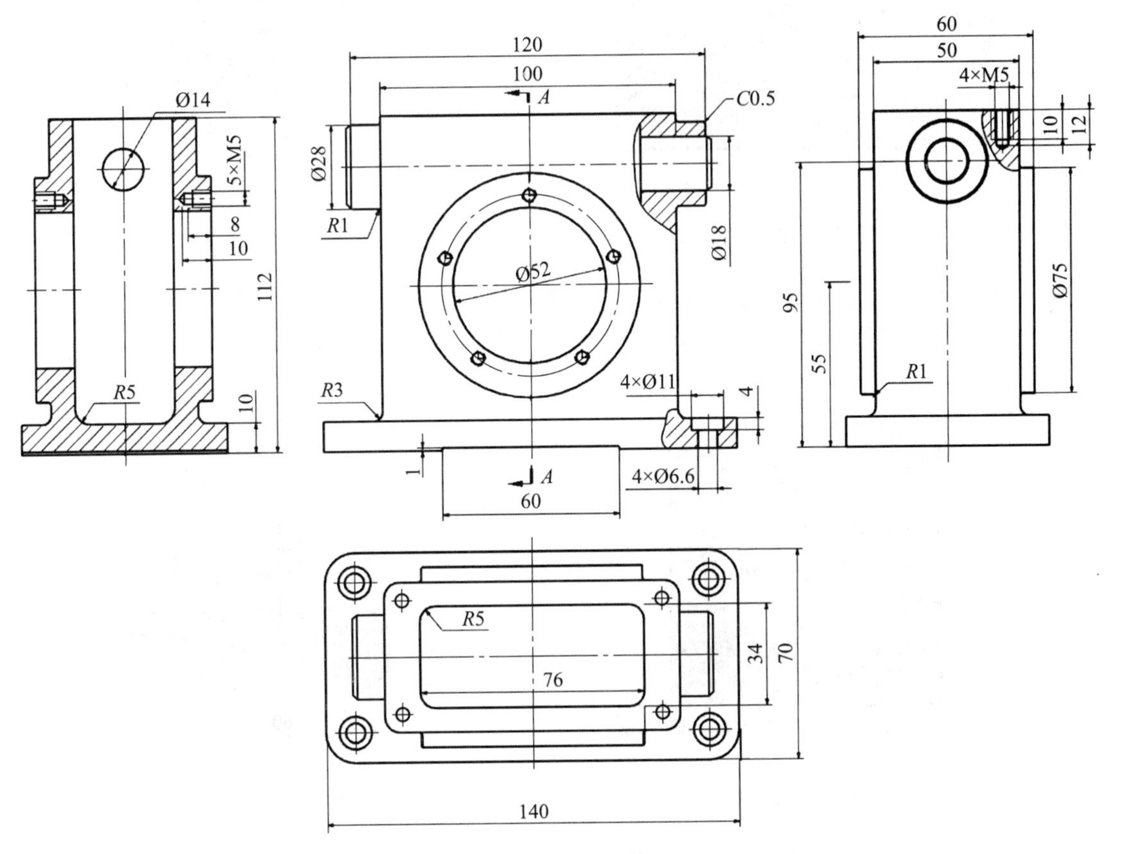

图10-1　示例零件1

操作步骤如下:

(1)单击菜单栏【开始】/【机械设计】/【零件设计】,进入零件设计环境。

(2)以"xy平面"为基准面,绘制图10-2所示草图。

(3)单击【凸台】命令,在【长度】文本框输入"10",结果如图10-3所示。

(4)以上一步生成长方体上表面为基准面,绘制图10-4所示草图。

(5)单击【凸台】命令,在【长度】文本框输入“102”,结果如图 10-5 所示。

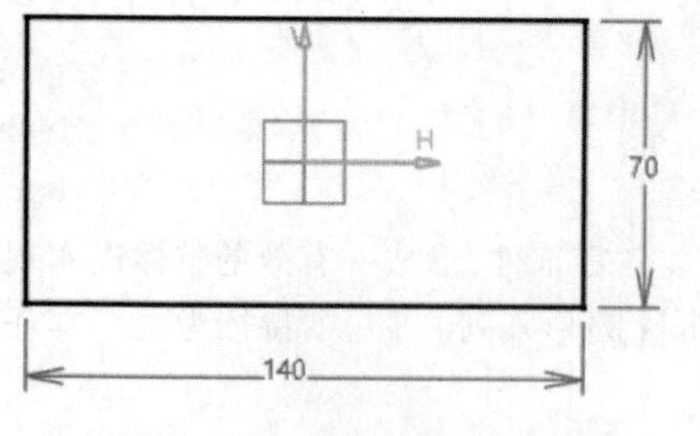

图 10-2　绘制草图 1

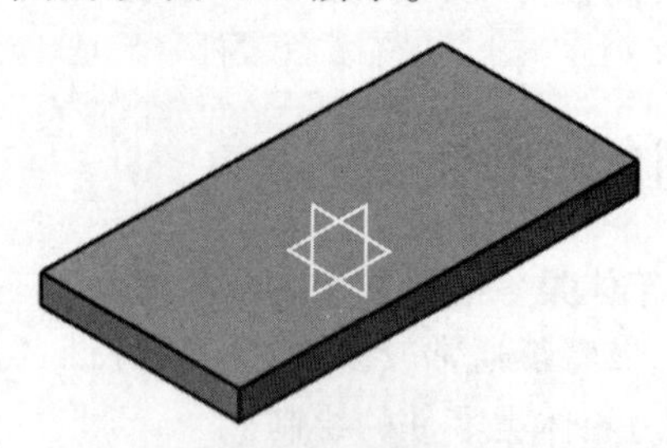

图 10-3　生成凸台 1

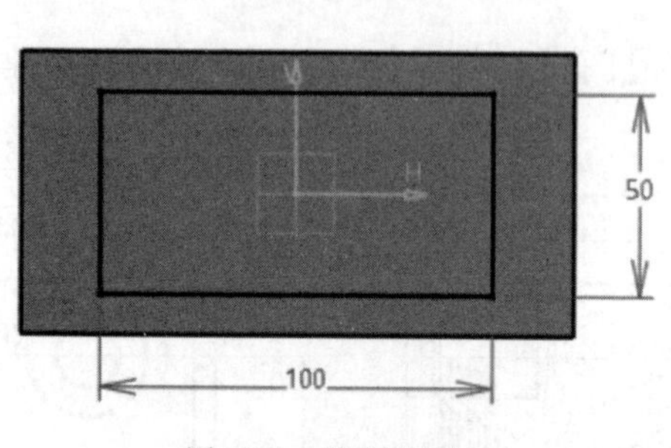

图 10-4　绘制草图 2

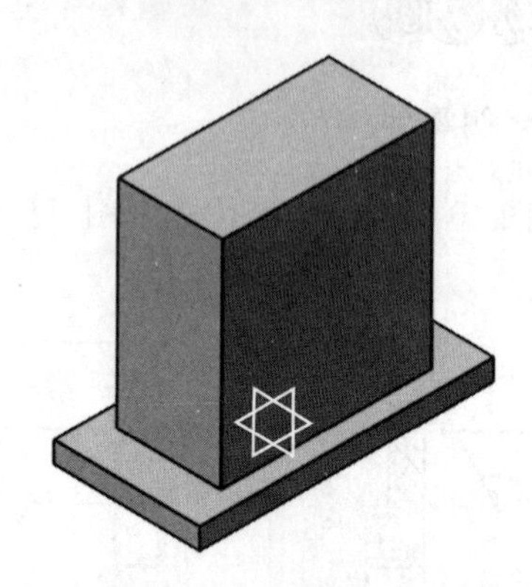

图 10-5　生成凸台 2

(6)以“zx 平面”为基准面,绘制如图 10-6 所示草图。

(7)单击【凸台】命令,在【长度】文本框输入“30”,选中【镜像范围】选项,结果如图 10-7 所示。

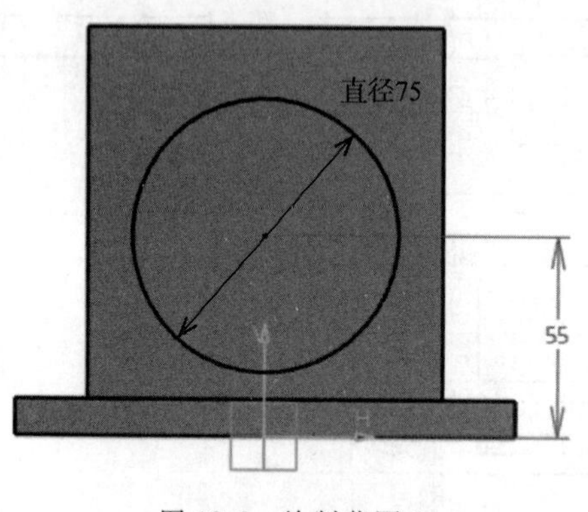

图 10-6　绘制草图 3

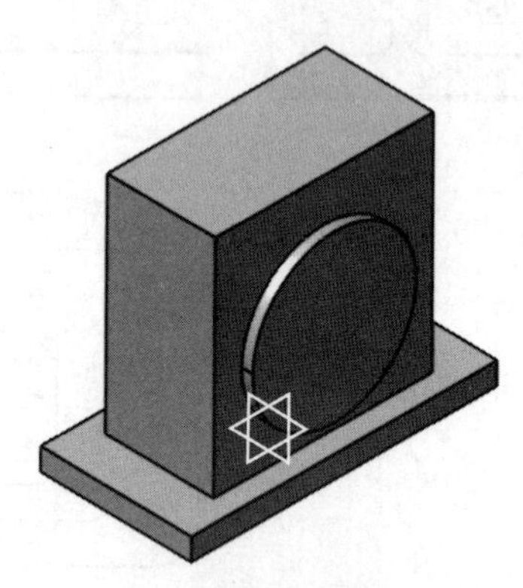

图 10-7　生成凸台 3

(8)以“yz 平面”为基准面,绘制图 10-8 所示草图。

(9)单击【凸台】命令,在【长度】文本框输入“60”,选中【镜像范围】选项,结果如图 10-9 所示。

(10)以小长方体的上表面为基准面,绘制图 10-10 所示草图。

(11)单击【凹槽】命令,【类型】选择“直到最后”,结果如图 10-11 所示。

(12)以“zx 平面”为基准面,绘制图 10-12 所示草图。

(13)单击【凹槽】命令,【第一限制】中的【类型】选择“直到下一个”,【第二限制】中的【类型】同样选择“直到下一个”,结果如图 10-13 所示。

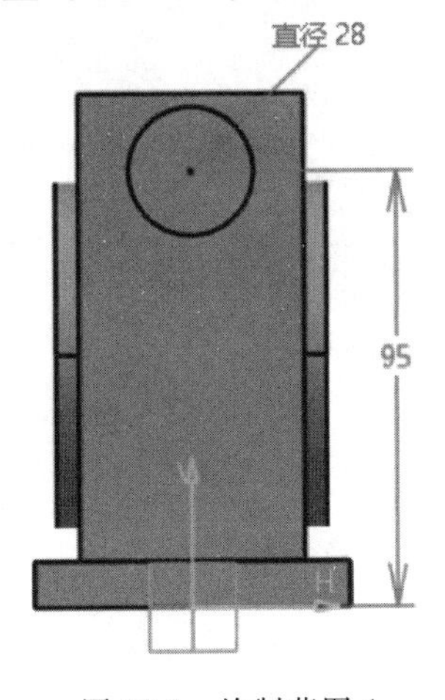

图 10-8　绘制草图 4

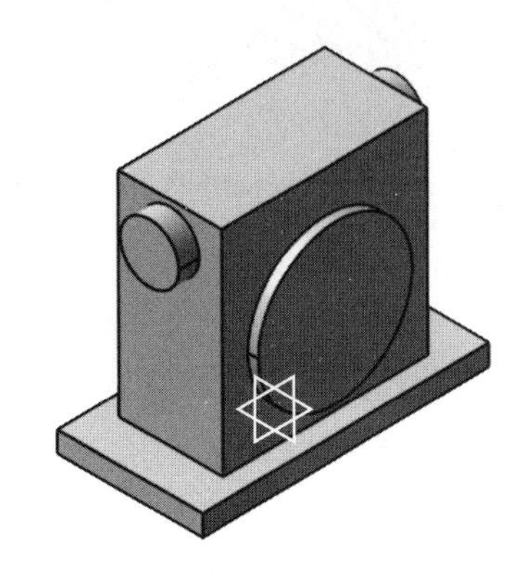

图 10-9　生成凸台 4

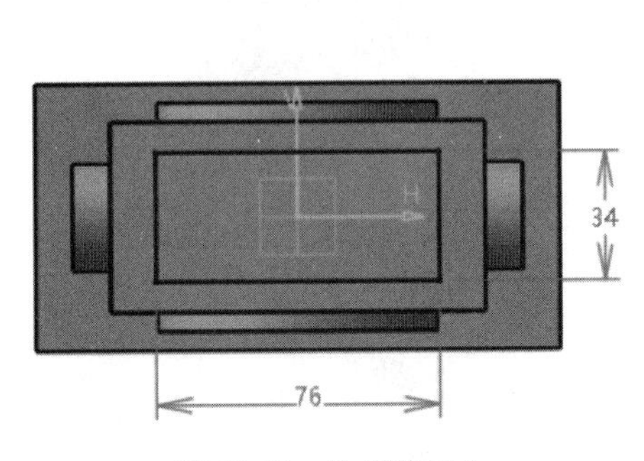

图 10-10　绘制草图 5

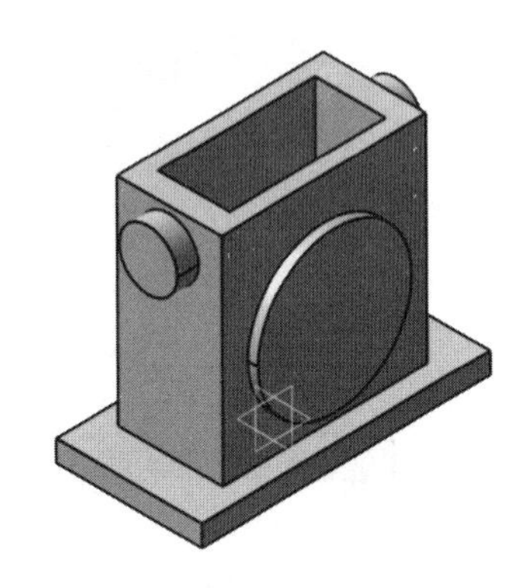

图 10-11　生成凹槽 1

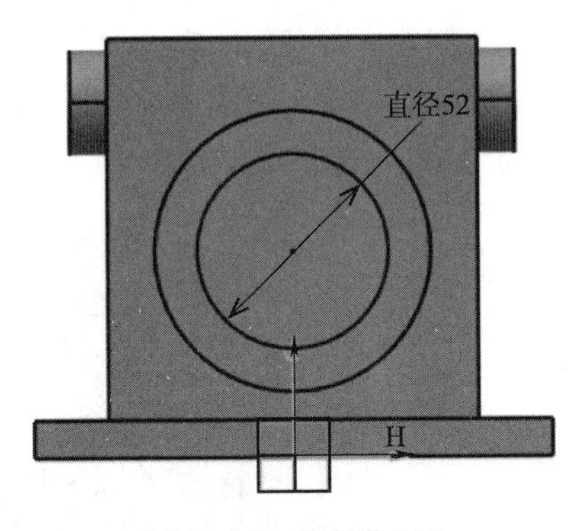

图 10-12　绘制草图 6

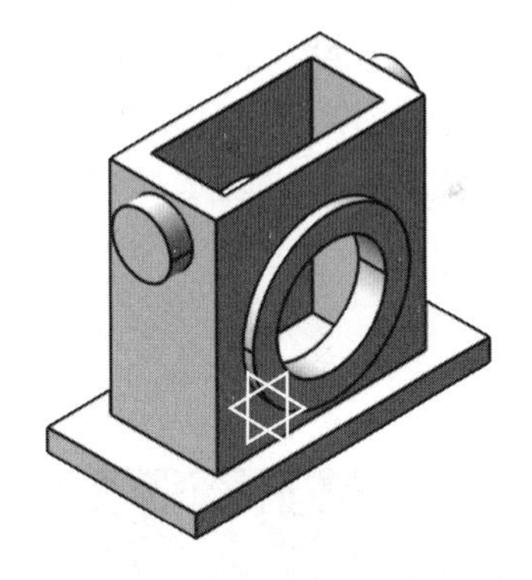

图 10-13　生成凹槽 2

(14)以“yz 平面”为基准面,绘制如图 10-14 所示草图。

(15)单击【凹槽】命令,【类型】选择“直到下一个”,结果如图 10-15 所示。

(16)以“yz 平面”为基准面,绘制图 10-16 所示草图。

(17)单击【凹槽】命令,【类型】选择“直到下一个”,结果如图 10-17 所示,注意其结果与上一次生成的凹槽方向相反,如默认方向不合适可单击【反转方向】更改切除方向。

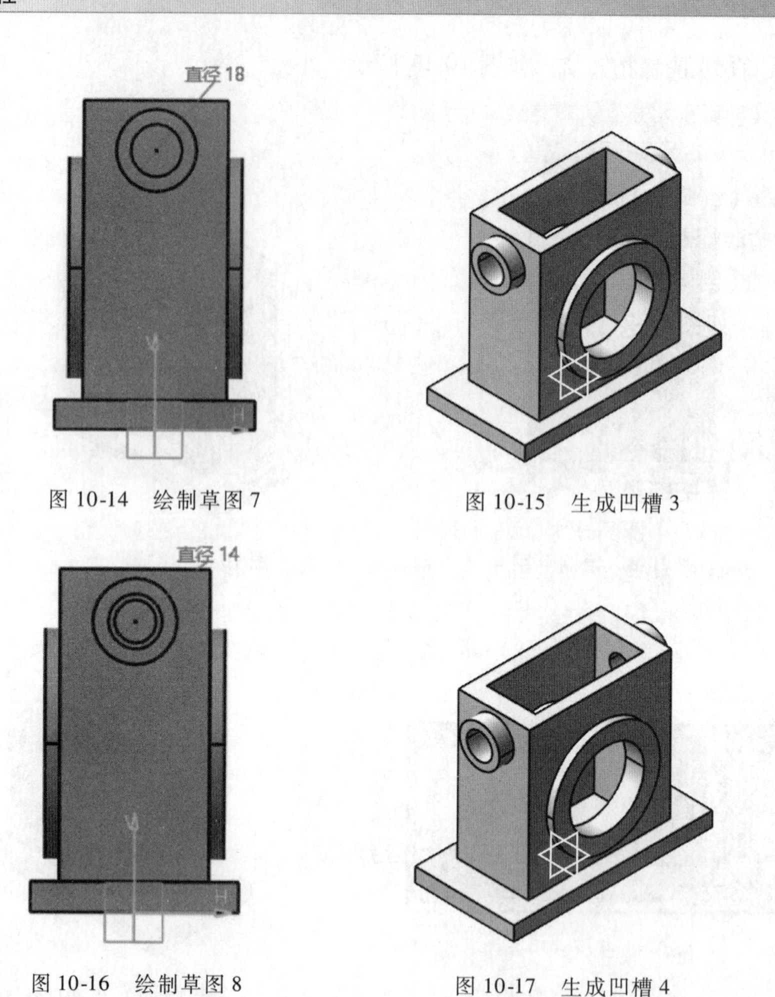

图 10-14　绘制草图 7

图 10-15　生成凹槽 3

图 10-16　绘制草图 8

图 10-17　生成凹槽 4

(18)单击【孔】命令,选择最上侧表面,切换至【定义螺纹】选项卡,选中【螺纹孔】选项,【底部类型】选择“尺寸”,【定义螺纹】中的类型选择“公制粗牙螺纹”,【螺纹描述】选择“M5”,【螺纹深度】文本框输入“10”,【孔深度】文本框输入“12”;单击【扩展】中的【定位草图】,定位点如图 10-18a 所示,【底部】选择“V 形底”,单击【确定】按钮,结果如图 10-18b 所示。

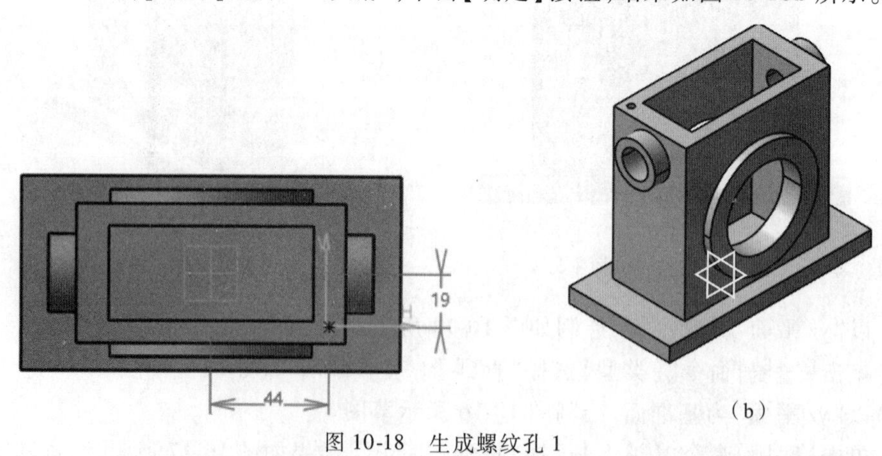

图 10-18　生成螺纹孔 1

(19)单击【矩形阵列】命令,【第一方向】中的【实例】输入“2”,在【间距】文本框输入

“88”,【参考元素】选择顶面长边线;【第二方向】中的【实例】文本框输入“2”,【间距】文本框输入“38”,【参考元素】选择顶面的短边线;【要阵列的对象】选择上一步生成的孔,结果如图 10-19 所示。

(20)单击【倒圆角】命令,在【半径】文本框输入“5”,【要圆角化的对象】选择上部长方体的 4 条侧棱边,结果如图 10-20 所示。

(21)单击【倒圆角】命令,【半径】文本框输入“5”,【要圆角化的对象】选择型腔内部的 4 条侧棱边,结果如图 10-21 所示。

(22)单击【倒圆角】命令,【半径】文本框输入“5”,【要圆角化的对象】选择形腔内部的底面,结果如图 10-22 所示。

(23)单击【孔】命令,选择尺寸较大的圆柱凸台表面,切换至【定义螺纹】选项卡,选中【螺纹孔】选项,【底部类型】选择“尺寸”,【定义螺纹】中的类型选择“公制粗牙螺纹”,【螺纹描述】选择“M5”,【螺纹深度】输入值“8”,【孔深度】输入值“10”;单击【扩展】中的【定位草图】,定位点如图 10-23a 所示,【底部】选择“V 形底”,单击【确定】按钮,结果如图 10-23b 所示。

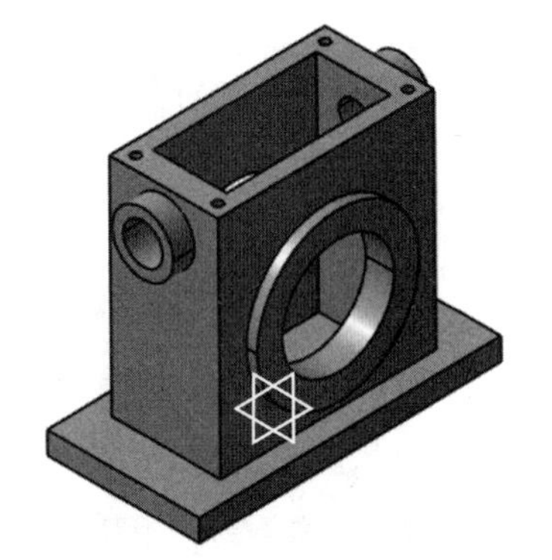

图 10-19　阵列螺纹孔 1

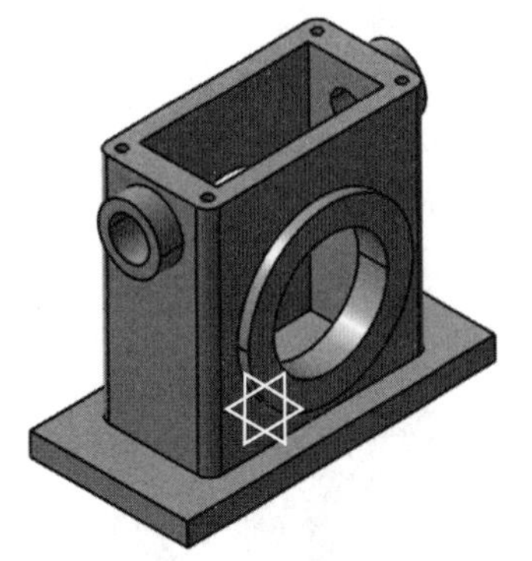

图 10-20　生成圆角 1

图 10-21　生成圆角 2

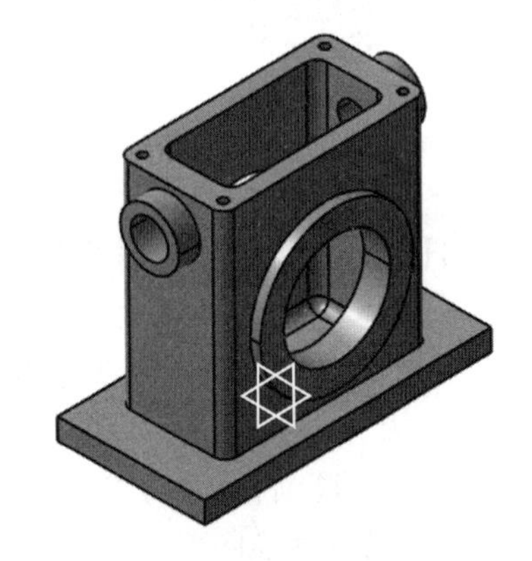

图 10-22　生成圆角 3

技巧:当草图的“H、V”方向与需要的不一致时,可以通过按 <Shift> 键,再单击光标键对模型进行旋转,每按一次旋转一定角度。旋转的角度也可在【选项】/【常规】/【显示】/【浏览】/【键盘旋转的角度】中调整,如更改为“90”时,则每操作一次旋转 90°。

(24)单击【圆形阵列】命令,【参数】选择“完整径向”,在【实例】文本框中输入“5”,【参考元素】选择相应圆柱凸台的圆柱面,【要阵列的对象】为上一步生成的螺纹孔,结果如图 10-24 所示。

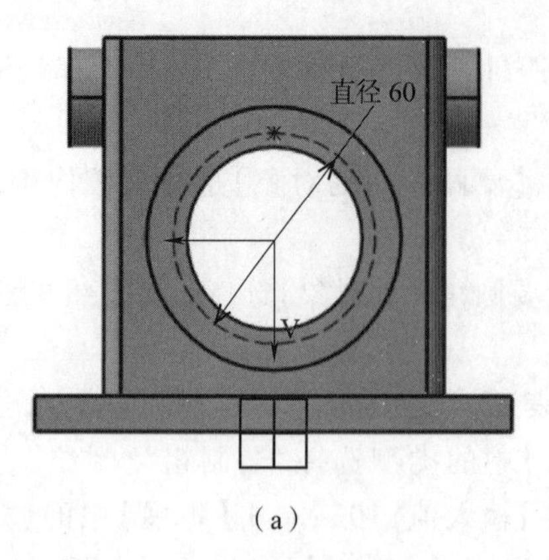

(a)

(b)

图 10-23　生成螺纹孔 2

(25)采用同样的方法生成另一侧凸台上的螺纹孔。

(26)单击【倒圆角】命令,在【半径】文本框输入“10”,【要圆角化的对象】选择下部长方体的 4 条侧棱边,结果如图 10-25 所示。

图 10-24　阵列螺纹孔 2

图 10-25　生成圆角 4

(27)单击【孔】命令,选择下部长方体的上表面,【扩展】选择“直到下一个”,【直径】文本框输入“6. 6”;【类型】选择“沉头孔”,直径输入“11”,在【深度】文本框输入“4”;单击【扩展】中的【定位草图】,将定位点与上一步生成的圆角同心,如图 6-26a 所示,单击【确定】按钮,结果如图 6-26b 所示。

(28)单击【矩形阵列】命令,【第一方向】中的【实例】文本框输入“2”,【间距】文本框输入“120”,【参考元素】选择最底平面的长边;【第二方向】中的【实例】文本框输入“2”,【间距】文本框输入“50”,【参考元素】选择底平面的短边;【要阵列的对象】选择上一步生成的孔,结果如图 10-27 所示。

(29)单击【倒圆角】命令,【半径】文本框输入“1”,【要圆角化的对象】选择 4 个圆柱凸台与长方体的交线,结果如图 10-28 所示。

(30)单击【倒圆角】命令,【半径】文本框输入“3”,【要圆角化的对象】选择两长方体的交线,结果如图 10-29 所示。

(31)单击【倒角】命令,【长度 1】文本框输入“0. 5”,【要倒角的对象】选择 4 条尺寸较小的圆柱凸台外侧内外圆边线,结果如图 10-30 所示。

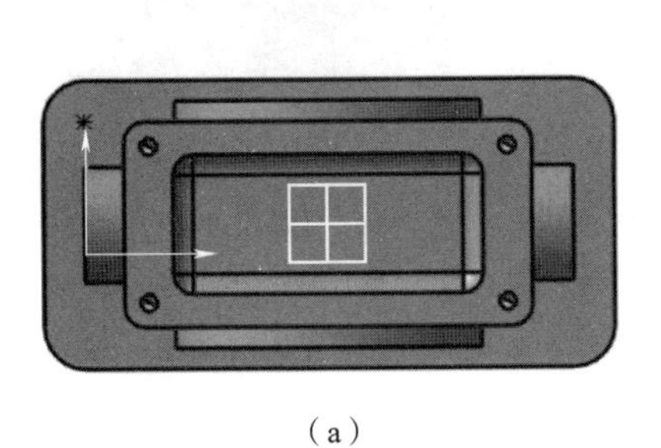

(a)

(b)

图 10-26　生成沉孔

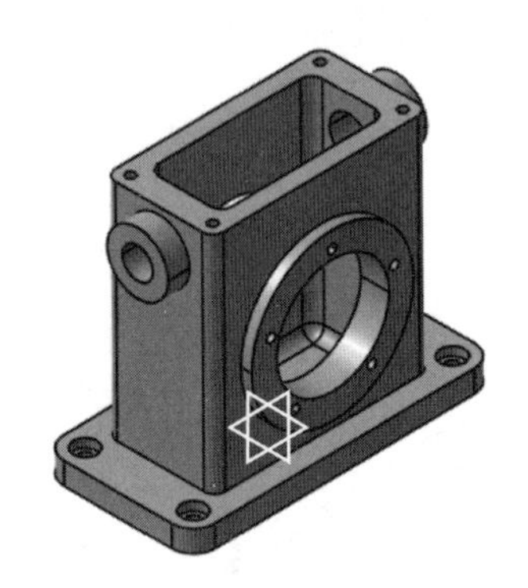

图 10-27　阵列沉孔

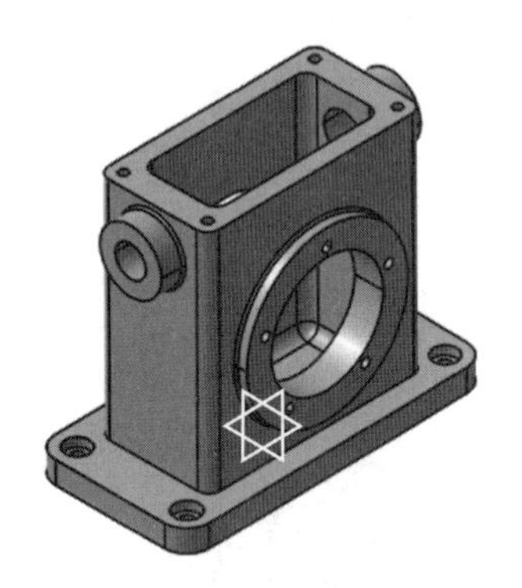

图 10-28　生成圆角 5

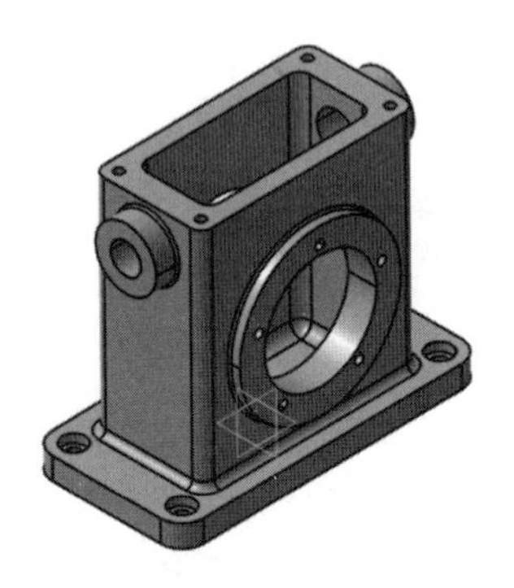

图 10-29　生成圆角 6

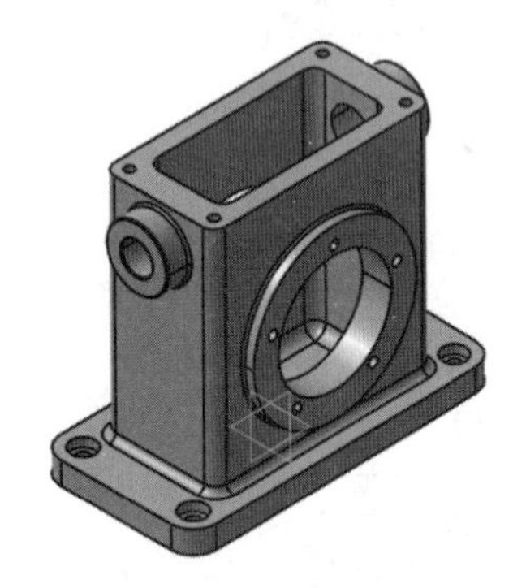

图 10-30　生成倒角

(32)以“zx 平面”为基准面,绘制图 10-31 所示矩形草图。

(33)单击【凹槽】命令,【第一限制】与【第二限制】的【类型】均选择“直到最后”,结果如图 10-32 所示。

(34)保存零件,文件名为“housing”。

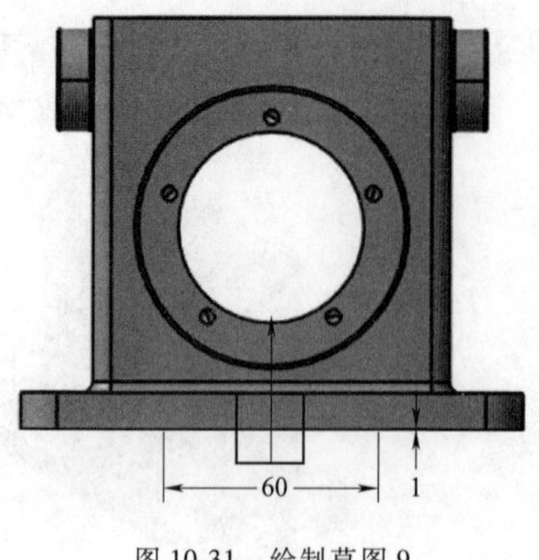

图 10-31　绘制草图 9

图 10-32　生成凹槽 5

10.2　示例零件 2

如图 10-33 所示为箱体零件图,可使用【凸台】【孔】【阵列】【加强肋】等命令完成建模。

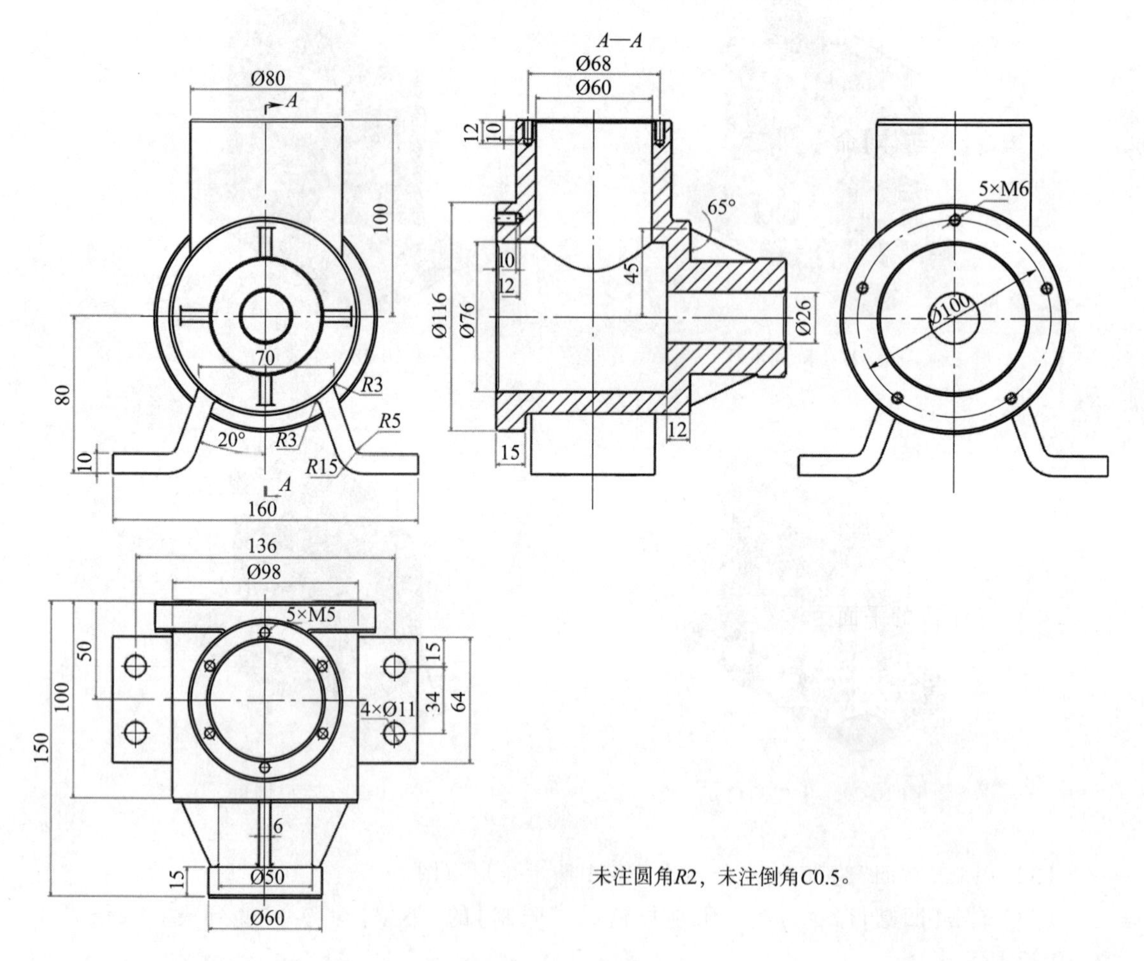

图 10-33　示例零件 2

操作步骤如下：

(1)单击菜单栏【开始】/【机械设计】/【零件设计】，进入零件设计环境。

(2)以“xy 平面”为基准面，绘制图 10-34 所示草图，注意添加用于旋转参考的与 H 方向重合的【轴】。

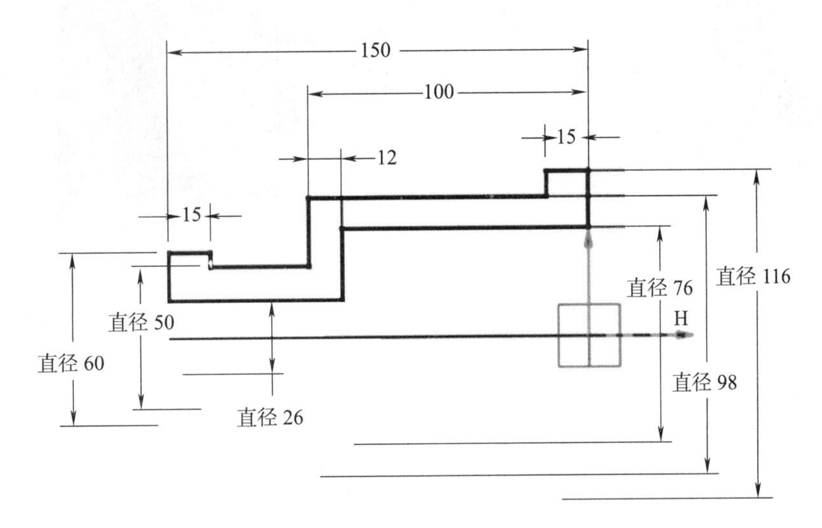

图 10-34　绘制草图 1

(3)单击【旋转体】命令，以草图旋转参考轴为【轴线】旋转，结果如图 10-35 所示。

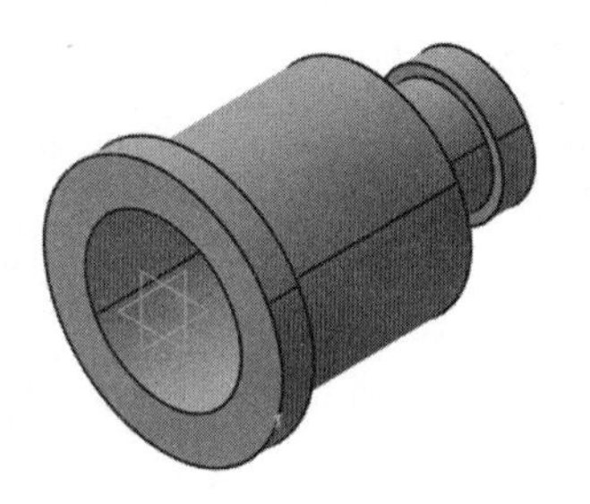

图 10-35　生成旋转体

(4)单击【平面】命令，【参考】选择“xy 平面”，【偏移】文本框输入“100”，结果如图 10-36 所示。

(5)以新生成的平面为基准面绘制图 10-37 所示草图圆。

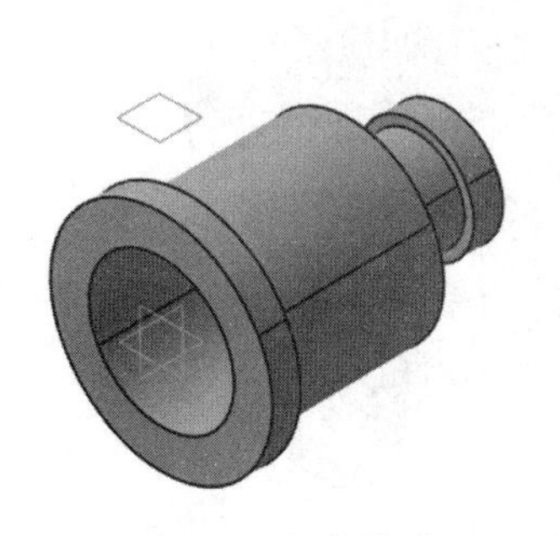

图 10-36　生成平面 1

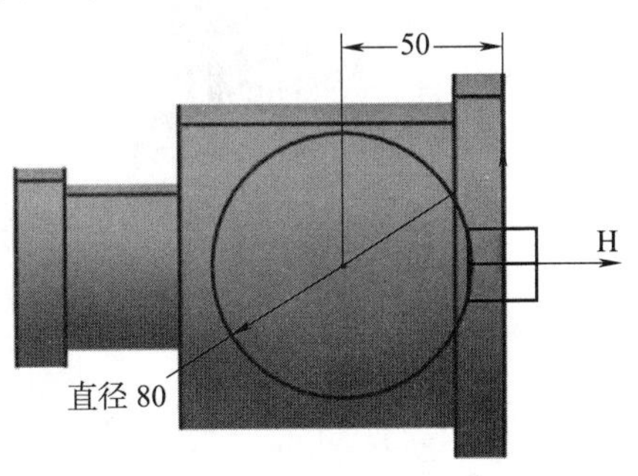

图 10-37　绘制草图 2

(6)单击【凸台】命令,【类型】选择“直到下一个”,结果如图 10-38 所示。

(7)以上一步生成的凸台上表面为基准面绘制草图,如图 10-39 所示

图 10-38 拉伸凸台 1

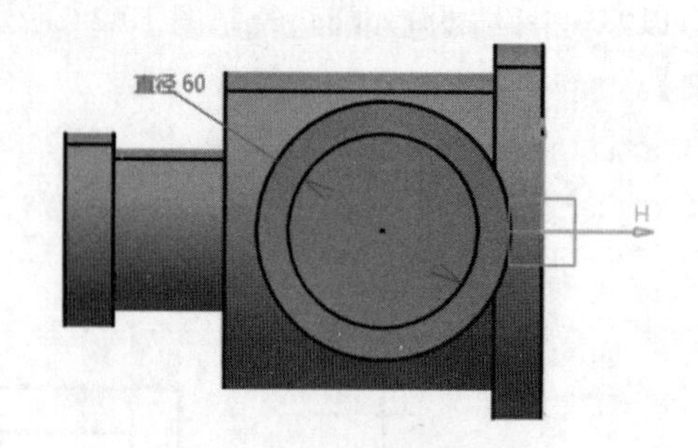

图 10-39 绘制草图 3

(8)单击【凹槽】命令,【类型】选择“直到曲面”,【限制】选择内孔表面,结果如图 10-40 所示。

(9)单击【平面】命令,【参考】选择“yz 平面”,【偏移】文本框输入“50”,结果如图 10-41 所示。

(10)以新生成的平面为基准面绘制草图,如图 10-42 所示。

(11)单击【凸台】命令,【类型】选择“尺寸”,【长度】文本框输入“32”,选中【厚】选项,并展开【更多】,在【厚度 2】文本框中输入“10”,选中【镜像范围】选项,结果如图 10-43 所示。

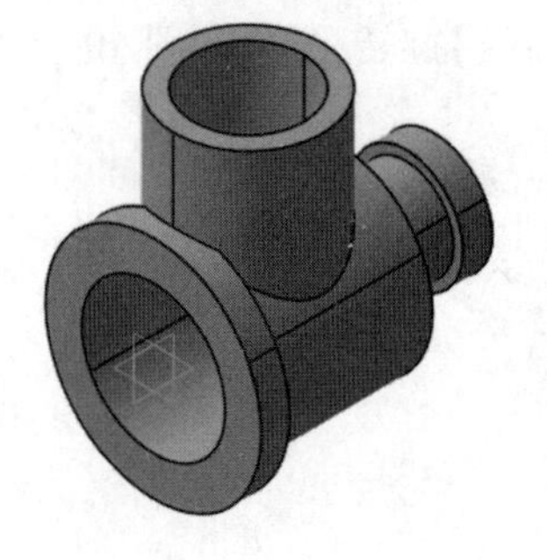

图 10-40 切除凹槽

图 10-41 生成平面 2

提示:此处的加厚方向为图 10-42 所示草图的下侧方向,如果结果相反,可在【厚度 1】中输入值“10”,而【厚度 2】文本框不必输入。

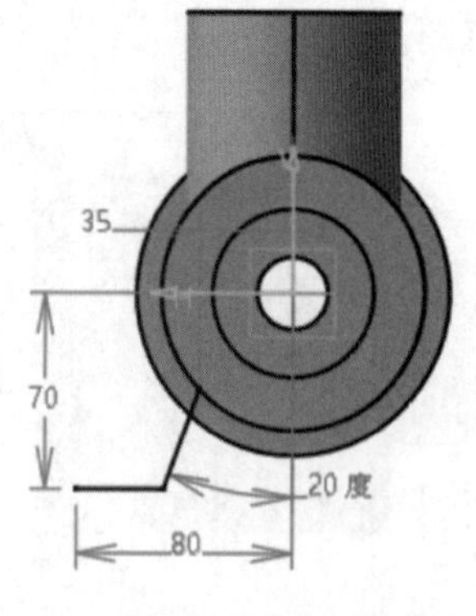

图 10-42 绘制草图 4

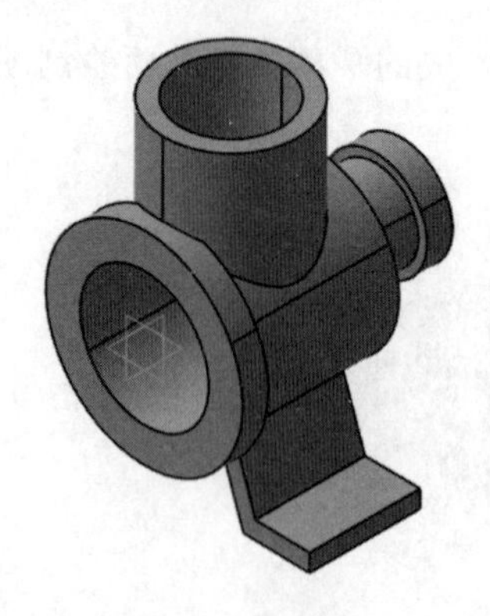

图 10-43 拉伸凸台 2

（12）选中上一步生成的凸台，单击【镜像】按钮，【镜像元素】选择“zx 平面”，结果如图 10-44 所示。

（13）以“zx 平面”为基准面绘制图 10-45 所示草图。

图 10-44　镜像凸台

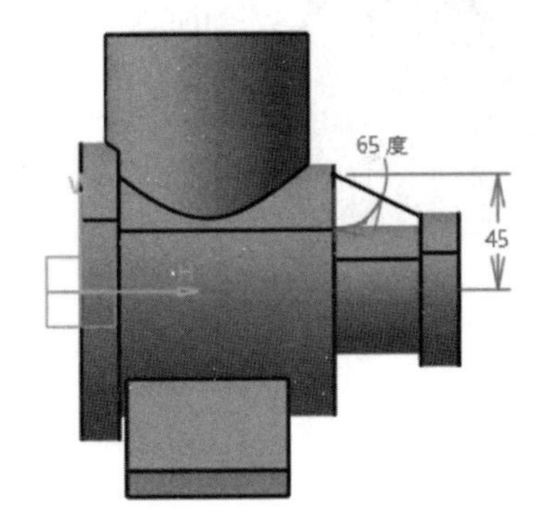

图 10-45　绘制草图 5

（14）单击【加强肋】命令，【厚度 1】文本框输入“6”，选中【中性边界】选项，结果如图 10-46 所示。

（15）单击【圆形阵列】命令，【参数】选择“完整径向”，实例输入值“4”，【参考元素】选择旋转体任一表面，对加强肋进行阵列，结果如图 10-47 所示。

图 10-46　生成加强肋

图 10-47　阵列加强肋

（16）单击【孔】命令，选择直径 116 圆柱的外侧面选择尺寸较大的旋转体端面，切换至【定义螺纹】选项卡，选中【螺纹孔】选项，【底部类型】选择“尺寸”，【定义螺纹】中的类型选择“公制粗牙螺纹”，【螺纹描述】选择“M6”，【螺纹深度】输入值“10”，【孔深度】输入值“12”；单击【扩展】中的【定位草图】，定位点如图 10-48a 所示，【底部】选择“V 形底”，单击【确定】按钮，结果如图 10-48b 所示。

（17）单击【圆形阵列】命令，【参数】选择“完整径向”，实例输入值“5”，【参考元素】选择旋转体任一表面，对螺纹孔进行阵列，结果如图 10-49 所示。

（18）单击【孔】命令，选择圆柱凸台上表面，切换至【定义螺纹】选项卡，选中【螺纹孔】选项，【底部类型】选择“尺寸”，【定义螺纹】中的类型选择“公制粗牙螺纹”，【螺纹描述】选择“M5”，在【螺纹深度】文本框输入“10”，【孔深度】文本框输入“12”；单击【扩展】中的【定位草图】，定位点如图 10-50a 所示，【底部】选择“V 形底纹”，单击【确定】按钮，结果如图 10-50b 所示。

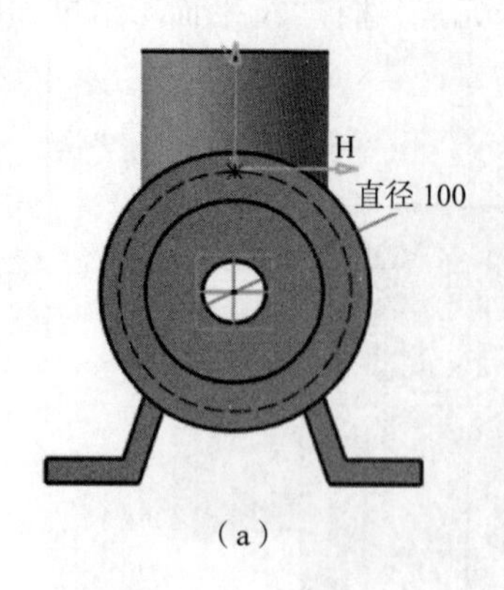

（a）

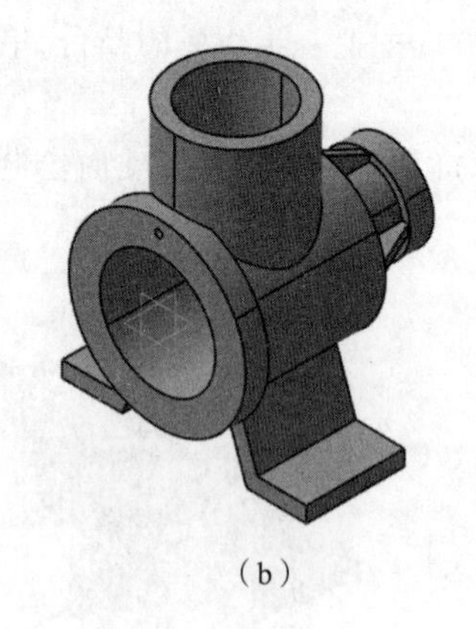
（b）

图 10-48　生成螺纹孔 1

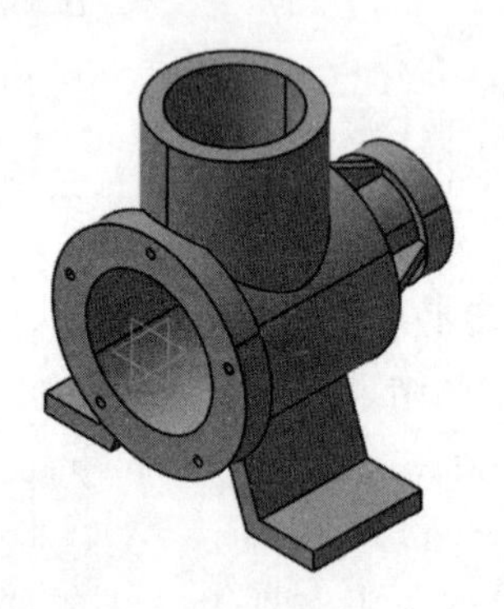

图 10-49　阵列螺纹孔 1

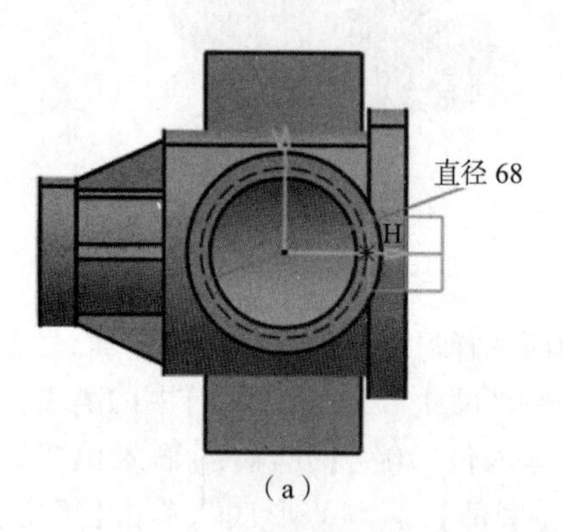

（a）

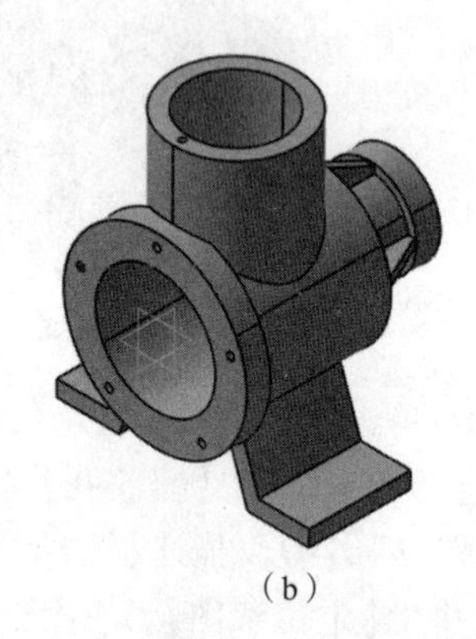
（b）

图 10-50　生成螺纹孔 2

（19）单击【圆形阵列】命令，【参数】选择“完整径向”，实例输入值“6”，【参考元素】选择圆柱凸台表面，对螺纹孔进行阵列，结果如图 10-51 所示。

（20）单击【孔】命令，选择底脚上表面，切换至【定义螺纹】选项卡，取消【螺纹孔】选项，【扩展】类型选择“直到下一个”，直径输入值“11”；单击【定位草图】按钮，定位点如图 10-52a 所示，单击【确定】按钮，结果如图 10-52b 所示。

（21）单击【矩形阵列】命令，第一方向与第二方向的【实例】均为“2”，间距分别为“34”“136”，【参考元素】分别选择底脚两相互垂直的边，对孔进行阵列，结果如图 10-53 所示。

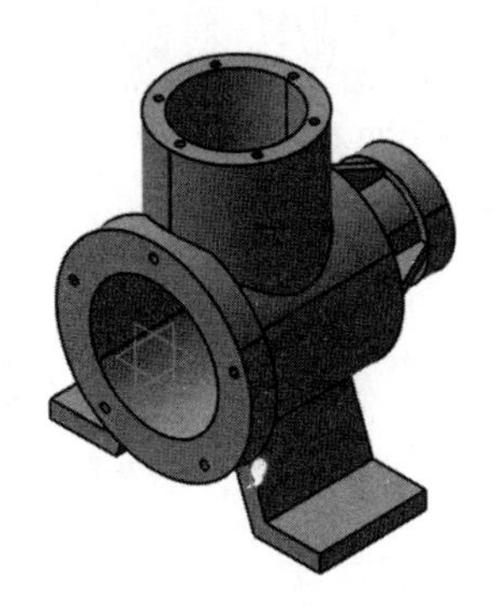

图 10-51　阵列螺纹孔 2

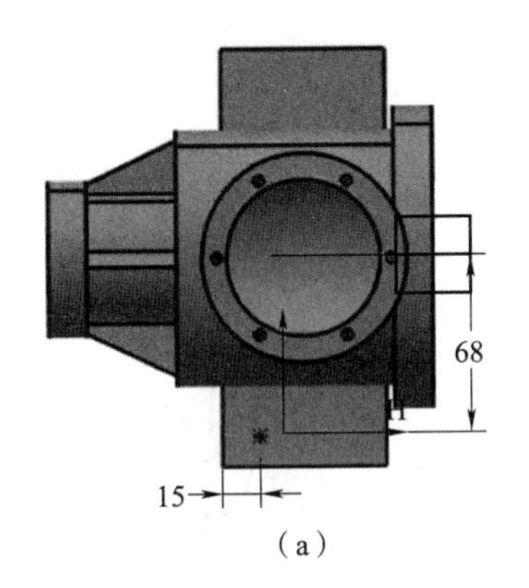

（a）

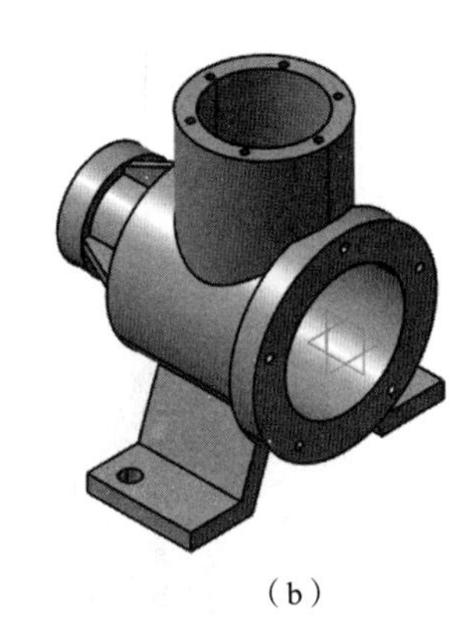

（b）

图 10-52　生成通孔

(22)单击【倒圆角】命令,半径输入值“5”,【要圆角化的对象】选择底脚钝角内侧的两条棱边,结果如图 10-54 所示。

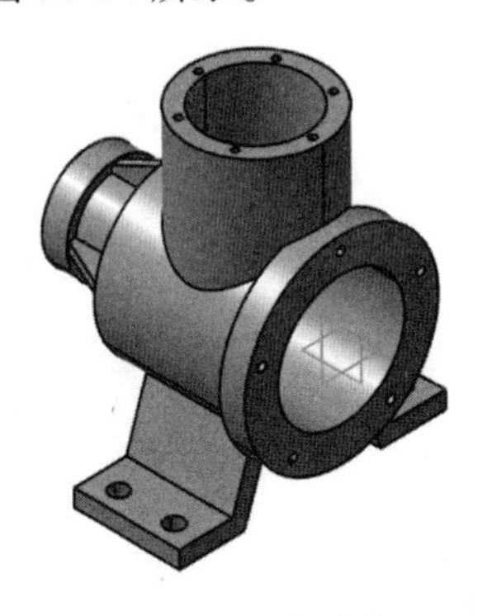

图 10-53　阵列孔

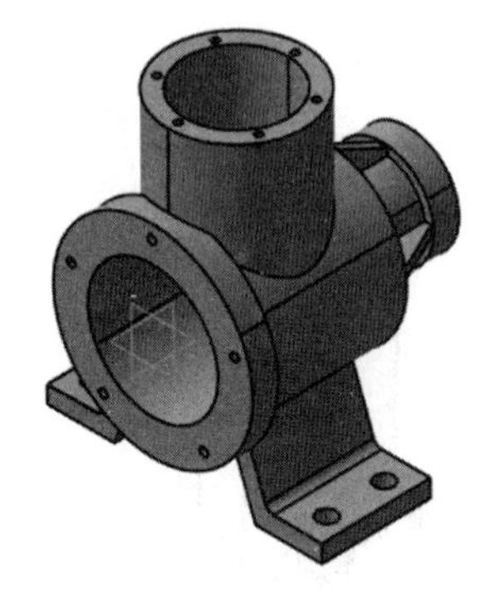

图 10-54　生成圆角 1

(23)单击【倒圆角】命令,【半径】文本框输入“15”,【要圆角化的对象】选择底脚钝角外侧的两条棱边,结果如图 10-55 所示。

(24)单击【倒圆角】命令,【半径】文本框输入“2”,【要圆角化的对象】选择圆柱凸台与旋转体的交线及直径 116 的圆柱体的内侧台阶边线,结果如图 10-56 所示。

(25)单击【倒圆角】命令,【半径】文本框输入“3”,【要圆角化的对象】选择底脚与旋转体的 4 条交线,结果如图 10-57 所示。

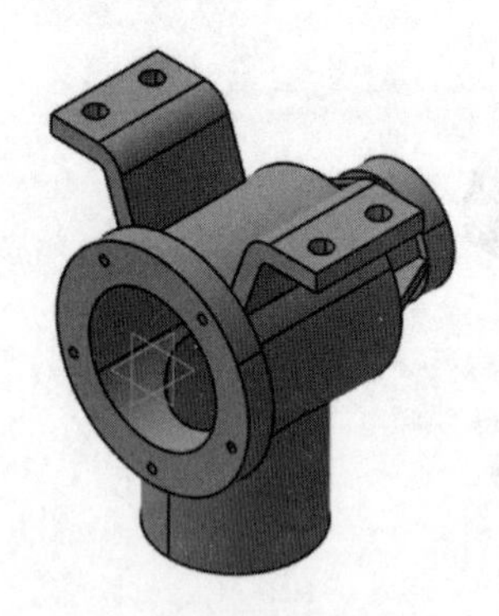

图 10-55　生成圆角 2

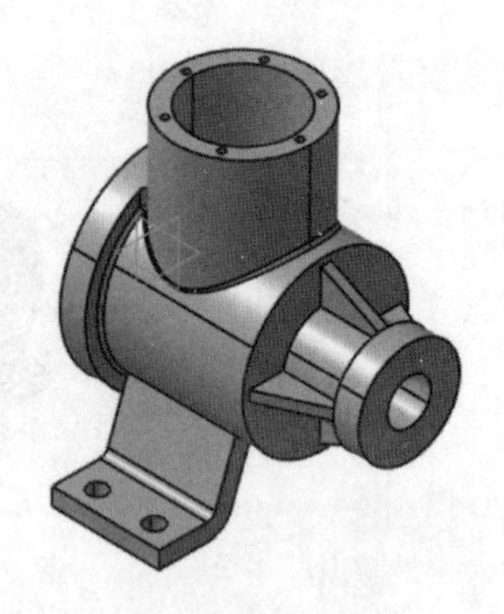

图 10-56　生成圆角 3

(26)单击【倒角】命令,【长度 1】文本框输入“1”,【要倒角的对象】选择圆柱凸台的端面边线,结果如图 10-58 所示。

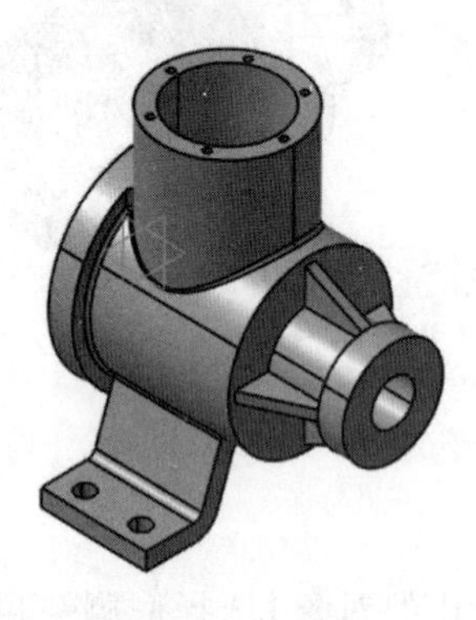

图 10-57　生成圆角 4

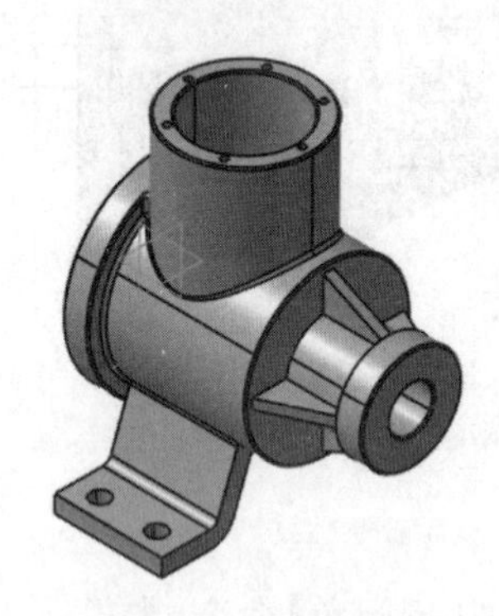

图 10-58　生成倒角

(27)单击【倒圆角】命令,【半径】文本框输入“2”,【要圆角化的对象】选择加强肋与旋转体的交线,结果如图 10-59 所示。

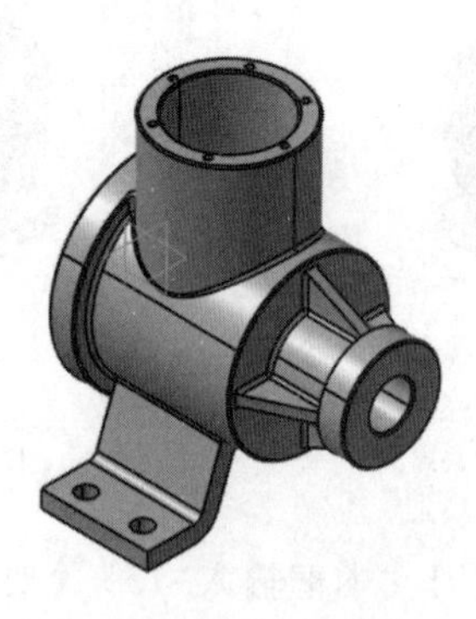

图 10-59　生成圆角 5

(28)选中零件后,在通用工具栏中单击【应用材料】命令,弹出图 10-60 所示材料库,选择【Metal】/【Steel】材料,单击【确定】按钮,将所选材料赋予零件。

(29)保存零件,文件名为“CylinderBlock”。

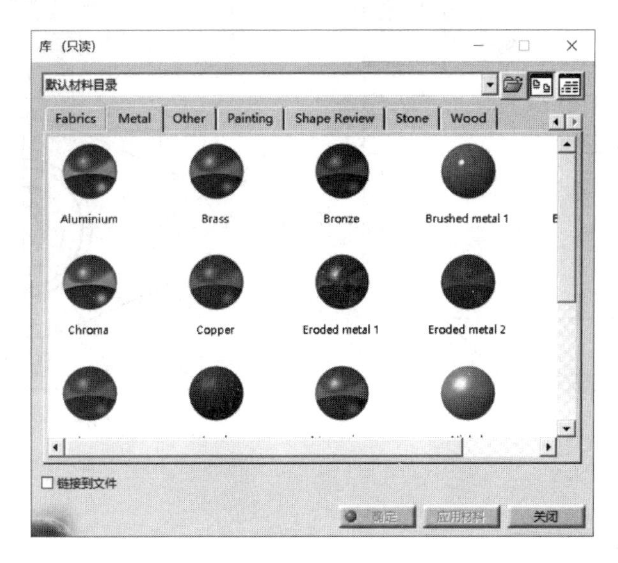

图 10-60　应用材料

10.3　常见箱体类零件

如图 10-61 所示为常见箱体类零件。

图 10-61　常见箱体类零件

一、简答题

1. "示例零件 1"中在使用【凹槽】命令时,使用过【直到下一个】【直到最后】两个选项,什么情况下两个选项可以通用?

2. 选择草图基准平面时,当已有平面与实体表面均可满足要求时该如何选择?

3. 一个零件上有多个不同尺寸的圆角时,其生成过程需要注意什么?

二、操作题

1. 按图 10-62 所示二维图完成模型的创建,以文件名"PumpBody"保存。

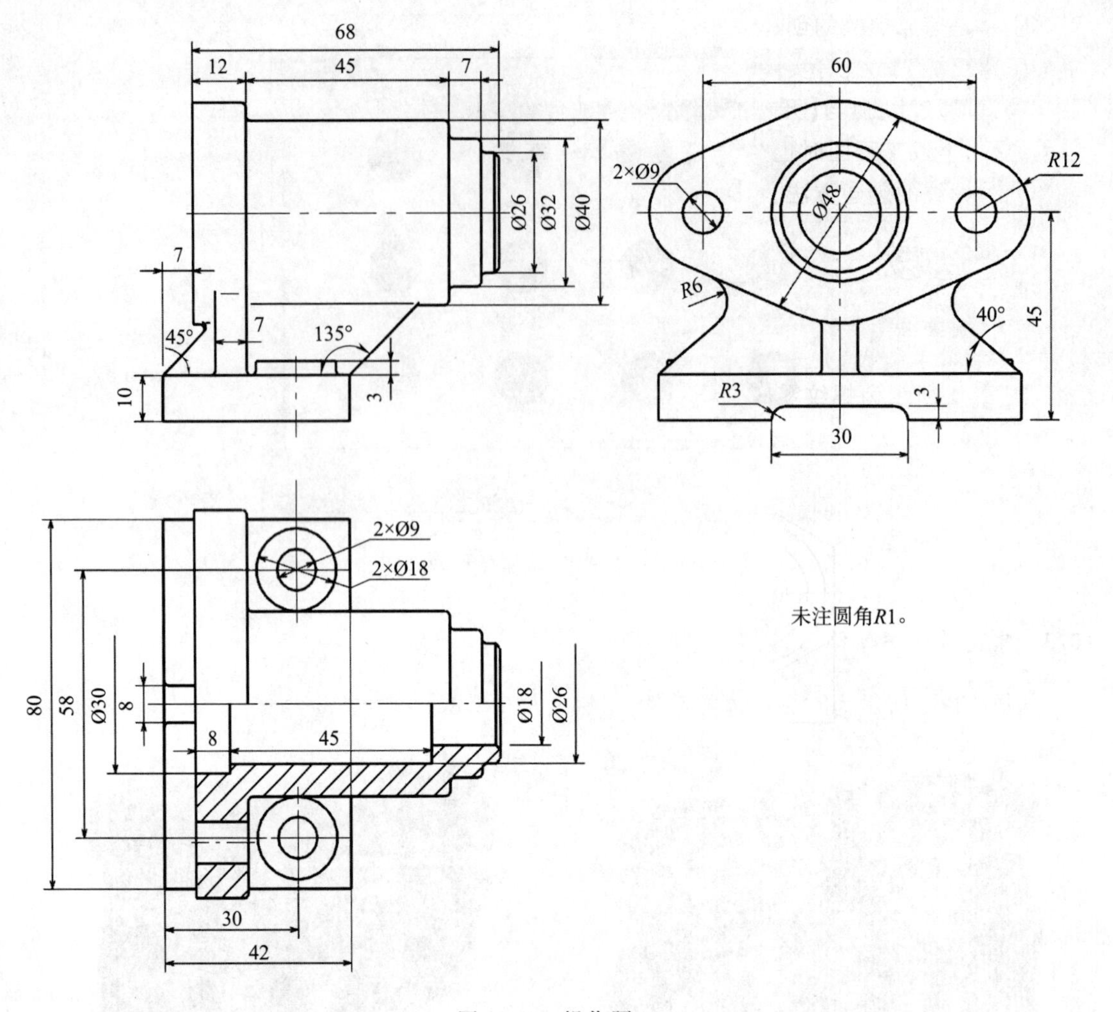

图 10-62　操作题 1

2. 将“示例零件 2”中的多台阶回转体尝试用多次【凸台】命令生成，对比两种方法的差异。

任务 11　螺栓、螺母的绘制

任务目标

(1)熟悉示例零件的建模方法。

(2)复习草图绘制与肋功能。

(3)了解常见螺纹类零件。

任务描述

螺栓与螺母是机械产品中最常用的连接件，主要由螺纹产生连接作用，所以这类零件的建模也主要是完成螺纹的创建,在三维设计软件中螺纹有两种形式,一种是装饰性螺纹,即只是表达了螺纹标注而没有实体的螺纹,这是最常用的建模方法,操作简单、运算量小;另一种是实体螺纹,可通过【肋】与【开槽】功能生成螺纹,除非必要,尽量减少使用这种方式,不但创建过程复杂,在生成工程图时也无法按国家标准要求生成零件图。本任务主要将通过两个示例介绍这两种螺纹的创建方法。

任务实践

11.1　示例零件 1

图 11-1 所示为螺纹零件,该零件将使用装饰性螺纹。

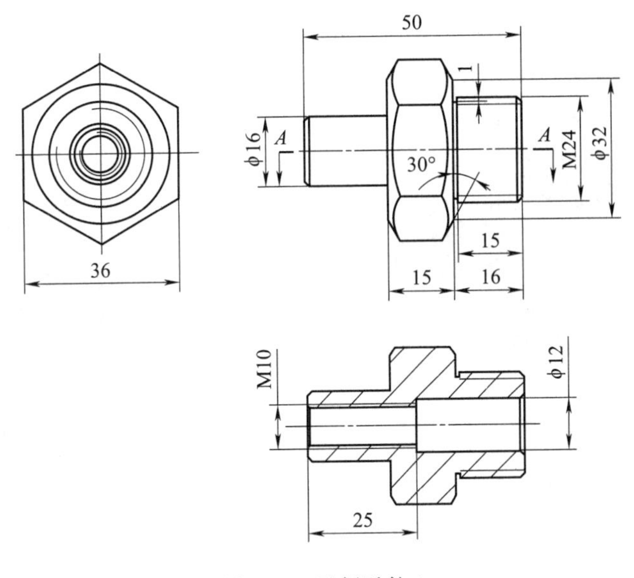

图 11-1　示例零件 1

操作步骤如下:

(1)单击菜单【开始】/【机械设计】/【零件设计】,进入零件设计环境。

(2)以“xy 平面”为基准面,绘制图 11-2 所示六边形草图。

(3)单击【凸台】命令,【长度】输入尺寸“15”,结果如图 11-3 所示。

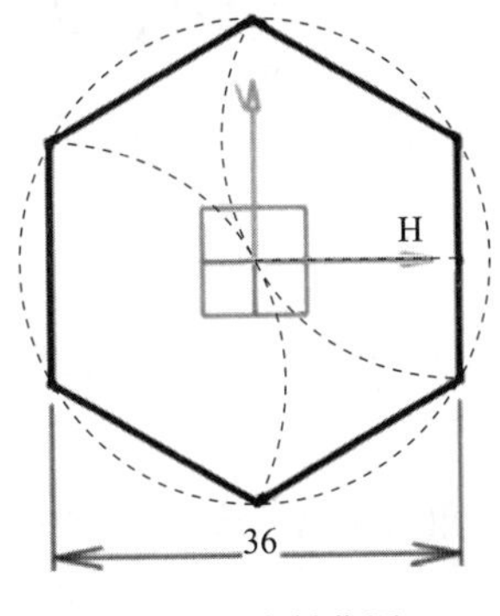

图 11-2　绘制草图 1

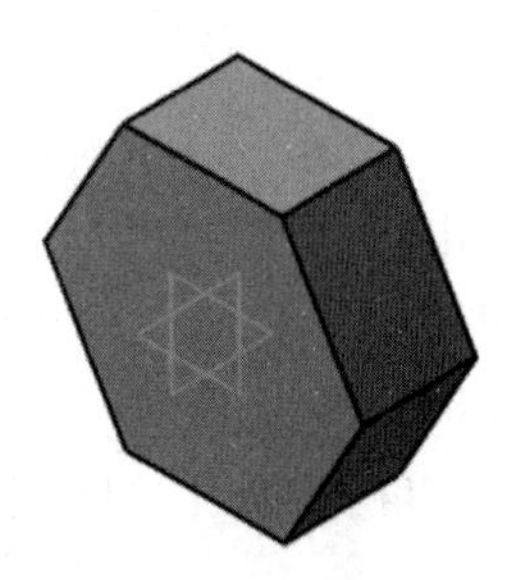

图 11-3　生成凸台

(4)以“yz 平面”为基准面,绘制图 11-4 所示草图,需绘制辅助旋转轴线。

(5)单击【旋转体】命令,生成图 11-5 所示旋转体。

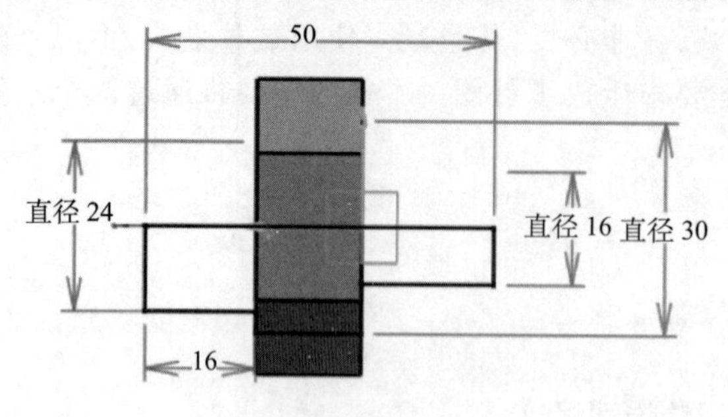

图 11-4　绘制草图 2

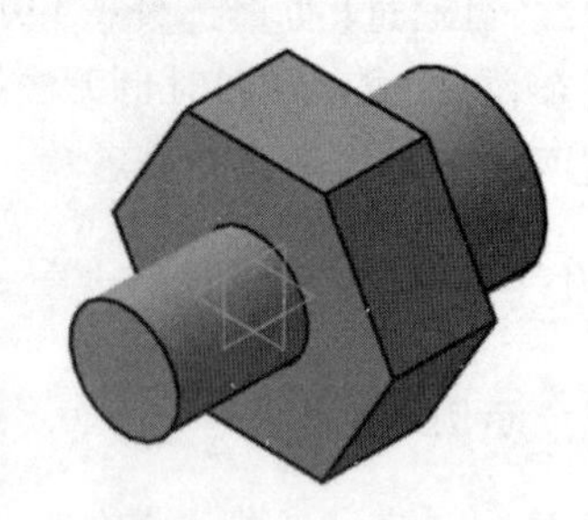

图 11-5　生成旋转体

(6)以“yz 平面”为基准面,绘制图 11-6 所示草图,需绘制辅助旋转轴线。

(7)单击【旋转槽】命令,生成如图 11-7 所示旋转槽。

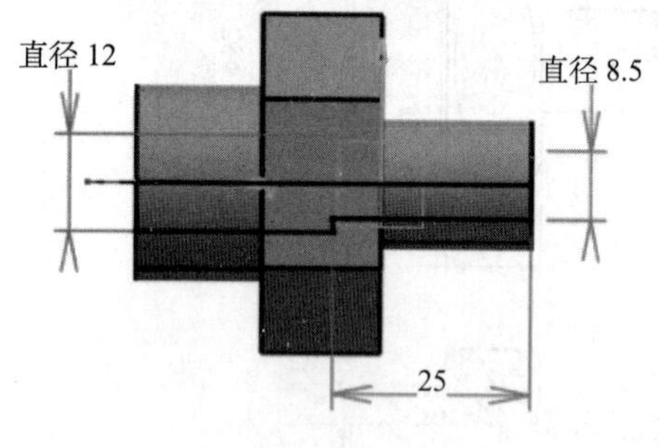

图 11-6　绘制草图 3

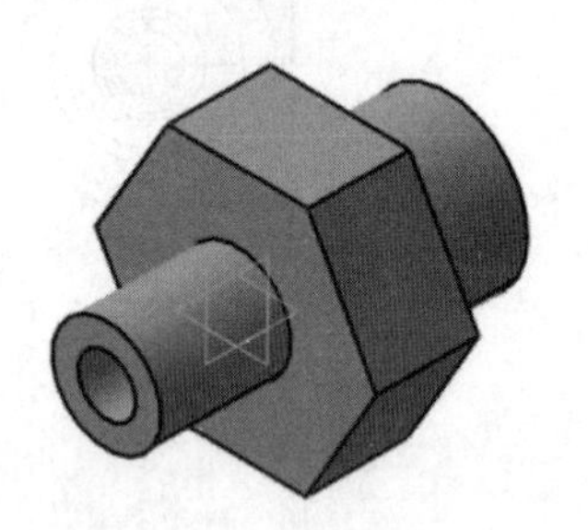

图 11-7　生成旋转槽 1

(8)以“yz 平面”为基准面,绘制如图 11-8 所示草图,需绘制辅助旋转轴线。

(9)单击【旋转槽】命令,生成如图 11-9 所示倒角特征。

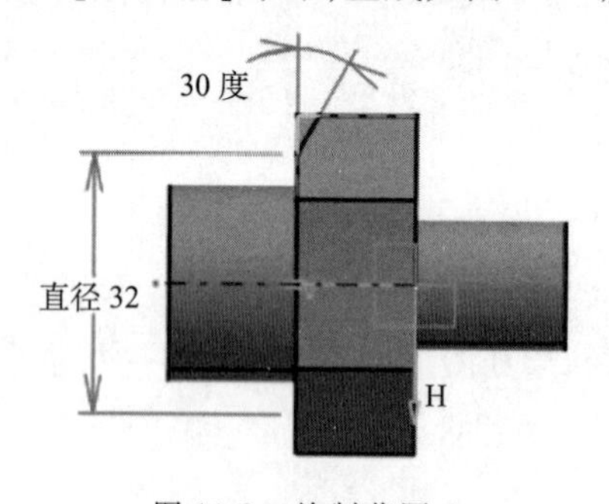

图 11-8　绘制草图 4

图 11-9　生成旋转倒角

(10)单击【平面】命令,【平面类型】选择“偏移平面”,【参考】选择“xy 平面”,【偏移】输入值“7.5”,结果如图 11-10 所示。

(11)选中第 9 步生成的旋转槽特征,单击【镜像】命令,【镜像元素】选择第 10 步生成的平面,结果如图 11-11 所示。

(12)单击【倒角】命令,【长度 1】输入值“1”,【要倒角的对象】选择两端外圆边线,结果如图 11-12 所示。

(13)单击【倒角】命令,【长度 1】输入值“1”,【要倒角的对象】选择尺寸较大的孔外边线,结果如图 11-13 所示。

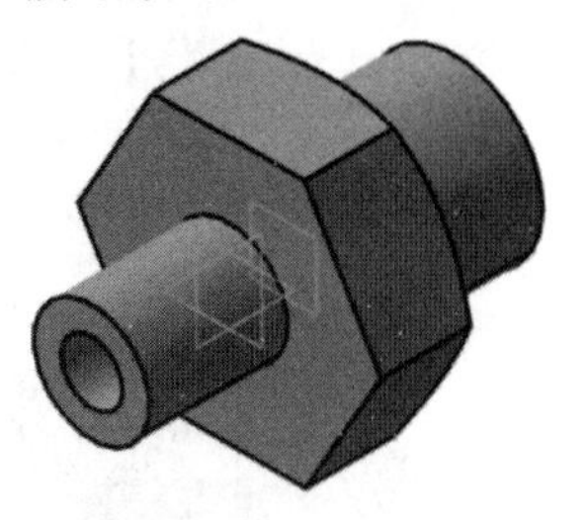

图 11-10　生成平面

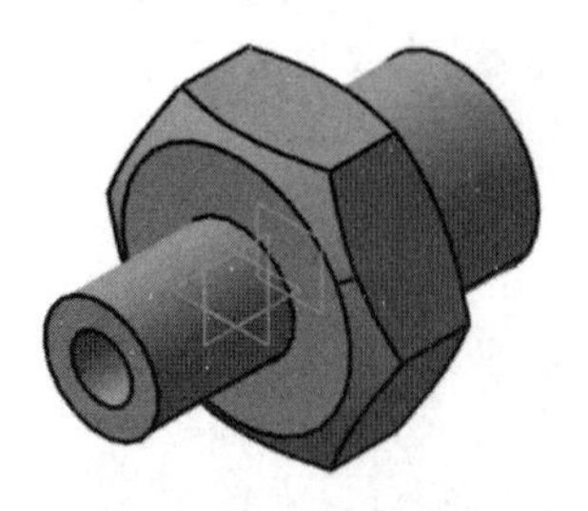

图 11-11　镜像倒角

图 11-12　生成倒角 1

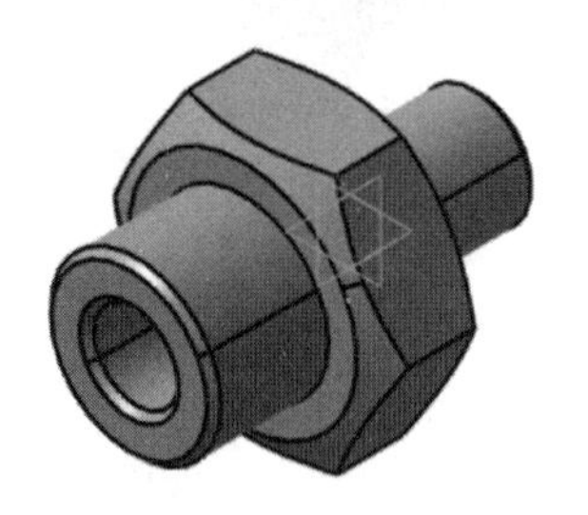

图 11-13　生成倒角 2

(14)单击【倒角】命令,【长度 1】输入值“0.5”,【要倒角的对象】选择尺寸较小的孔外边线,结果如图 11-14 所示。

(15)单击【内螺纹/外螺纹】命令,【侧面】选择尺寸较小的内孔表面,【限制面】选择直径 8.5 孔的外侧端面,【底部类型】中的【类型】选择【直到平面】,【底部限制】选择尺寸较小的内孔内侧端面,【数值定义】中的【类型】选择“公制粗牙螺纹”,【外螺纹描述】选择“M10”,如图 11-15 所示,单击【确定】按钮完成内螺纹定义。

图 11-14　生成倒角 3

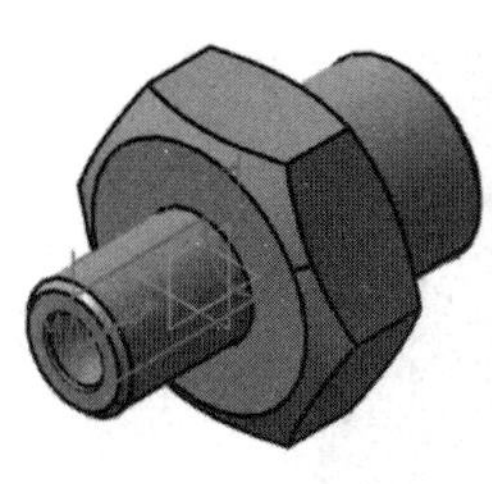

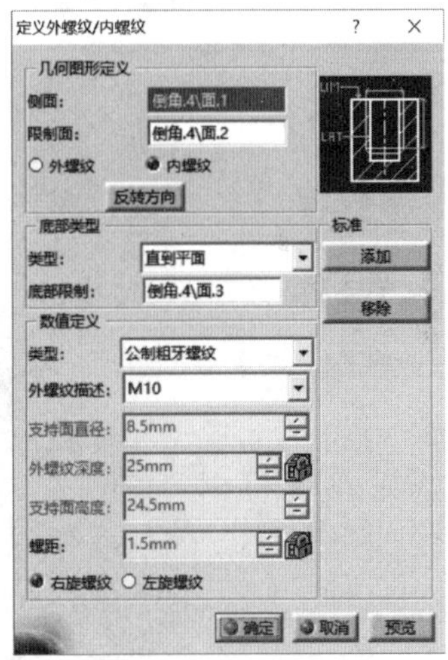

图 11-15　生成内螺纹

(16)以“yz 平面”为基准面,绘制图 11-16 所示草图,需绘制辅助旋转轴线。

(17)单击【旋转槽】命令,生成图 11-17 所示旋转槽。

(18)单击【内螺纹/外螺纹】命令,【侧面】选择尺寸较大的圆柱的外圆柱面,【限制面】选择尺寸较大圆柱的外端面,【底部类型】中的【类型】选择“直到平面”,【底部限制】选择上一步旋转槽的外侧端面,【数值定义】中的【类型】选择“公制粗牙螺纹”,【外螺纹描述】选择“M24”,如图 11-18 所示,单击【确定】按钮生成外螺纹。

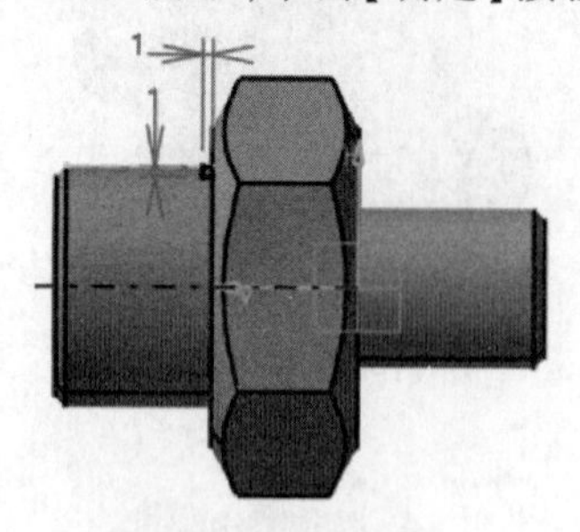

图 11-16　绘制草图 5

图 11-17　生成旋转槽 2

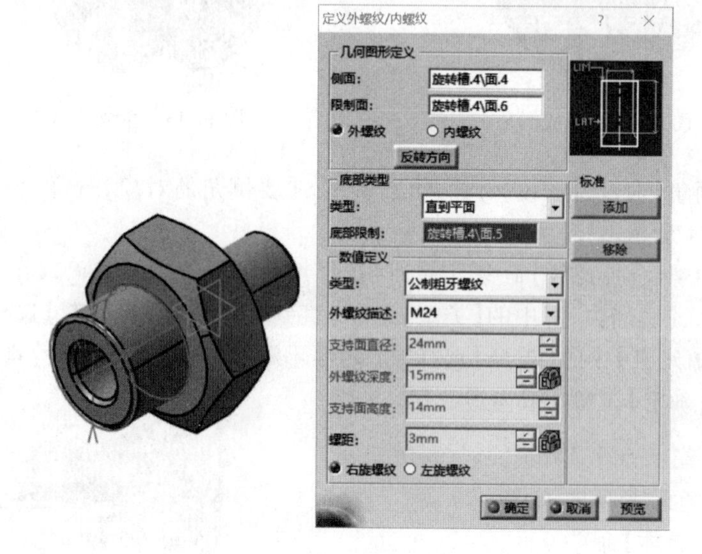

图 11-18　生成外螺纹

(19)单击【通用工具栏】中的【外螺纹—内螺纹分析】,其分析结果如图 11-19 所示。

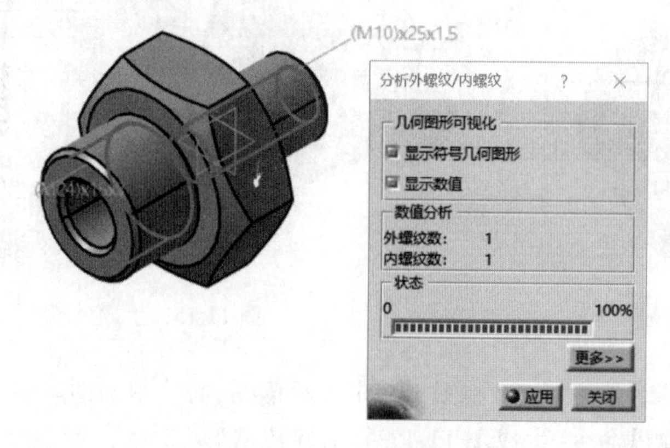

图 11-19　分析螺纹

(20)保存零件，文件名为“11-1-1”。

11.2　示例零件 2

如图 11-20 所示为吊环螺母，本示例将生成它的真实螺纹。需要注意的是工作中这种建模方式只适用于特殊牙形的螺纹零件，如丝杠、挤塑螺杆等，普通螺纹件很少采用这种方式，但作为一种建模方法还需要掌握学习，示例中的螺纹牙形采用简化画法。

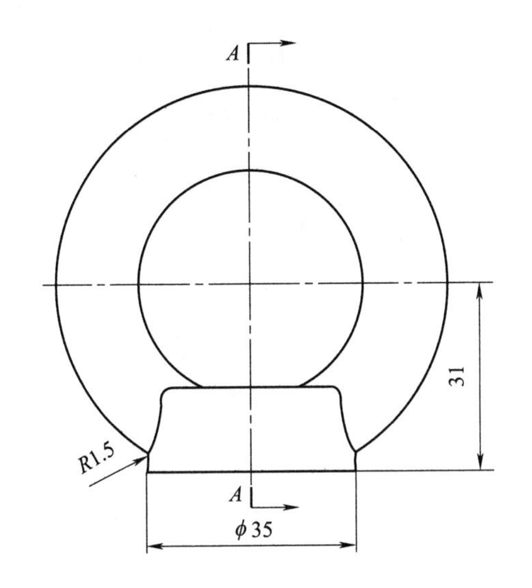

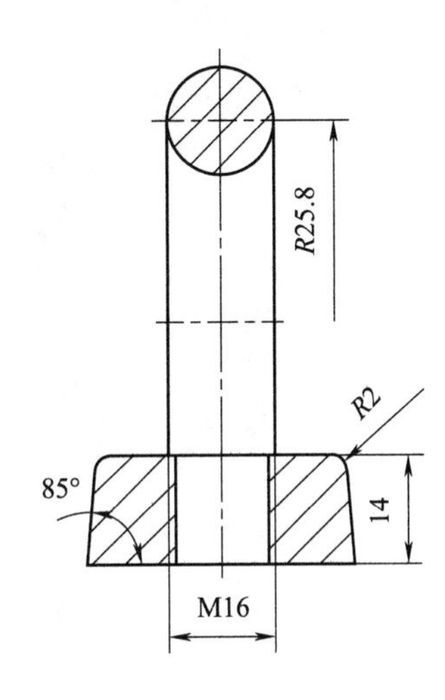

螺纹孔口倒角斜1.5。

图 11-20　示例零件 2

操作步骤如下：

(1)单击菜单【开始】/【机械设计】/【零件设计】，进入零件设计环境。

(2)以“xy 平面”为基准面，绘制图 11-21 所示草图，需绘制辅助旋转轴线。

(3)单击【旋转体】命令，生成如图 11-22 所示旋转体。

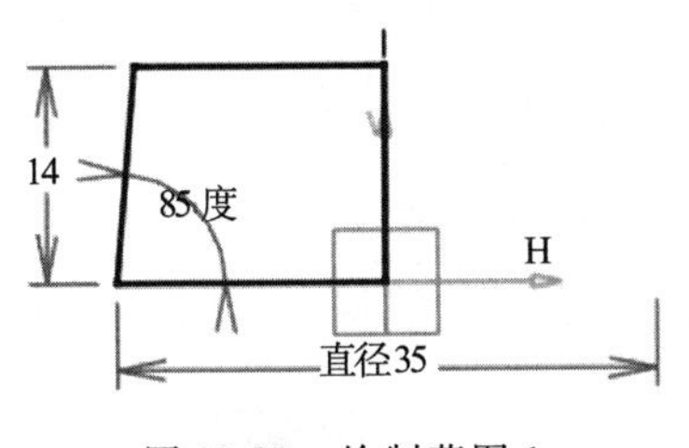

图 11-21　绘制草图 1

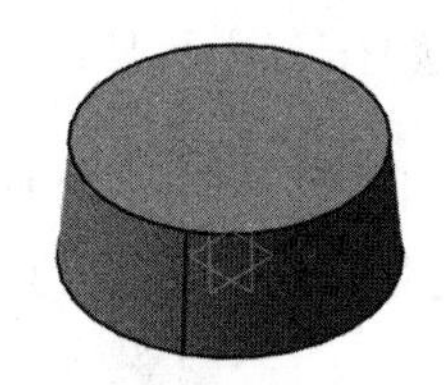

图 11-22　生成旋转体 1

(4)单击【倒圆角】命令，在【半径】文本框输入“2”，【要圆角化的对象】选择上端面圆边线，结果如图 11-23 所示。

(5)以“zy 平面”为基准面，绘制如图 11-24 所示草图，需绘制辅助旋转轴线。

(6)单击【旋转体】命令，生成图 11-25 所示旋转体。

(7)以“xy 平面”为基准面，绘制如图 11-26 所示草图，绘制该草图的目的是切除上一步生成的旋转体下侧多出的一部分。

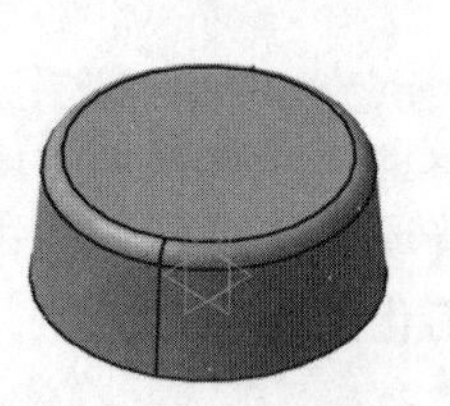

图 11-23　倒圆角 1

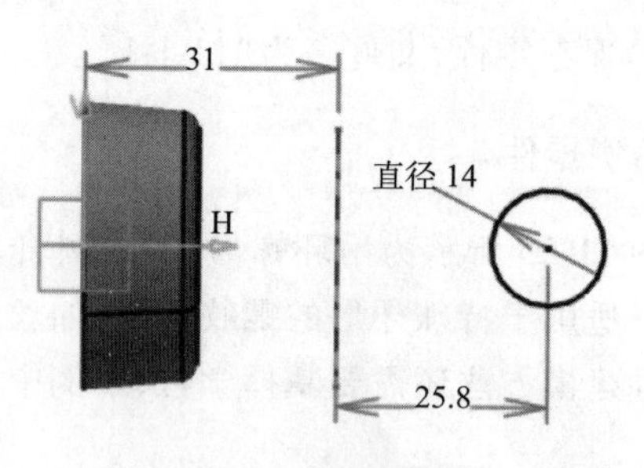

图 11-24　绘制草图 2

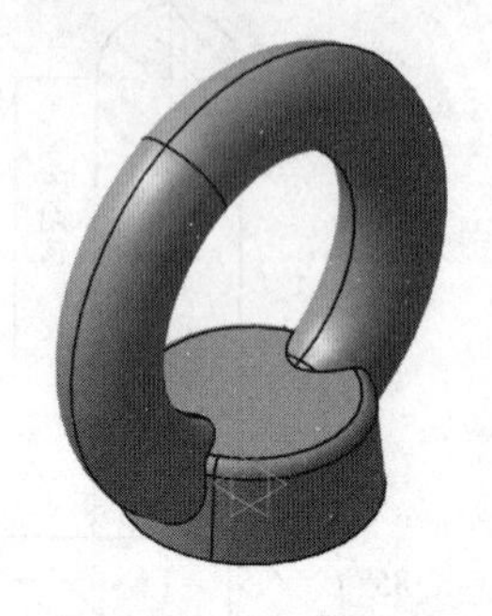

图 11-25　生成旋转体 2

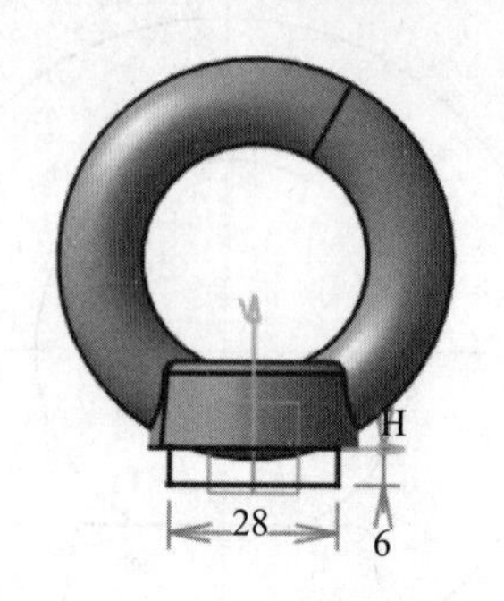

图 11-26　绘制草图 3

(8)单击【凹槽】命令,【类型】选择“尺寸”,【深度】输入值“20”,选中【镜像范围】选项,结果如图 11-27 所示。

(9)以底面为基准面绘制草图,如图 11-28 所示。

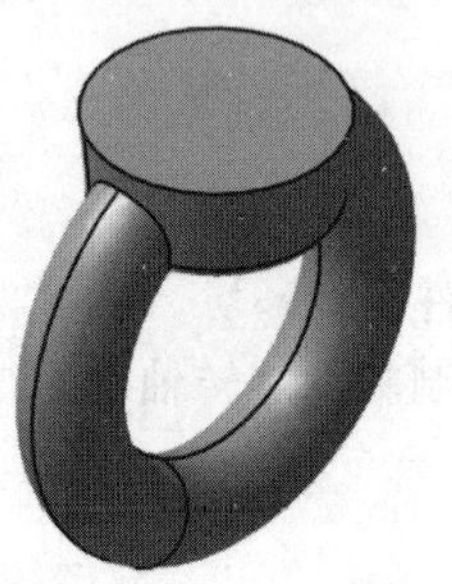

图 11-27　切除凹槽

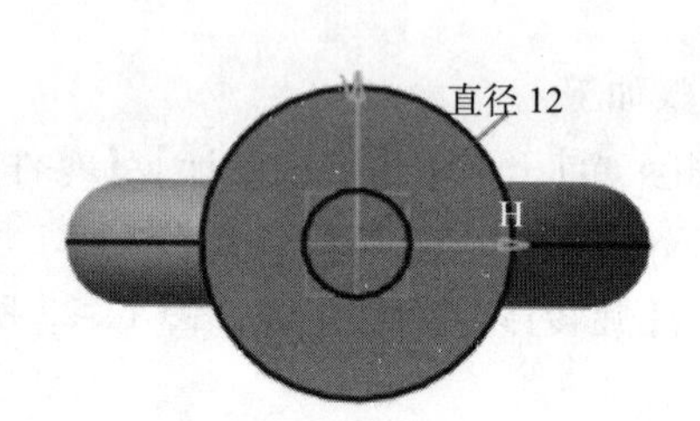

图 11-28　绘制草图 4

(10)单击【凹槽】命令,【类型】选择“直到下一个”,结果如图 11-29 所示。

(11)单击【倒角】命令,【长度 1】输入值“1. 5”,对孔口两圆边线倒角,结果如图 11-30 所示。

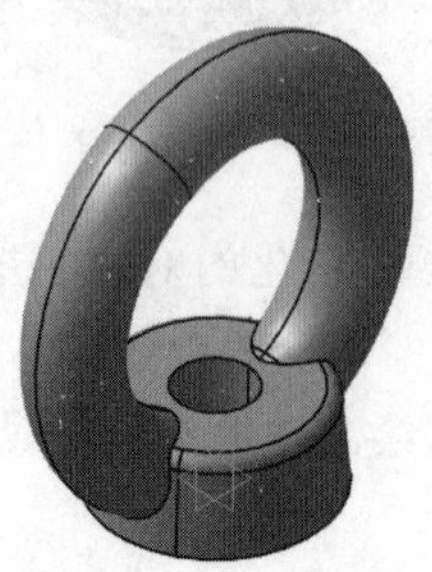

图 11-29　切除孔

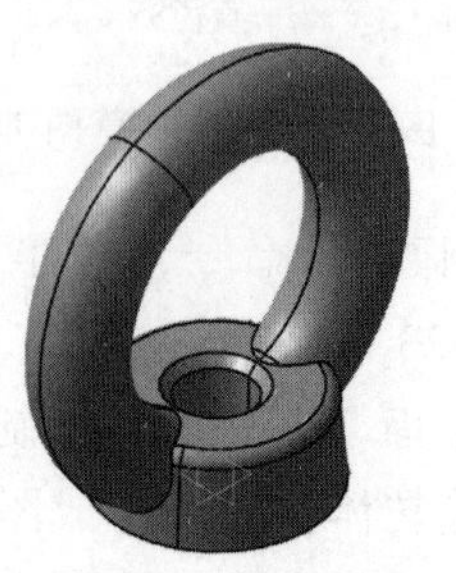

图 11-30　孔口倒角

（12）单击【平面】命令，【平面类型】选择“偏移平面”，【参考】选择“zx 平面”，【偏移】输入值“2”，结果如图 11-31 所示。注意方向为“远离已有实体”。

（13）以新建平面为基准面绘制图 11-32 所示草图点。

图 11-31　生成平面

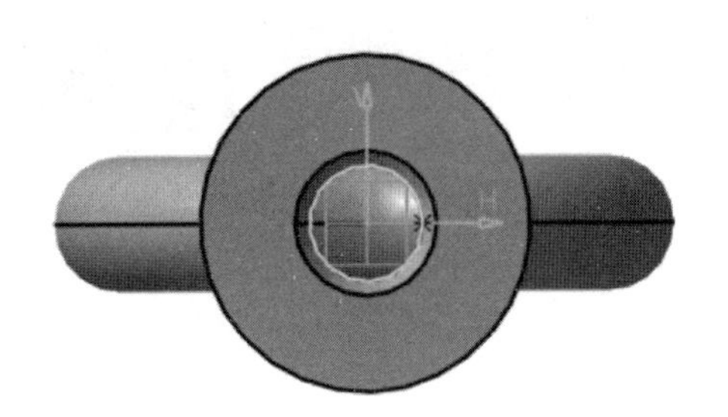

图 11-32　绘制草图 5

（14）以“xy 平面”为基准面，绘制如图 11-33 所示草图，为一根过原点的直线。

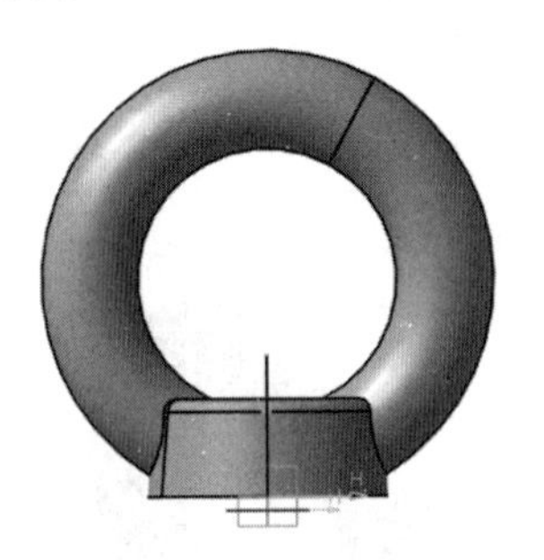

图 11-33　绘制草图 6

（15）在菜单中选择【开始】/【机械设计】/【线框与曲面设计】，切换至曲面工作台，单击【螺旋线】命令，弹出图 11-34a 所示对话框，【起点】选择（13）生成的草图点，【轴】选择上一步生成的直线，在【螺距】文本框输入值“2”，在【高度】文本框输入值“18”，单击【确定】按钮，结果如图 11-34b 所示。

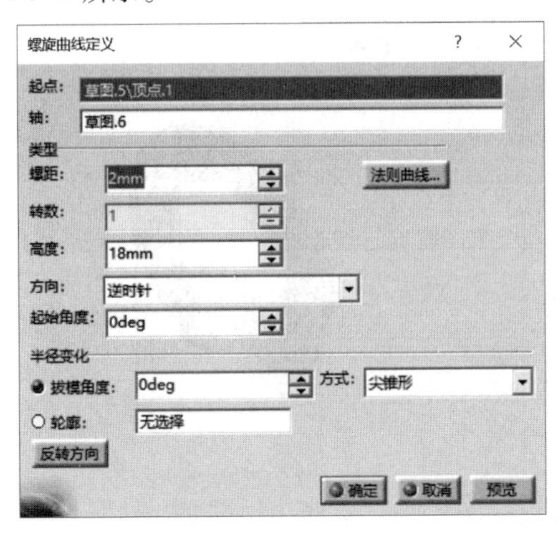

(a)

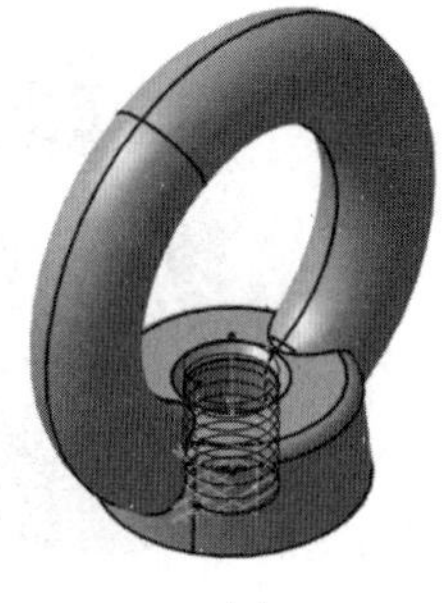

(b)

图 11-34　生成螺旋线

(16)隐藏不再使用的辅助点、线、面,并在菜单中选择【开始】/【机械设计】/【零件设计】,切换回零件设计状态。

(17)以“xy 平面”为基准面绘制草图,如图 11-35 所示,所绘为一等腰三角形。

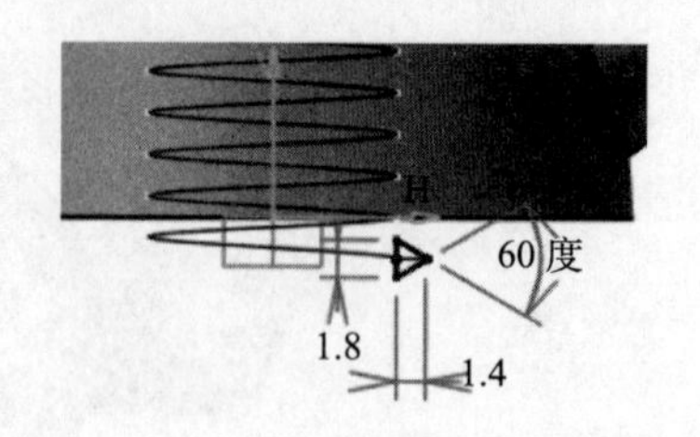

图 11-35　绘制草图 7

(18)单击【开槽】命令,【轮廓】选择上一步生成的三角形草图,【中心曲线】选择螺旋线,【控制轮廓】选择“拔模方向”,并选择“zx 平面”为参考,结果如图 11-36 所示。

(19)单击【倒圆角】命令,在【半径】文本框输入值“1.5”,【要圆角化的对象】选择两个旋转体的交线,结果如图 11-37 所示。

(20)单击通用工具栏中的【动态切割】命令,出现图 11-38 所示切割平面,可以查看剖切效果。

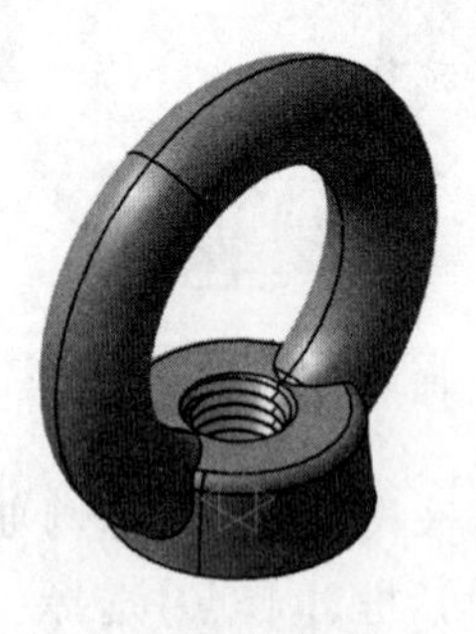

图 11-36　切除螺纹

提示:鼠标移至“交叉线”上可以前后移动切割平面,在中间的圆弧处可以旋转切割平面,将鼠标移至模型平面上单击左键时可以重新定位切割平面。

(20)保存零件,文件名为“11-2-1”。

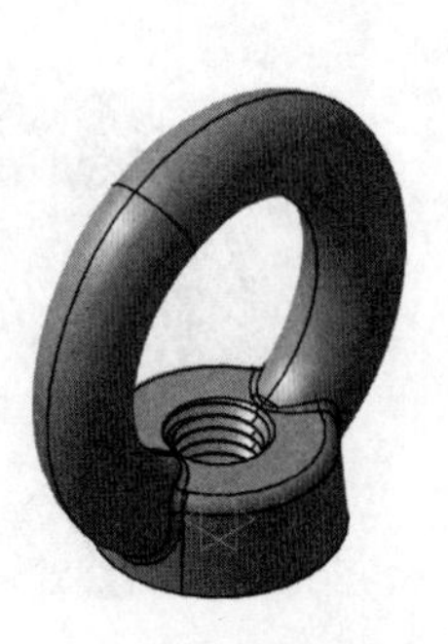

图 11-37　倒圆角 2

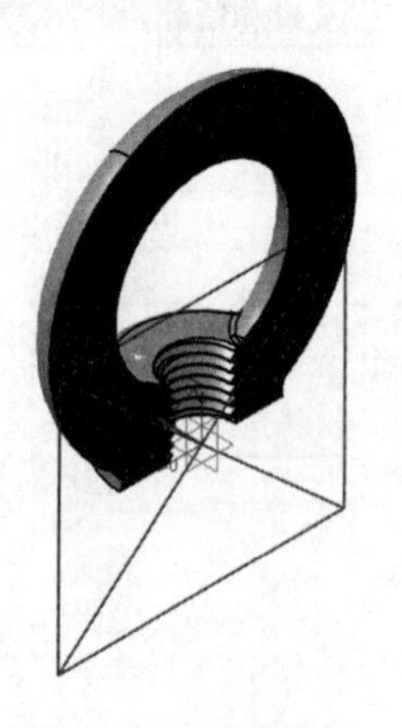

图 11-38　动态切割

11.3　常见螺纹类零件

图 11-39 所示为常见螺纹类零件。

图 11-39　常见螺纹类零件

一、简答题

1. 对比两种螺纹建模方法的差异,并说明其应用场景。
2. “示例零件 2”中为什么要在偏移“2”的平面上绘制参考点?
3. 分析使用简化画法绘制螺纹的原因。

二、操作题

1. 按图 11-40 所示二维图样完成模型的创建,以文件名“L11-2-1”保存。

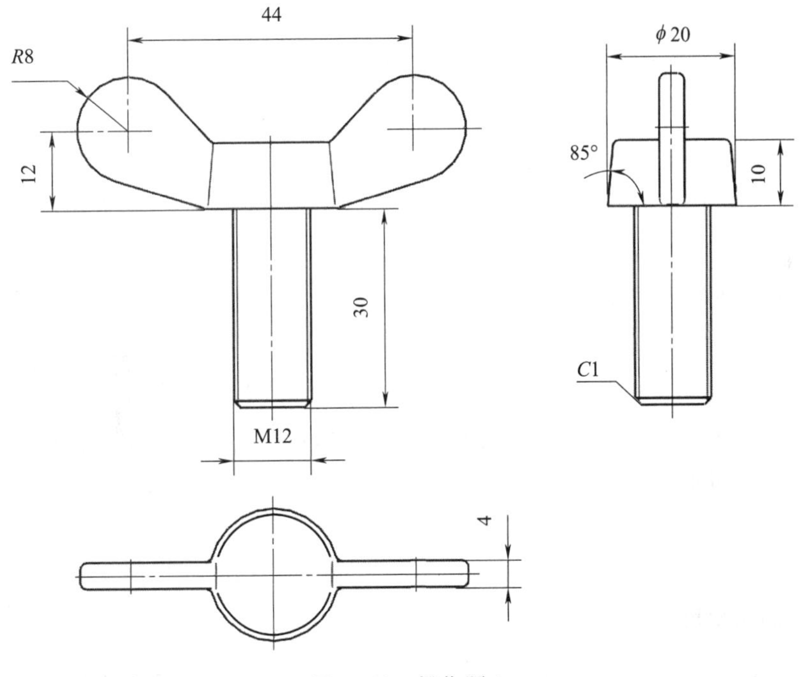

图 11-40　操作题 1

2. 将“操作题 1”的创建的螺纹特征用实体螺纹建模方法重新创建。

模块四

装配设计

产品通常是以装配体形式出现的,本模块介绍了如何将零件模型根据需要形成有效的装配体。在任务 12 中介绍了装配体中产品、部件的基本概念及各种装配约束关系及添加方法,在任务 13 中将装配操作融入两个实例中,直观的学习装配的过程。通过任务 14 讲解了装配体的各种管理方法,包括零部件的替换、编号的生成、保存管理、装配体分析等,学习完成后能对装配体出现常见问题进行处理操作。

任务 12 装配设计及约束

任务目标

(1)掌握装配体的生成方法。

(2)熟悉在装配体中如何操纵零部件。

(3)熟悉常用的装配约束关系。

(4)了解装配体的评估方法。

任务描述

将设计完成的零件与部件按一定装配关系要求进行约束,从而形成数字虚拟产品,这一装配的过程将是本任务的主要内容。

任务实践

12.1 装配体的基本思路

在 CATIA 软件中装配操作需要在独立的工作台进行,单击菜单【开始】/【机械设计】/【装配设计】进入装配环境,其主要功能为【产品结构工具】【约束】【装配特征】等。

装配的基本思路如下:

(1)确定装配基准。作为装配基准的零件通常由设计确定,装配时要首先插入该零件,以此作为其他零部件的装配基准。

(2)装入核心零部件。装入主要的核心零部件,这部分零部件通常作为其余零部件的约束参考。

(3)装配其他零部件。按主次装入除标准件外其余零部件。

(4)标准件装入。装入各类标准件。

(5)装配分析。分析装配体,将分析结果作为设计修改的参考依据之一。

12.2　装配体的生成

装配体中可以插入已有的零部件,也可新建零部件,其主要操作均是通过【产品结构工具】中的命令完成,如图 12-1 所示。

图 12-1　【产品结构工具】工具条

12.2.1　部件

使用【部件】命令可以在"当前产品/部件"下插入一个新的零部件,在新插入的这个零部件下还可以继续插入其他产品或零部件,所插入的零部件直接存储在当前产品中。

图 12-2a 所示为进入【装配设计】环境后默认的根装配节点,单击【部件】并单击该节点后将生成新的"产品 2",如图 12-2b 所示。

图 12-2　插入部件

注意:该命令必须要指定添加的产品位置,可以在单击该命令后单击所属部件,也可以先在结构树中选择相应的部件再单击该命令,选中的部件背景为橙色。关于插入的大多命令均需依此方法操作。

12.2.2　产品

使用【产品】命令可以在"当前产品/部件"下插入一个新的"产品",在新插入的这个产品下还可以继续插入其他产品或零件,所插入的产品存储在独立的新文件中。

如图 12-3a 所示,单击【产品】并单击根节点后生成新的"产品 3",如图 12-3b 所示。

图 12-3　插入产品

提示：产品与部件是不一样的对象，注意区别。

虽然在中文版本下新生成的产品名称为中文，但是不允许保存，必须要更改为英文名，否则将以默认的英文名保存。在需要更改名称的产品上右击，在关联菜单中选择【属性】，弹出图 12-4 所示对话框，在【产品】选项卡中的【产品】/【零件编号】文本框中输入名称。

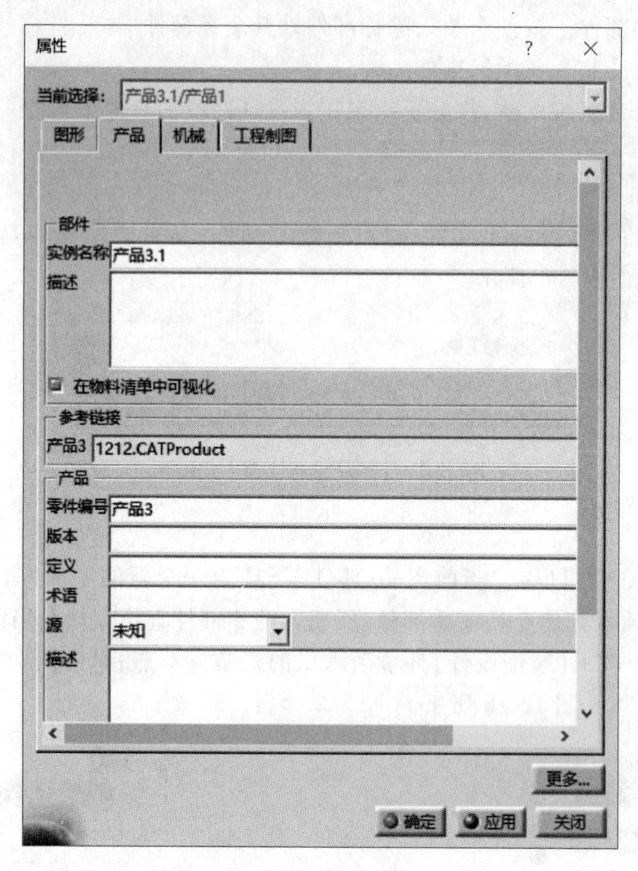

图 12-4　重新命名

12.2.3　零件

使用【零件】命令可以在当前产品/部件下插入一个新的"零件"，所插入的零件存储在独立的新文件中。

如图 12-5a 所示产品，单击【零件】并单击"产品 3"，生成新的零件"零件 1"，如图 12-5b 所示。

图 12-5　插入零件

单击新生成零件前的“+”符号，将展开该零件，如图 12-6a 所示，双击展开后的“零件 1”即可进入零件编辑环境，如图 12-6b 所示。

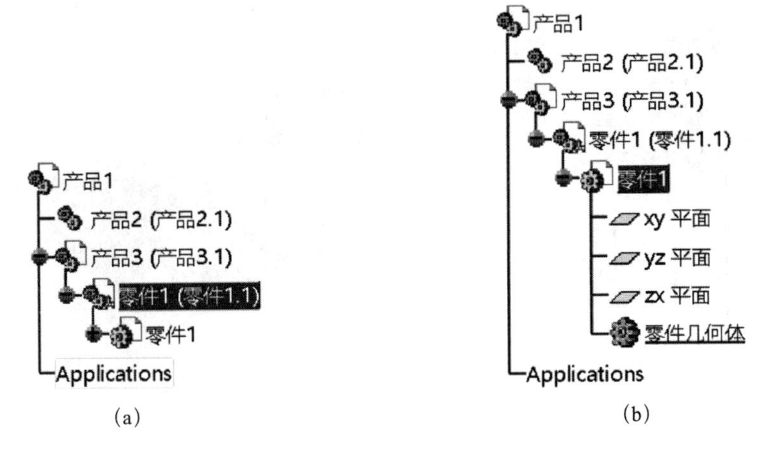

图 12-6 编辑零件

12.2.4 现有部件

使用【现有部件】命令可以将一已有的零部件插入到当前产品中，单击【现有部件】并选择相应的产品/部件后弹出图 12-7 所示对话框，可勾选【显示预览】复选框查看所选零部件的预览图。

选择文件

查找范围(I): 12

名称	修改日期	类型	大小
1	2021/1/25 22:00	CATIA 零件	402 KB
2	2021/1/25 22:00	CATIA 零件	77 KB
3	2021/1/25 22:00	CATIA 零件	114 KB
4	2021/1/25 22:00	CATIA 零件	54 KB
5	2021/1/25 22:00	CATIA 零件	48 KB
10	2021/1/25 22:00	CATIA 零件	54 KB
11	2021/1/25 22:00	CATIA 零件	72 KB
12	2021/1/25 22:00	CATIA 零件	91 KB
zsb	2021/1/25 22:00	CATIA 产品	30 KB

快速访问 桌面 库 此电脑 网络

文件名(N): 1 打开(O)

文件类型(T): 所有文件(*.*) 取消

以只读方式打开(R)

显示预览

图 12-7 现有部件

选择需要插入的零件“1”，再单击【打开】按钮，将所选零部件插入到当前装配体中，如图 12-8 所示。

如果插入的零部件与当前装配体已有的零部件有冲突，系统将弹出图 12-9a 所示对话框，可对其中有冲突的两个零部件之一进行重命名。选择重命名的零部件后，单击右侧【重命名】按钮，弹出如图 12-9b 所示对话框，输入新名称，单击【确定】按钮。

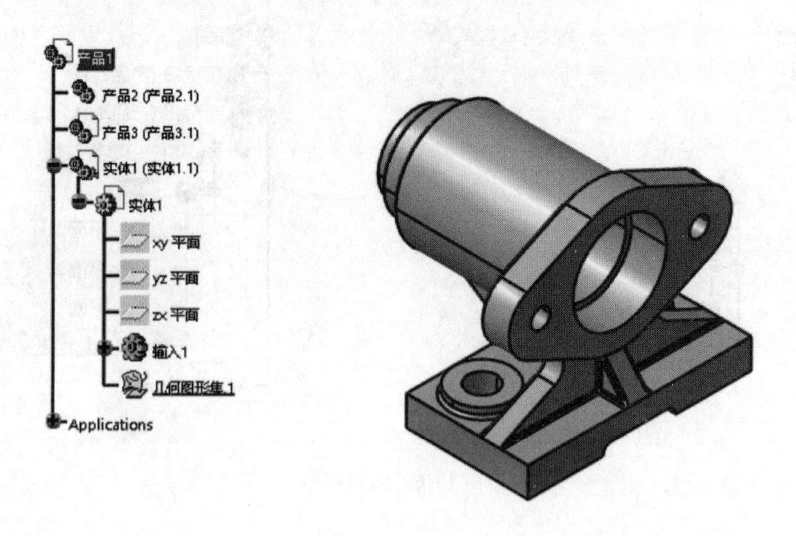

图 12-8 插入零部件

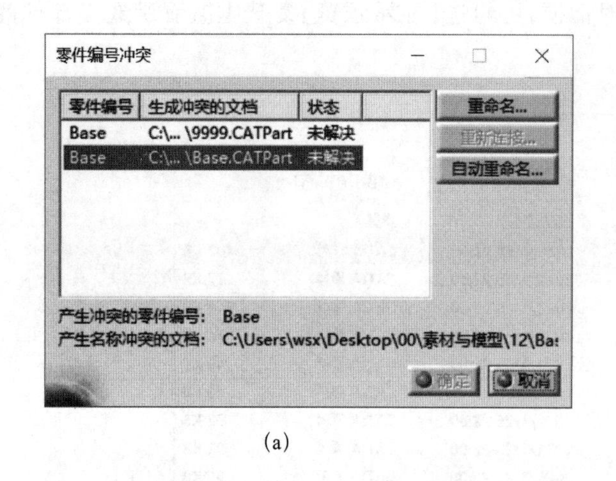

(a)

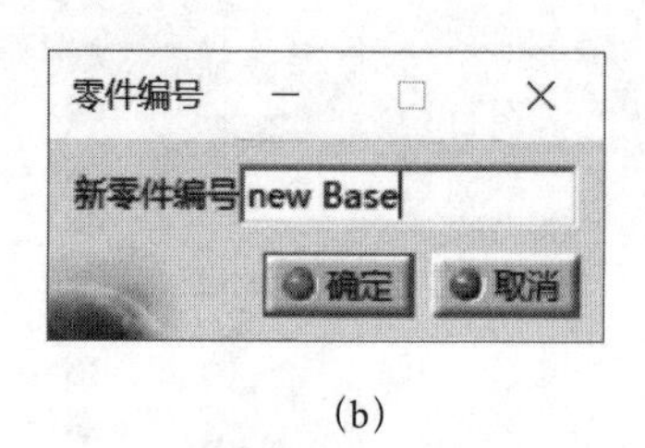

(b)

图 12-9 重命名

注意：这里对冲突的判断准则是"零件编号"是否相同，并非判断文件名。

12.2.5 具有定位的现有部件

使用【具有定位的现有部件】命令可以将一个已有的零部件插入到当前产品中，插入时可以进行快速定位。单击【具有定位的现有部件】并选择需要插入的零件"3"，弹出如图 12-10a 所示对话框，可对模型预览区中的模型可以进行操控，与在模型工作区中操控方法一样，当鼠标移至模型上具有装配配合要素的对象上时，会自动显示可用的配合参考，如图 12-10b 所示，将鼠标移至圆柱面时将出现"轴线"提示，且在模型工作区中会出现同步的轴线示意。

单击鼠标后该"轴线"将被锁定，此时可将鼠标移至模型工作区已有零件的对应配合元素上，如图 12-11a 所示，出现配合示意，如果方向相反，可单击箭头或平面符号调整方向，调整完成后单击【确定】按钮，结果如图 12-11b 所示。

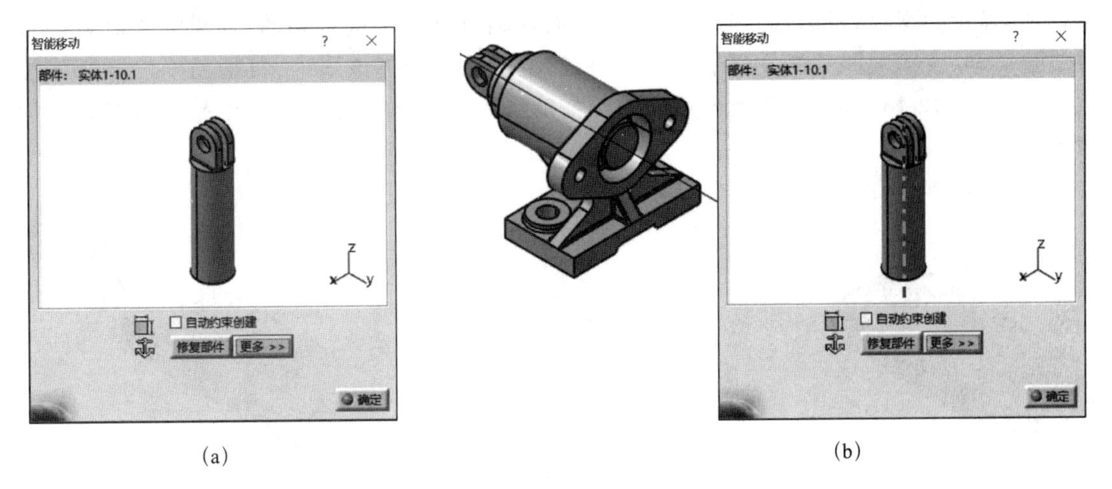

(a)　　　　(b)

图 12-10　具有定位的现有部件 1

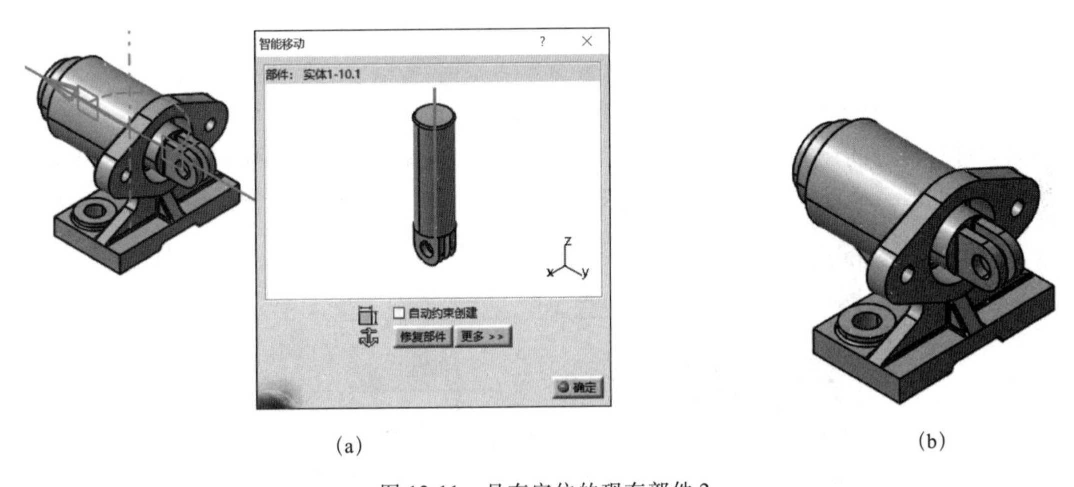

(a)　　　　(b)

图 12-11　具有定位的现有部件 2

12.3　装配约束

在插入相关零部件后，可通过【约束】定义这些零部件之间的几何关系，CATIA 软件提供多种约束关系，如图 12-12 所示。

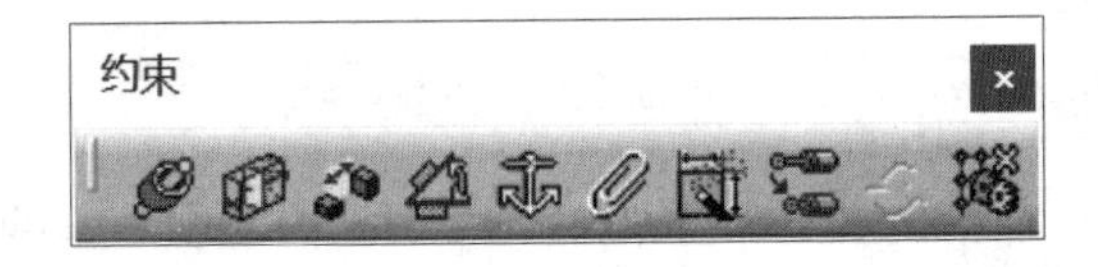

图 12-12　【约束】工具条

在使用约束之前需将零件“001”与“002”插入到当前装配体中，插入时会出现如图 12-13a 所示两个零件重叠在一起的现象，这是由于系统默认均是以零件的原点进行定位的，如果零件太小，甚至会出现无法识别的现象，此时就需要将零件移至空白处，方便添加约束时选择。按住鼠标左键，拖动罗盘的红色原点至零件上，如图 12-13b 所示，此时罗盘就吸附到了零件上，显示为绿色，可以通过拖动罗盘的平面或轴对该零件进行移动，如果需要对另一零件进行移动（尤其是被遮挡的零件），可在装配结构树中选择该零件，再拖动罗盘至所需位置即可，如图 12-13c 所示。罗盘使用完成后拖动红色原点至空白处松开鼠标，罗盘自动返回原始位置。

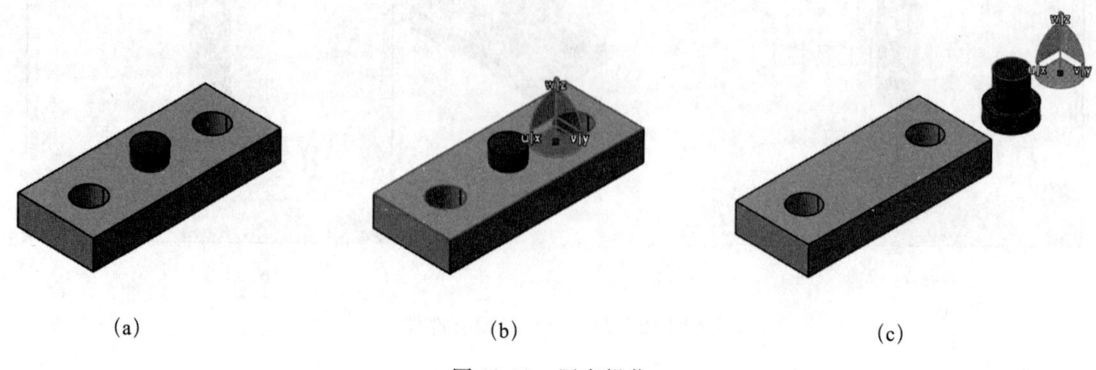

(a)　　(b)　　(c)

图 12-13　罗盘操作

注意：当在模型区域空白处单击时，罗盘将变为灰色，为不关联状态，此时的操作将仅针对罗盘自身，需关联模型时再次单击需要关联的模型即可再次关联。

如需进行准确的尺寸移动，可在罗盘的任意位置上右击，在关联菜单上选择【编辑】选项，弹出图 12-14 所示对话框，在相关参数的文本框中输入相应的数值可进行精确移动或旋转。

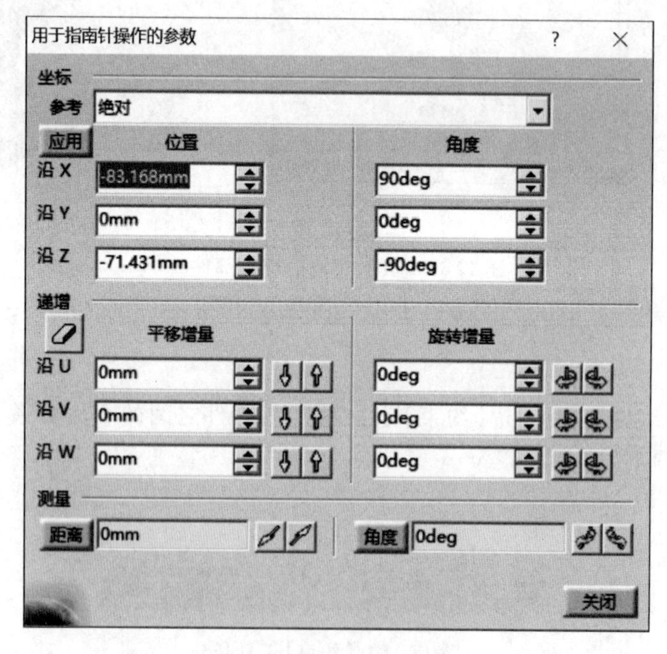

图 12-14　位置编辑

12.3.1　相合约束

使用【相合约束】命令可添加两个几何元素之间的重合关系，包括同心、同轴、共面，支持的几何元素有点、直线、平面、圆柱面、球面。

操作方法：

(1)单击【相合约束】按钮，选择参考零件的几何要素，如图 12-15a 所示，选择回转体表面。

(2)选择长方体的孔表面，结果如图 12-15b 所示，约束关系已添加，同时该约束关系还将出现在结构树的“约束”节点下。但此时的约束图标是黑色的，代表约束虽已添加，但实际并未更新。

(3)单击【通用工具栏】中的【全部更新】按钮，结果如图 12-15c 所示，约束符号为“绿色”，约束已更新。

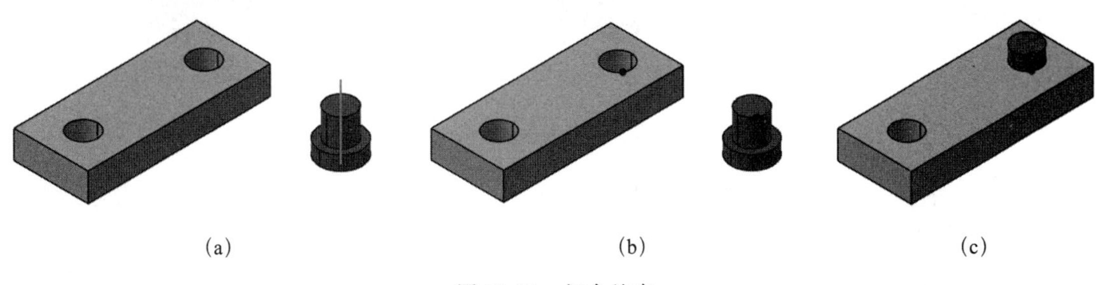

(a)　(b)　(c)

图 12-15　相合约束

注意：当两零件除相合约束外均没有其他约束关系限制时，第一个选择的零件将向第二个选择的零件移动，以满足约束要求。

如果所选元素为两平面，则会弹出如图 12-16 所示对话框，在【方向】参数框可选择【相反】，以改变当前约束的解算方向。

图 12-16　方向定义

12. 3. 2　接触

使用【接触约束】命令对两平面或形体表面添加接触约束，其结果是两对象的外法线方向相反，支持使用该命令的几何元素有平面、球面、圆柱面、锥面、圆。

操作方法：

(1)单击【相合约束】按钮，选择参考零件的几何要素，如图 12-17a 所示，选择回转体上表面。

(2)选择长方体上表面，结果如图 12-17b 所示，此时约束关系已添加，同时该约束关系还将出现在结构树的“约束”节点下。但此时的约束图标是黑色的，代表约束虽已添加，但实际并未更新。

(3)单击【通用工具栏】中的【全部更新】按钮，结果如图 12-17c 所示，软件界面中显示约束符号为绿色，约束已更新。

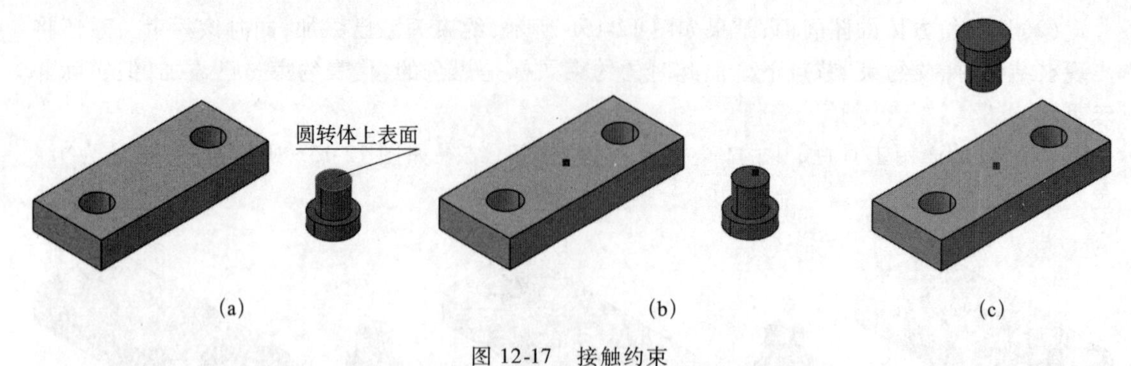

图 12-17　接触约束

【接触约束】对两平面间的约束与【相合约束】类似，但前者无法改变方向，而【相合约束】取决于所选零件的位置，可以更改为反向，也可以同向。

12.3.3　偏离约束

【偏移约束】命令用于限制两个元素之间偏移的距离，支持的几何元素有点、直线、平面、形体表面。

操作方法：

(1)单击【偏移约束】按钮，选择参考零件的几何要素，如图 12-18a 所示，选择长方体侧表面。

(2)选择另一零件的圆柱体表面，弹出【约束属性】对话框，如图 12-18b 所示，在【偏移】文本框中输入需偏移的值，在此输入“30”，单击【确定】按钮，生成该约束，同时该约束关系还将出现在结构树的“约束”节点下。

(3)单击【通用工具栏】中的【全部更新】按钮，结果如图 12-18c 所示，约束已更新。

提示：此处示例的默认添加的尺寸为“负值”，将其更改为“正值”时方向会相反，反之亦然。

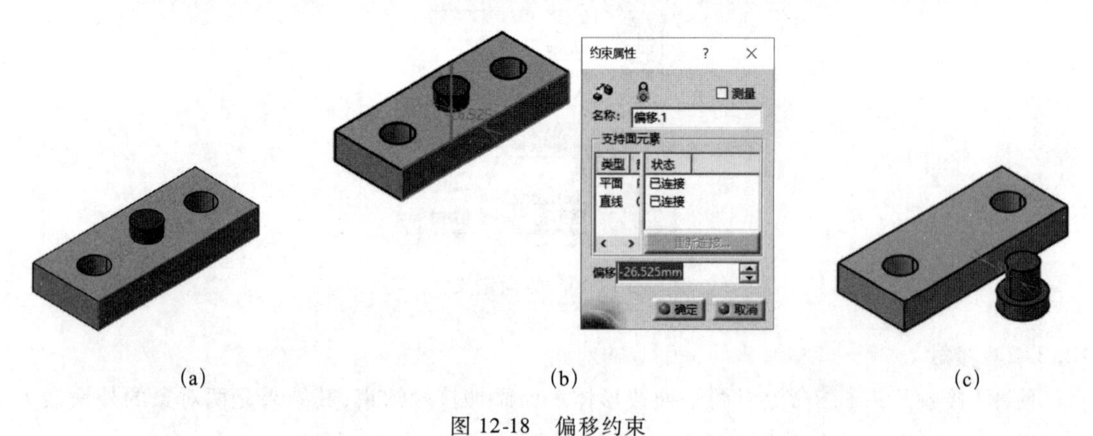

图 12-18　偏移约束

如果所选元素为两平面，会出现【方向】选项，其定义与【相合约束】中的含义相同。

12.3.4　角度约束

使用【角度约束】命令可限制两个元素之间的角度，同时还可以设置平行和垂直约束，支持的几何元素有直线、平面、形体表面、圆柱体轴线、圆锥体轴线。

操作方法：

(1)单击【角度约束】按钮，选择参考零件的几何要素，如图 12-19a 所示，选择下方长方体上表面。

(2)选择另一长方体的下表面，弹出【约束属性】对话框，如图 12-19b 所示，可以勾选【垂直】或【平行】单选按钮，系统默认设置为【角度】，在下方的【角度】文本框输入所需的角度值，在此输入“60”，单击【确定】按钮，生成该约束，同时该约束关系还将出现在结构树的“约束”节点下。【扇形】参数框用于选择角度测量的象限。

(3)单击【通用工具栏】中的【全部更新】按钮，结果如图 12-19c 所示，约束已更新。

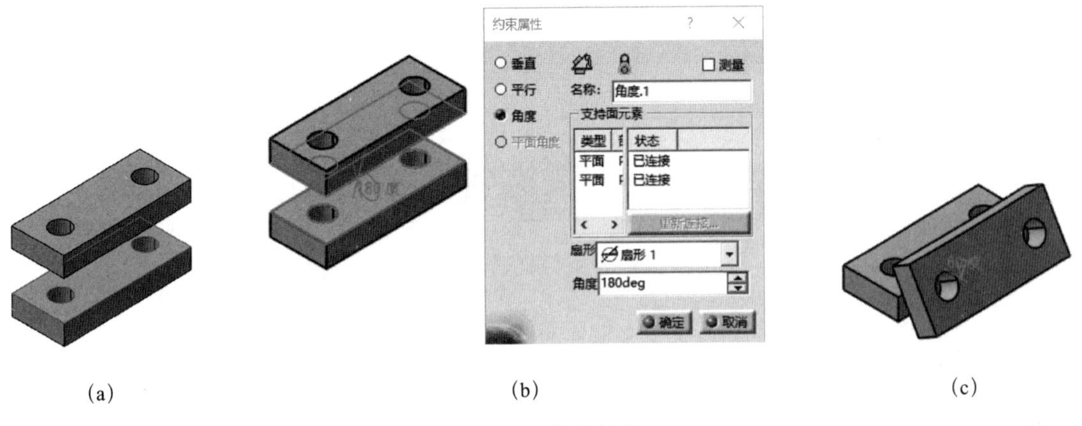

(a)　(b)　(c)

图 12-19　角度约束

注意：该示例中的角度存在两个解，一个是以长边为参考的角度，另一个是以短边为参考的角度，所以实际操作时通常需配合其他的约束条件加以限制。

12.3.5　修复部件

使用【修复部件】命令固定零件，使其位置不可变化，单击该命令后选择零件，零件上出现固定标示，如图 12-20a 所示。此时通过“罗盘”移动该零件位置后，单击【通用工具栏】中的【全部更新】后，零件将返回其初始位置。

双击固定标示会弹出图 12-20b 所示对话框，可以在该对话框中对固定的零件位置进行调整。

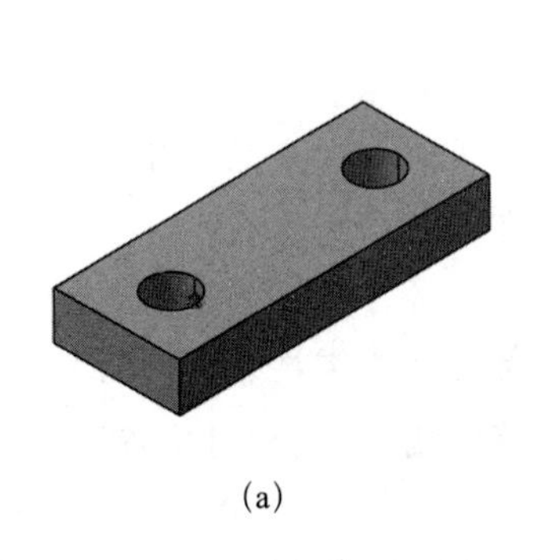

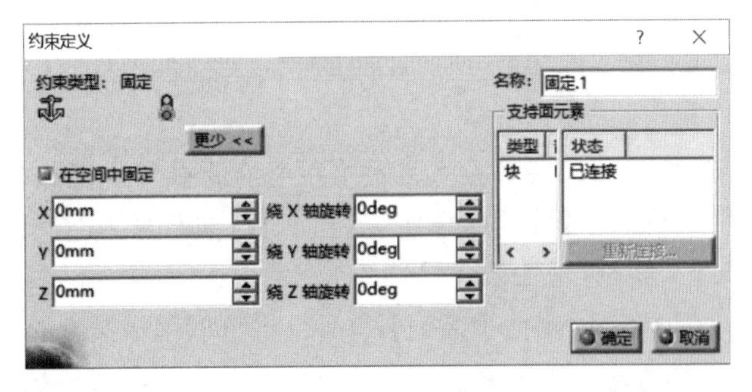

(a)　(b)

图 12-20　修复部件

提示：【修复部件】命令在大多参考资料中翻译为【固定部件】。

12.3.6 固联

使用【固联】命令将两个或多个零件固定在一起，使彼此之间相对静止，没有任何相对运动。所有选择的零件必须是处于激活状态的。单击【固联】弹出图 12-21 所示对话框，选择需固联的零部件，单击【确定】按钮，此时两个零部件之间的任一个与其他零部件因为新添加了约束而改变位置时，另一零件同步更改位置。

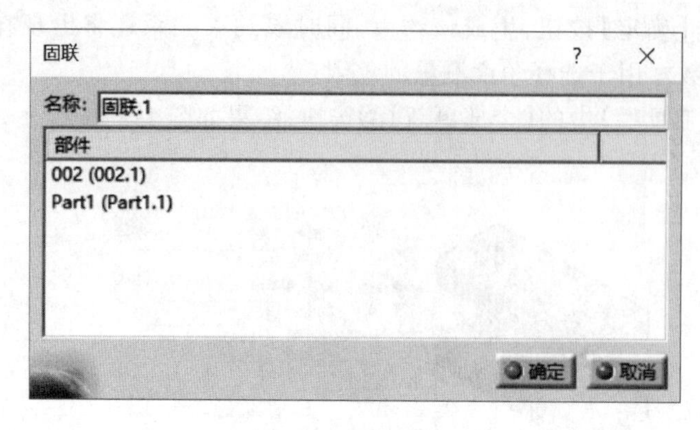

图 12-21 【固联】对话框

12.3.7 快速约束

使用【快速约束】命令将根据约束的优先顺序，形成最优先的约束配合。

操作方法：

(1)单击【快速约束】，选择参考零件的几何要素，如图 12-22a 所示，选择上方圆柱体圆柱面。

(2)选择长方体的孔圆柱面，如图 12-22b 所示。

(3)系统自动添加上【相合约束】，如图 12-22c 所示。

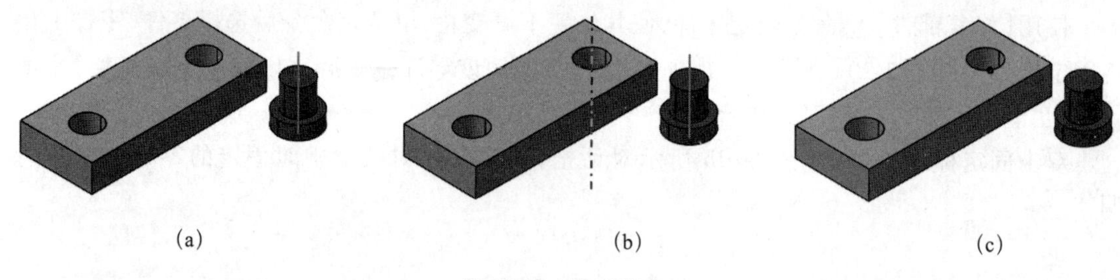

图 12-22 快速约束

提示：由于选择两个元素后有时存在多种约束可能性，优先选用哪种约束呢？可以在【选项】/【机械设计】/【装配设计】/【约束】/【快速约束】中根据需要进行调整。

12.3.8 柔性/刚性子装配

使用【柔性/刚性子装配】命令将可以使子装配体中的零部件变为柔性装配，从而可以单独操控或按约束关系运动，在 CATIA 软件中子装配体默认为整体刚性，其相对位置固定不可操控，如图 12-23a 所示，“蓝色”与“绿色”连杆组成了子装配体“产品 2”，装配在“产品 1”中，此时对“产品 2”中的任一零件进行操控，均是对“产品 2”整体的操控，如图 12-23b 所示，无法对其中任一零件进行单独操控。

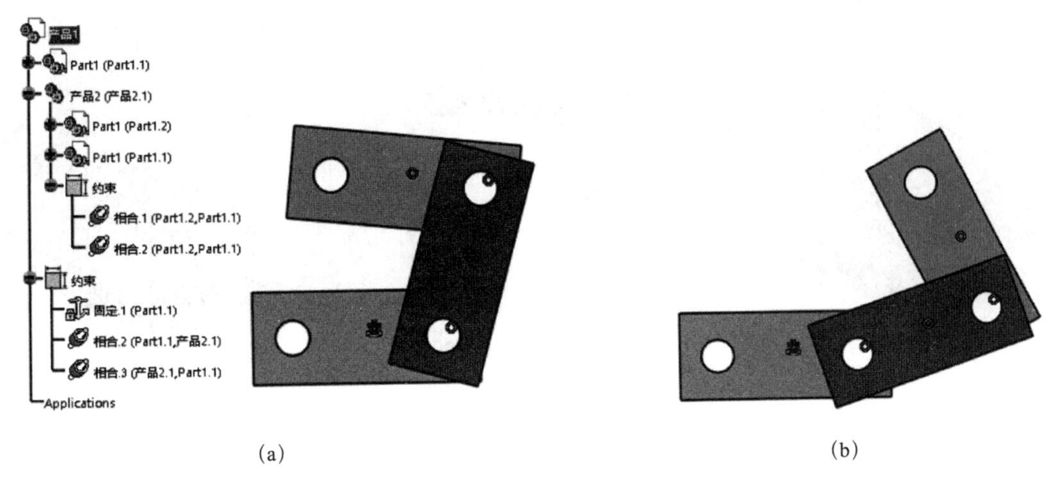

(a)　　　　(b)

图 12-23　柔性/刚性子装配 1

单击【柔性/刚性子装配】,选择“产品 2”,此时“产品 2”更改为柔性子装配,其结构树中的标示也已更改为柔性标示,如图 12-24a 所示,上一级装配中与“产品 2”的约束关系也转变成了与“产品 2”的子零件的约束关系,此时可对“产品 2”的任一子零部件进行操控,如图 12-24b 所示。

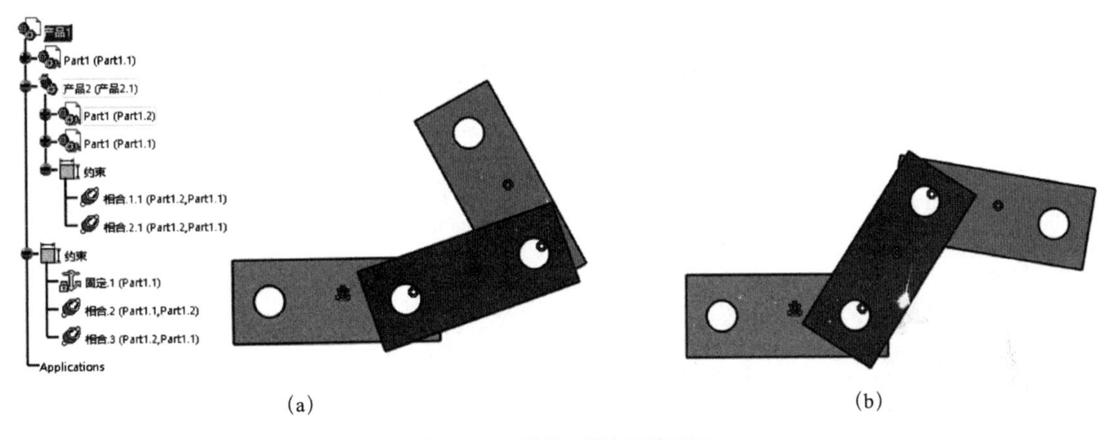

(a)　　　　(b)

图 12-24　柔性/刚性子装配 2

注意:此命令可解决部件中有运动零件时的操控问题,如气缸活塞杆移动、电动机轴转动运动部件的操控问题,但其解算相对耗费计算机资源,要尽量减少使用。

12.3.9　更改约束

使用【更改约束】命令将可以用一个约束替换另外一个约束。

操作方法:

(1)单击【更改约束】按钮,选择装配中已有的约束关系,如图 12-25a 所示,选择已有的平行约束。

(2)弹出图 12-25b 所示对话框,其中列出了可能的约束关系。

(3)选择【偏移】后单击【确定】按钮，结果如图 12-25c 所示，已将原有的平行约束更改为偏移约束。

(a)

(b)

(c)

图 12-25　更改约束

12.3.10　重复使用阵列

使用【重复使用阵列】命令将可以利用实体建模时定义的特征阵列，按照原有阵列模式产生一个新的零件阵列。

操作方法：

(1)单击【重复使用阵列】，弹出图 12-26a 所示对话框。

(2)选择零件“003”圆形阵列中的任一孔，如图 12-26b 所示，其相关信息会自动提取至对话框的【阵列】栏中。

(3)【要实例化的部件】选择圆柱体零件“002”，如图 12-26c 所示，出现阵列后的预览。

(4)单击【确定】按钮完成阵列操作。

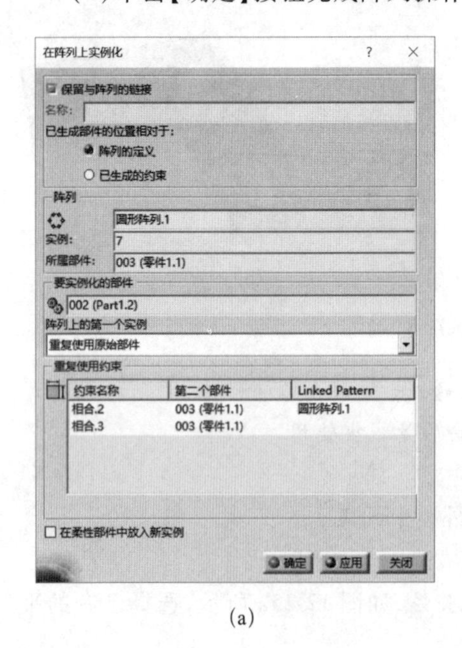

(a)

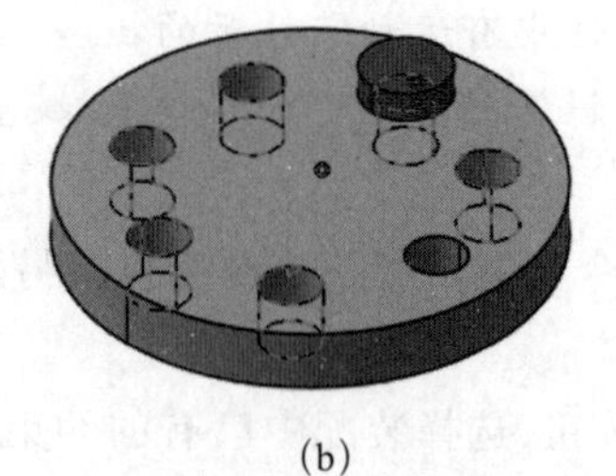

(b)

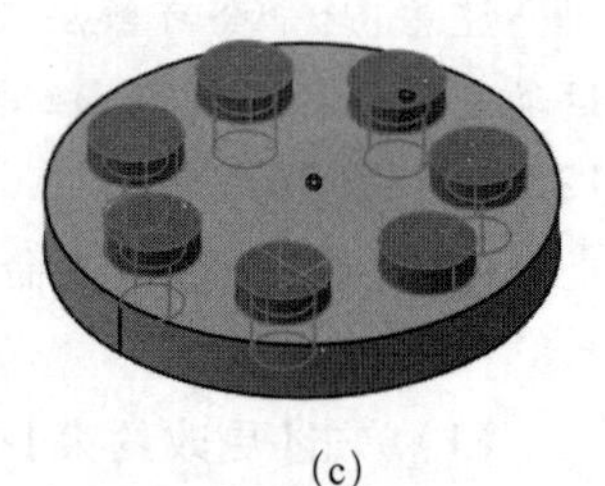

(c)

图 12-26　更改约束

勾选【在柔性部件中放入新实例】复选框后，新生成的阵列零件将放在一个新的子装配下，如图12-27a所示。当不勾选该复选框时，新生成的阵列零件将与原始零件并列在当前装配体下，如图12-27b所示。

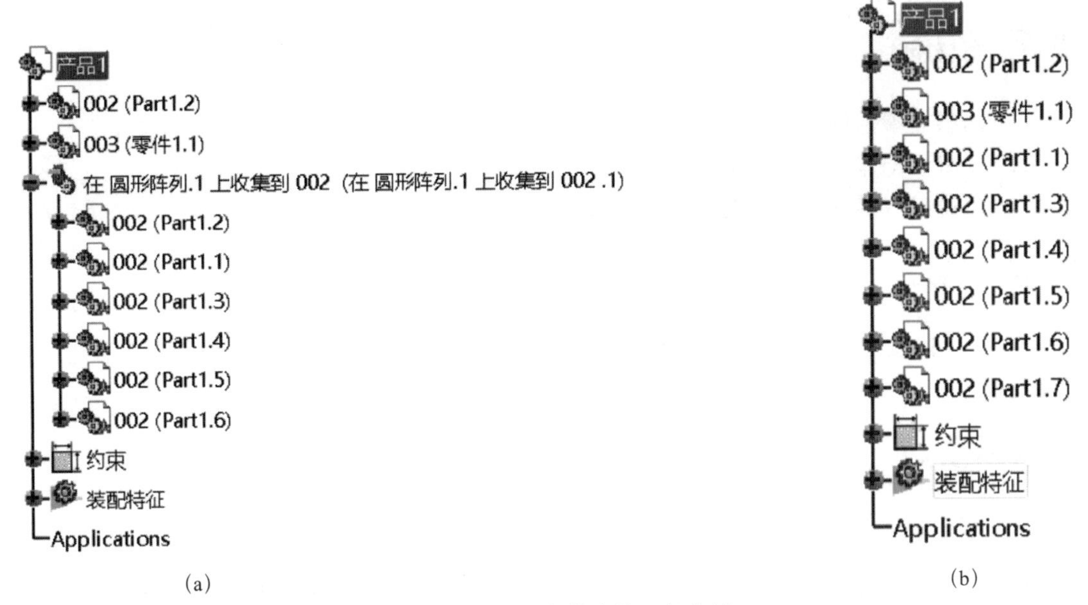

图12-27　在柔性部件中放入新实例

练习

一、简答题

1. 通用工具栏中的【全部更新】命令在什么情况下才可用？
2. 让两个圆柱体同轴有多少种方法，如何操作？
3. 简述【柔性/刚性子装配】使用的目的。

二、操作题

1. 新建一装配体并插入新零件，零件示意图如图12-28所示，孔直径为“20”，要求以阵列方式完成，其他尺寸自拟，保存装配体与该零件。

2. 以“操作题1”为基础，插入素材中的零件“002”，并添加合理的约束关系，使用【重复使用阵列】命令生成其余零件，如图12-29所示。阵列完成后将孔板的阵列中心距在原有基础上增加“5”。

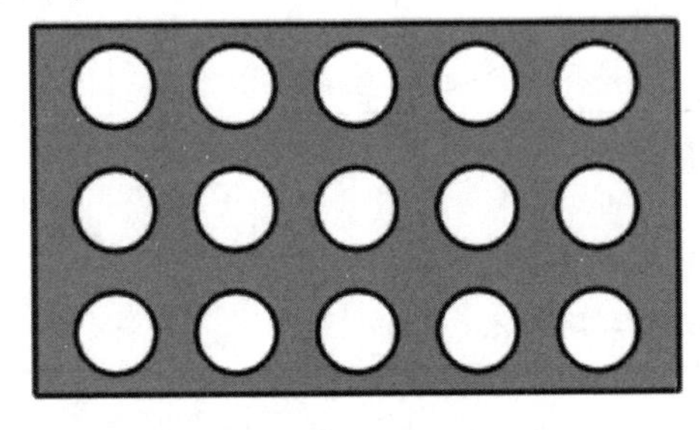

图12-28　操作题1

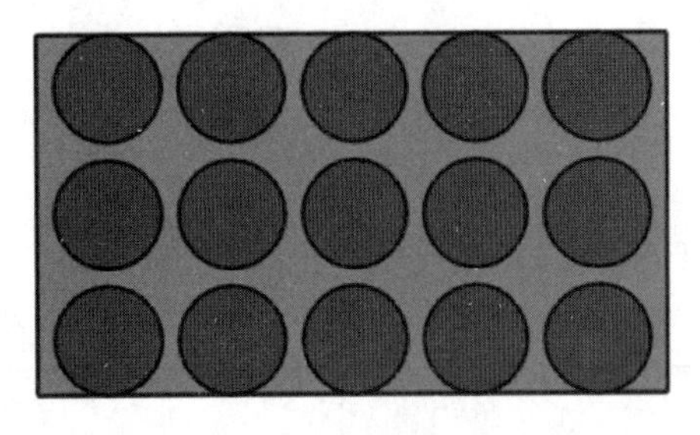

图12-29　操作题2

任务 13 零件装配练习

任务目标

(1)熟悉装配示例的装配方法。

(2)复习装配体的基本约束关系。

(3)通过已有零件按一定装配关系形成装配体。

任务描述

本任务将通过两个装配实例,利用上一任务讲解的装配功能进行装配,学习时需注意装配的优先顺序。

任务实践

13.1 装配示例 1

按提供的零件素材完成如图 13-1 所示的装配,要求约束关系合理,使零件“Wheel”能自由绕轴旋转。

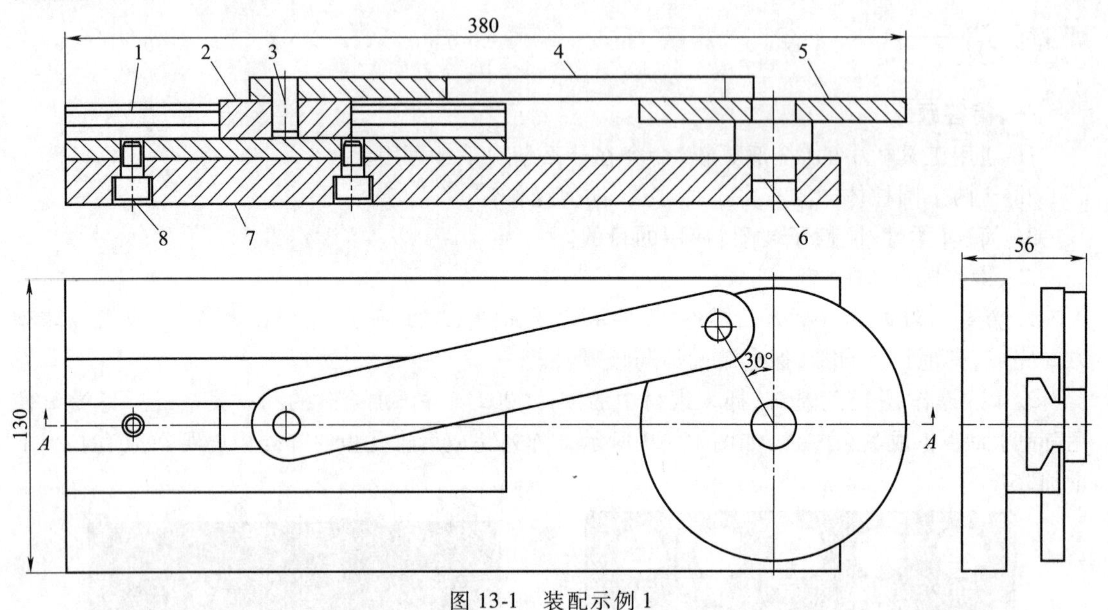

图 13-1 装配示例 1

装配体材料明细表如表 13-1 所示。

表 13-1 装配示例 1 材料明细表

序号	代号	名 称	数量	备 注
1	1	support	1	

续表

序号	代号	名　称	数量	备　注
2	2	SliderBlock	1	
3	3	Pin	1	
4	4	Linkage	1	
5	5	Wheel	1	
6	6	Bolt	1	
7	7	Base	1	
8	ISO 4762	HEXAGON SOCKET HEAD CAP	2	M10x16

操作步骤如下：

(1)单击菜单栏【开始】/【机械设计】/【装配设计】,进入装配设计环境。

(2)单击【现有部件】命令,选择装配体根节点,在弹出的【选择文件】对话框中选择“Base”,单击【打开】按钮,插入当前装配体。单击【修复部件】并选择插入的零件“Base”,以固定该零件,结果如图13-2所示。

注意:作为装配基准的零件通常需将其“固定”。

(3)单击【现有部件】命令,选择装配体根节点,在弹出的【选择文件】对话框中选择“support”,单击【打开】按钮,插入当前装配体。将“support”的底面与“Base”上表面添加【接触约束】,两组对应孔分别添加【相合约束】,结果如图13-3所示。

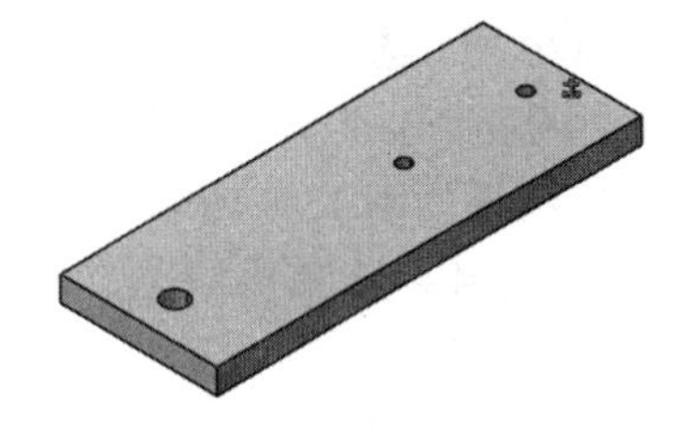

图13-2　固定装配基准零件

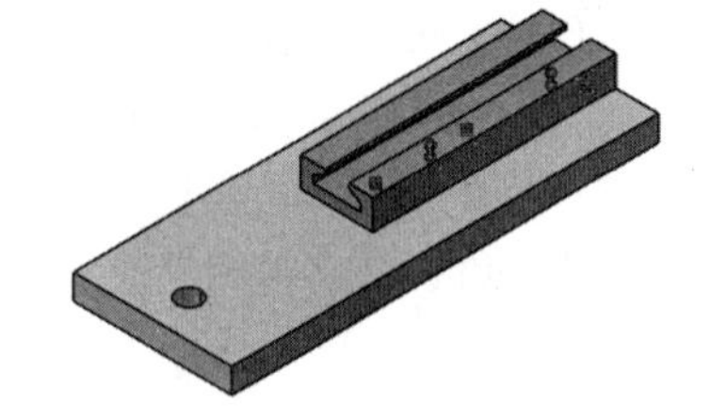

图13-3　装入零件“support”

(4)单击【现有部件】命令,选择装配体根节点,在弹出的【选择文件】对话框中选择“SliderBlock”,单击【打开】按钮,插入当前装配体。将“SliderBlock”的底面与“support”的V形槽表面添加【接触约束】,其中一组对应的V形槽面【相合约束】,结果如图13-4所示。

提示:零件约束添加完成后要及时使用通用工具栏中的【全部更新】进行更新,以便及时发现约束问题,随着约束关系的增多,查找问题将会变得更为困难。

(5)单击【现有部件】命令,选择装配体根节点,在弹出的【选择文件】对话框中选择“Linkage”,单击【打开】按钮,插入当前装配体。将“Linkage”的一面与“SliderBlock”的顶面添加【接触约束】,其中一个孔与“SliderBlock”中的任意一个孔添加【相合约束】,结果如图13-5所示。

注意:当装入零件较小时,会因为其默认位置原因被其余零件遮挡,可使用“罗盘”工具将其移至方便选择的位置。

(6)单击【现有部件】命令,选择装配体根节点,在弹出的【选择文件】对话框中选择

"Pin",单击【打开】按钮,插入当前装配体。将"Pin"的一面与"Linkage"零件在上一步安装参考的孔添加【相合约束】,"Pin"顶面与"Linkage"顶面添加【相合约束】,结果如图 13-6 所示。

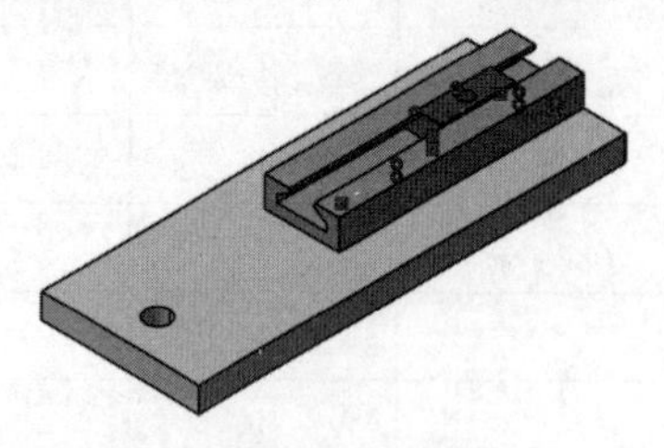

图 13-4 装入零件"SliderBlock"

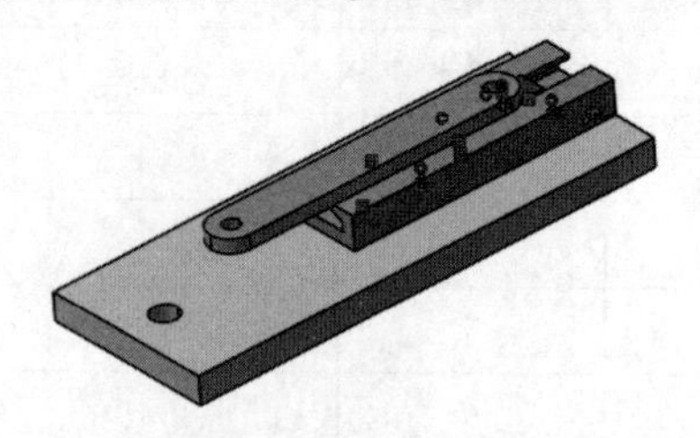

图 13-5 装入零件"Linkage"

(7)单击【现有部件】命令,选择装配体根节点,在弹出的【选择文件】对话框中选择"Bolt",单击【打开】按钮,插入当前装配体。将"Bolt"与"Base"零件的另一孔添加【相合约束】,其中一台阶面与"Base"上表面添加【接触约束】,结果如图 13-7 所示。

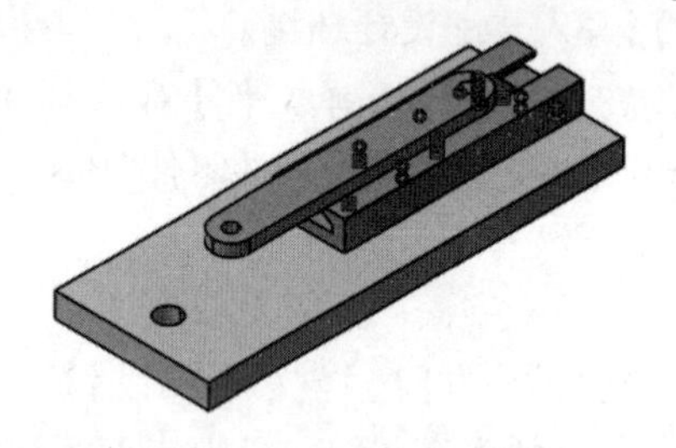

图 13-6 装入零件"Pin"

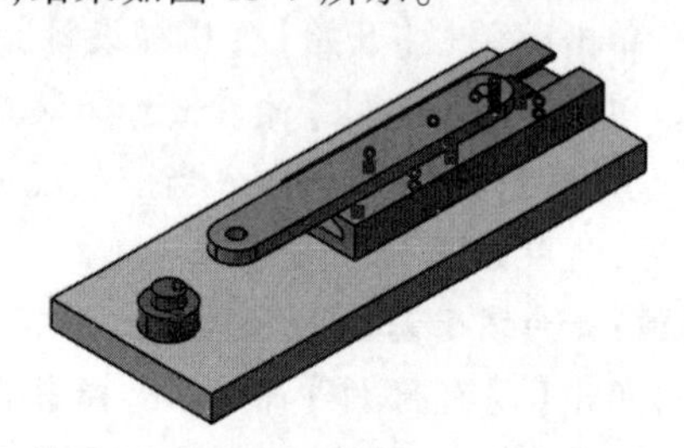

图 13-7 装入零件"Bolt"

(8)单击【现有部件】命令,选择装配体根节点,在弹出的【选择文件】对话框中选择"Wheel",单击【打开】按钮,插入当前装配体。将"Wheel"的孔与"Bolt"零件的圆柱面添加【相合约束】,底面与"Bolt"零件的另一台阶面添加【接触约束】,结果如图 13-8 所示。

(9)将零件"Wheel"的小圆柱凸台表面与零件"Linkage"的另一孔添加【相合约束】,结果如图 13-9 所示。

注意:由于解析优先级问题,可能需要适当移动零件"SliderBlock"。

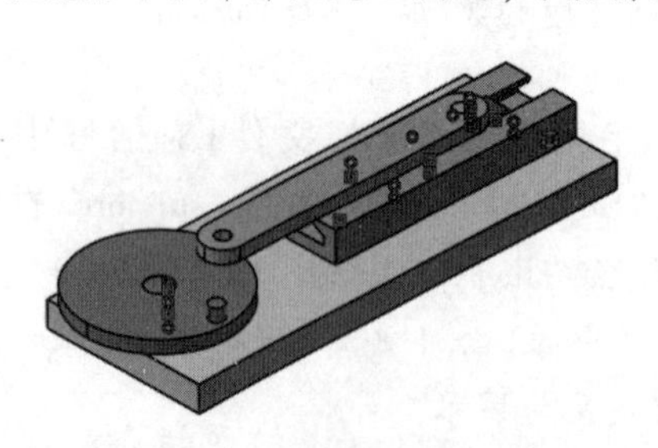

图 13-8 装入零件"Wheel"

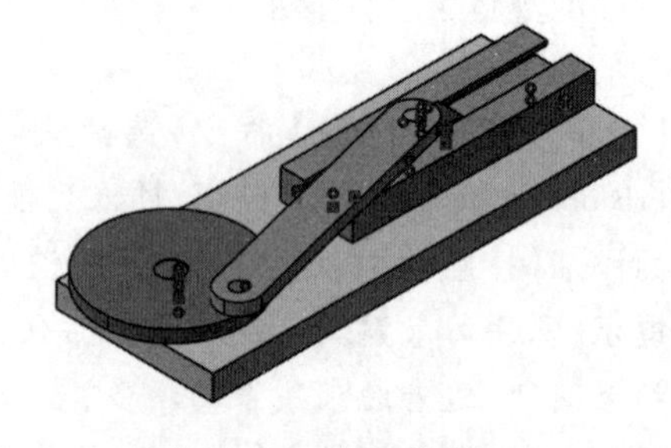

图 13-9 添加约束关系 1

(10)将零件"Wheel"的"yz 平面"与零件"Base"的顶面添加【角度约束】,角度值为"30",结果如图 13-10 所示。

(11)单击通用工具栏中的【目录浏览器】命令,弹出图 13-11 所示对话框,选择"ISO_4762"标准,并进一步选择"M10 × 16"的规格并双击,在弹出的对话框中单击【确定】按钮插入该标准件。

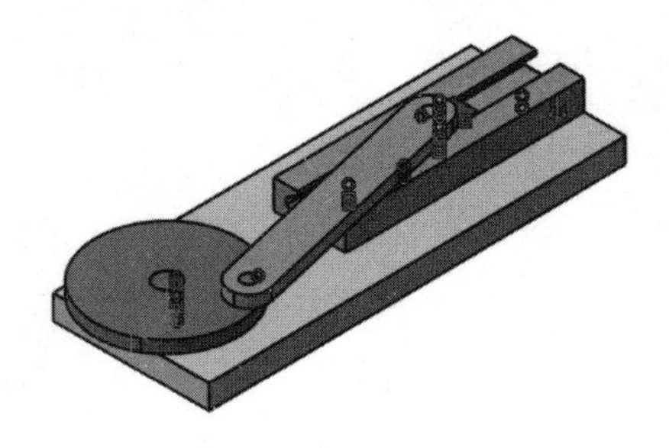

图 13-10　添加约束关系 2

图 13-11　添加标准件

(12)将装入标准件的台阶面与零件“Base”的其中一个台阶孔添加【接触约束】，其圆柱面与该孔圆柱面添加【相合约束】，结果如图 13-12 所示。

(13)同样的方法插入另一标准件，并用与上一步相同的约束条件与零件“Base”的另一孔进行约束定义，结果如图 13-13 所示。

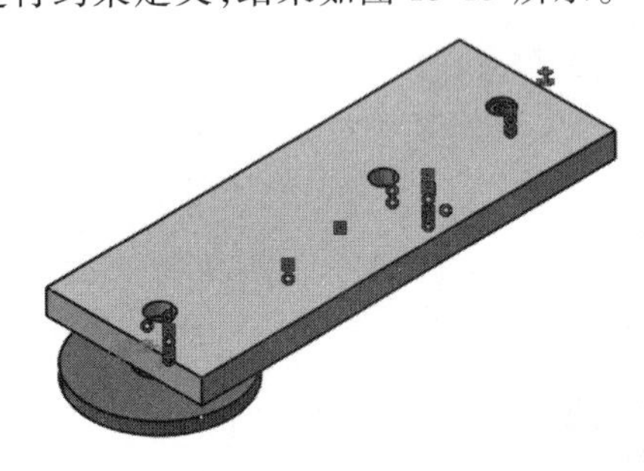

图 13-12　约束标准件

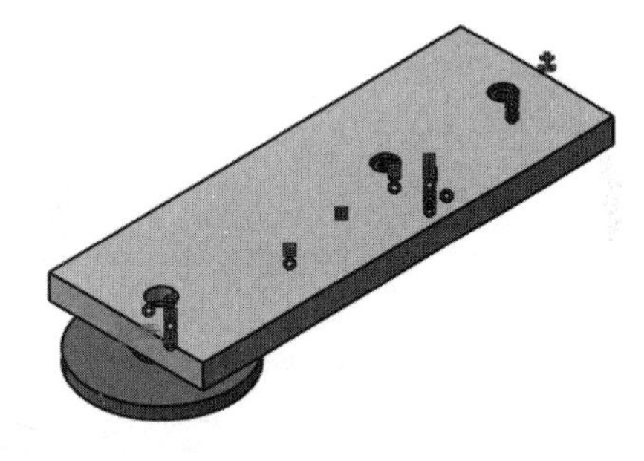

图 13-13　约束另一标准件

(14)在结构树中选择“约束”节点，并将其“隐藏”，结果如图 13-14 所示。

(15)为便于识别零件，在零件上右击，选择【属性】，在弹出的对话框【图形】/【颜色】中定义各零件的颜色，如图 13-15 所示。

提示：由于黑白印刷，在更改颜色时请对照软件环境。

(16)由于需要验证该机构是否能按设计要求运动，在【角度约束】上右击，选择【取消激活】，如图 13-16 所示。

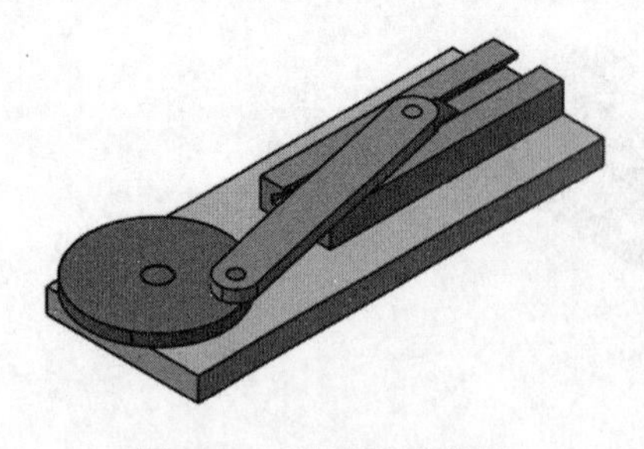

图 13-14 隐藏约束符号

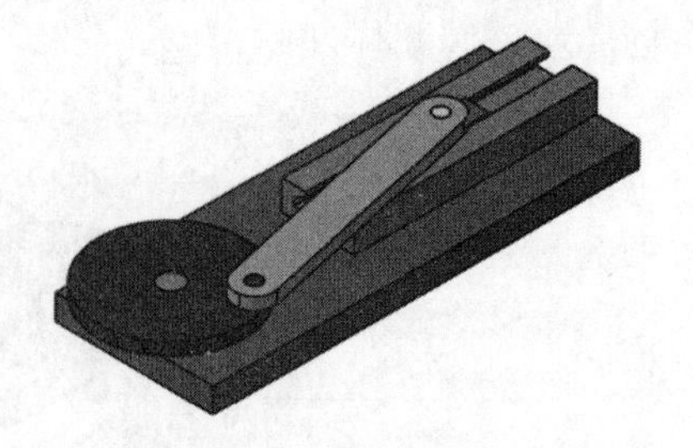

图 13-15 赋予零件颜色

提示:【取消激活】的约束关系将不参与约束运算。

(17)单击【操作】命令,选择【绕任意轴拖动】,并选择零件“Wheel”的轴线为参考,同时选中【遵循约束】选项,如图 13-17 所示,用鼠标拖动零件“Wheel”旋转,观察机构运动是否符合设计预期。

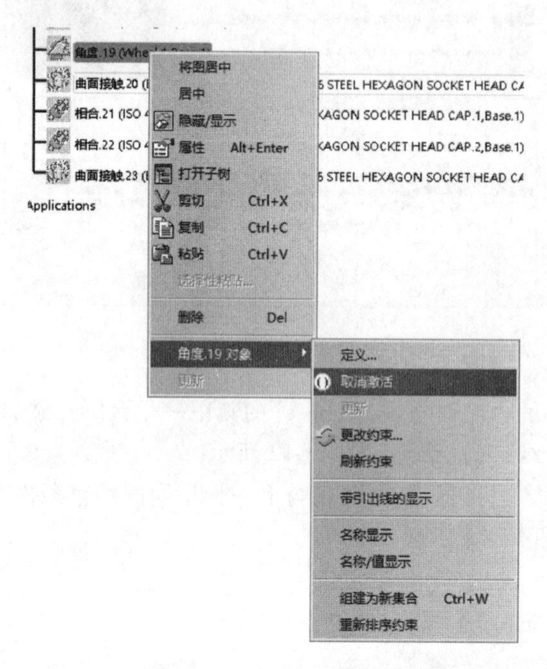

图 13-16 取消激活约束

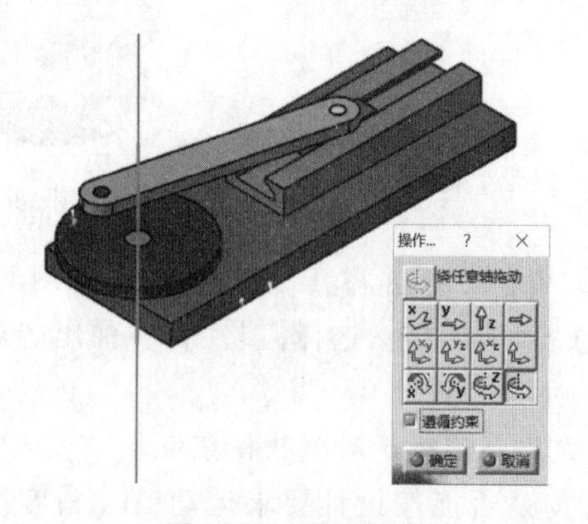

图 13-17 验证约束

(18)保存该装配体。

13.2　装配示例 2

按提供的零件素材完成图 13-18 所示装配体的装配,该装配体所用零件在前面任务中大多均以零件建模形式出现,要求约束关系合理,使零件“blade”能自由绕轴旋转。

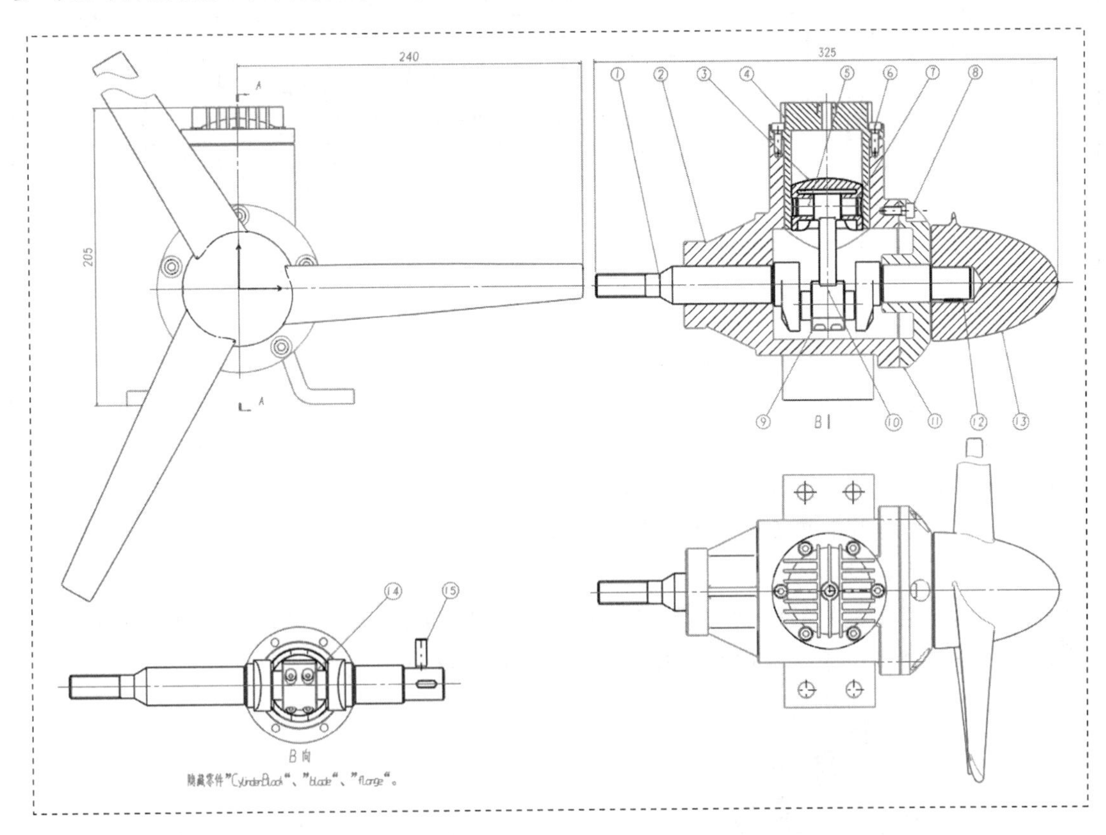

图 13-18　装配示例 2

注意:①本示例操作步骤中与装配示例 1 中重复性内容将简化描述。

②装配过程只是为了约束方便而使用的步骤,并非实际装配过程,实际装配需严格按装配工艺过程进行装配。

装配体材料明细表如表 13-2 所示。

表 13-2　装配示例 2 材料明细表

序号	代号	名　称	数量	备　注
1	1	crank	1	
2	2	CylinderBlock	1	
3	3	piston	1	
4	4	Cylinder	1	
5	5	pin	1	
6	ISO 4762	HEXAGON SOCKET HEAD CAP	6	M5 × 16

续表

序号	代号	名　称	数量	备　注
7	7	ring	2	
8	ISO 4762	HEXAGON SOCKET HEAD CAP	5	M6x16
9	9	LinkagePlate	1	
10	10	linkage	1	
11	11	flange	1	
12	ISO 2491	THIN PARALLEL FORM A	1	14x5x3
13	13	blade	1	
14	ISO 4762	HEXAGON SOCKET HEAD CAP	4	M4x12
15	ISO 4766	GRADE A STEEL SLOTTED SET WITH FLAT POINT	1	M8x20

操作步骤如下：

(1)单击菜单栏【开始】/【机械设计】/【装配设计】命令，进入装配设计环境。

(2)单击【现有部件】命令，选择装配体根节点，在弹出的【选择文件】对话框中选择“CylinderBlock”，单击【打开】按钮，插入当前装配体。单击【修复部件】并选择插入的零件“CylinderBlock”，以固定该零件，结果如图 13-19 所示。

提示：由于作为装配基准的零件为箱体类零件，大多零件均装配在该零件内部，为便于观察，使用剖视表示。

(3)单击通用工具栏的【切割】命令，弹出图 13-20 所示对话框，选中【剪切包络体】选项，并在【定位】选项卡中选择【Y】，【行为】选项卡中选择【更新】。

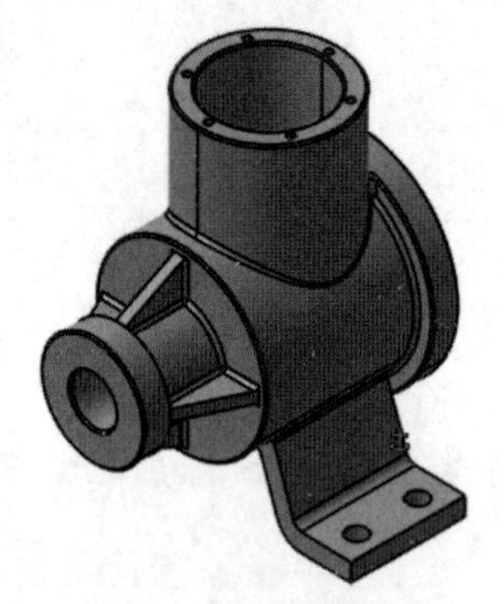

图 13-19　装入基准零件

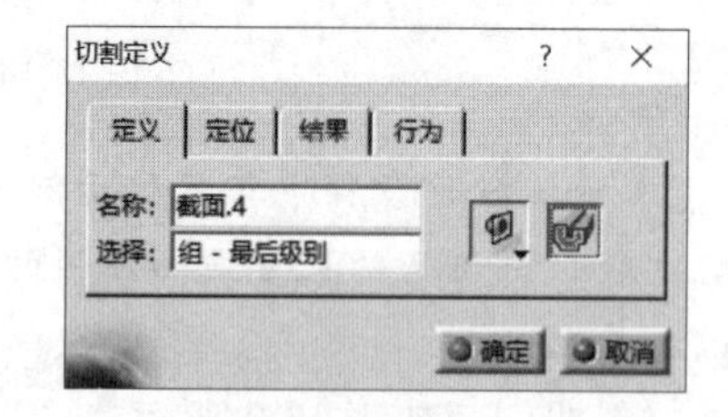

图 13-20　“切割定义”对话框

提示：如默认位置不合适，可通过与【动态切割】相同的操作方法对切割面进行调整。

(4)单击【确定】按钮后模型如图 13-21a 所示呈剖开状态，此时将弹出一小窗口用于实时显示剖切面状态，如图 13-21b 所示，可根据需要将该窗口移至方便观察的位置。将鼠标移至小窗口中也可进行移动与缩放操作，如不需要该窗口，可将其关闭。

(5)装入零件“crank”，以较长的轴段为参考与零件“CylinderBlock”长孔添加【相合约束】，轴肩与长孔内侧面添加【接触约束】，结果如图 13-22 所示。

(6)装入零件“Cylinder”，主圆柱体与零件“CylinderBlock”上部圆柱体添加【相合约束】，内侧阶梯面与顶面添加【接触约束】，螺钉安装孔对应的添加【相合约束】，结果如图 13-23 所示。

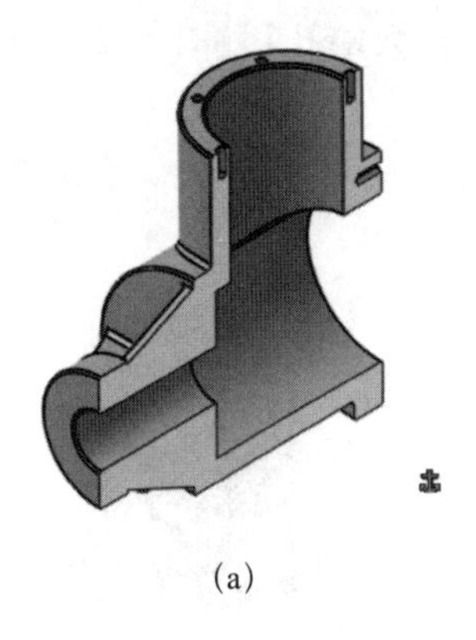

(a)

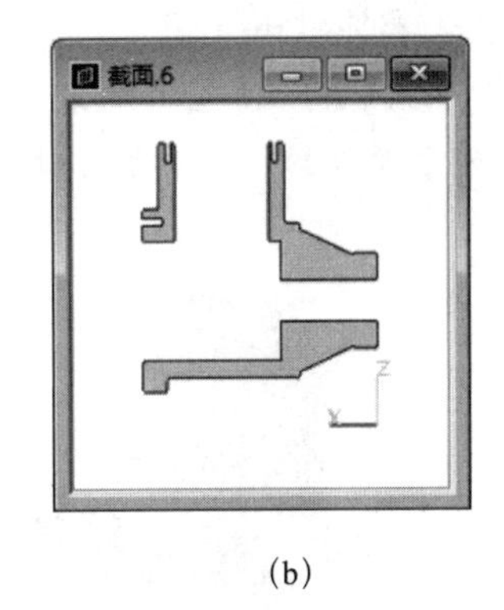

(b)

图 13-21　切割结果

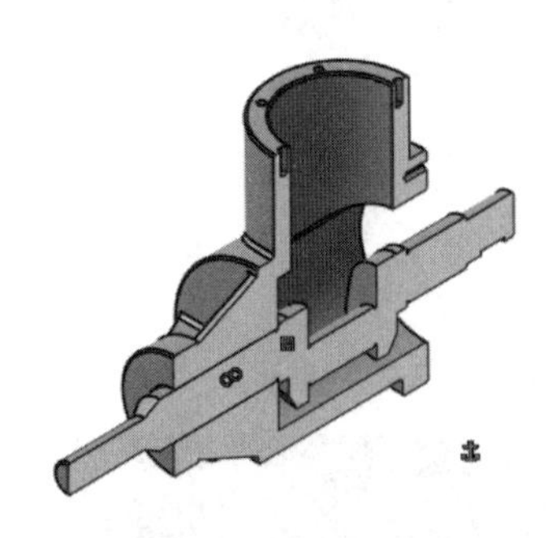

图 13-22　装入零件“crank”

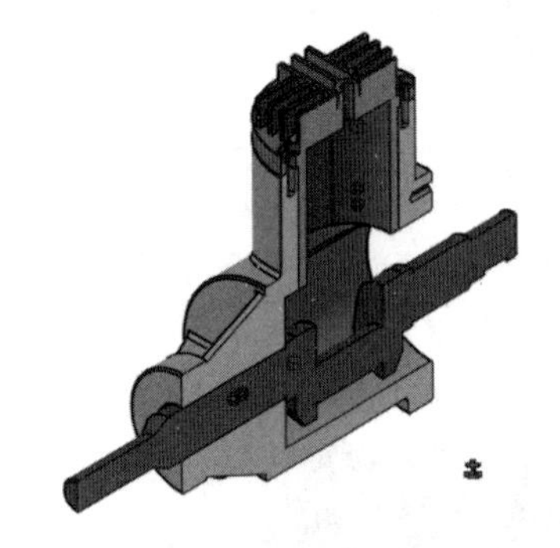

图 13-23　装入零件“Cylinder”

提示：随着装入零件的增多，适时的改变零件的颜色有利于操作识别。

(7)装入零件“piston”，主圆柱体与零件“Cylinder”内孔【相合约束】，“zx 平面”与零件“CylinderBlock”的“xy 平面”【相合约束】，结果如图 13-24 所示。

(8)装入零件“pin”，与零件“piston”的孔【相合约束】，其“平面 1”与零件“piston”的“zx 平面”【相合约束】，结果如图 13-25 所示。

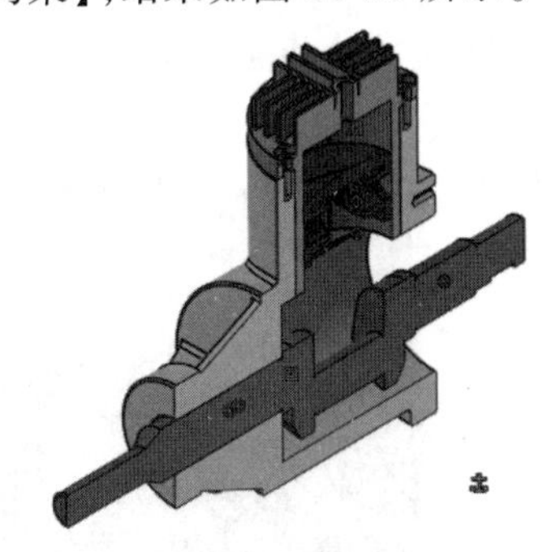

图 13-24　装入零件“piston”

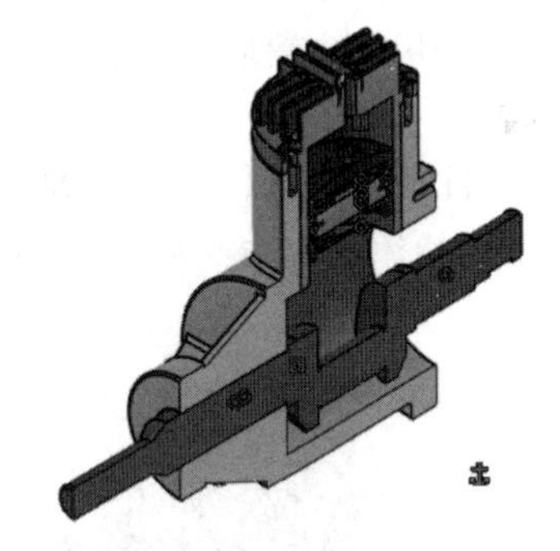

图 13-25　装入零件“pin”

注意：随着装配体复杂程度提高，由【切割】生成的切割面并非实时更新，此时可在结构树该“截面”上右击，在关联菜单该“对象”的子项中单击【更新截面】。

(9)装入零件“linkage”，其直径较小端与零件“pin”外圆柱面【相合约束】，直径较大端的孔圆柱面与零件“crank”的中间轴段外圆柱面【相合约束】，其“xy 平面”与零件“piston”的“zx 平面”【相合约束】，结果如图 13-26 所示。

(10)装入零件“LinkagePlate”,孔与零件“linkage”直径较大端孔【相合约束】,端面【相合约束】,其中一组螺钉孔【相合约束】,结果如图 13-27 所示。

提示:为方便选择,可在结构树上选中零件“crank”,单击鼠标右键,选择【隐藏/显示】将其隐藏。

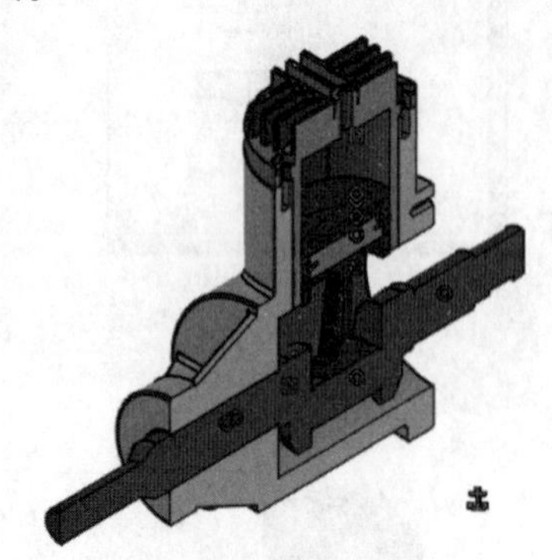

图 13-26 装入零件“linkage”

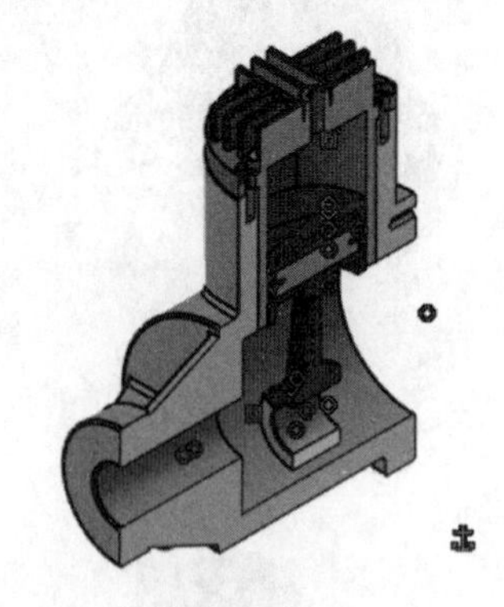

13-27 装入零件“LinkagePlate”

(11)装入零件“ring”,外径与零件“piston”的孔【相合约束】,端面与“pin”端面【接触约束】,结果如图 13-28 所示。

(12)采用同样的方法装入另一端的零件“ring”,结果如图 13-29 所示。

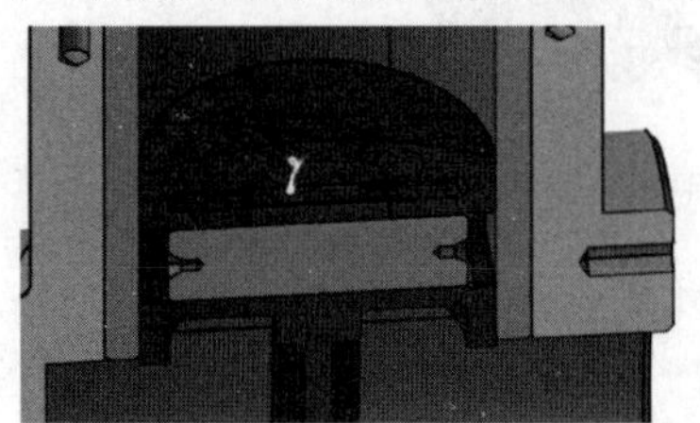

图 13-28 装入零件“ring”

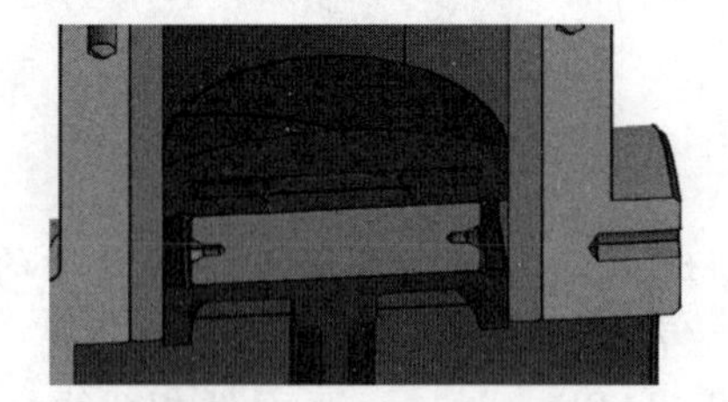

图 13-29 装入另一端“ring”

(13)装入零件“flange”,内孔与零件“crank”右侧轴段的外圆柱面【相合约束】,安装孔端面与零件“CylinderBlock”端面【接触约束】,螺钉安装孔对应添加【相合约束】,结果如图 13-30 所示。

(14)单击【目录浏览器】命令,找到“ISO 2491”标准,插入“14 ×5 ×3”A 型平键,将其与零件“crank”中的键槽添加相应约束,结果如图 13-31 所示。

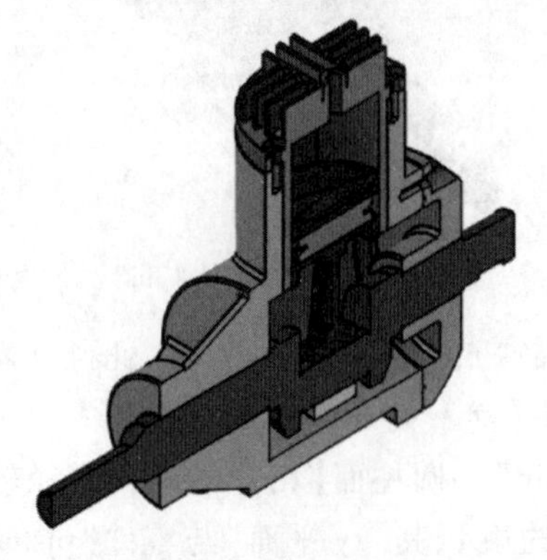

图 13-30 装入零件“flange”

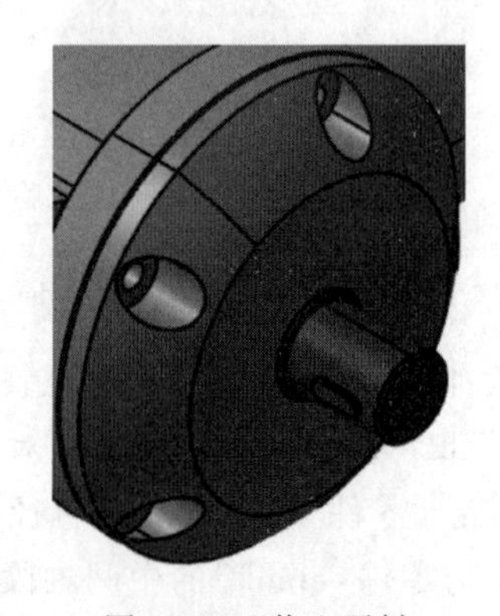

图 13-31 装入平键

(15)装入零件“blade”,内孔与零件“crank”最右侧轴段的外圆柱面【相合约束】,端面与零件“crank”的右侧轴肩【接触约束】,键槽侧面与零件“crank”的键槽侧面添加【相合约束】,结果如图13-32所示。

(16)单击【目录浏览器】命令,找到“ISO 4766”标准,插入“M8×20”紧定螺钉,将其与零件“blade”中的螺纹孔添加【相合约束】,紧定端与零件“crank”最右侧较短的轴段圆柱面添加【接触约束】,结果如图13-33所示。

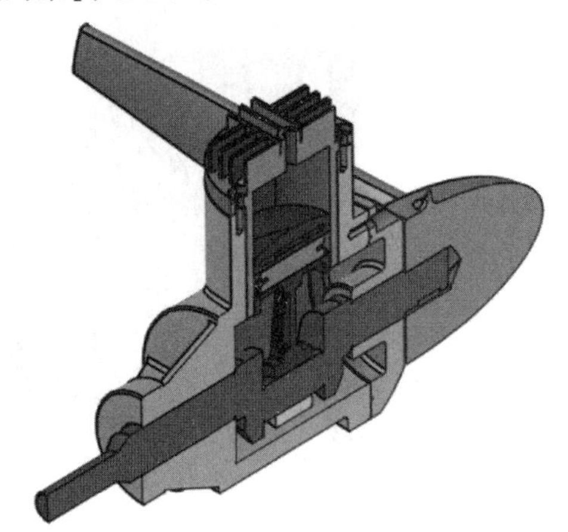
图13-32 装入零件“blade”

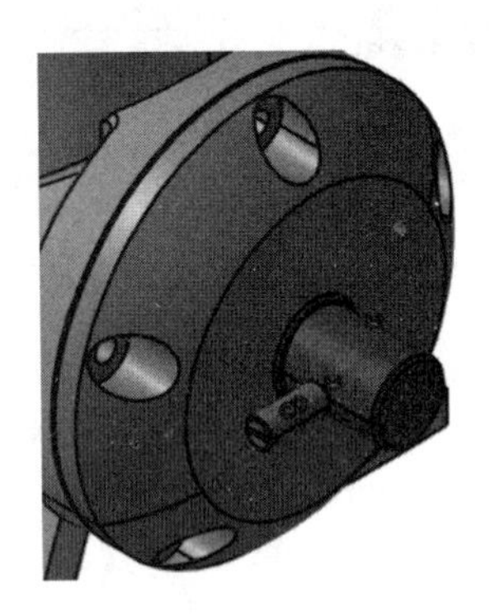
图13-33 装入紧定螺钉

(17)单击【目录浏览器】命令,找到“ISO 4762”标准,插入“M6×16”内六角螺钉,将其与零件“flange”中的安装孔添加【相合约束】,并与其台阶面添加【接触约束】,结果如图13-34所示。

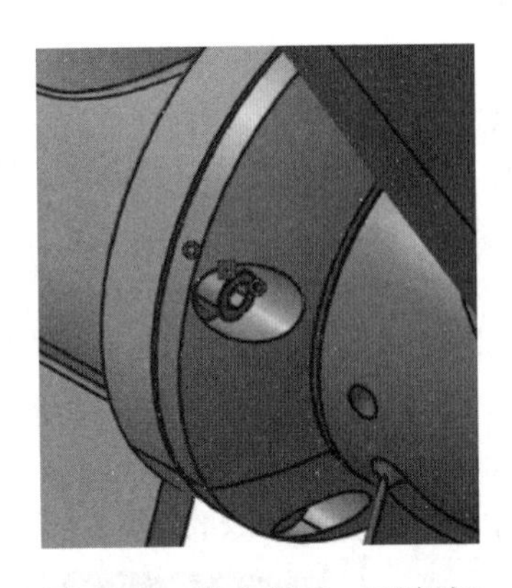
图13-34 装入“M6×16”螺钉

(18)单击【重复使用阵列】命令,弹出图13-35a所示对话框,选中【已生成的约束】选项,【阵列特征】选择零件“flange”上的圆周孔,【要实例化的部件】选择上一步装入的螺钉,单击【确定】按钮,结果如图13-35b所示。

(19)单击【目录浏览器】命令,找到“ISO 4762”标准,插入“M5×16”内六角螺钉,将其与零件“Cylinder”中的沉孔添加【相合约束】,并与该孔的台阶面添加【接触约束】,结果如图13-36所示。

(20)使用与(18)相同的操作方法阵列“M5x16”螺钉,结果如图13-37所示。

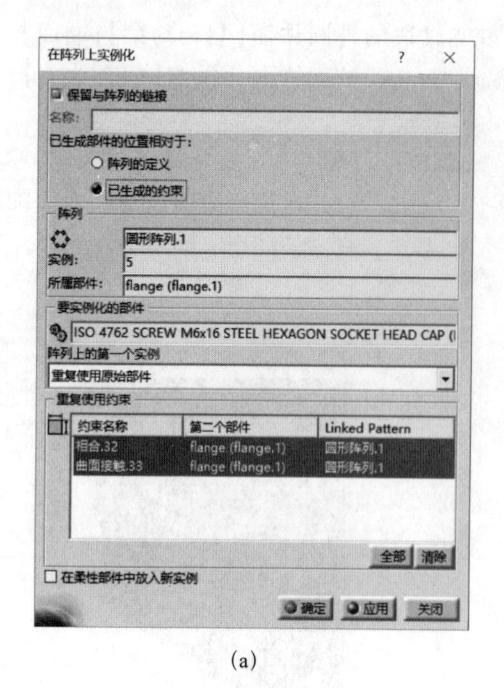

(a)

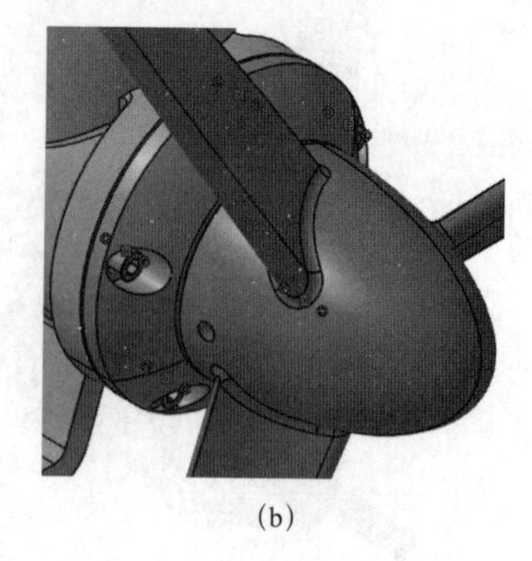

(b)

图 13-35　阵列“M6×16”螺钉

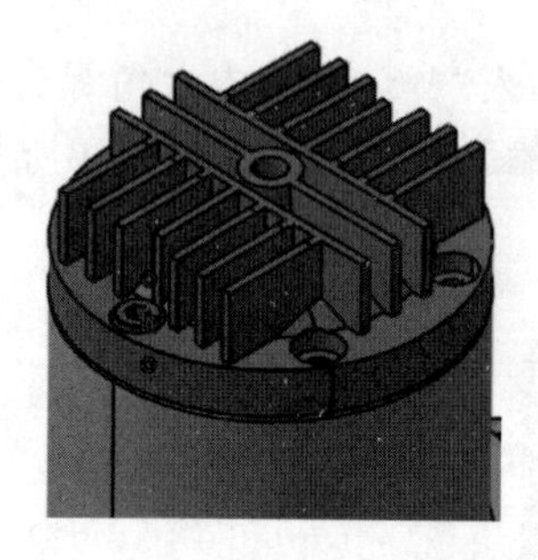

图 13-36　装入“M5×16”螺钉

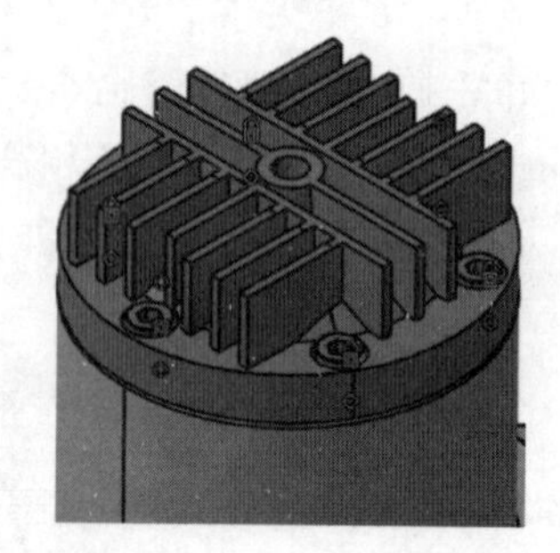

图 13-37　阵列“M5×16”螺钉

(21)单击【目录浏览器】命令,找到“ISO 4762”标准,插入“M4×12”内六角螺钉,将其与零件“LinkagePlate”中的安装孔添加【相合约束】,并与其台阶面添加【接触约束】,结果如图 13-38 所示。

(22)使用与(18)相同的操作方法阵列“M4×12”螺钉,结果如图 13-39 所示。

图 13-38　装入“M4×12”螺钉

图 13-39　阵列“M4×12”螺钉

(23)最终装配结果如图 13-40 所示,使用【操作】命令绕轴旋转零件“blade”,观察机构运动是否符合设计要求,为方便观察内部机构的运动,可将零件“CylinderBlock”隐藏。

(24)保存该装配体。

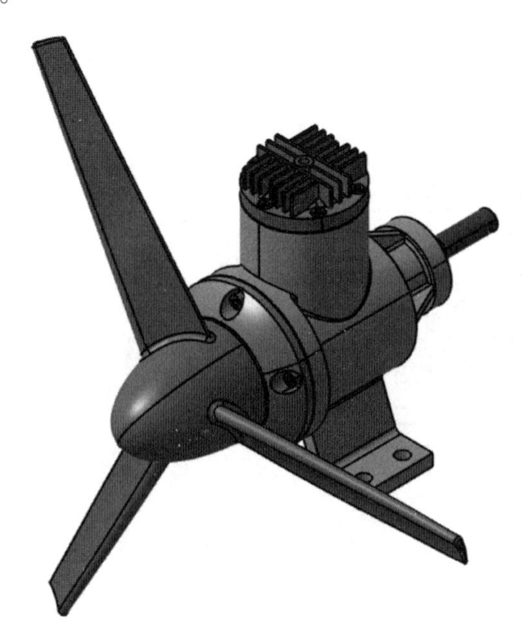

图 13-40　装配完成结果

练习

一、简答题

1. “装配示例 1”中哪些【接触约束】可以用【相合约束】替代?

2. “装配示例 1”中为什么在拖动零件验证前要【取消激活】其中的【角度约束】关系?

3. 什么情况下需要用到【切割】命令?

二、操作题

1. “装配示例 2”中在对螺钉进行【重复使用阵列】时,对话框中分别选中【阵列的定义】与【已生成的约束】,对比两者的差异。

2. 利用前面任务中已完成的零件模型,完成图 13-41 所示的装配体装配。

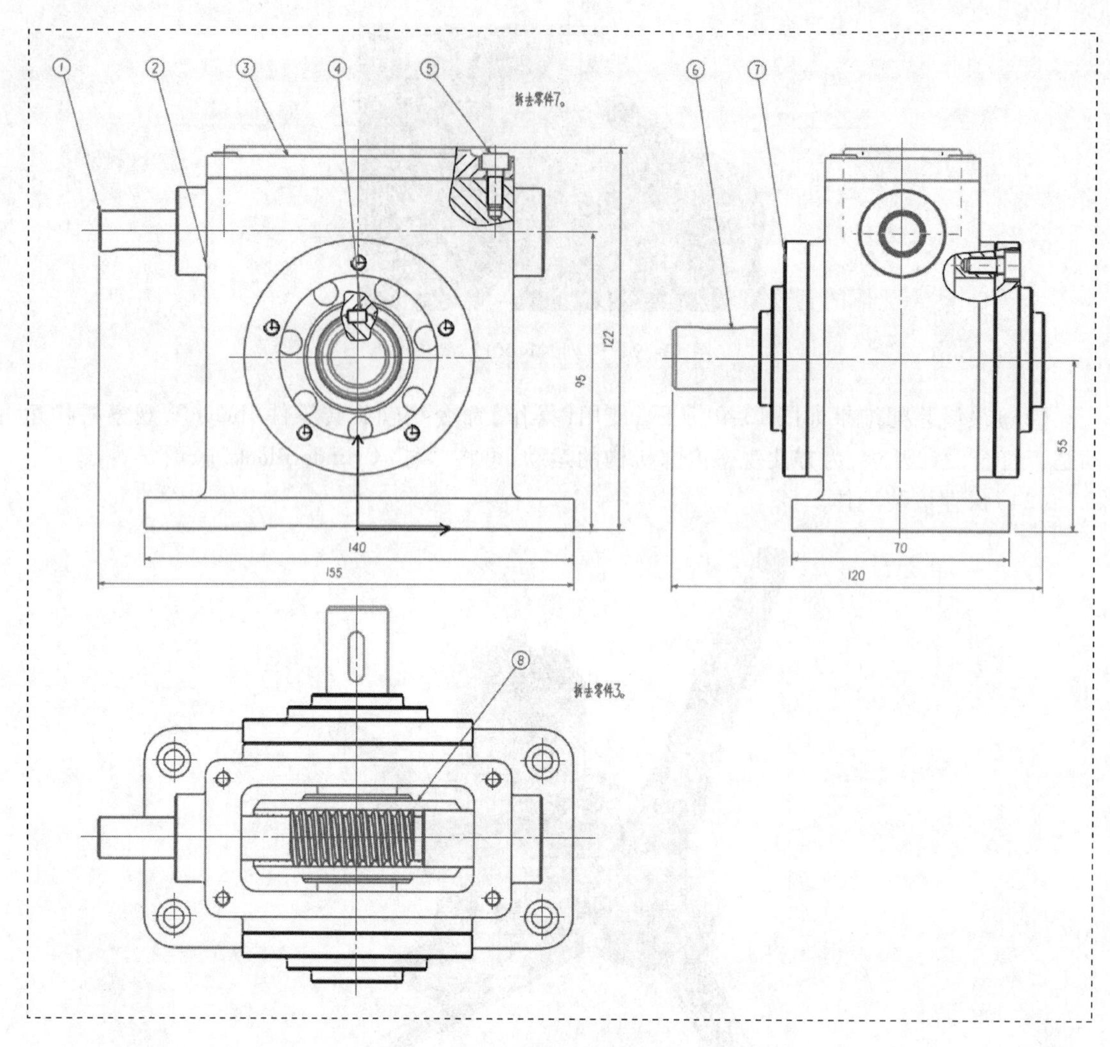

图 13-41　操作题 2

装配体材料明细见表 13-3。

表 13-3　操作题 2 材料明细表

序号	代号	名　称	数量	备　注
1	1	Offset Shaft	1	
2	2	housing	1	
3	3	Cover Plate	1	
4	ISO 2491	THIN PARALLEL FORM A	1	18x6x4
5	ISO 4762	HEXAGON SOCKET HEAD CAP	14	M5x12
6	6	shafts	1	
7	7	cover	2	
8	8	gear	1	

任务 14　装配体的零件识别

任务目标

(1)熟悉装配体的管理方法。

(2)掌握装配体特征的生成方法。

(3)了解基本的装配体分析工具。

(4)了解模型的基本渲染功能。

任务描述

装配过程中需要对装配体进行各种编辑、分析等操作,本任务将着重讲解装配体的编辑等功能。

任务实践

14.1　装配结构管理

“任务 12”中已对【产品结构工具】工具栏中的零部件插入部分命令进行了讲解,本任务中将讲解对该工具栏的其余命令。

14.1.1　替换部件

使用【替换部件】命令将可以用其他产品或零件替换已有的产品或零件。

操作方法:

(1)单击【替换部件】,选择被替换的零部件,弹出如图 14-1a 所示对话框,选择替换的零部件“002-n”,单击【打开】按钮。

(2)弹出图 14-1b 所示【对替换的影响】对话框,对话框中列出了替换操作所带来的影响,可直接选择替换所选零部件或所有相同的零部件均替换。

(3)单击【确定】按钮完成替换,结果如图 14-1c 所示。

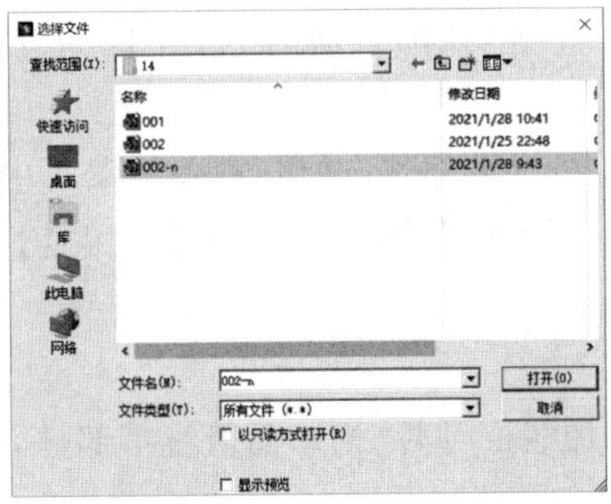

(a)

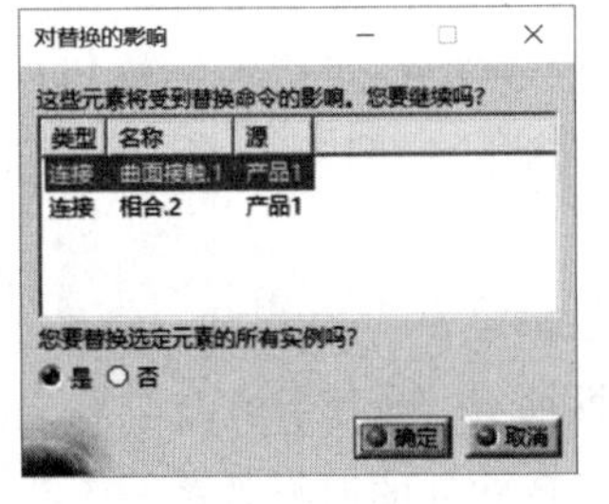

(b)

(c)

图 14-1　替换部件

提示：如果替换件无法匹配原有的约束参考元素，则结构树中相应的约束配合会显示黄色提示，需进一步修改。

14.1.2 图形树重新排序

使用【图形树重新排序】命令可以重新排列特征树中各零部件的顺序。

操作方法：

(1)图 14-2a 所示为重新排序前的结构树。

(2)单击【图形树重新排序】，选择需要重新排序的产品或部件，弹出图 14-2b 所示【图形树】对话框。

(3)在对话框中选择需要调整顺序的零部件，单击右侧箭头可移动位置。

(4)移动完成单击【确定】按钮，所选产品或部件在结构树中的位置也同步变化，如图 14-2c 所示。

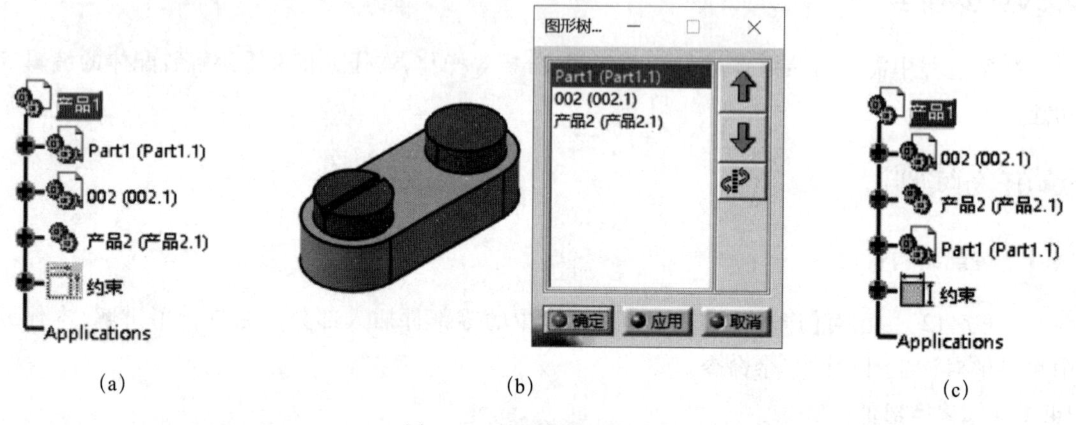

(a) (b) (c)

图 14-2 图形树重新排序

【移动选定产品】将先选择的零部件与随后选择的零部件的位置进行对调。

14.1.3 生成编号

使用【生成编号】命令可以对装配图中的各个零件生成编号。单击【生成编号】按钮，选择需编号的产品或部件，弹出图 14-3a 所示对话框，选择编码形式，通常默认选为【整数】，单击【确定】按钮完成编号。默认是按结构树的先后顺序编号，如果编号不能满足要求，可配合【图形树重新排序】命令进行调整。

如果所选产品或部件已有编号，则【现有数字】选项被激活，如图 14-3b 所示，可以单选【保留】单选按钮保留原有编号或重新生成。

已生成编号的零部件，可以在结构树中选择该零部件，右击，在关联菜单中单击【属性】，弹出如图 14-3c 所示【属性】对话框，可在该对话框的【产品】/【实例】/【编号】中查看到已有编号。

14.1.4 选择性加载

使用【选择性加载】命令可以按需选择加载的部件，当产品所含零部件较多时，可以减轻系统的负担，提高软件的运行效率。

注意：该命令必须在【选项】/【常规】/【参考的文档】中的【加载参考的文档】选项取消选

择时才可使用,否则将默认全部加载。

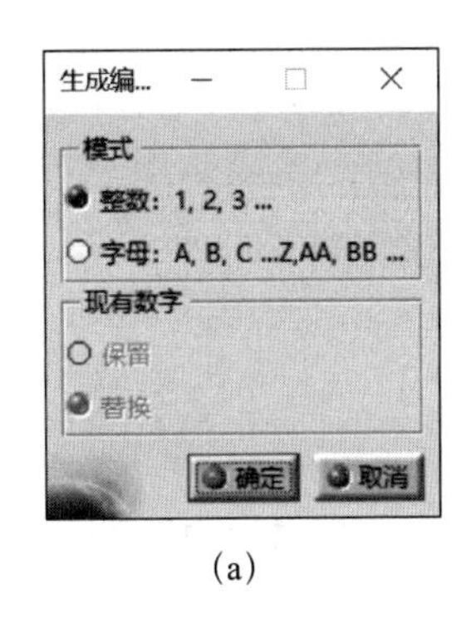

(a)

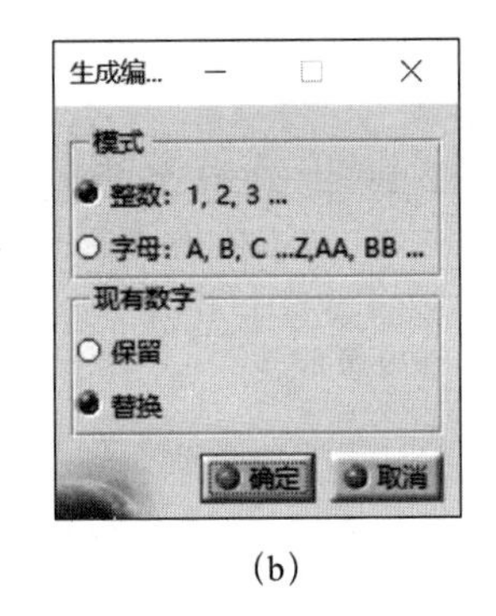

(b)

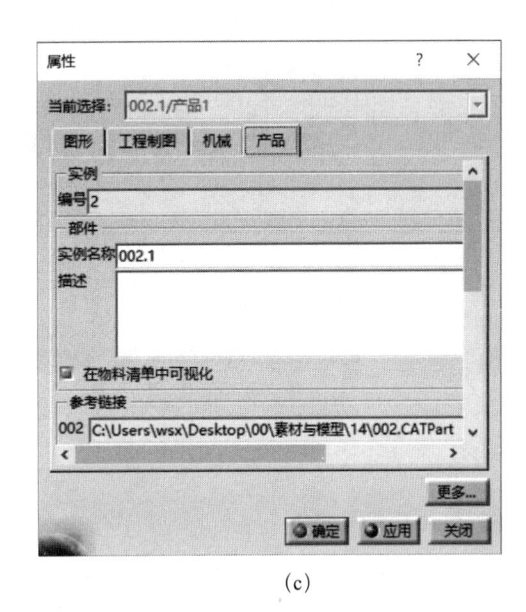

(c)

图 14-3 生成编号

在相关选项设定后重新打开一个装配体,会发现零部件不能被预览,且结构树的节点上显示有“禁止”图标,如图 14-4a 所示。单击【选择性加载】命令,弹出如图 14-4b 所示对话框,在结构树中选择需加载的零部件,并点击对话框中的【选择性加载】图标,单击【确定】按钮,所选零件被加载,结构树变化如图 14-4c 所示。

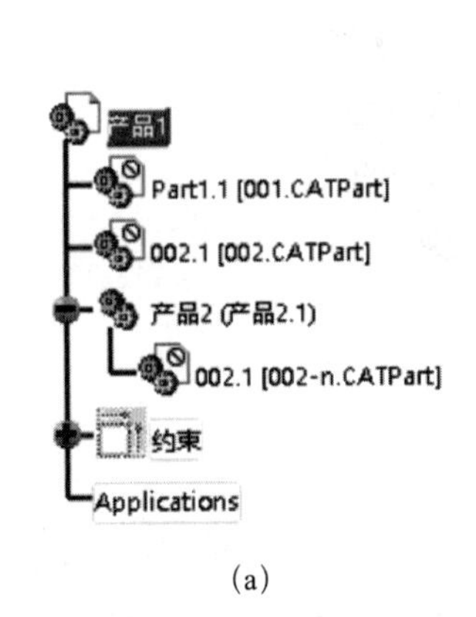

(a)

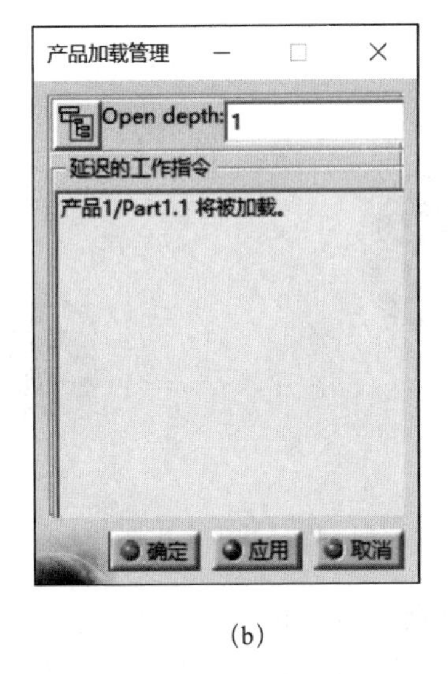

(b)

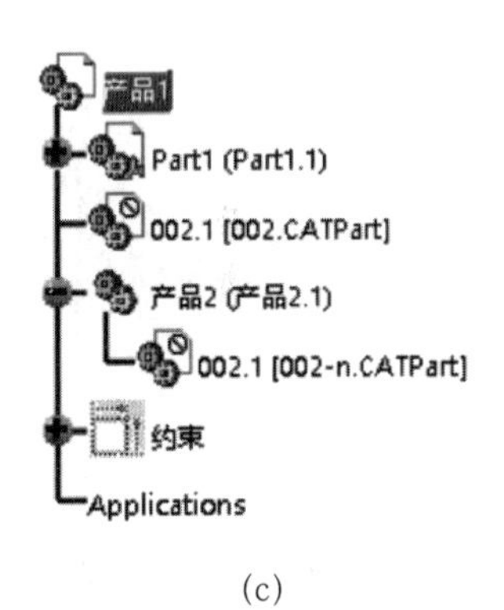

(c)

图 14-4 选择性加载

14.1.5 管理展示

使用【管理展示】命令可以对装配中的零件进行管理,包括关联、重命名、激活等。

单击【管理展示】命令后在结构树中选择需要管理的零件,弹出如图 14-5 所示对话框,该零件相关信息出现在列表中,选择后可对其进行管理操作,如可以关联一个第三方模型,用以查看不同方案。

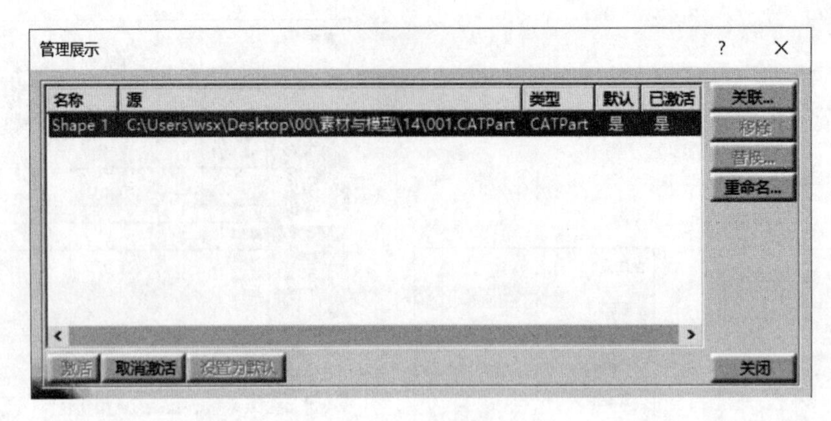

图 14-5 管理展示

14.1.6 多实例化

使用多实例化命令集中的命令可以对已插入的零部件进行复制,【多实例化】工具栏包含两个子命令,如图 14-6 所示。

图 14-6 【多实例化】工具栏

(1)使用【快速多实例化】命令可以快速复制所选的零部件,如图 14-7a 所示装配体,单击【快速多实例化】命令,选择圆柱体零件,该零件即产生了复制对象,如图 14-7b 所示,重复多次操作可复制多次。

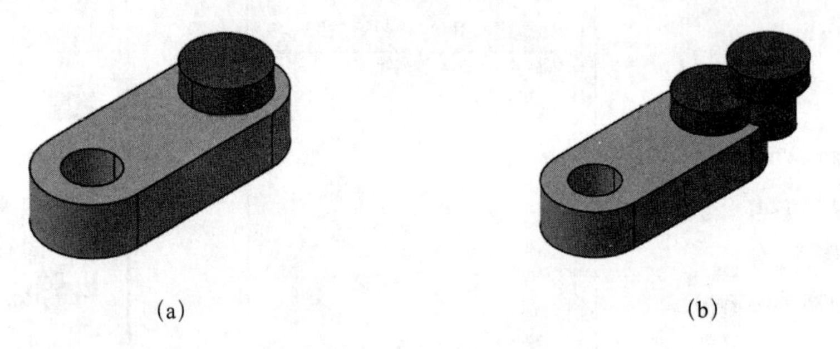

图 14-7 快速多实例化

(2)使用【定义多实例化】命令可以按设定的参数复制所选的零部件,单击【定义多实例化】命令后弹出图 14-8a 所示对话框,选择需复制的零部件,输入相应参数,单击【确定】按钮,结果如图 14-8b 所示。

【参数】:用于选择定义多实例化的方式,共包含三种,不同方式下参数也不同。

【参考方向】:用于指定阵列的参考方向,可以选择“x、y、z”轴向为参考,也可以选择一已有边线为参考。参考方向相反时可单击【反向】按钮,还可以在【结果】文本框中输入三个方向的坐标分量作为方向参考。

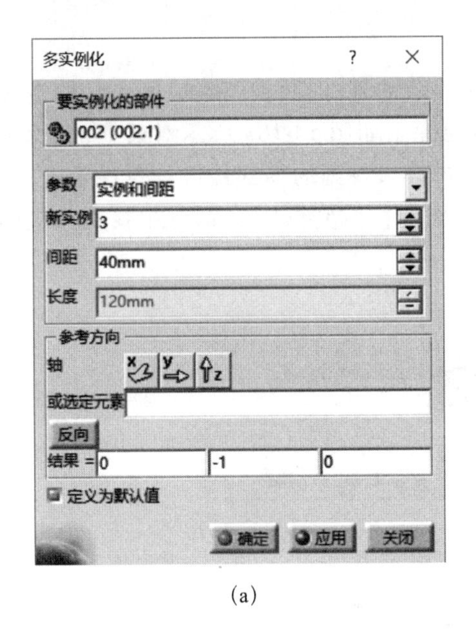

(a)

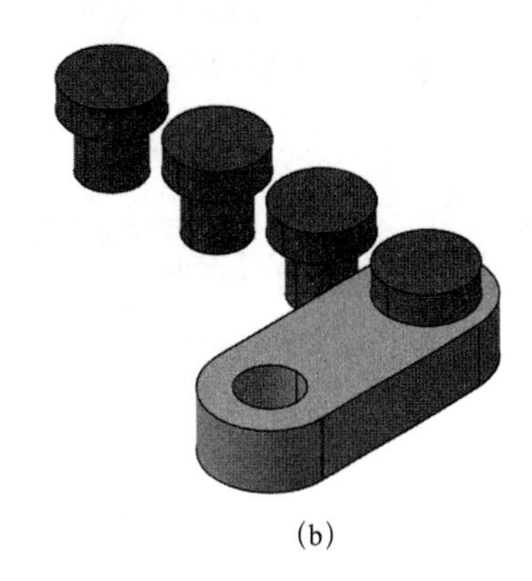

(b)

图 14-8　定义多实例化

【定义为默认值】:选中后将当前参数作为默认参数。

14.2　装配文件管理

14.2.1　保存管理

在装配体中对零部件进行了编辑修改后,如果单击【保存】按钮,会保存所有修改的零部件,只要有修改均保存,但有时会仅针对某些零件保存,其余修改会放弃,此时可通过【保存管理】进行选择性的保存。

单击菜单栏【文件】/【保存管理】,弹出图 14-9 所示对话框,该对话框中列出了当前装配体的所有零部件,并在状态栏中提示各零部件的状态,当该零件为"修改"状态时,选中后右侧的【保存】功能将可以使用,可单击保存所选零部件。单击【另存为】按钮可以将所选零部件以另外的文件名进行保存,如果原有文件名不合理需要更改,必须要在此处通过【另存为】进行更改,而不能在"资源管理器"中更改,否则会造成装配体找不到零部件的情况。

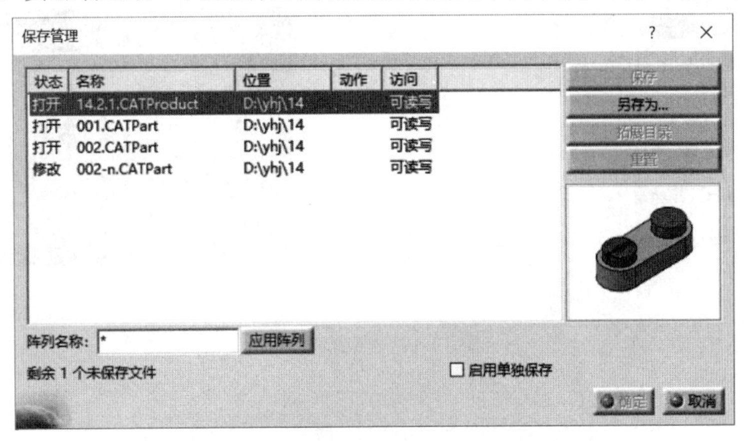

图 14-9　保存管理

14.2.2 文件查找

CATIA 在打开装配体时默认首先从内存中查找关联的零部件,找不到时则先从原链接目录查找,再从当前目录查找,如果均无法查找到,则会弹出如图 14-10a 所示对话框,提示未找到文件,单击【桌面】按钮,弹出如图 14-10b 所示结构树,未找到的零部件以红色显示,在该零部件上右击,在出现的关联菜单中选择【查找】,在弹出的【选择文件】对话框中找到相应的文件再关闭查找对话框,系统重新关联所选的零部件。

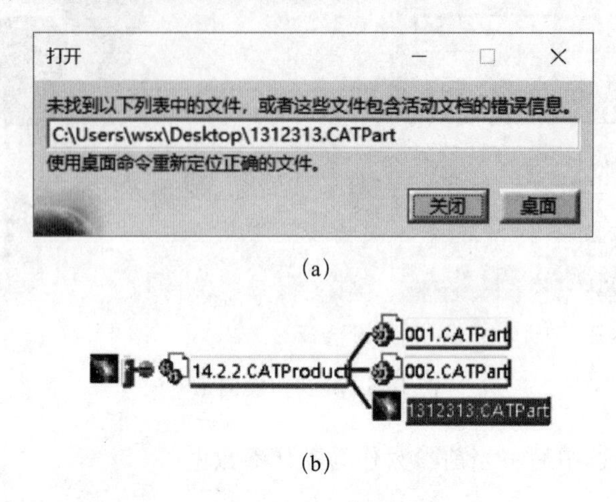

(a)

(b)

图 14-10　文件查找

提示: 新选择的文件可以不是原有的文件。

14.2.3 隐藏/显示

随着装配体复杂程度的提高,如果装配体的所有零部件均显示,显然系统运算效率会下降且操作不便,此时可以将暂时不用的零部件进行隐藏,在需要隐藏的零部件上右击,选择【隐藏/显示】,所选零部件进入隐藏空间不再可见,其结构树中的图标变为灰色,如图 14-11a 所示。如需显示,再次执行上面的操作即可。这种隐藏除了可以对零部件操作外还可以对约束关系、草图、基准面等元素进行操作,而被隐藏的对象在一个独立的隐藏空间中,可在通用工具栏中单击【交换可视空间】查看隐藏空间,如图 14-11b 所示。

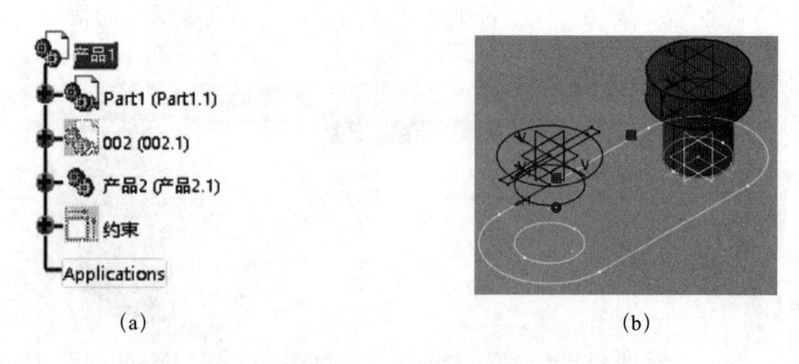

(a)　　　　(b)

图 14-11　隐藏/显示

14.2.4 激活/取消激活部件

通过隐藏只是减轻了显示运算的负担,但其模型信息还是会占用内存,为进一步减轻系统负担，可以将较长一段时间均不使用的零部件取消激活，以彻底释放内存，在需要取消激活的零部件上右击，选择如图 14-12a 所示的【激活/取消激活】。结构树上该零件的左下角出现“取消激活”的标记，如图 14-12b 所示，取消激活的零部件不会出现在隐藏空间中，而是彻底从装配体中“消失”。

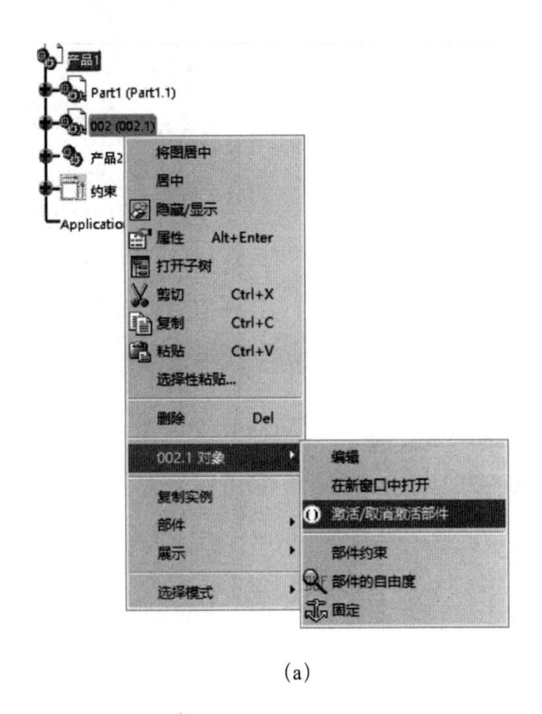

(a)

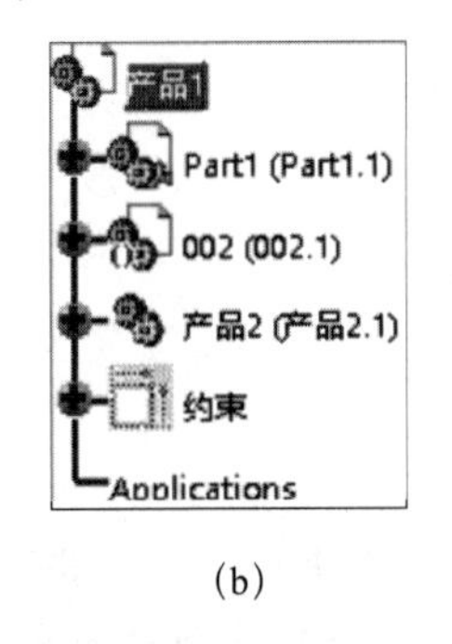

(b)

图 14-12　激活/取消激活部件

注意：取消激活与隐藏是完全不同的功能，可以在装配体的【属性】中得到表现，如果只是隐藏，在【属性】/【机械】中计算装配体重量时，隐藏零部件是计算在内的，而取消激活的零部件是不计算在内的，要特别注意。

14.2.5　模型的输入输出

在实际设计过程中，难免会需要与外界交流模型，而由于使用的软件不统一、版本不统一，会造成无法打开现象，此时可以通过中间格式进行转换，CATIA 所支持的输出格式如图 14-13a 所示，优先使用“stp”，其次是“igs”，当只需查看模型时，可以选用“cgr”格式。

如果是由其他三维软件转至用 CATIA 打开，可转成 14-13b 所示列表中所支持的格式。

CATProduct
CATProduct
stp
session
igs
3dxml
cgr
hsf
NavRep
txt
wrl

(a)

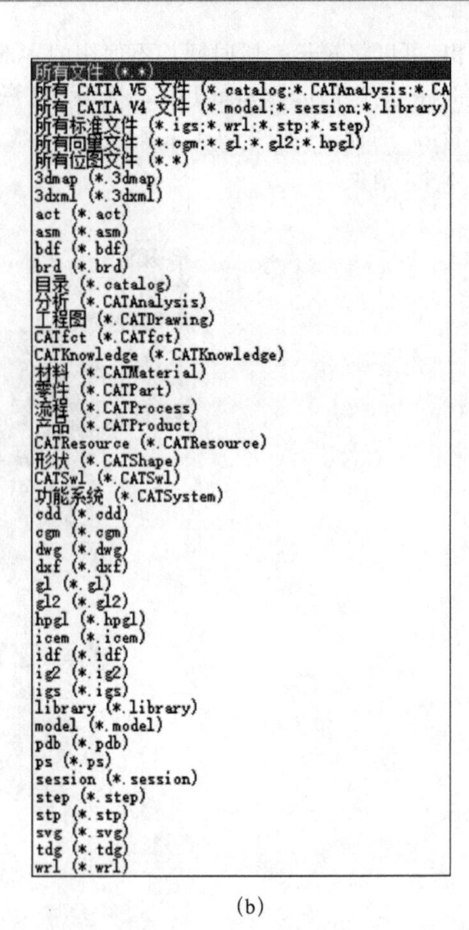

(b)

图 14-13　模型的输入输出

14.3　移动

在装配约束任务中介绍如何通过罗盘移动零部件，CATIA 同时还提供了其他的移动工具，主要集中在【移动】工具栏中，如图 14-14 所示。

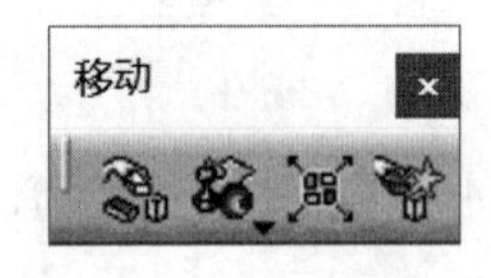

图 14-14　【移动】工具栏

在对零部件进行移动时需注意装配体的级别，复杂的装配体有着多级的子装配体，而对哪一级的零部件进行移动操作，则该级子装配体必须处于编辑状态，在特征树中双击某装配体，其在结构树中会以蓝色背景显示，表示该装配体处于编辑状态，可对其下一级的零部件进行移动或其他操作，如果是双击的零件，则进入零件的编辑状态。

14.3.1　操作

使用【操作】命令可以对选择的零部件进行平移或旋转操作。单击【操作】按钮，弹出如图 14-15a 所示对话框，主要分为三组移动方式，第一排为沿轴向移动，第二排为沿参考面两个方向移动，第三排为沿轴向旋转。选择所需移动的方式，如“Z”，此时用鼠标拖动需移动的零件，该零件只能在 Z 向移动，如图 14-15b 所示；单击，用鼠标再次拖动该零件，该零件只能绕 Z 轴旋转，如图 14-15c 所示。

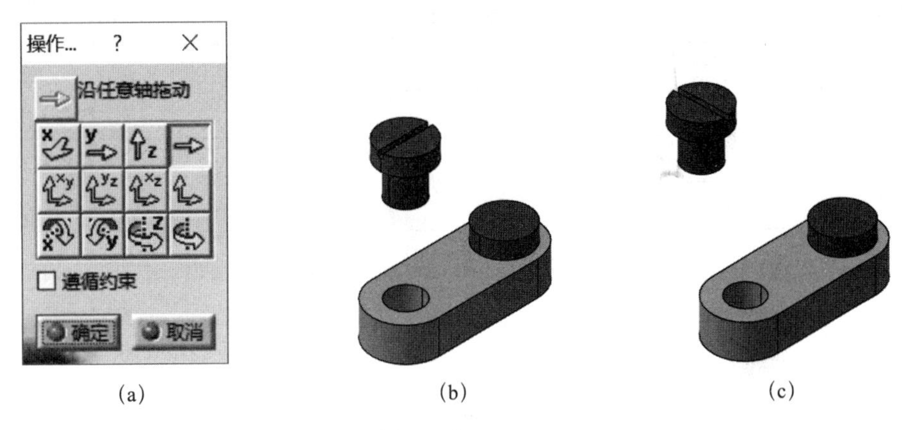

(a) (b) (c)

图 14-15 操作

勾选【遵循约束】选项后，在移动零部件时，受约束关系影响的相关零部件会同步移动。

注意：【操作】命令并不会影响原有的约束关系，在移动时看起来打破了约束关系，但退出后单击通用工具栏的【全部更新】按钮，所移动的零部件会重新受约束关系影响回到原约束位置，也就是说在移动有约束关系的零部件时，其位置的改变仅是临时的。

14.3.2 捕捉

【捕捉】工具栏包含两个子命令，如图 14-16 所示。

图 14-16 【捕捉】工具栏

(1)使用【捕捉】命令可以自动通过元素匹配进行零件的移动。单击【捕捉】命令，将鼠标移至图 14-17a 所示圆柱体圆柱面 1 上，单击鼠标；再将鼠标移至另一零件的孔上，如图 14-17b 所示，出现预览轴线；单击左键，圆柱零件移至与孔同轴位置，如图 14-17c 所示；鼠标在“绿色”参考平面或箭头上单击可改变方向，如图 14-17d 所示。完成移动后在空白处单击鼠标左键即可。

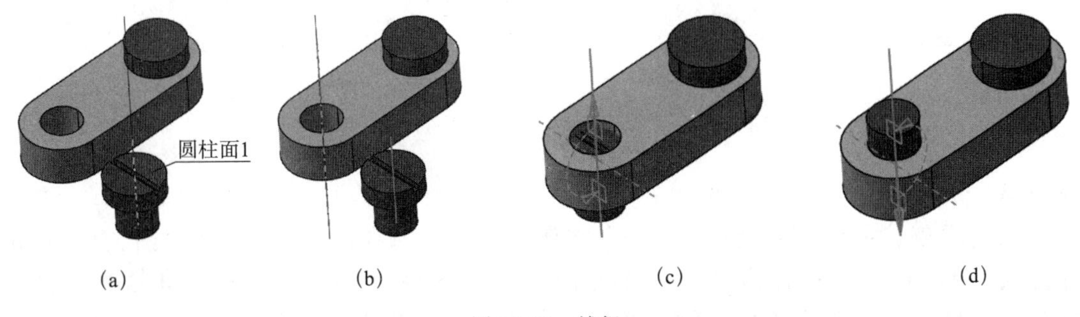

(a) (b) (c) (d)

图 14-17 捕捉

使用【捕捉】命令可将所选第一个元素所在的零件向第二个元素所在的零件移动,支持使用该命令的各元素及其选择可得到的结果见表 14-1。

表 14-1　选择各元素所得结果

第一选择元素	第二选择元素	移动结果
点	点	共点
点	直线	点移动到直线上
点	平面	点移动到平面上
直线	点	直线通过选择的点
直线	直线	两直线共线
直线	平面	直线通过平面
平面	点	平面通过点
平面	直线	平面通过直线
平面	平面	两平面共面

(2)使用【智能移动】命令可以自动通过元素匹配进行零部件的移动,同时可以创建相应的约束,其操作方法与【捕捉】类似。单击【智能移动】按钮,弹出如图 14-18a 所示对话框,可以勾选【自动约束创建】选项,如不选,则仅移动零件;在【快速约束】参数区可以选择产生约束的优先顺序,可根据需要进行调整,再选择相应的元素对象,选择完成后对话框中提示“约束已创建”,如图 14-18b 所示。

根据需要可以连续对零件进行移动,直至退出该命令。

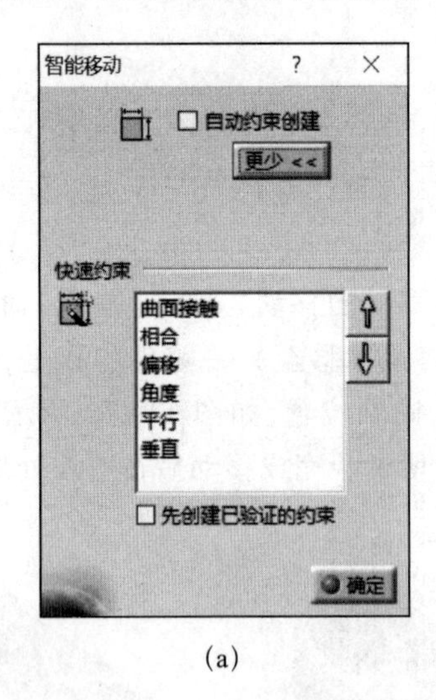

(a)

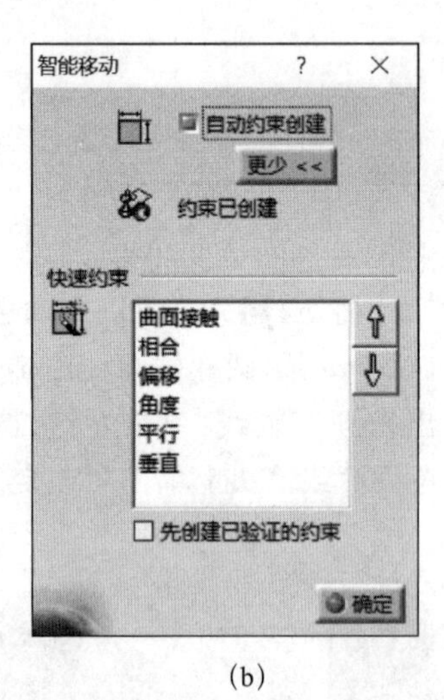

(b)

图 14-18　智能移动

14.3.3　分解

使用【分解】命令可以将产品中的各零部件分开,生成装配体的三维爆炸图。单击【分解】命令,弹出图 14-19a 所示对话框,在【固定产品】栏中选择位置不变的零件,再单击【确定】按钮,弹出图 14-19b 所示警告对话框,单击【是】按钮,完成产品分解,如图 14-19c 所示。

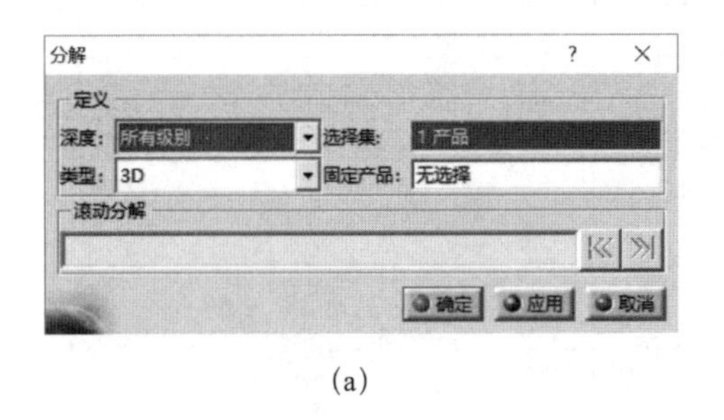

(a)

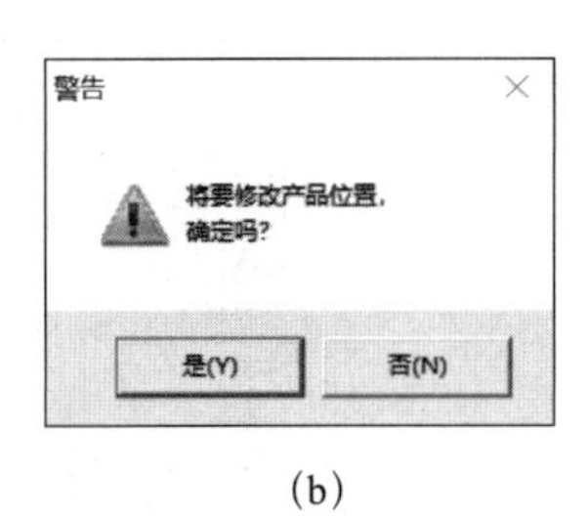

(b)

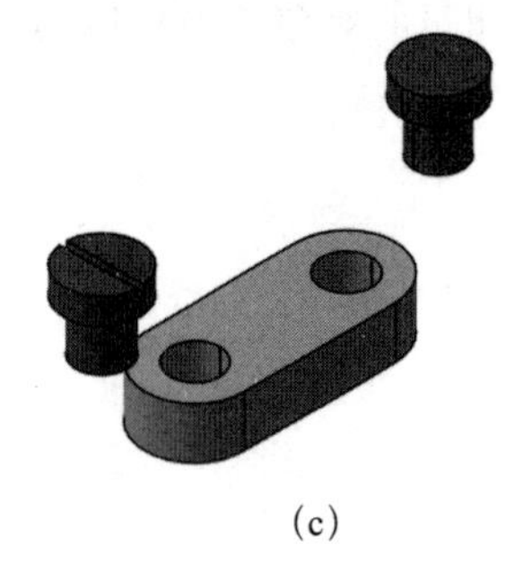

(c)

图 14-19 分解

【深度】选项框用于选择分解的子装配级别。

【选择集】选项框用于选择需要分解的具体零部件,默认为整个装配体。

【类型】选项框包含三个选项,用于确定分解的形式,若选中“受约束”选项,则分解时会受零部件的约束关系影响,通常选择该选项。

【滚动分解】用于分步展示分解的过程。

14.3.4 碰撞时停止操作

使用【碰撞时停止操作】命令可以在移动零部件时进行碰撞检查,打开后在用其他移动命令时会进行碰撞检查。

如图 14-20a 所示,打开【碰撞时停止操作】,用【操作】命令沿“Z”轴移动上侧的任一零件,当其与下方的零件碰撞时将不再允许移动,同时被碰撞的零件会高亮显示,如图 14-20c 所示。【遵循约束】复选框必须为勾选状态。

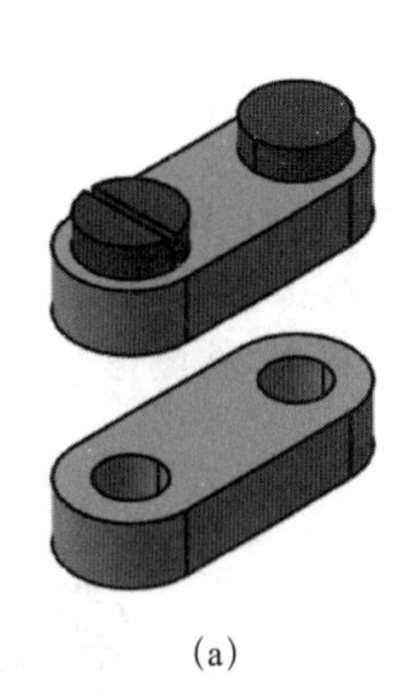

(a)

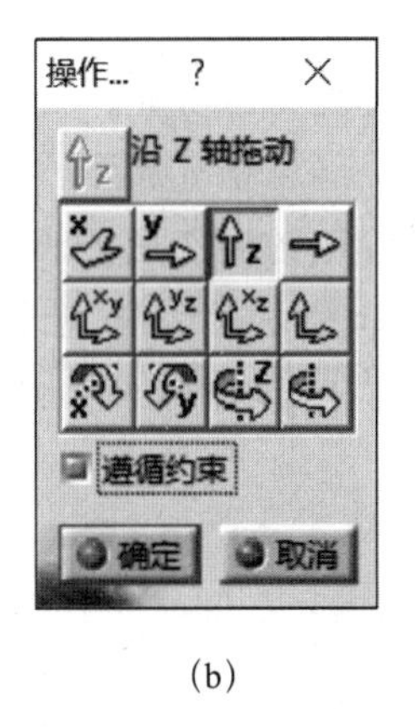

(b)

(c)

图 14-20 碰撞时停止操作

技巧:要在使用罗盘移动零部件时该命令起作用,在移动时按住键盘 <Shift> 键再移动即可。

14.4 装配体分析

14.4.1 测量惯量

使用【测量惯量】命令可以测量装配体的体积、重量、重心坐标、主惯性矩、惯性积等实体的特性,该命令在【通用工具栏】中。单击【测量惯量】,弹出图 14-21a 所示对话框,选择需测量的对象后弹出图 14-21b 所示对话框,该对话框中列出了测量的结果值。

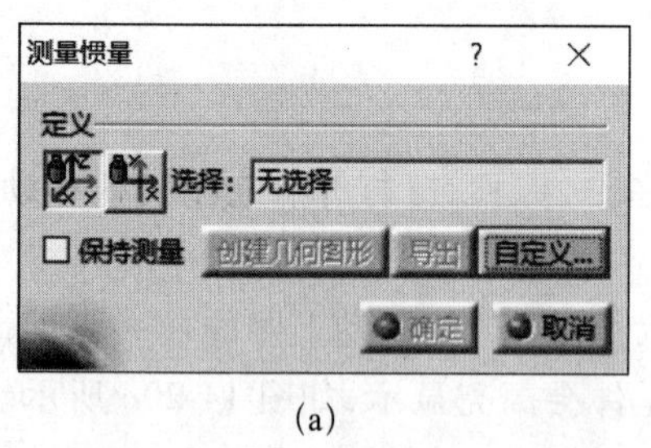

(a)

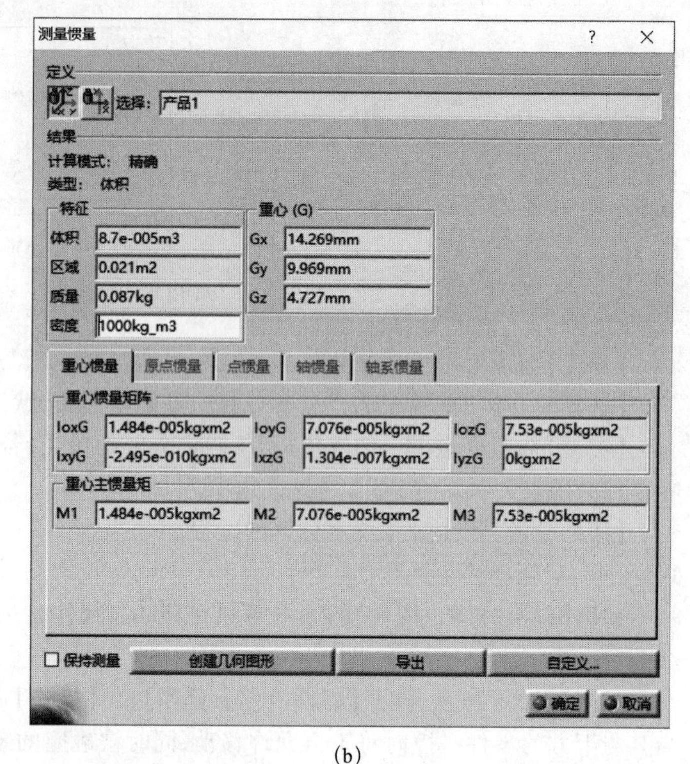

(b)

图 14-21 测量惯量

提示:可以单击【自定义】选择需要测量的项目。

14.4.2 计算碰撞

使用【计算碰撞】命令可以在所选的两个零件间进行干涉或间隙分析,单击菜单【分析】/【计算碰撞】按钮,弹出如图 14-22a 所示对话框,选择第一个零件,按住 <Ctrl> 键再选择第二个零件,如图 14-22b 所示,单击【应用】按钮,如果所选的两个零件有碰撞,在图形区会高亮显示碰撞区域,如图 14-22c 所示。

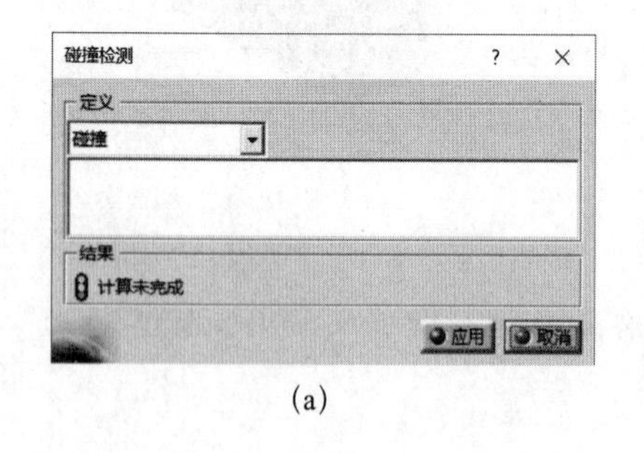

(a)

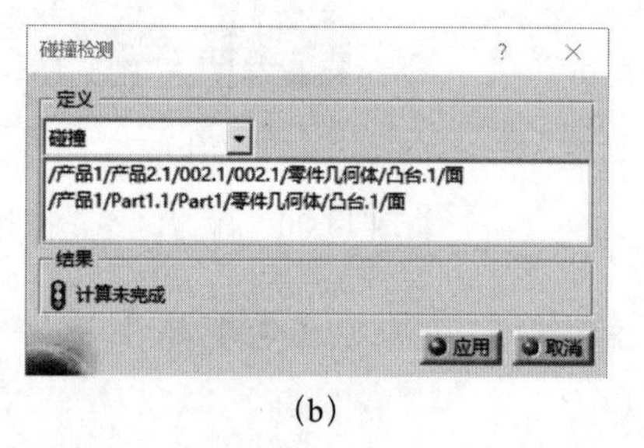

(b)

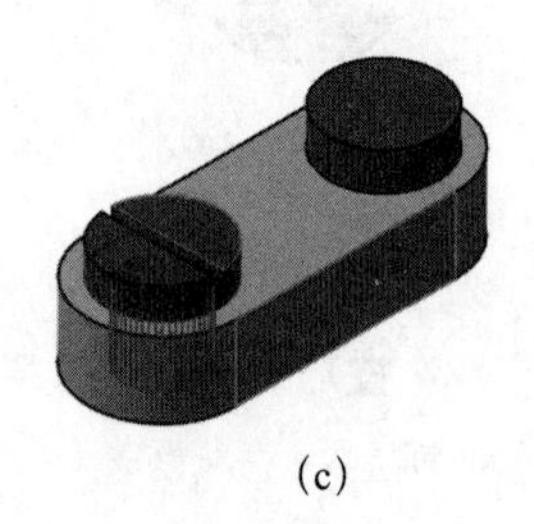

(c)

图 14-22 计算碰撞

在【定义】参数区可以选择是分析"碰撞"或分析"间隙",当选择"间隙"时,右侧会出现输入间隙值的文本框,如图 14-23a 所示,此时分析的是所选零件间的最小间隙,当小于输入值时将提示"间隙违例",如图 14-23b 所示。

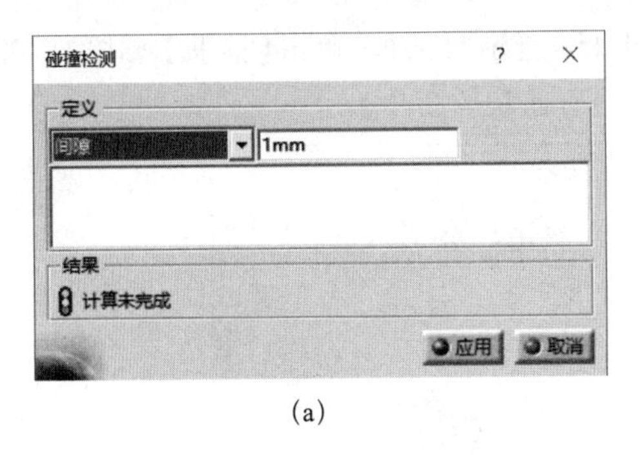

(a)

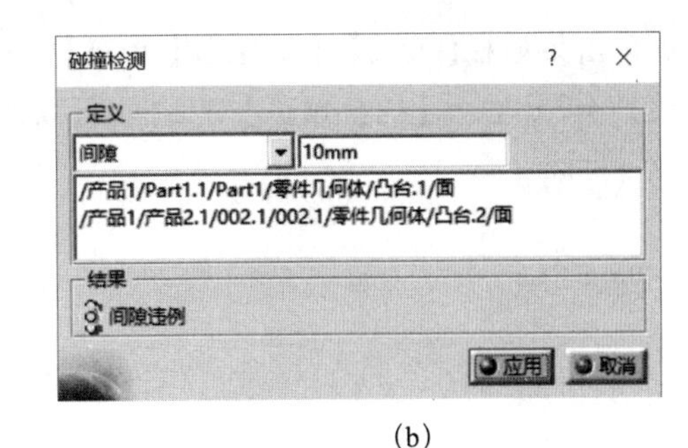

(b)

图 14-23　计算间隙

14.4.3　碰撞

使用【碰撞】命令可以对整个装配体进行更详细的分析,该命令位于【通用工具栏】中。单击【碰撞】按钮,弹出图 14-24a 所示对话框,默认对整个装配体进行分析,单击【应用】按钮,列出所有查找出的问题,如图 14-24b 所示。

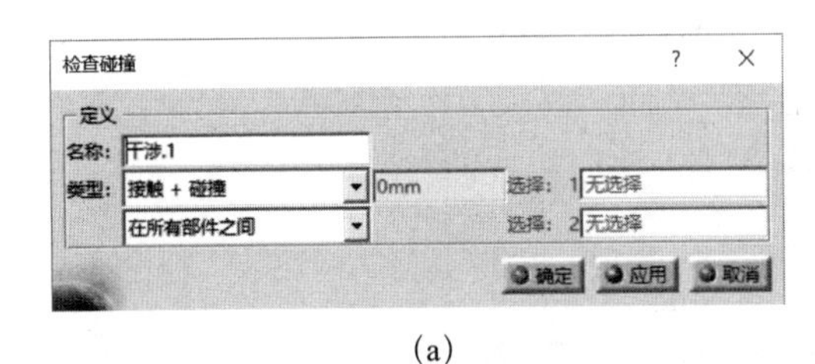

(a)

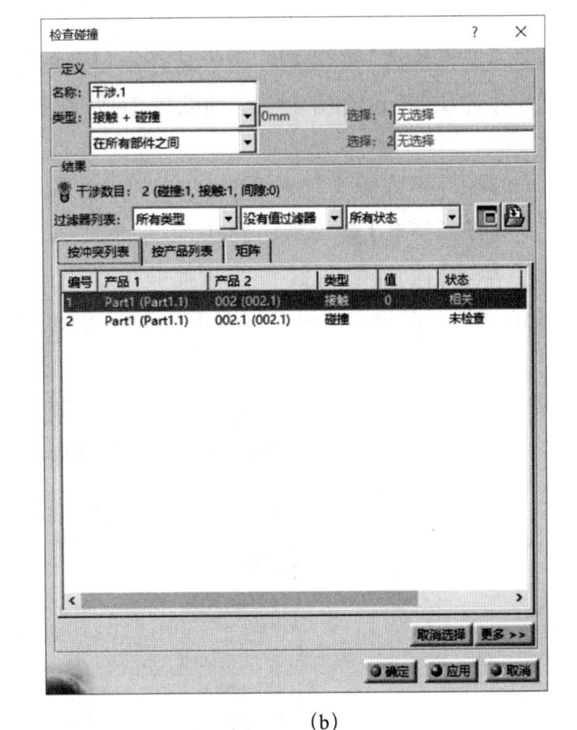

(b)

图 14-24　碰撞

图 14-24a、b 所示对话框中【类型】参数框用于设置需分析的内容。参数框下方下拉列表可用于选择需要分析的对象。

最下方的列表中列出了具体冲突的零件及数值等,系统提供了三种不同的列表形式,根据需要选择相应的列表查看。

14.5　捕获

产品在装配完成后,有时需要将效果图生成图片并导出,此时可通过【捕获】功能来完成，单击菜单栏【工具】/【图像】/【捕获】，弹出图 14-25a 所示对话框，单击【捕获】按钮，弹出图 14-25b 所示【捕获预览】对话框，可以保存或打印所捕获的图片。

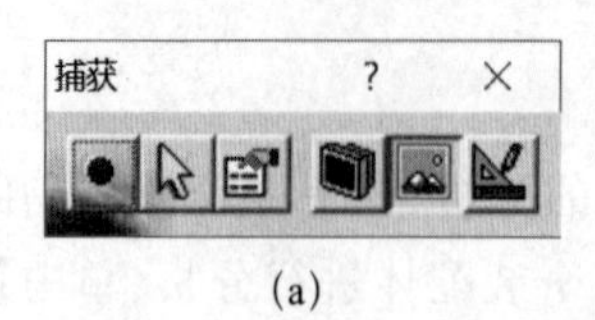

(a)

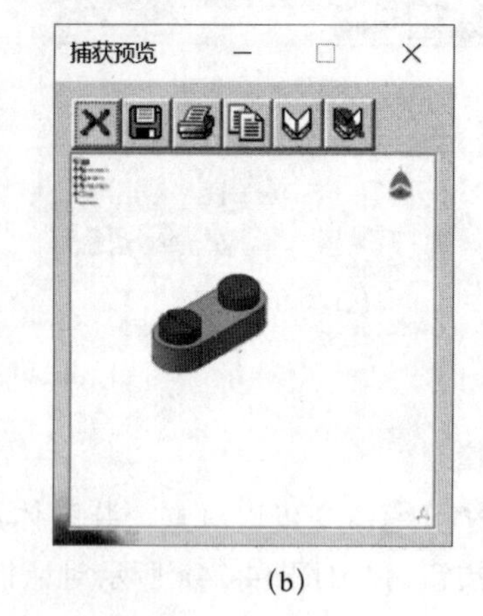

(b)

图 14-25　捕获

【选择模式】按钮可用于选择需捕获的范围，单击该选项后在屏幕上框选一区域即可。

【选项】按钮用于设定捕获的参数，单击后会弹出【选项更改】对话框，可根据需要进行更改。

单击【屏幕模式】按钮可捕获整个屏幕，不论当前 CATIA 是否最大化显示都不受影响。

【像素模式】为默认模式，可用于捕获 CATIA 的工作区域。

单击【向量模式】按钮只捕获 CATIA 的工作区域，采用这种模式图片将保存为向量格式的文件，如“cgm”“SVG”，而不能保存为图片格式。

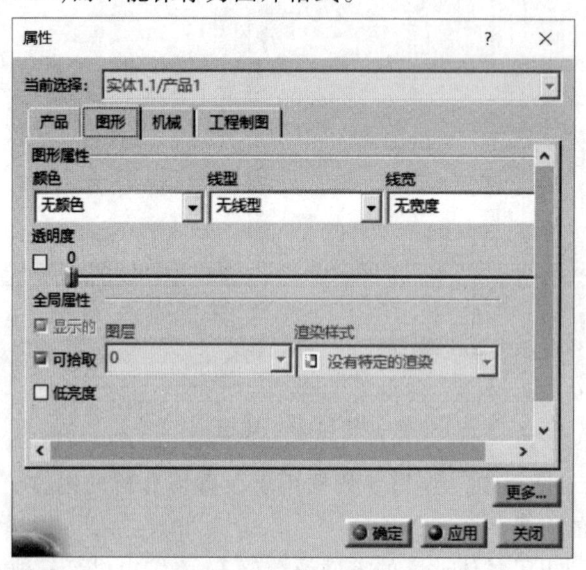

图 14-26　更改颜色

提示：要更改零部件颜色时，可在结构树该零部件上右击，在关联菜单中选择【属性】选项，弹出图 14-26 所示对话框，在其中的【图形】/【颜色】下拉列表中选择所需的颜色；如果仅对其中某个面进行颜色修改，可在模型区单独选择该面后执行同样的操作即可。

练习

一、简答题

1.【碰撞时停止操作】命令在哪些移动操作中可起作用,需注意什么?

2. 简述【智能移动】命令与【快速约束】命令的异同。

3. 使用【选择性加载】的好处是什么?

二、操作题

1. 通过【快速多实例化】命令添加图 14-27 所示装配体的另一侧标准件,并添加合理的约束关系。

图 14-27　操作题 1

2. 完成"操作题 1"后,检查装配体的干涉,并分析可能的产生原因,同时思考该如何修改?

模块五

工程图设计

工程图是设计与制造沟通的桥梁，本模块介绍了零件工程图、装配体工程图各种视图的生成方法及尺寸标注方法，并通过示例操作将基本操作贯穿其中，有利于快速学习如何生成符合要求的工程图。

任务15 设计工程图

任务目标

(1)熟悉工程视图的生成方法。

(2)掌握尺寸标注的操作方法。

(3)了解图框标题栏的创建方法。

任务描述

工程制图模块可以将已有的三维模型根据需要创建为所需的二维视图，并进行尺寸、公差各种形式的标注，同时根据需要添加表面粗糙度、焊接符号、文本注释、零件编号、标题栏和明细表等工程信息，最终形成独立的工程图文件。本任务将主要介绍工程图模块的命令和操作方法。

任务实践

15.1 工程图基本介绍

在 CATIA 三维设计软件中工程制图模块是一个独立的工作台，又称为创成式工程图。操作时首先打开一已有零件模型“cover”，单击菜单栏【开始】/【机械设计】/【工程制图】，如图15-1所示。

系统弹出图15-2a所示对话框，根据需要在“选择自动布局”区域进行选择，共提供了四种

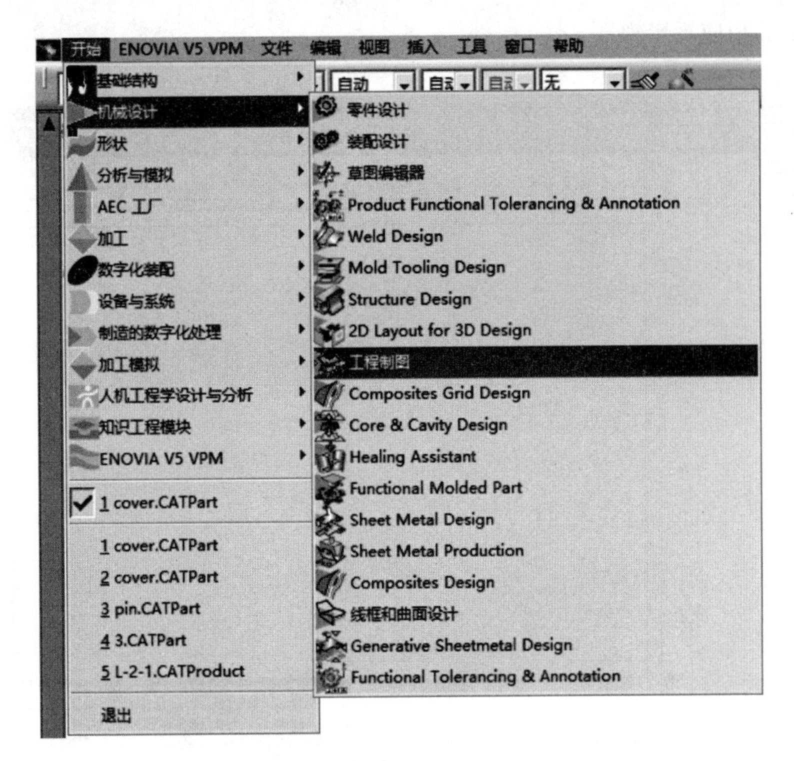

图 15-1　工程制图工作台

自动布局方式：

:进入后打开一空白的图纸。

:进入后自动创建 6 个基本视图及一个轴测图。

:进入后自动创建正视图、仰视图和右视图。

:进入后自动创建正视图、俯视图和左视图。

单击【修改…】按钮弹出图 15-2b 所示对话框，选择所需的标准与图纸样式，由于默认没有“GB”标准，所以通常选择“ISO”标准。

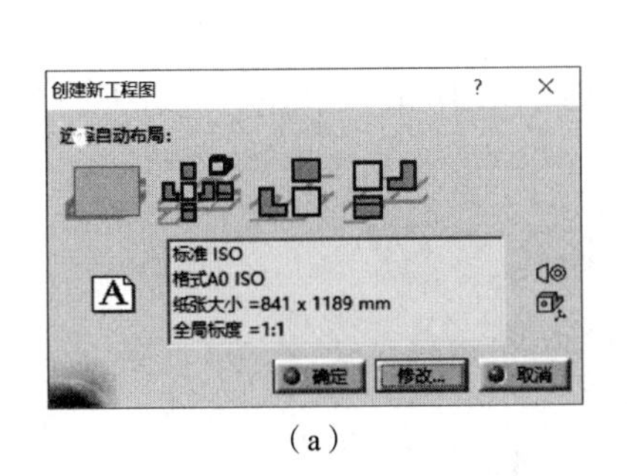

（a）

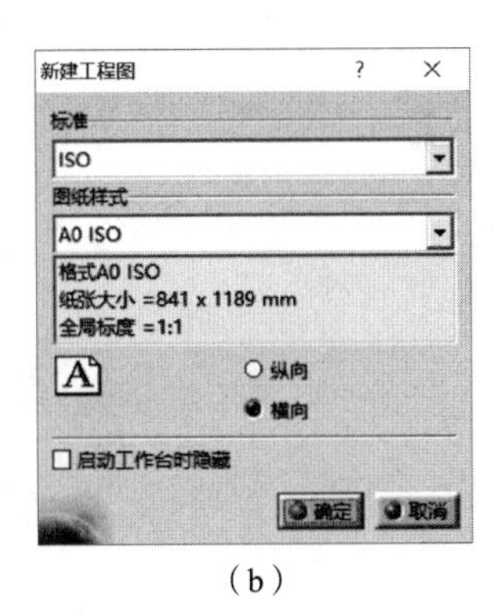

（b）

图 15-2　创建工程图

将标准选择为“ISO”，图纸样式选择“A3 ISO”，并选用“空图纸”后单击【确定】按钮，进入空白的工程图环境，如图 15-3 所示。如果生成时选择的是其他自动布局方案，将会同时生成当前打开模型的相应投影视图。

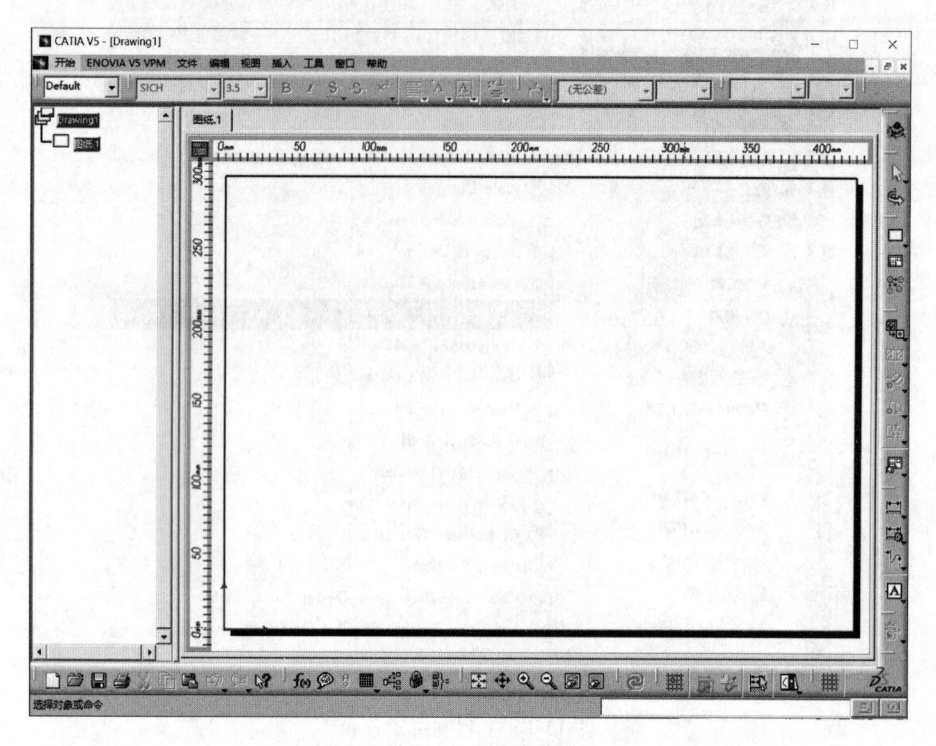

图 15-3 工程图环境

工程图环境左侧是“规格”栏，列出了当前工程图中的图纸页及图纸中的各个视图，可以通过按压快捷键 <F3> 打开或关闭。中间空白区域为工作区，其范围大小取决于所选的“图纸样式”，空白区用于布置所需的各种视图、标注、注释文字等，其右侧为工程图工具栏，大多工程图中使用的命令均在该区域列出。

15.2 视图生成

CATIA 中生成视图的方法很多，主要分为【投影】【截面】【详细信息】【裁剪】【断开视图】五大类。

15.2.1 投影

投影是一个命令集，包含多个命令，工具条如图 15-4 所示。本任务内容非特殊说明均以零件模型“cover”为例。

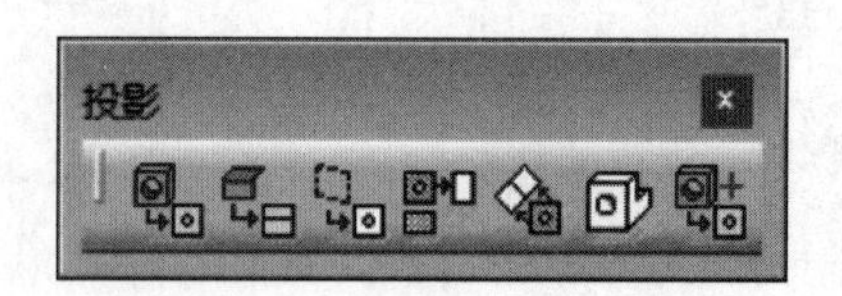

图 15-4 【投影】工具条

(1)使用【正视图】命令可以在空白工程图环境创建第一个正视图。

操作方法：

①单击【正视图】按钮。

②在菜单栏【窗口】下拉列表中选择需生成工程图的模型，如图 15-5a 所示。

技巧：切换至模型空间时可按 <Ctrl + Tab> 键进行快速切换。

③系统切换至模型空间，选择一参考平面，可以是基准面或模型上的平面，将鼠标移至平面上后在右下角显示相应的投影示意，如图 15-5b 所示，选定所需参考的平面后在该平面上单击确定。

④系统自动切换回工程图环境，显示生成的视图预览，同时右上角显示视图操控圆盘，如图 15-5c 所示。

⑤通过操控圆盘对视图进一步调整，操控圆盘的最外一圈用于角度调整，拖动绿色小点将以 30°递增；4 个方向的蓝色箭头每单击一次绕相应轴旋转 90°；内侧的旋转箭头每单击一次绕中心转 30°。

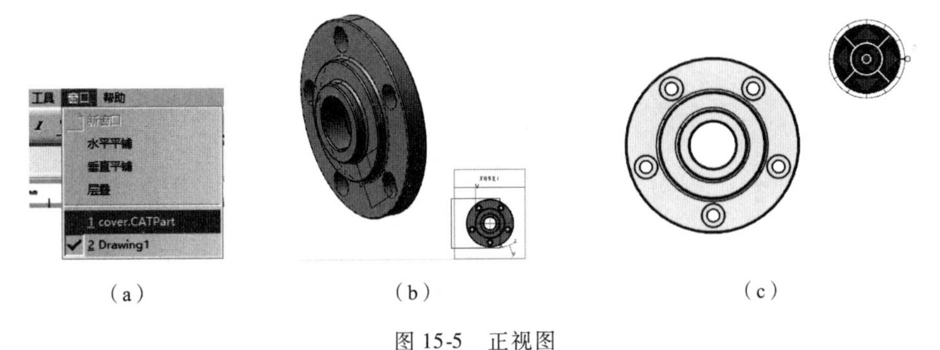

（a）　（b）　（c）

图 15-5　正视图

提示：在小绿点上右击，在关联菜单上选择【设置递增】选项，可更改角度的递增量。在内侧的旋转箭头上键右击，在关联菜单上选择【编辑角度】，可以进行旋转角度的设定。

⑥调整至所需视图后单击中心圆点或工作区的空白处即可生成视图，如图 15-6a 所示。

⑦生成的视图默认有矩形视图框包围，方便选择及移动，在视图框上右击，在关联菜单中选择【属性】选项，弹出图 15-6b 所示的【属性】对话框，可以对该视图进行进一步的参数设置，例如【圆角】选为【投影原始边线】，单击【确定】按钮，结果如图 15-6c 所示。

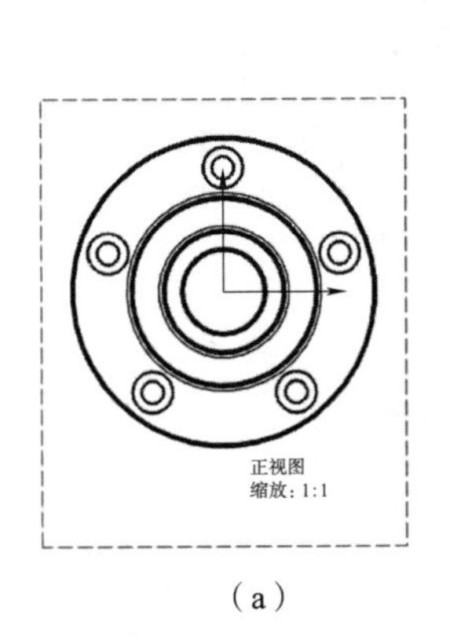

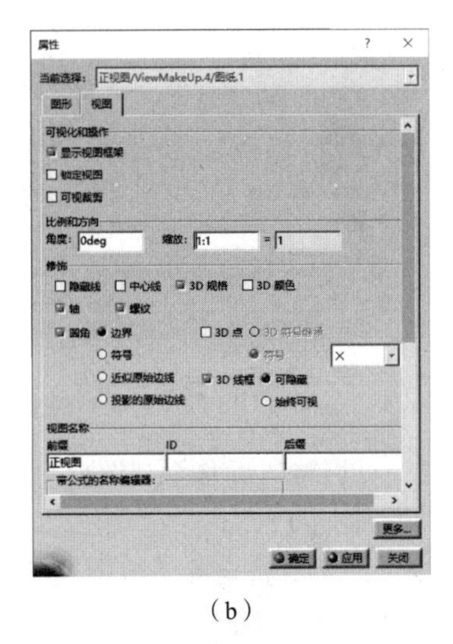

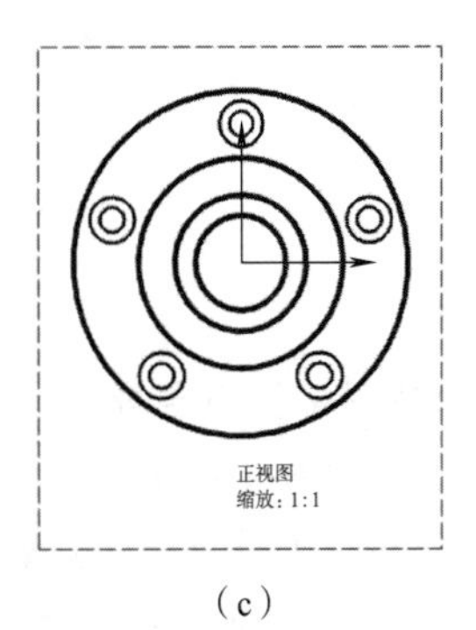

（a）　（b）　（c）

图 15-6　生成视图

注意：在打印时并不打印视图框，如果不需要显示视图框，可将【属性】对话框中的【视图】/【显示视图框架】复选框取消勾选即可。

(2)使用【展开视图】命令可以创建钣金模型的展开图。

(3)使用【3D 视图】命令可以创建以三维“视图/标注平面”为参考的视图，支持的视图形式如图 15-7 所示，由于【视图/标注平面】功能属于“创面式外形设计”模块，在此不做详述。

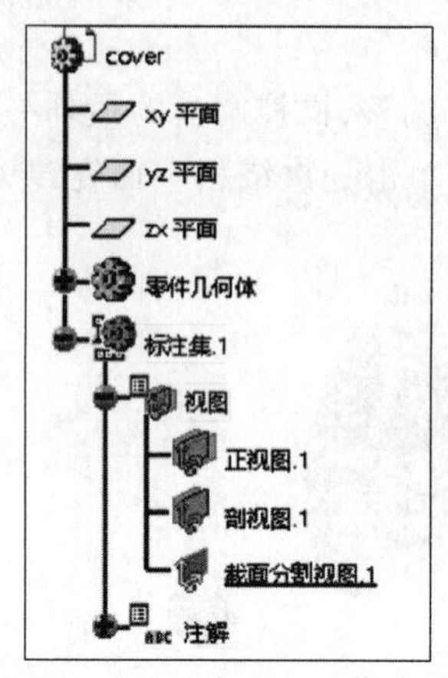

图 15-7　视图/标注平面

(4)使用【投影视图】命令可以用已生成的视图生成其余的基本视图。

操作方法：

①确保主视图在激活状态下，单击【投影视图】。

提示：当视图框为红色时表示该视图处于激活状态，蓝色时为非激活状态，如处于非激活状态可通过双击该视图的视图框激活。

②移动鼠标至适当位置，鼠标会对应的视图预览，如图 15-8a 所示。

③如该视图是所需视图，单击鼠标左键即可生成该视图，如图 15-8b 所示。

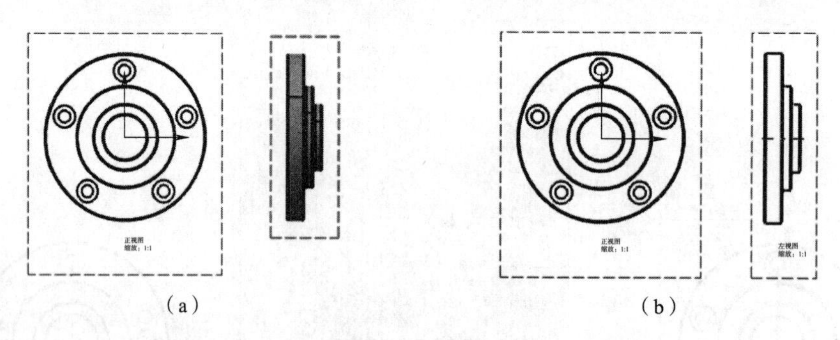

(a)　(b)

图 15-8　投影视图

如视图位置不合理需要调整，可用将鼠标移至视图框上后拖动鼠标。

【投影视图】是较常用的一种视图生成方式。

(5)使用【辅助视图】命令可以生成选定参考方向的视图。

操作方法：[以零件模型“15. 2. 1(5)”为例]

①打开模型“15. 2. 1(5)”并生成如图 15-9a 所示的主视图。

②单击【辅助视图】按钮选择斜边线并移动鼠标向左偏移一定距离后单击鼠标左键，如图 15-9b 所示。

③再次向右移动鼠标，出现视图预览，如图 15-9c 所示。

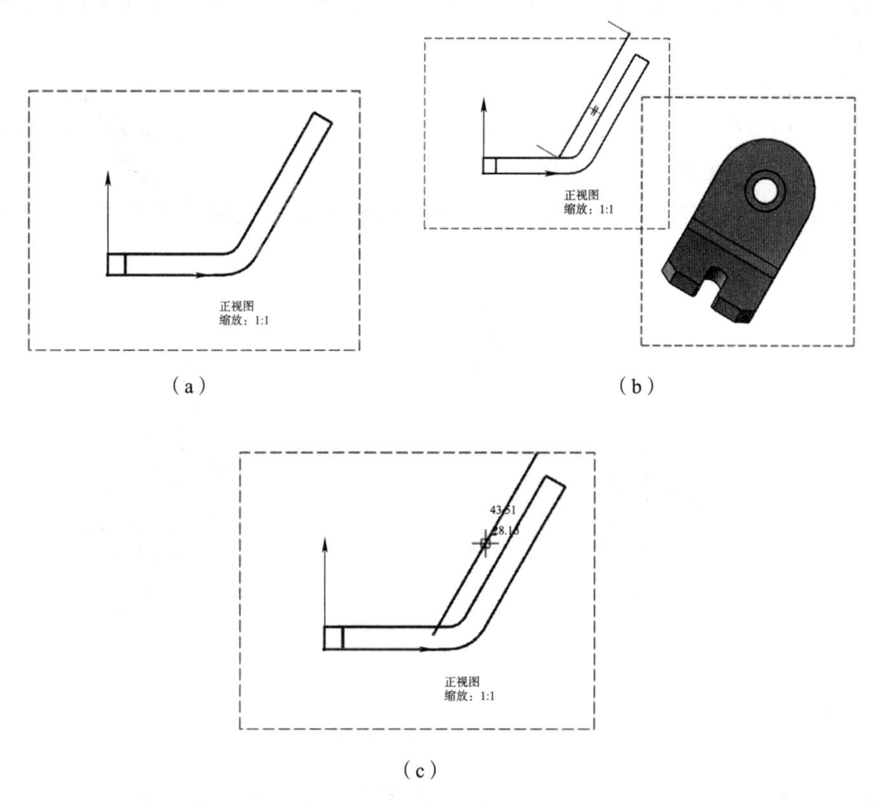

（a）　　（b）

（c）

图 15-9　辅助视图 1

④在合适的位置单击鼠标左键，生成图 15-10a 所示视图。

⑤在新生成的视图框上单击鼠标右键，在关联菜单中选择【属性】选项，在【属性】对话框中的【视图】/【比例和方向】/【角度】中输入值“30”，单击【确定】按钮，视图将旋转给定的角度，结果如图 15-10b 所示。

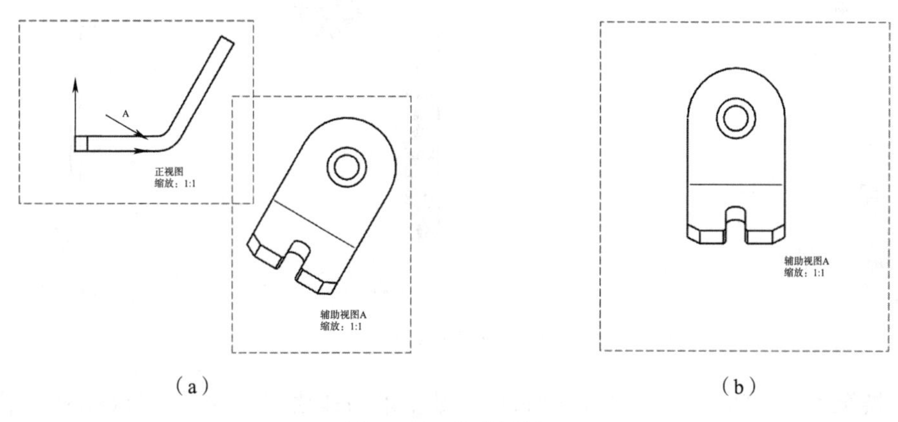

（a）　　（b）

图 15-10　辅助视图 2

⑥生成的辅助视图其位置与参考方向对齐，如需将其移至其他位置，在该视图的视图框上单击鼠标右键，在关联菜单中选择【视图定位】/【不根据参考视图定位】，即可任意移动该视图。

(6)使用【等轴测视图】命令可以生成零部件的轴测图。其操作方法与【正视图】类似。

操作方法：

①单击【等轴测视图】按钮。

②切换至模型空间，选择一参考平面，系统自动切换回工程图环境，显示生成的视图预览，同时右上角显示“视图操控圆盘”，如图 15-11a 所示。

③根据需要通过操控圆盘对视图进一步调整，调整至所需视图后单击中心圆点或在工作区的空白处即可生成视图，如图 15-11b 所示。

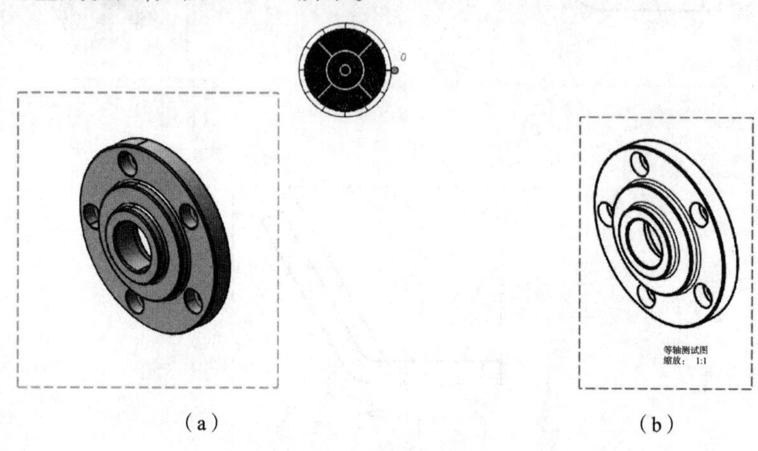

(a)　　(b)

图 15-11　等轴测视图

(7)使用【高级视图】命令可以根据定义的参数生成零部件的正视图。其操作方法与【正视图】类似。

操作方法：

①单击【高级视图】按钮，系统弹出图 15-12a 所示对话框，在对话框中输入视图名称及所需的比例后单击【确定】按钮。

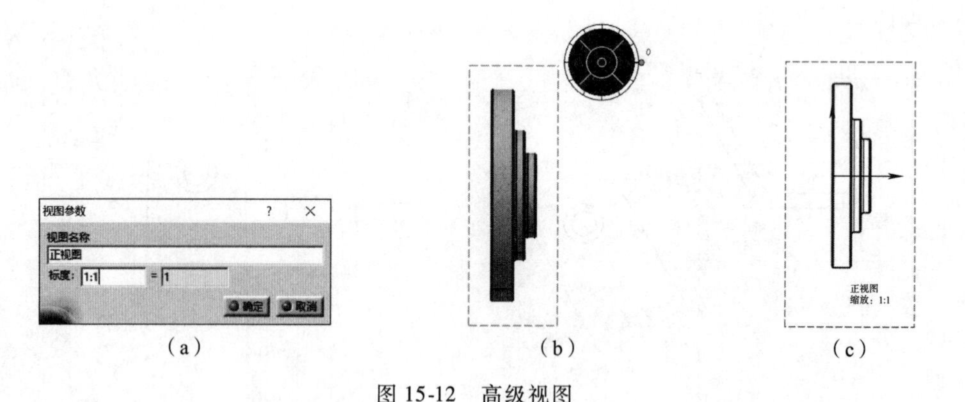

(a)　　(b)　　(c)

图 15-12　高级视图

②切换至模型空间，选择一参考平面，可以是基准面或模型上的平面，鼠标移至平面上后在右下角出现相应的投影示意，选定所需参考的平面后在该平面上单击鼠标确定。系统自动

切换回工程图环境,显示生成的视图预览,同时右上角显示视图操控圆盘,如图 15-12b 所示。

③根据需要通过操控圆盘对视图进一步调整,调整至所需视图后单击中心圆点或在工作区的空白处即可生成视图,如图 15-12c 所示。

15.2.2　截面

【截面】命令集包含多个命令,工具条如图 15-13 所示。

(1)使用【偏移剖视图】命令可以通过已有的视图生成剖视图。

操作方法:

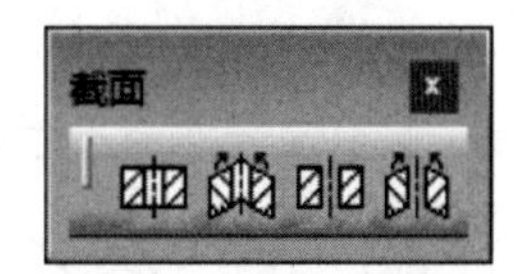

图 15-13　【截面】工具条

①根据需要生成主视图,如图 15-14a 所示。

②单击【偏移剖视图】按钮,在主视图上绘制表示剖切区域的直线,如图 15-14b 所示,注意在线的末端双击鼠标左键表示绘制结束。

③左右移动鼠标时会出现视图预览,如图 15-14c 所示。

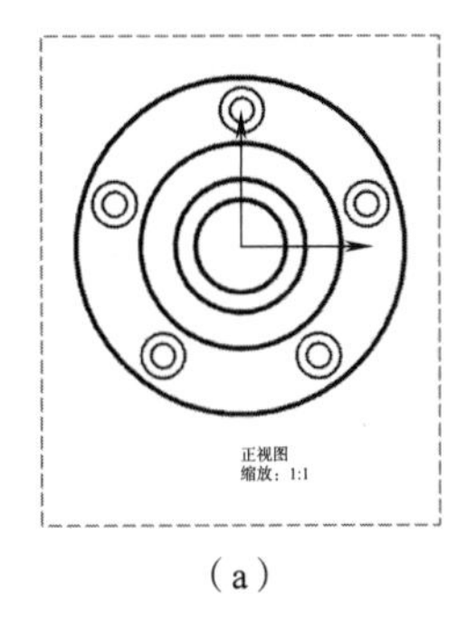

(a)

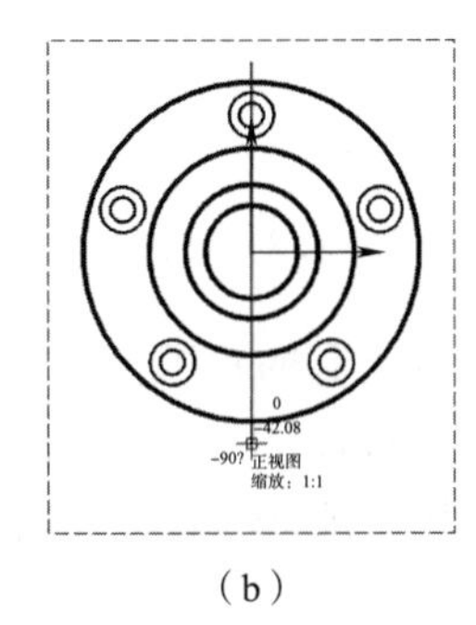

(b)

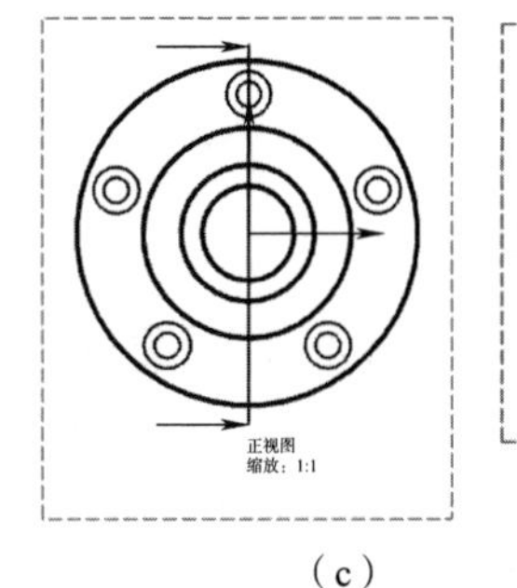

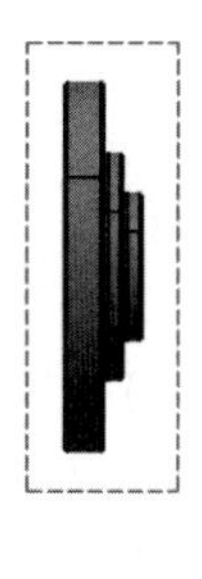

(c)

图 15-14　偏移剖视图 1

④在合适的位置单击鼠标,生成剖视图,如图 15-15a 所示。

⑤在剖面线上右击,在关联菜单中选择【属性】选项,弹出图 15-15b 所示对话框,在【阵列】选项卡中对剖面线根据需要进行调整,调整完成后单击【确定】按钮,结果如图 15-15c 所示。

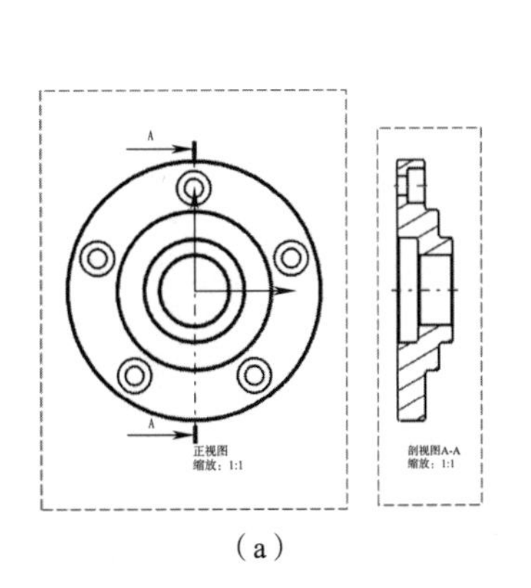

(a)

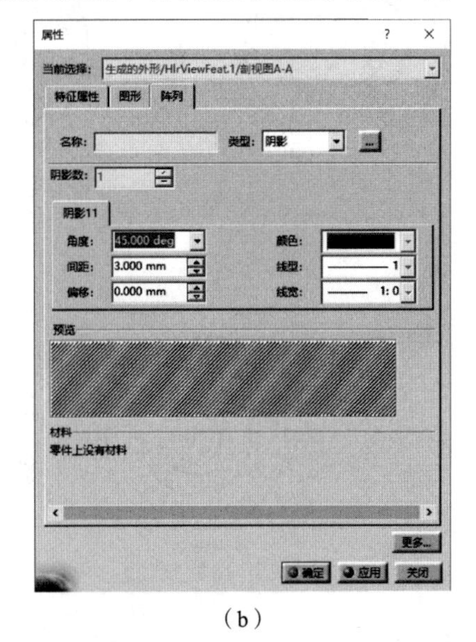

(b)

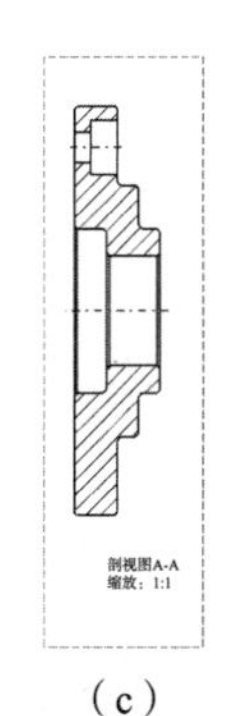

(c)

图 15-15　偏移剖视图 2

提示:对于剖切线、剖切文字等格式需要更改时,同样可以通过单击鼠标右键,在关联菜单中选择【属性】选项,在相应的对话框中进行修改,限于篇幅,在此不再详述。

如果剖切位置线互相平行,则均可使用该功能完成。可根据需要绘制相应的剖切线,如图 15-16a 所示为剖切线从中心位置转至模型外侧所形成的半剖视图;图 15-16b 所示为阶梯剖切形成的剖视图。

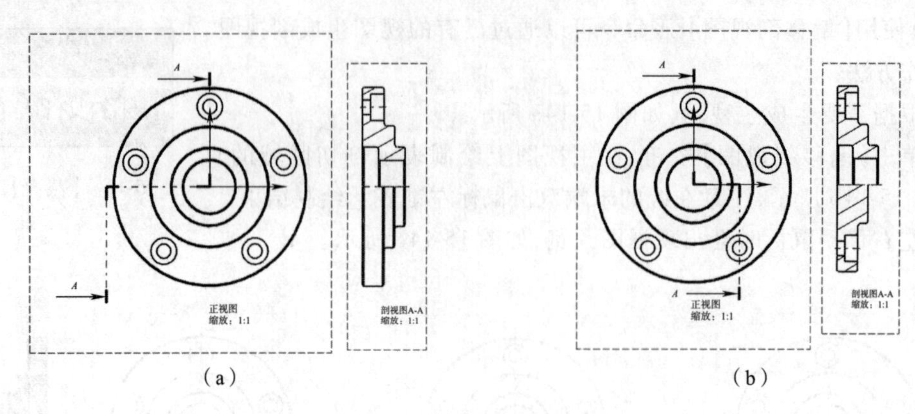

图 15-16 偏移剖视图 3

(2)使用【对齐剖视图】命令可以通过已有的视图生成旋转剖视图。

操作方法:(以图 15-14a 所示主视图为剖切对象)

①单击【对齐剖视图】按钮,在主视图上绘制表示剖切区域的直线,如图 15-17a 所示,注意在线的末端双击鼠标左键。

②左右移动鼠标时会出现视图预览,如图 15-17b 所示。

③在合适的位置单击鼠标,生成剖视图,如图 15-17c 所示。

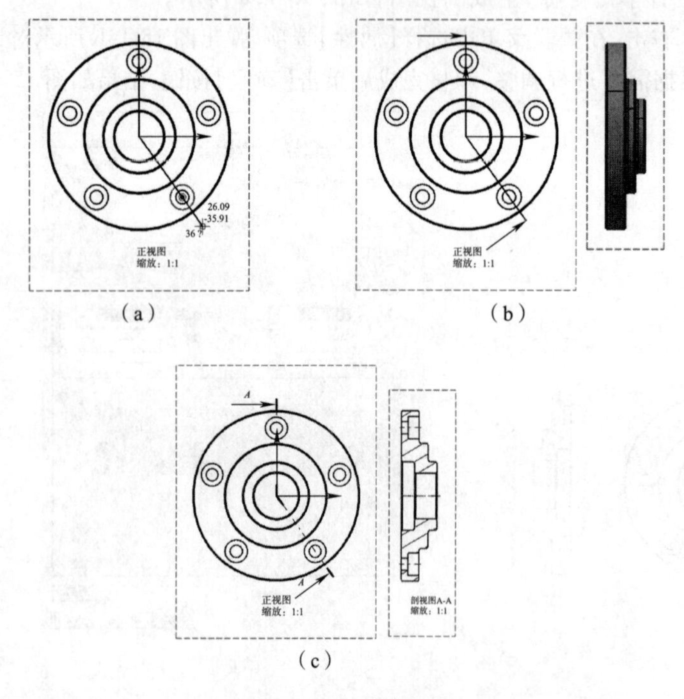

图 15-17 对齐剖视图

(3)使用【偏移截面分割】命令可以通过已有的视图生成断面图,其操作方法与【偏移剖视图】命令相同,生成结果不同,显示为断面视图,如图 15-18 所示。

(4)使用【对齐截面分割】命令可以通过已有的视图生成旋转断面图,其操作方法与【对齐剖视图】命令相同,生成结果不同,显示为旋转断面视图,如图 15-19 所示。

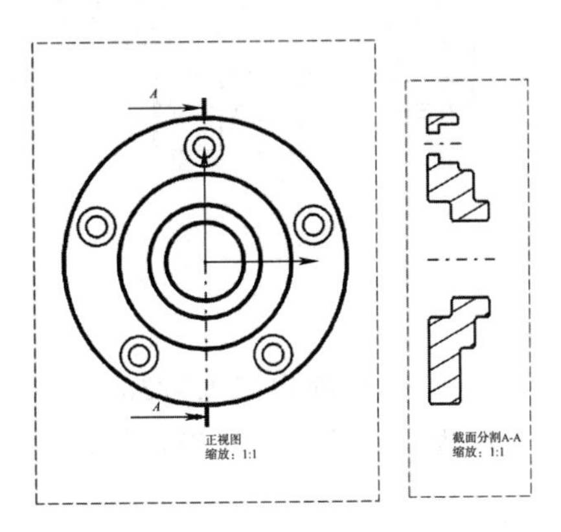

图 15-18　偏移截面分割

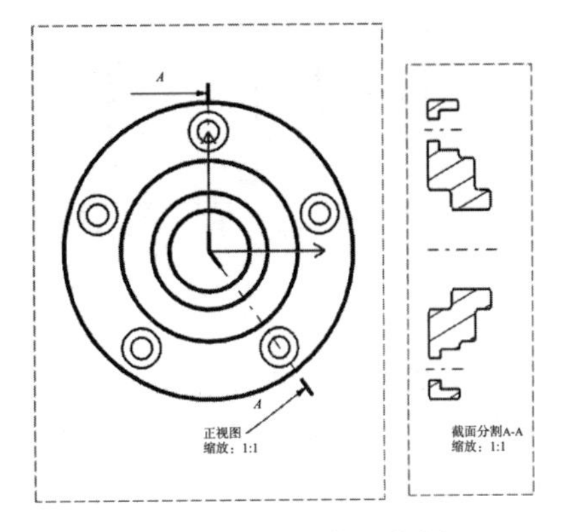

图 15-19　对齐截面分割

技巧:在使用截面类命令时,可以将模型与当前工程图通过菜单栏【窗口】中的平铺功能并列显示,这样在绘制剖切线时可以同时在模型中看到剖切面的实时显示,更便于观察。

15.2.3　详细信息

【详细信息】(又称局部放大图)命令集,包含多个局部放大命令,工具条如图 15-20 所示。本节内容非特殊说明均以零件模型“shafts”为例。

图 15-20　【详细信息】工具条

(1)使用【详细视图】命令可以通过已有的视图生成局部放大图。

操作方法:

①根据需要生成主视图,如图 15-21a 所示。

②单击【详细视图】按钮,鼠标移至需放大的区域,绘制定义放大区域的圆,如图 15-21b 所示。

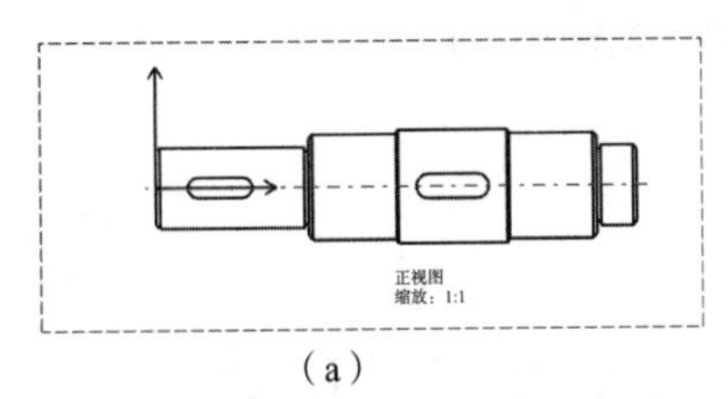

(a)

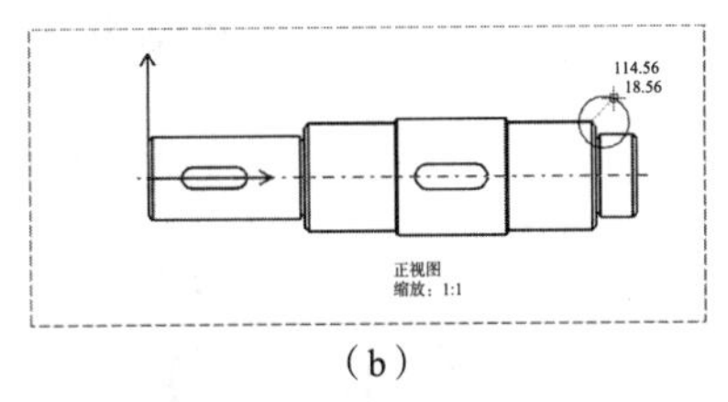

(b)

图 15-21　详细视图 1

技巧:绘制圆时系统默认为捕捉状态,但很多时候这种捕捉反而会影响操作,此时可按住<Shift>键再绘制,系统会临时解除捕捉。

③移动鼠标，出现放大预览，如图 15-22a 所示。

④将鼠标移至合适位置后单击鼠标左键，生成详细视图，如图 15-22b 所示。

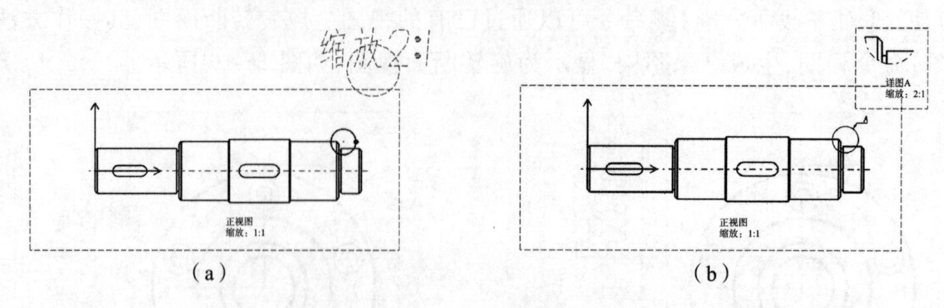

（a）　　（b）

图 15-22　详细视图 2

⑤在所生成的放大视图上右击，在关联菜单中选择【属性】，弹出图 15-23a 所示对话框，在【缩放】文本框输入比例值可更改放大系数，在此更改为“5∶1”，单击【确定】按钮，结果如图 15-23b 所示。

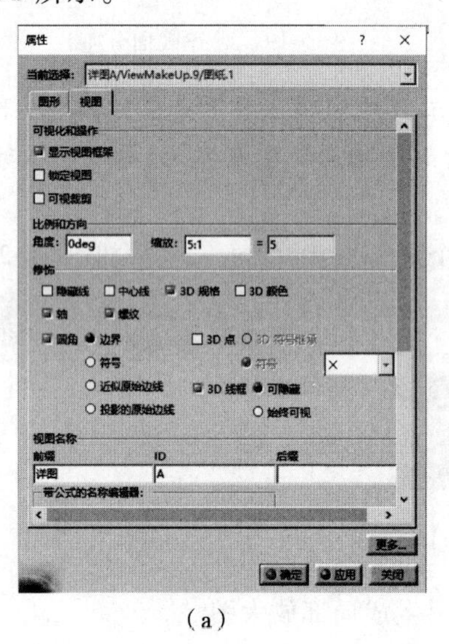

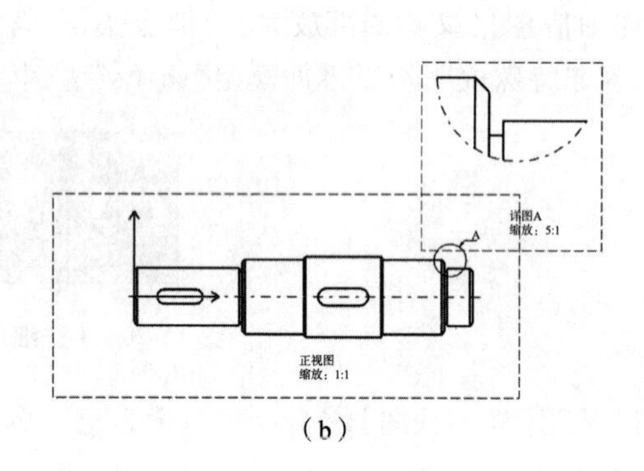

（a）　　（b）

图 15-23　详细视图 3

（2）使用【详细视图轮廓】命令可以通过已有的视图生成局部放大视图。其与【详细视图】的区别在于定义限制放大区域的草图可以绘制任意多边形，如图 15-24a 所示，注意草图要封闭，图形闭合后双击鼠标左键以结束草图绘制，结果如图 15-24b 所示，其余设置与【详细视图】相同。

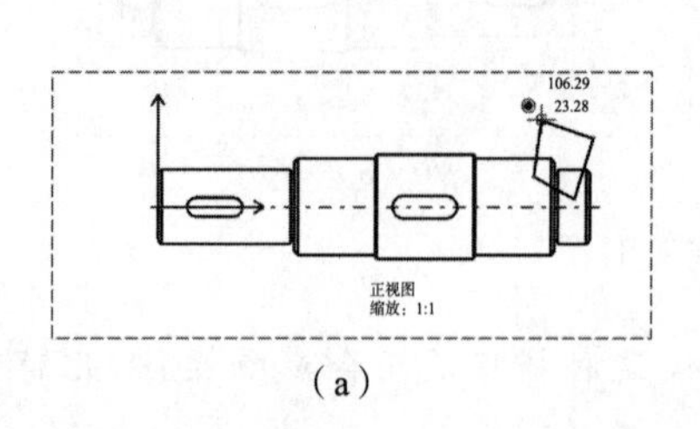

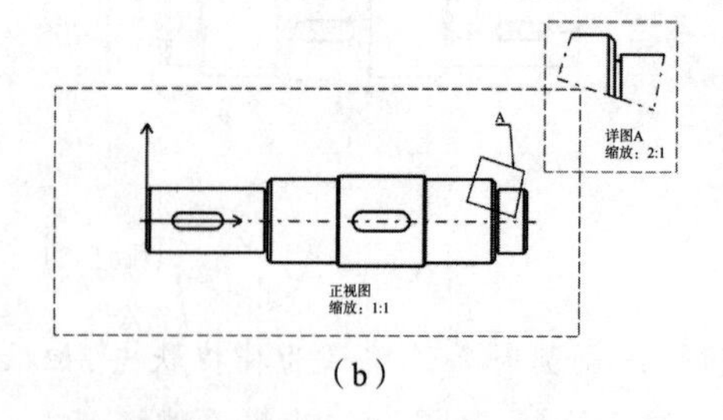

（a）　　（b）

图 15-24　详细视图轮廓

(3)使用【快速详细视图】命令可以通过已有的视图生成局部放大视图。其操作方法与【详细视图】操作方法一样,放大视图将包含完整的用于定义放大区域的圆,如图 15-25 所示。

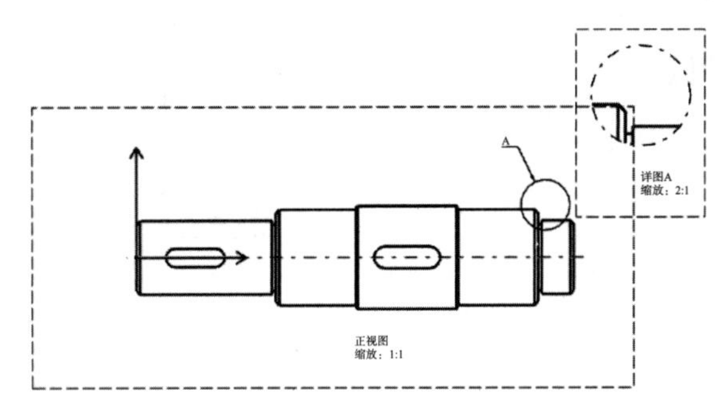

图 15-25　快速详细视图

(4)使用【快速详细视图轮廓】命令可以通过已有的视图生成局部放大视图。其操作方法与使用【详细视图轮廓】命令一样,最终生成含完整的定义区域的草图,如图 15-26 所示。

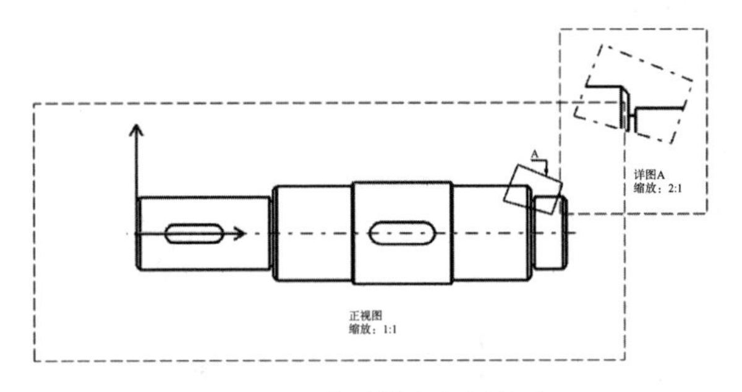

图 15-26　快速详细视图轮廓

注意:【详细视图】命令与【快速详细视图】命令的根本区别是在快速详细视图状态下会对放大区域的二维图部分直接放大,而在详细视图状态下是对相应的三维模型进行布尔运算后生成放大视图,因此两种放大结果并非完全一样,快速状态生成的放大视图运算效率更高。

15.2.4　裁剪

【裁剪】(又称为局部视图)命令集包含多个命令,工具条如图 15-27 所示。本节内容非特殊说明均以零件模型“15.2.1(5)”为例。

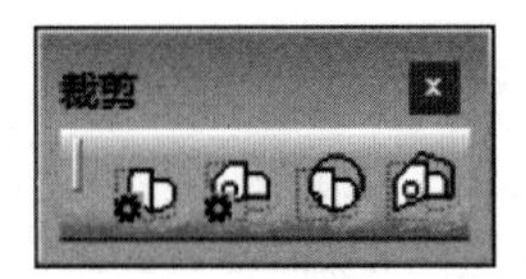

图 15-27　【裁剪】工具条

(1)使用【裁剪视图】命令可以对已有的视图进行裁剪,生成局部视图。

操作方法:

①根据需要生成主视图及辅助视图,并激活辅助视图,如图 15-28a 所示,

②单击【裁剪视图】命令,绘制定义区域的圆,如图 15-28b 所示。

③单击鼠标左键生成如图 15-28c 所示裁剪视图。

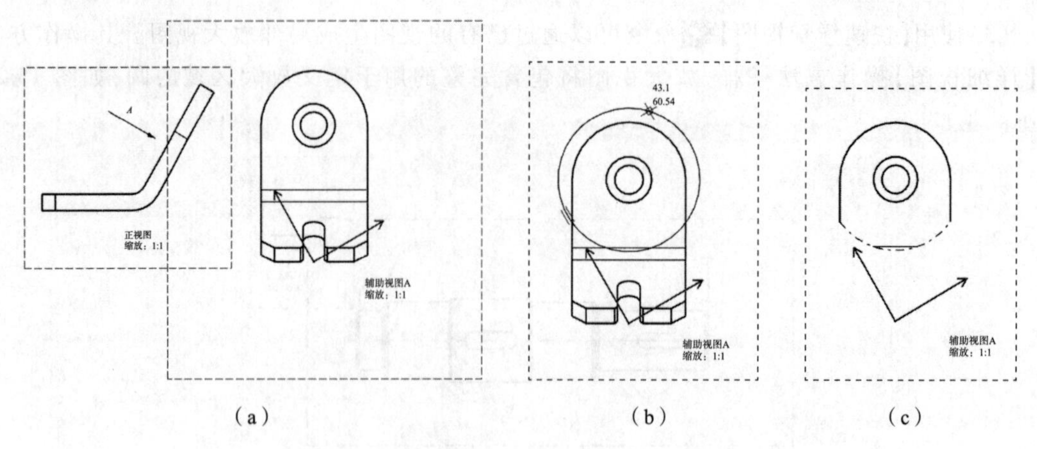

图 15-28　裁剪视图

(2)使用【裁剪轮廓视图】命令可以对已有的视图进行裁剪，生成局部视图。其与【裁剪视图】命令的区别在于定义限制放大区域的草图可以绘制任意多边形，如图 15-29a 所示，注意草图要封闭，草图闭合后双击鼠标左键以结束草图绘制，结果如图 15-29b 所示，其余设置与【裁剪视图】命令相同。

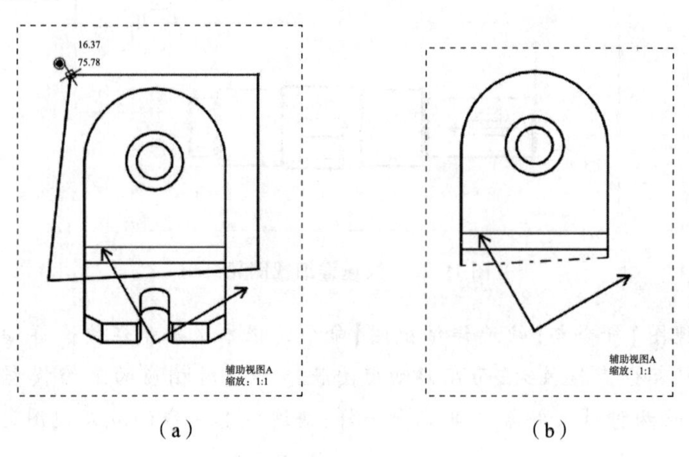

图 15-29　裁剪轮廓视图

(3)【快速裁剪视图】及【快速裁剪轮廓视图】与非快速状态下的命令区别详见【详细信息】命令组的区别。

15.2.5　断开视图

【断开视图】命令集包含多个命令，工具条如图 15-30 所示。本节内容非特殊说明均以零件模型"pin"为例。

(1)使用【局部视图】命令可以通过已有的视图生成断开视图。

图 15-30　【断开视图】工具条

操作方法：

①根据需要生成主视图，如图 15-31a 所示。

②单击【局部视图】命令，在视图区选择第一点，并根据截断的方向选择第二点，如图 15-31b 所示。

提示:选择的点必须在视图图形区内(而非视图框内),视图图形区外无法选择。

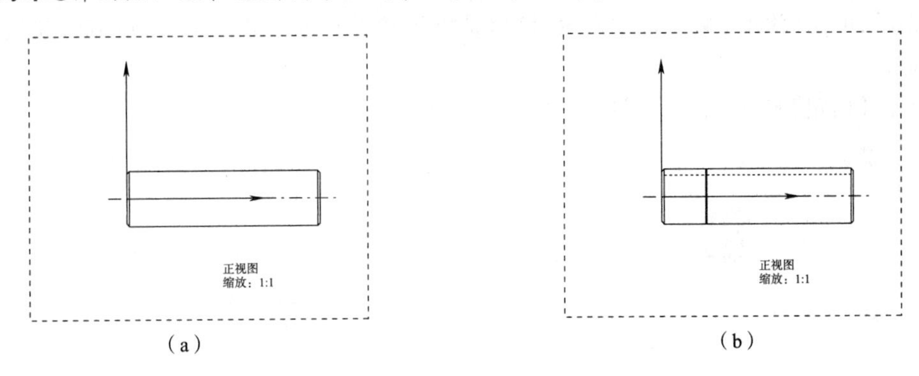

(a) (b)

图 15-31 局部视图 1

③移动鼠标至断开的另一端,并单击鼠标确定位置,如图 15-32a 所示。

④在视图框外侧单击鼠标生成断开视图,如图 15-32b 所示。

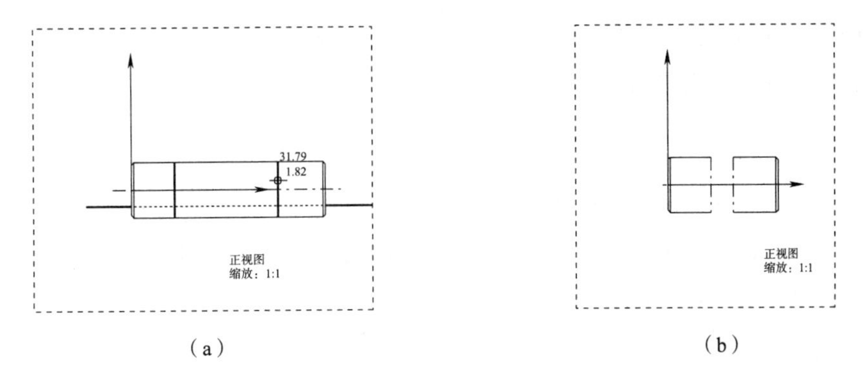

(a) (b)

图 15-32 局部视图 2

(2)使用【剖面视图】命令可以对已有的视图生成局部剖视。

操作方法:

①根据需要生成主视图与左视图,如图 15-33a 所示。

②单击【剖面视图】命令,在主视图上绘制限定范围的草图,如图 15-33b 所示,图形闭合后双击鼠标左键以结束草图绘制。

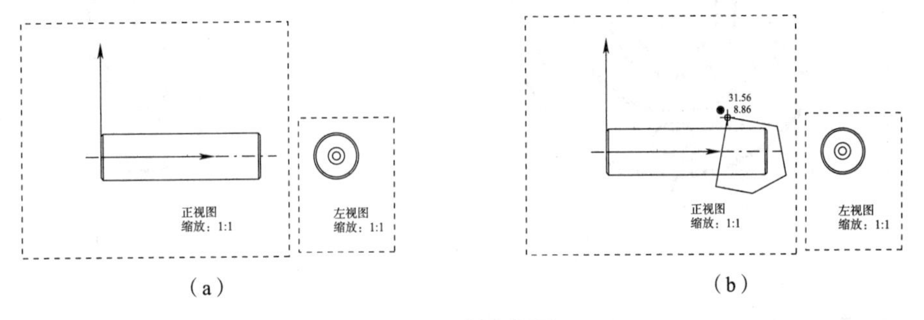

(a) (b)

图 15-33 剖面视图 1

③系统弹出图 15-34a 所示对话框,预览框中的“橙色”截面可以拖动,以确定剖切深度,需

要精确剖切至圆柱体中心时，在【参考元素】参数框单击鼠标，选择左视图中的圆作为参考。选择完成后，可在【深度】文本框输入值，该值是指相对于参考对象的距离，负值为默认方向的相反方向。

④单击【确定】按钮，生成如图 15-34b 所示剖面视图。

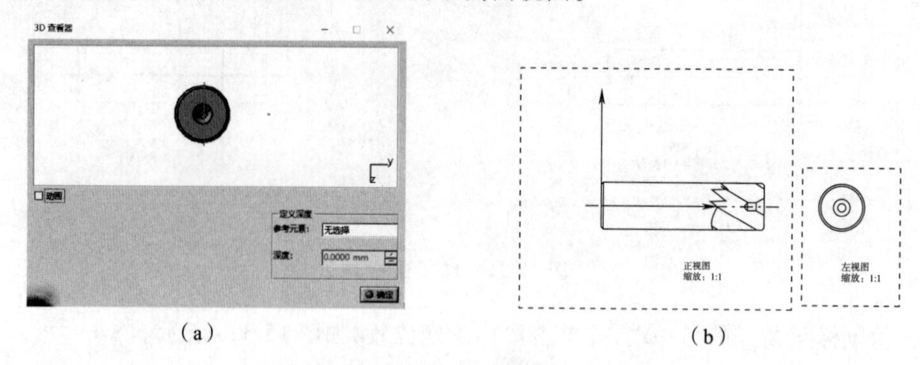

(a) (b)

图 15-34　剖面视图 2

(3)使用【添加 3D 裁剪】命令可以对已有的视图生成整体裁剪剖视。单击该命令后会弹出相应的对话框用于定义裁剪方式。

15.3　尺寸标注

只有图形没有尺寸的工程图是没有灵魂的，一张可用的工程图必须包含正确、规范的尺寸标注，尺寸标注项目繁多，本节只讲解最常用的标注功能与方法，并非严格按国家标准要求标注工程图的所有信息，需要特别注意。

本节内容以零件模型“cover”为例，首先生成图 15-35 所示视图。

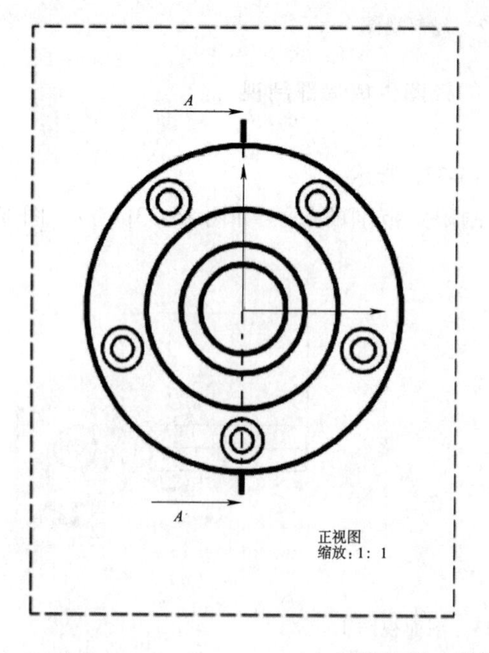

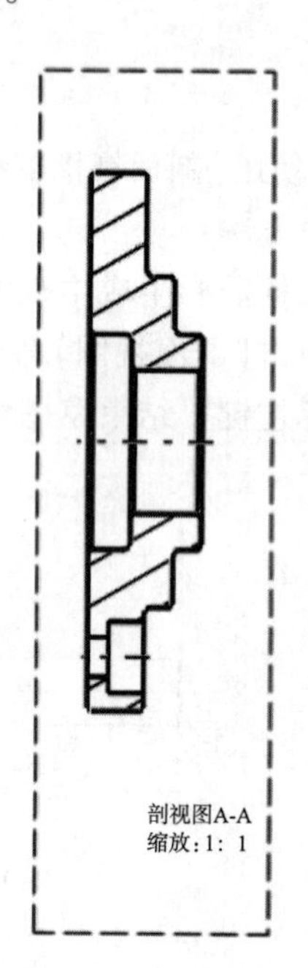

图 15-35　示例视图

15.3.1　生成尺寸

使用【生成尺寸】命令可以在所选的视图上自动生成相关尺寸。

操作方法：

(1)选择需生成尺寸的视图，必须有其中一个视图处于激活状态。

(2)单击【生成尺寸】命令，弹出图15-36a所示对话框。

(3)单击【确定】按钮，生成相关尺寸，如图15-36b所示。

(4)调整尺寸至合理位置。

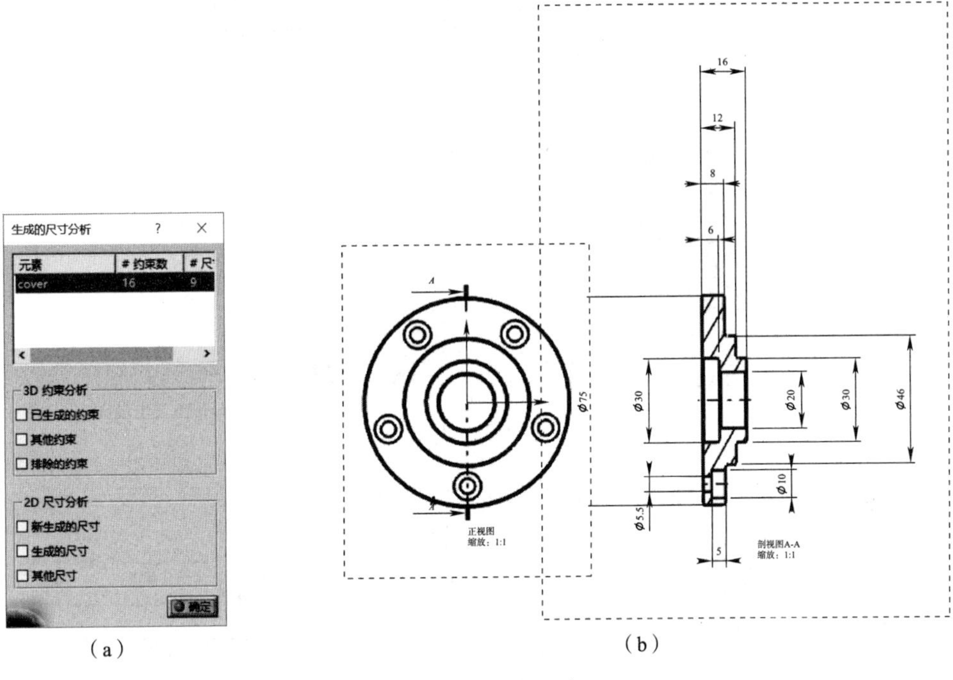

(a)　(b)

图15-36　生成尺寸

使用【生成尺寸】命令生成的尺寸来源于草图尺寸、特征尺寸、测量尺寸等模型中有已有的尺寸，当这些尺寸无法满足工程图的需求时，则要通过【尺寸】功能手工标注，【尺寸】功能包含多个命令，如图15-37所示，其操作方法与CAD等二维制图软件中的标注方法类似，此处不再详述。

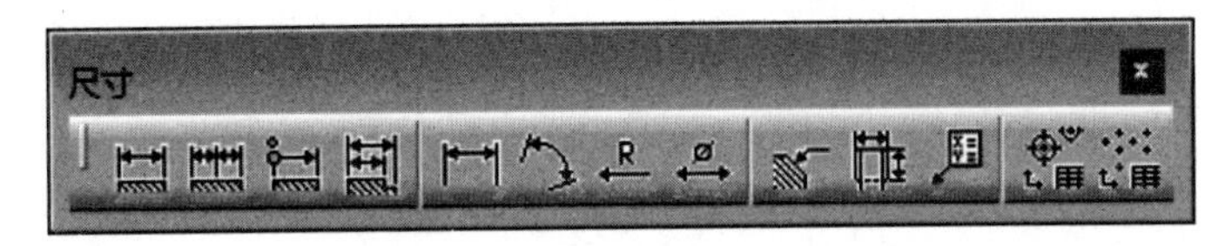

图15-37　【尺寸】工具条

当生成的尺寸比如尺寸界线颜色、箭头形式、文字字体等，不符合要求时，可以在该尺寸上右击，在关联菜单中选择【属性】选项，弹出如图15-38所示对话框，可对尺寸的各个元素属性进行修改。

15.3.2　尺寸公差

工程图中尺寸的公差可通过【尺寸属性】参数框添加，当选中某个尺寸时【尺寸属性】参数框被激活,如图 15-39 所示。

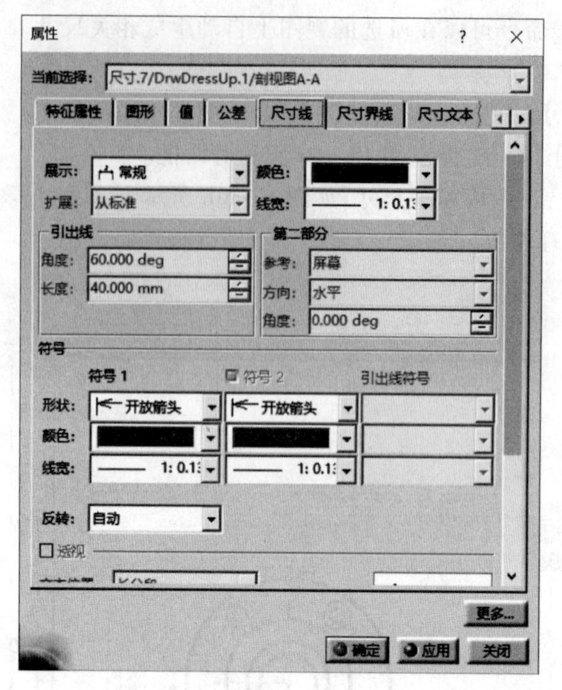

图 15-38　属性

图 15-39　【尺寸属性】参数框

其下拉列表中提供了多种公差形式供选择,如图 15-40a 所示,选中尺寸“16”后,在公差的下拉列表中选择“TOL_0.7”,并在其后的栏中输入公差值“+0.2/-0.1”,结果如图 15-40b 所示;如果是需要显示公差代号,则选择“TOL_ALP1”,并在其后的文本框中输入公差代号“H7”,结果如图 15-40c所示;如果是需要显示配合代号,则选择“TOL_ALP3”,并在其后的文本框中输入公差代号“H7/p6”,结果如图 15-40d 所示。其余标注形式在学习过程中可以进行尝试。

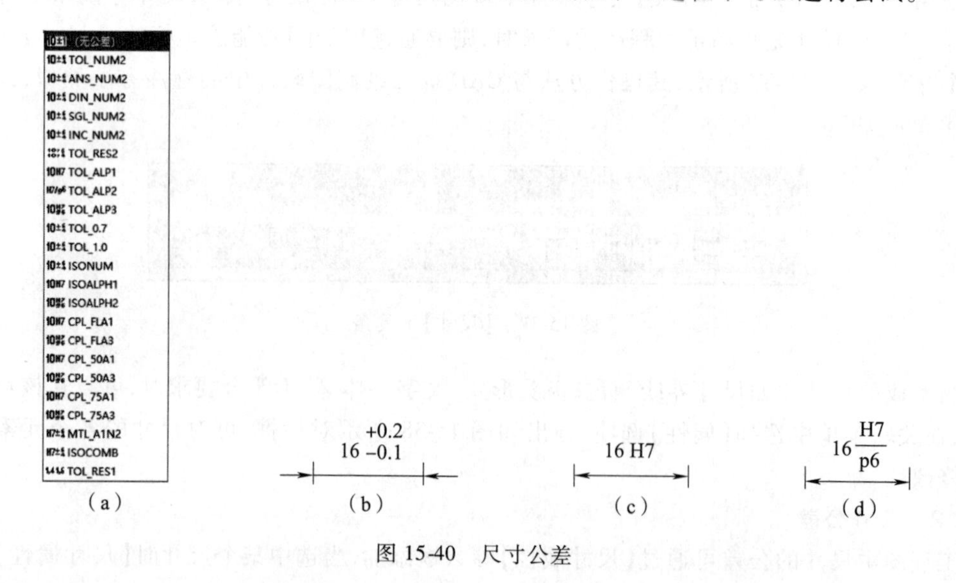

图 15-40　尺寸公差

提示：公差的标注也可以在尺寸的【属性】/【公差】选项中进行定义。

15.3.3　公差

【公差】命令集包含多个命令，工具条如图 15-41 所示。本节内容非特殊说明均以零件模型“pin”为例。

图 15-41　【公差】工具条

(1)使用【基准特征】命令用于标注基准代号。

操作方法：

①单击【基准特征】命令，选择参考对象，可以是边线也可以是尺寸线，移动鼠标以确定标注位置，如图 15-42a 所示。

②确定位置后单击鼠标左键，弹出如图 15-42b 所示对话框，在其中输入所需的基准代号。

③单击【确定】按钮，完成标注，如图 15-42c 所示。

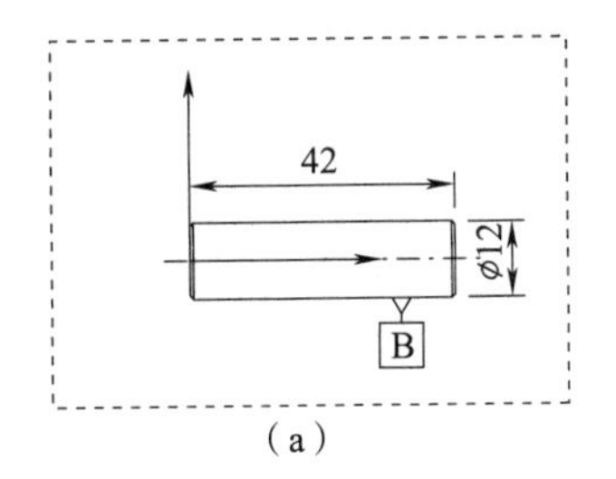

(a)

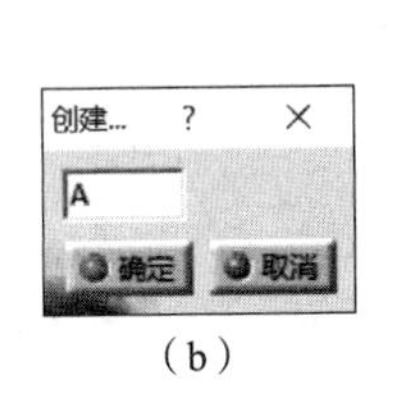

(b)

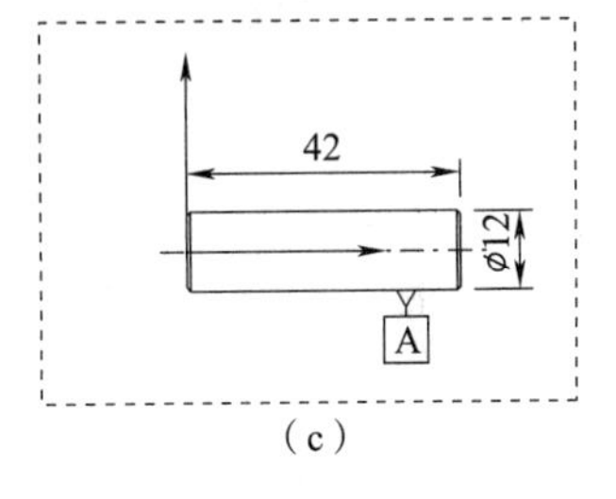

(c)

图 15-42　基准特征

(2)使用【形位公差】命令用于标注形位公差。

操作方法：

①单击【形位公差】，选择参考对象，可以是边线也可以是尺寸线，移动鼠标以确定标注位置，如图 15-43a 所示。

②确定位置后单击鼠标，弹出图 15-43b 所示对话框，选择公差符号并输入公差值，在【参考】文本框输入参考基准，在输入相关参数时，标注区域显示实时预览。如需标注多行形位公差，可单击右侧的向下箭头以增加标注行。

③单击【确定】按钮，完成标注，如图 15-43c 所示。

④拖动该尺寸标注以移动至合适位置，并将其颜色更改为标注的默认色，如图 15-43d 所示。

技巧：拖动尺寸标注移动过程中，当系统捕捉无法满足要求时，可按住 <Shift> 键再移动。

15.3.4　粗糙度

使用【粗糙度符号】命令标注表面粗糙度。

操作方法：

①单击【粗糙度符号】按钮，选择参考对象，可以是边线也可以是尺寸线，移动鼠标以确定标注位置，如图 15-44a 所示。

②系统同时弹出图 15-44b 所示对话框，在该对话框内选择标注符号并输入相应数值。

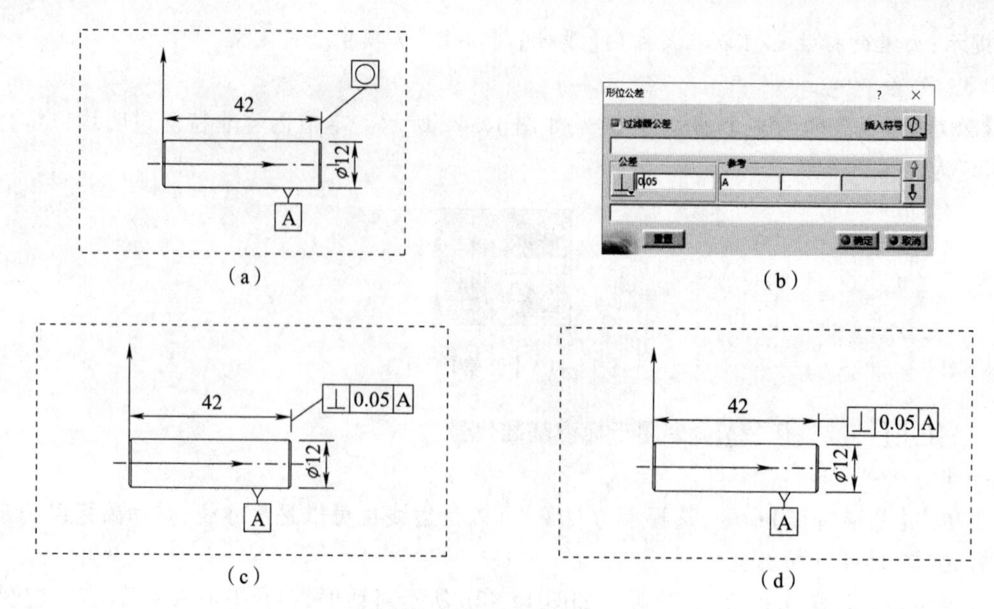

图 15-43　形位公差

③单击【确定】按钮完成标注,如图 15-44c 所示。

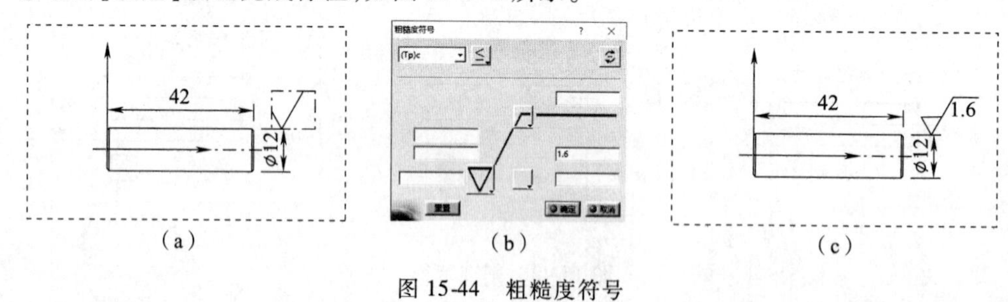

图 15-44　粗糙度符号

15.3.5　文本

使用【文本】T命令用于标注技术要求等文字说明。

操作方法:

(1)单击【文本】命令,在绘图区选择放置位置,如图 15-45a 所示。

注意:文本位置跟随当前所激活的视图。

(2)系统同时弹出图 15-45b 所示对话框,在该对话框中输入要标注的文本。

提示:如输入文本如需要换行,可按住 <Ctrl> 再按回车键实现换行。

(3)单击【确定】按钮完成文本标注,如图 15-45c 所示。

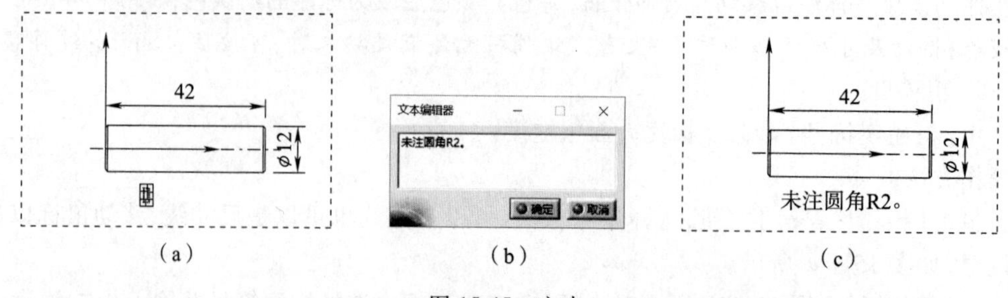

图 15-45　文本

(4)文本格式可以在【属性】对话框中根据需要进行更改。

15.3.6　带引出线的文本

使用【带引出线的文本】命令用于创建带引线的文本说明。

操作方法：

(1)单击【带引出线的文本】，在绘图区选择放置位置，如图 15-46a 所示。

(2)系统同时弹出图 15-46b 所示对话框，在该对话框中输入要标注的文本。

(3)单击【确定】按钮完成文本标注，如图 15-46c 所示。

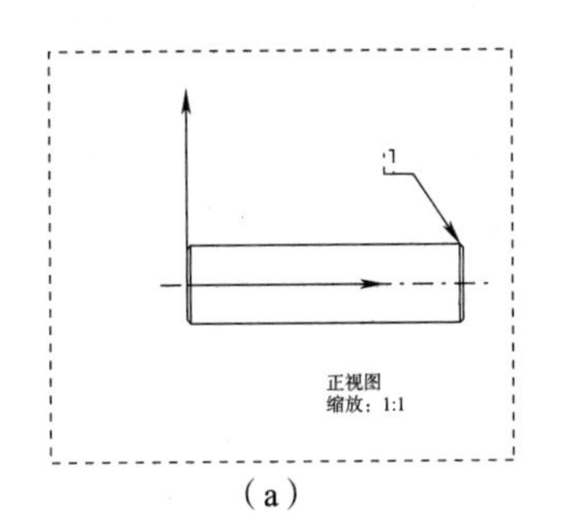

(a)

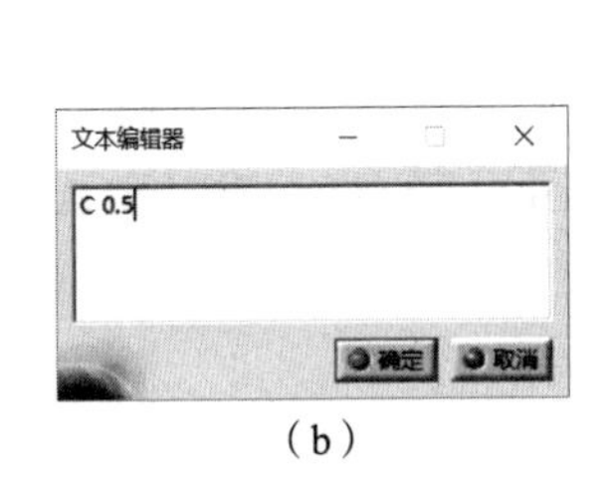

(b)

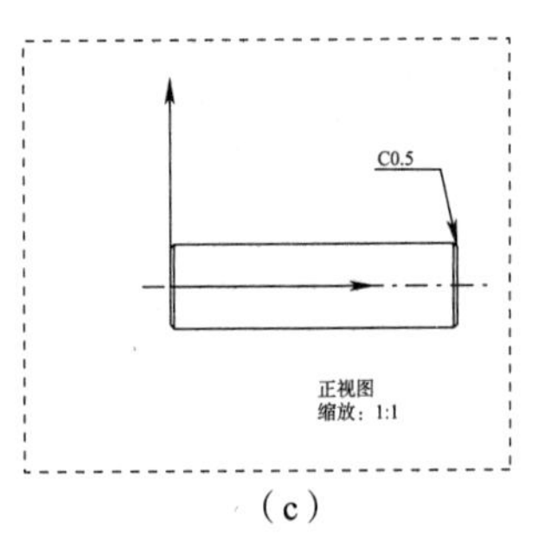

(c)

图 15-46　带引出线的文本

(4)使用该命令标注倒角时，若不需要箭头，可单击该标注，在箭头处的黄色标记外右击，在弹出的关联菜单中选择【符号形状】/【无符号】。

技巧：①标注时按住 <Ctrl> 键可将标注文字竖直放置。

②移动标注时按住 <Shift> 键可取消捕捉，任意位置移动。

15.4　辅助功能

15.4.1　中心线

【中心线】命令用于创建圆、椭圆、圆弧的中心线。图 15-47a 所示为没有中心线的圆，单击该命令后选择圆，结果如图 15-47b 所示。

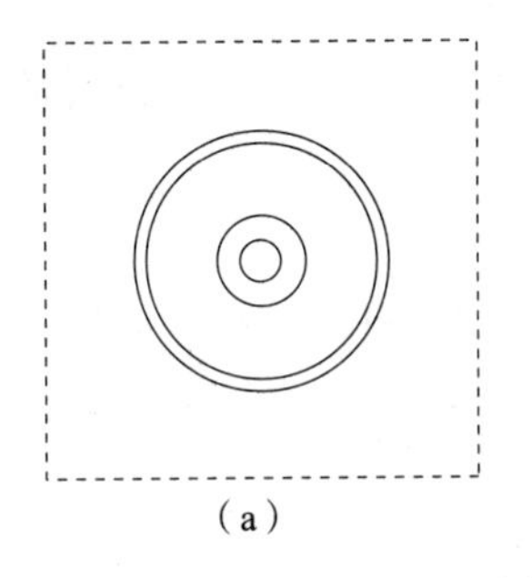
(a)

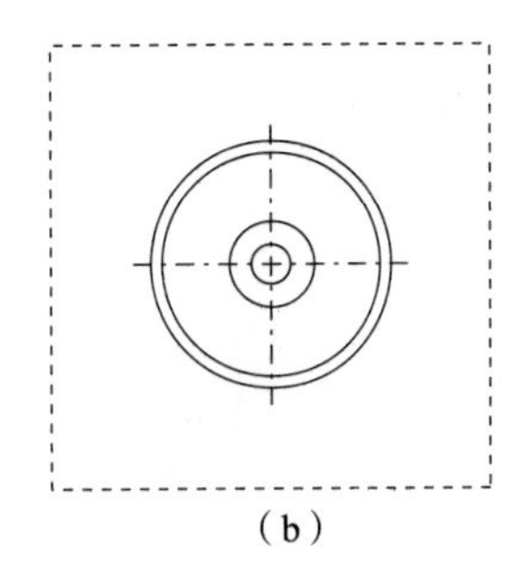
(b)

图 15-47　中心线

15.4.2　螺纹

使用【螺纹】命令标注孔和轴的螺纹线。如图 15-48a 所示，需对其外圆添加螺纹线，单击该命令后弹出图 15-48b 所示工具栏，选择【外螺纹】后选择最外侧圆，结果如图 15-48c 所示。

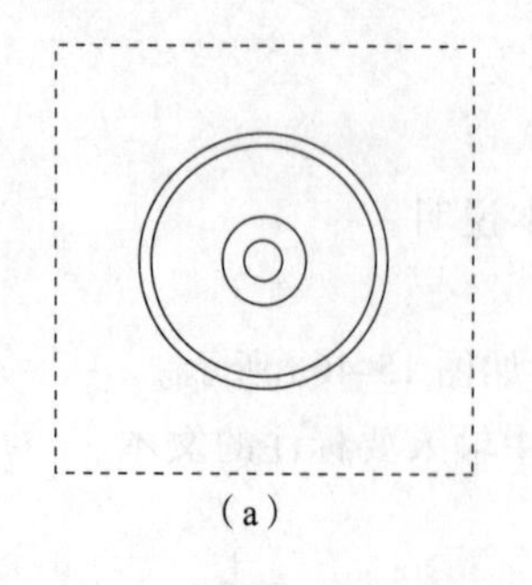
(a)

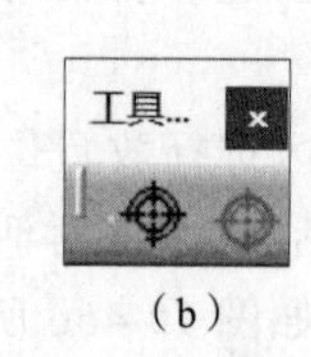

(b)

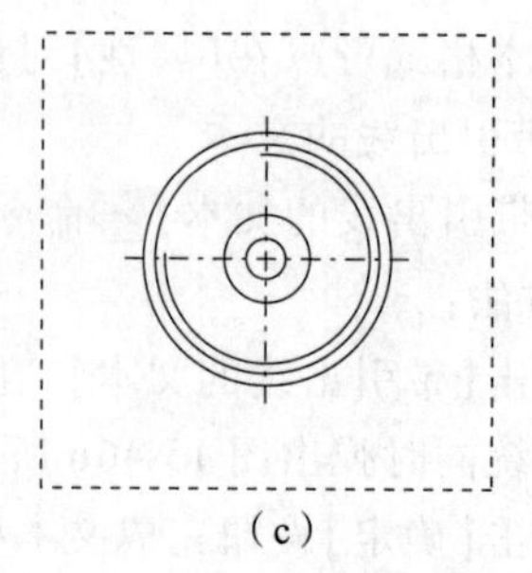
(c)

图 15-48 螺纹

15.4.3 轴线

【轴线】命令用于创建两根线的中心线。如图 15-49a 所示视图,单击该命令后选择上下两侧边线,结果如图 15-49b 所示。

提示: 如果选择的是旋转体投影生成的边线,则只需选择一条边线即可自动生成轴线。

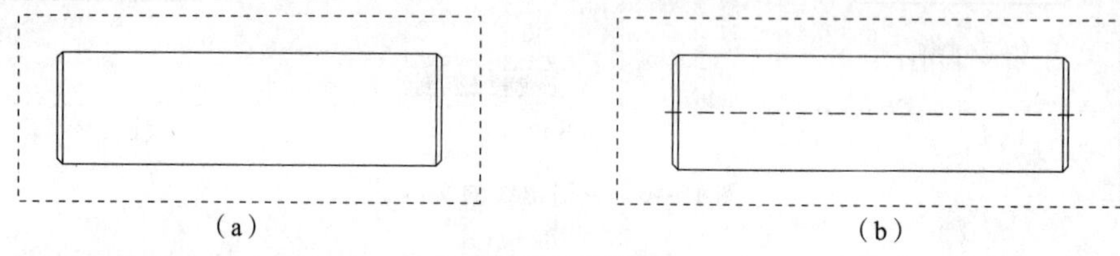
(a) (b)

图 15-49 轴线

15.4.4 创建区域填充

使用【创建区域填充】命令用于创建剖面线。如图 15-50a 所示视图,单击该命令后单击需填充剖面线的区域任意位置,结果如图 15-50b 所示。

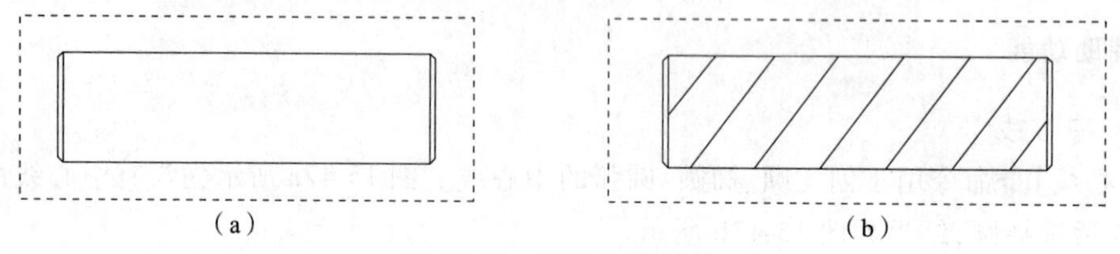
(a) (b)

图 15-50 创建区域填充

对剖面线的形式需要修改时,可在剖面线上右击,选择【属性】选项,在【阵列】功能区进行调整修改。

15.4.5 表

【表】命令用于创建表格。单击该命令后弹出图 15-51a 所示对话框,输入所需表格的【列数】与【行数】,单击【确定】按钮,并在绘图区单击放置位置,生成图 15-51b 所示表格,双击单元格可输入相关文字内容。

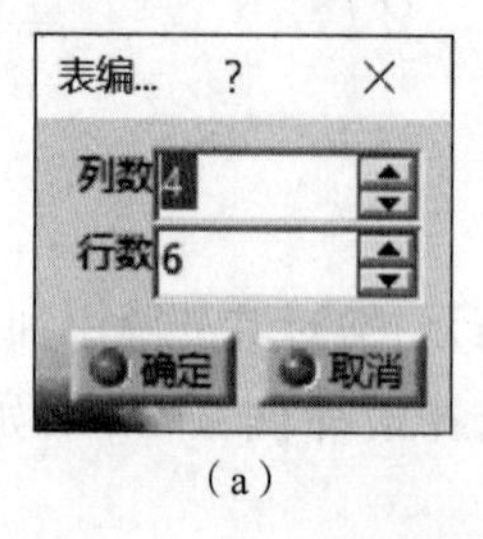

(a)

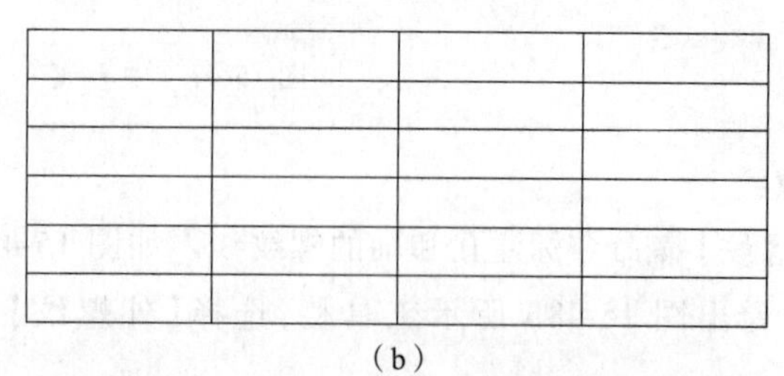
(b)

图 15-51 表

15.5 装配体工程图

装配体工程图与零件工程图的主要区别在于装配体工程图需要标注零部件序号及明细表，本节主要讲解这两个方面的内容。本节内容非特殊说明均以装配件模型“Wheel Linkage”为例。

15.5.1 过载属性

在生成基础视图后对主视图生成图 15-52 所示剖视图，从剖视图中可以看到，其标准件、轴类均进行了剖切，而通常在工程图中这些对象是不需要剖切的，此时就需要将其排除在剖切范围之外。

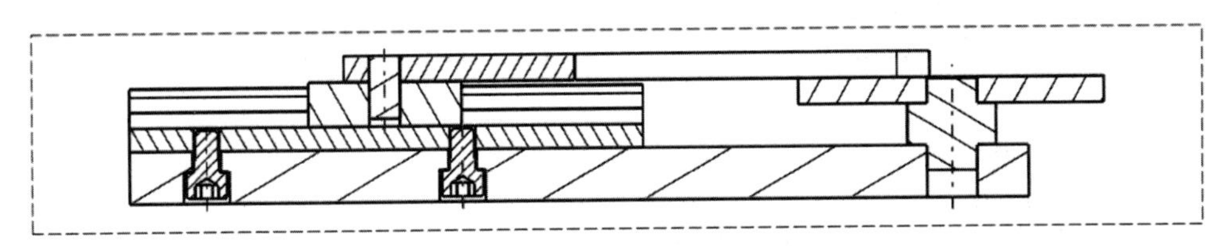

图 15-52 剖面视图

操作方法：

(1)在该视图的视图框上右击，在弹出的关联菜单中选择【对象】/【过载属性】，弹出如图 15-53a 所示【特征】对话框。

(2)在图形区选择需要排除的零件，选择的零件会在该【特征】表中列出。

(3)在【特征】中依次选择需排除的零件，单击右侧【编辑】按钮，弹出图 15-53b 所示对话框，取消【在剖视图中切除】选项，并单击【确定】按钮。

提示：该对话框中的选项【投影时使用】取消时，对应的零件将会在视图中隐藏。

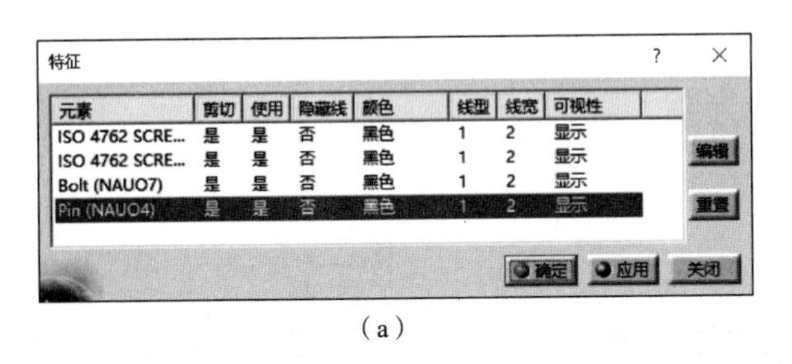

(a)

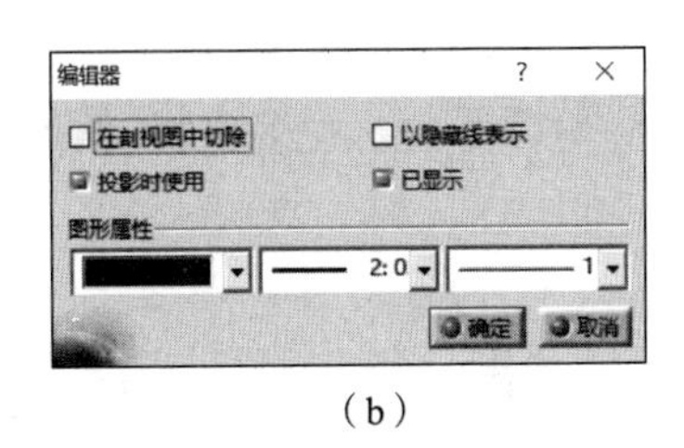

(b)

图 15-53 【特征】选项更改

(4)依次将 4 个需排除的零件完成【取消在视图中切除】操作，单击【确定】按钮，结果如图 15-54 所示。

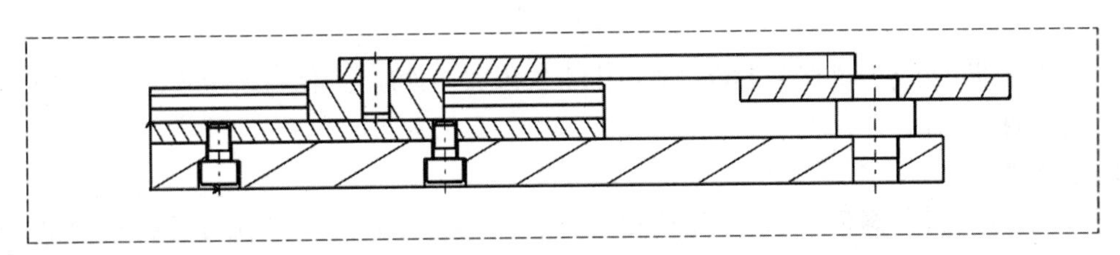

图 15-54 排除后的剖面视图

15.5.2　零件序号

使用【生成零件序号】命令用于创建装配体工程中的零部件序号。

操作方法：

(1)在装配体模型中通过【生成编号】命令生成零部件编号。

(2)激活需生成编号的视图。

(3)单击【生成零件序号】命令，生成图 15-55 所示序号。

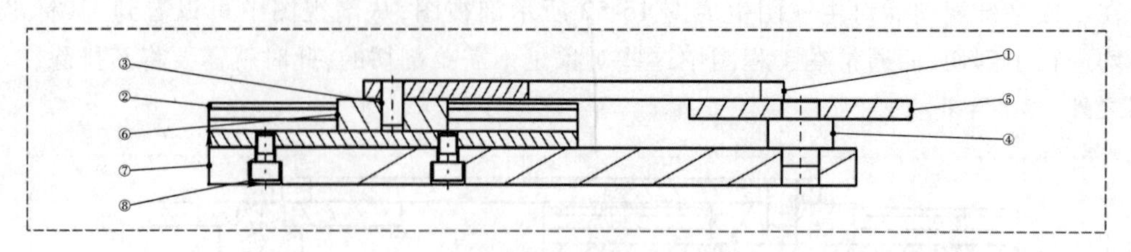

图 15-55　生成序号

提示：由于 CATIA 中生成序号是以该零件是否可以观察到为标准，当前视图如果无法观察到该零件，将不会生成该零件的序号，需要在其他视图中用同样的方法生成序号，再将重复的序号根据需要删除。

(4)对不符合要求的序号进行修改，双击需要修改的序号，弹出图 15-56 所示对话框，输入所需的序号再单击【确定】按钮即可完成修改。

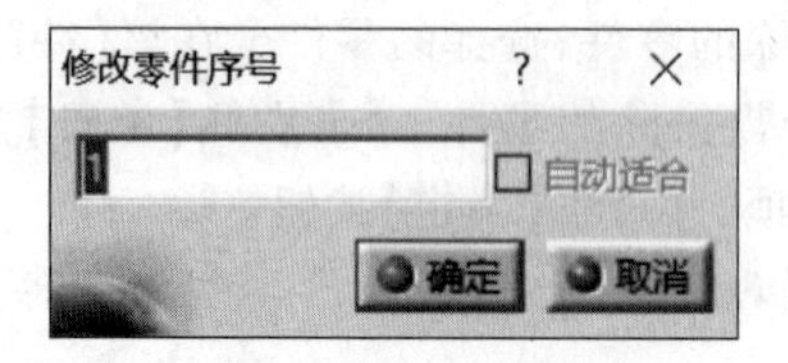

图 15-56　更改序号

(5)对序号进行位置调整，结果如图 15-57 所示。

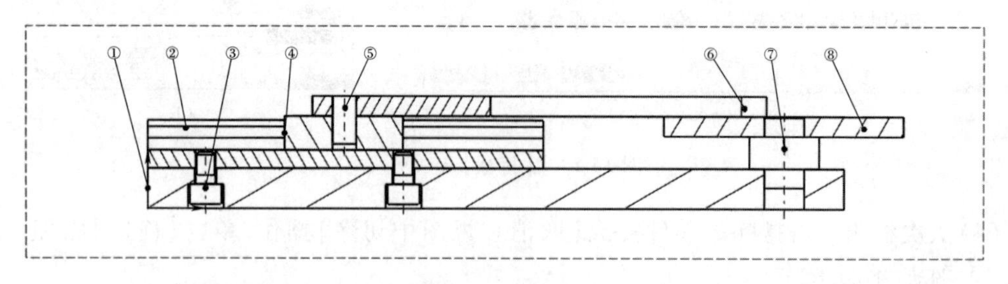

图 15-57　调整序号

CATIA 还提供了【零件序号】功能用于手工添加零件序号，使用该命令时直接选择需添加序号的零件引出即可。

15.5.3　明细表

明细表可通过【物料清单】命令完成创建，单击菜单栏【插入】/【生成】/【物料清单】/【物料清单】，点选插入位置，生成如图 15-58 所示明细表，可双击单元格对内容进行修改。

物料清单：Wheel Linkage

数量	零件编号	类型	术语	版本
1	Linkage	零件	Linkage	任何
1	support	零件	support	任何
1	Pin	零件	Pin	任何
1	Bolt	零件	Bolt	任何
1	Wheel	零件	Wheel	任何
1	SliderBlock	零件	SliderBlock	任何
1	Base	零件	Base	任何
2	ISO 4762 SCREW M0x6 STEEL HEXAGON SOCKET HEAD CAP	零件		

摘要说明：Wheel Linkage
不同零件：8
全部零件：9

数量	零件编号
1	Linkage
1	support
1	Pin
1	Bolt
1	Wheel
1	SliderBlock
1	Base
2	ISO 4762 SCREW M0x6 STEEL HEXAGON SOCKET HEAD CAP

图 15-58 生成明细表

注意：由于系统默认生成的明细表与标准要求差异较大，通常仅作参考，实际所需明细表需另行手工生成。

15.6 图框与标题栏

CATIA 中的图框与标题栏通常是在“图纸背景”中绘制，单击菜单【编辑】/【图纸背景】可进入背景环境，通过基本的草图工具进行绘制。

提示：背景环境下所有视图处于冻结状态，不可选择。

15.6.1 调用已有模板

系统提供了几种模板格式供直接选用，进入背景环境后单击【框架和标题节点】命令，弹出图 15-59a 所示对话框，选择所需样式后单击【确定】按钮，生成图 15-59b 所示图框与标题栏。如不需要该标题栏，可在对话框的【指令】列表中选择【删除】再单击【确定】按钮即可删除。

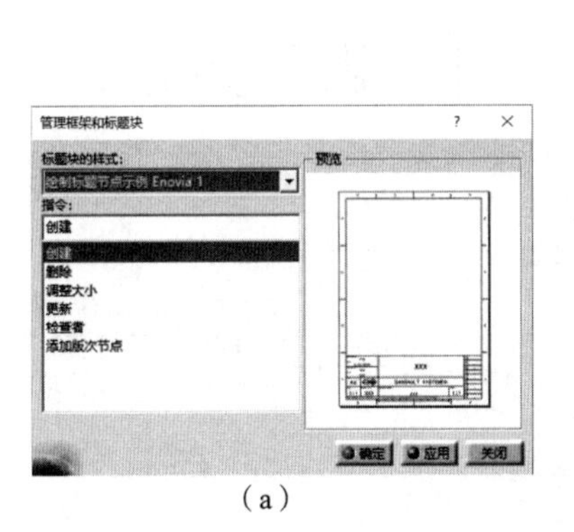

(a)

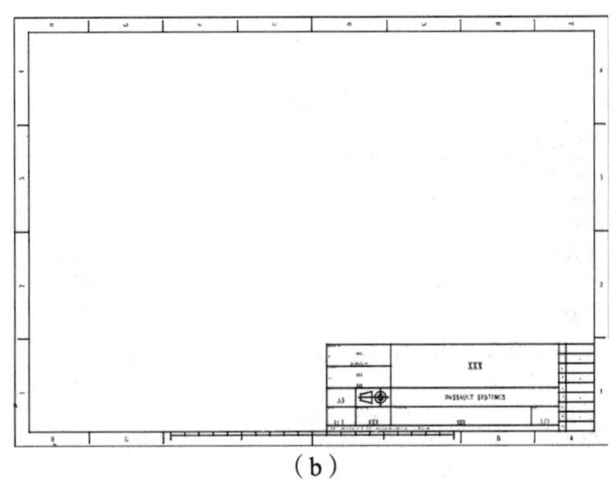

(b)

图 15-59 调用已有模板

15.6.2 创建图框与标题栏

图框与标题栏通常需要按国家标准要求绘制,其操作方法如下:

(1)进入背景环境,按需绘制图框与标题栏格式,如图 15-60 所示,以“A4-H”为文件名保存该二维图并关闭。

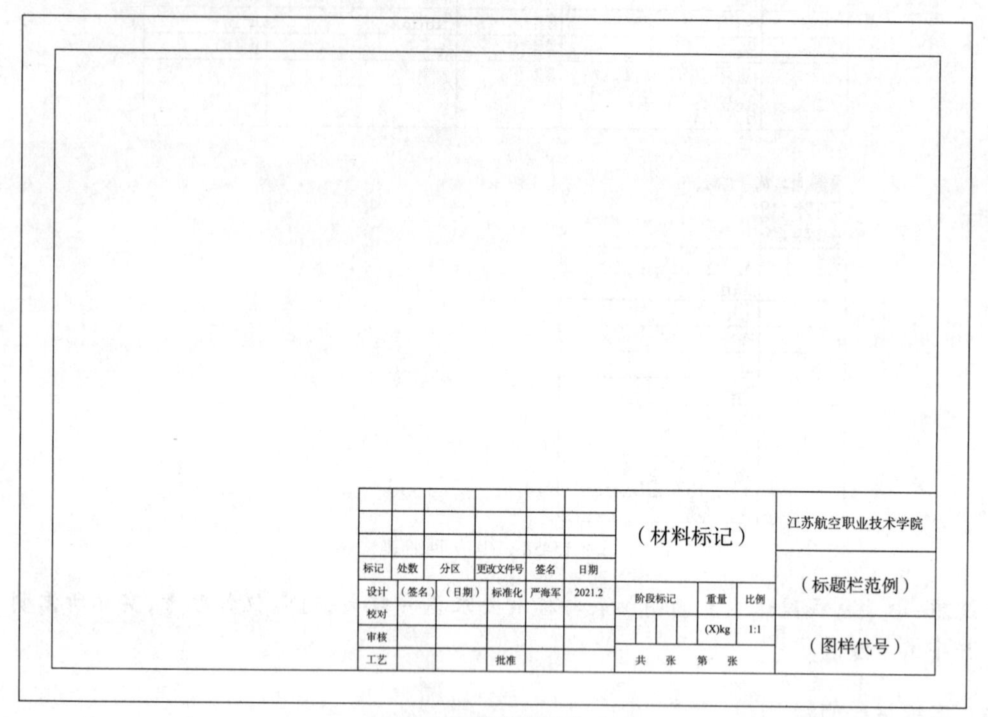

图 15-60 绘制所需格式

(2)新建工程图。

(3)单击菜单栏【文件】/【页面设置】,弹出图 15-61a 所示对话框,单击【Insert Background View】按钮,弹出图 15-61b 所示对话框,单击【浏览】按钮,选择第 1 步中保存的模板文件,单击【插入】按钮,再单击【确定】按钮完成模板调用。

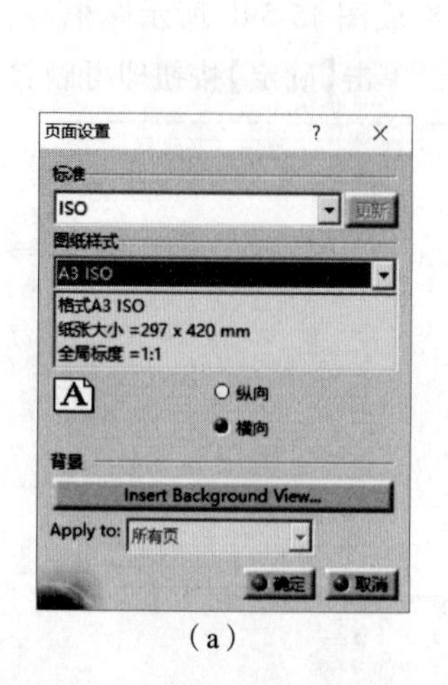

(a)

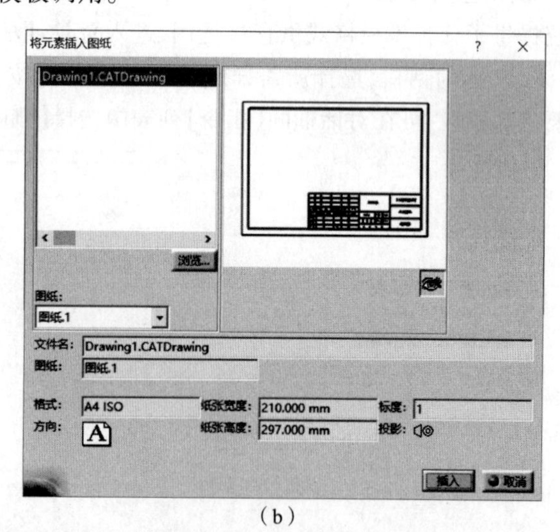

(b)

图 15-61 保存定义的模板

注意：调用模板时要注意图纸幅面的对应。

15.7　工程图输出

单击菜单栏【文件】/【打印】，弹出图15-62所示对话框。

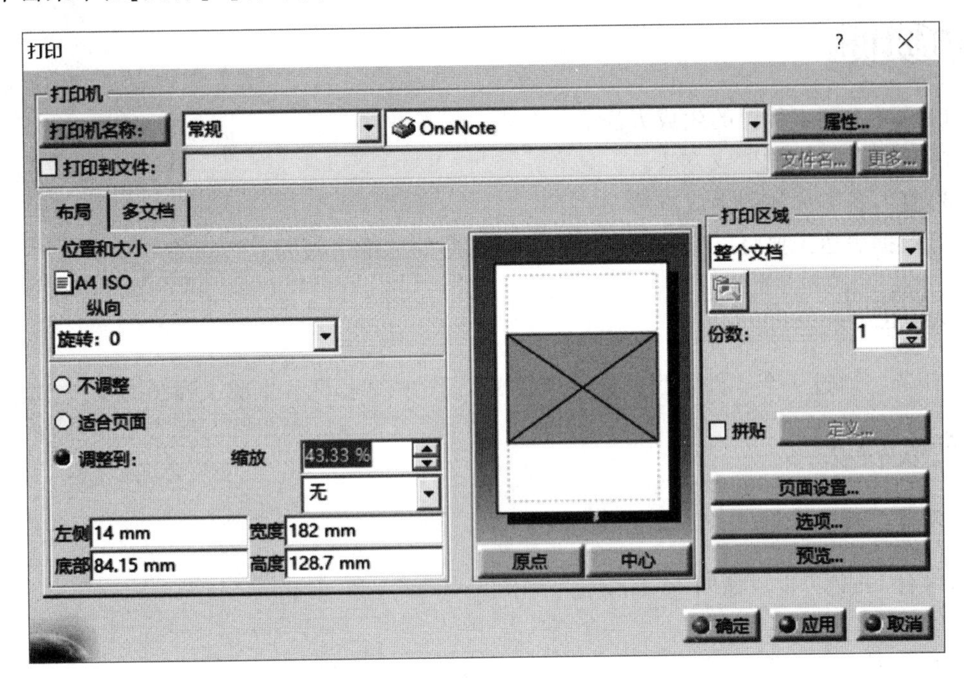

图15-62　【打印】对话框

主要参数：

【旋转】：单击其右侧下拉箭头可选择旋转角度，对于图纸方向与打印机方向不一致时，一定要设定该选项以匹配方向。

【缩放】：可以在文本框中输入缩放比例，当需要充满整张纸张时，选择【适合页面】选项即可。

【打印区域】：默认为打印工程图中的所有内容，如果工程图图框外还有参考元素，则需要切换至【选择】选项以定义打印范围。选择【显示】选项时只打印当前屏幕显示的内容。

【预览】：用于查看打印的效果，打印之前可通过预览确认是否符合要求。

练习

一、简答题

1.【详细视图】命令与【详细视图轮廓】命令的差异是什么？

2.【偏移剖视图】命令与【偏移截面分割】命令的差异是什么？

3. 默认生成的剖面线不符合标准该如何调整？

二、操作题

1. 创建A3图框与标题栏模板。

2. 创建符合国家标准的明细栏式样表。

任务 16　工程图设计训练

任务目标

(1)熟悉示例工程图的生成方法。
(2)复习各类视图生成方法。
(3)复习各类标注的生成方法。
(4)根据表达需要将已有的三维模型生成相应的二维工程图。

任务描述

本任务将通过一个零件工程图与一个装配工程图实例,讲解生成工程图的操作方法。

任务实践

16.1　零件工程图示例

将零件“shafts”生成如图 16-1 所示二维图。

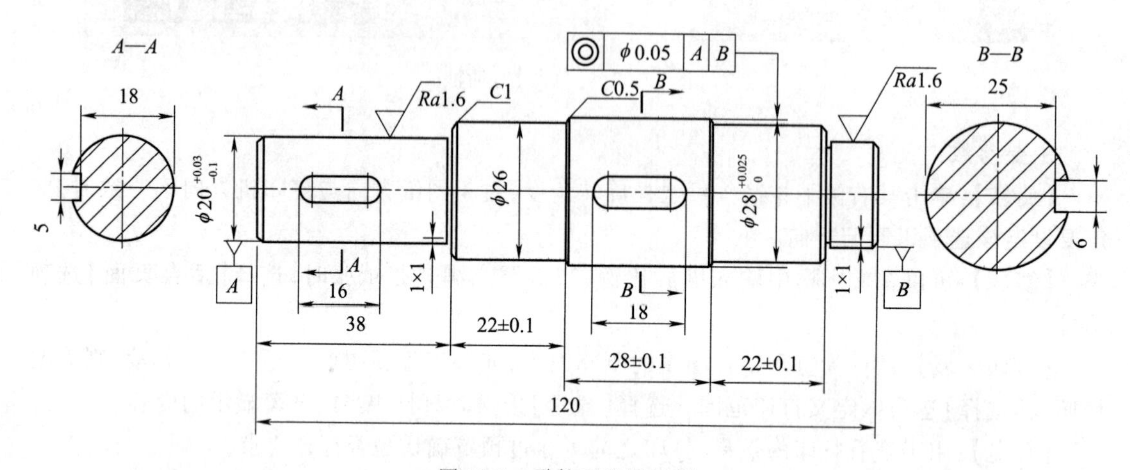

图 16-1　零件工程图示例

注意:此处仅为了训练在 CATIA 中生成二维图的操作,并非真正意义上的工程使用图纸,在实际使用时需遵守相应的标准与规范。

操作步骤如下:

(1)打开零件“shafts”。

(2)单击菜单栏【开始】/【机械设计】/【工程制图】,弹出图 16-2 所示对话框,选择“正视图、俯视图和左视图”,单击【修改】按钮,将【标准】更改为“ISO”,【图纸样式】更改为“A3 ISO”,单击【确定】按钮进入工程图环境。

(3)系统自动生成图 16-3 所示的默认视图。

(4)删除“左视图”与“俯视图”,并将“主视图”的标识文本删除,结果如图 16-4 所示。

(5)在主视图的视图框上右击,在弹出的关联菜单中选择【对象】/【修改投影平面】,切换至模型空间选择任一参考平面,通过“视图操控圆盘”将主视图切换为图 16-5 所示状态。

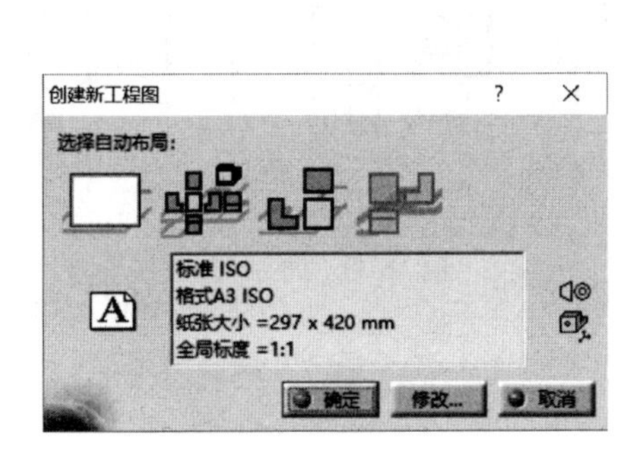

图 16-2　创建新工程图

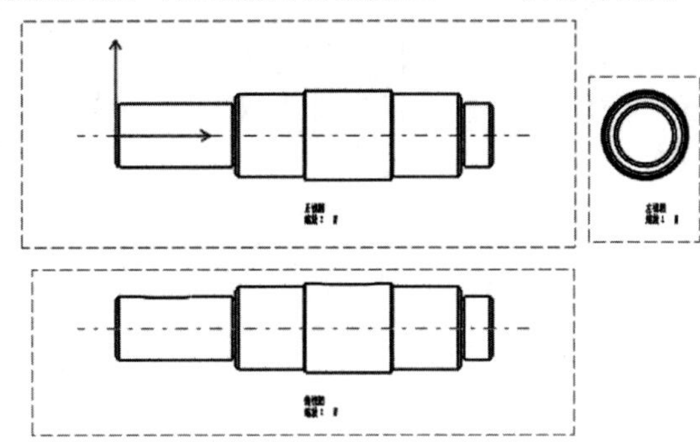

图 16-3　生成默认视图

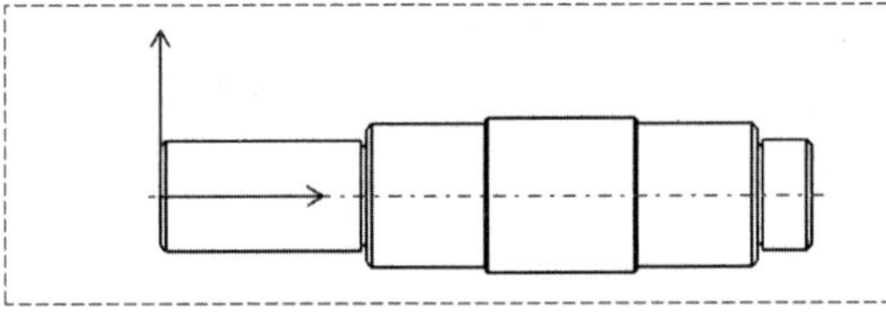

图 16-4　删除不需要的视图

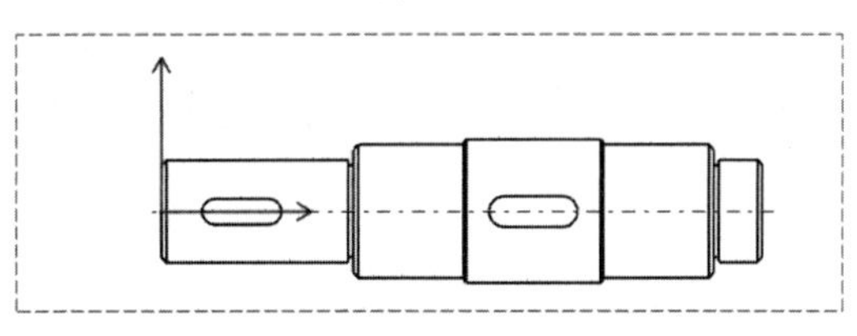

图 16-5　修改投影平面

(6)单击【偏移截面切割】命令,在右侧键槽处切割主视图,生成剖面视图,如图 16-6 所示。

(7)单击【偏移截面切割】命令,在左侧键槽处切割主视图,生成剖面视图,如图 16-7 所示。

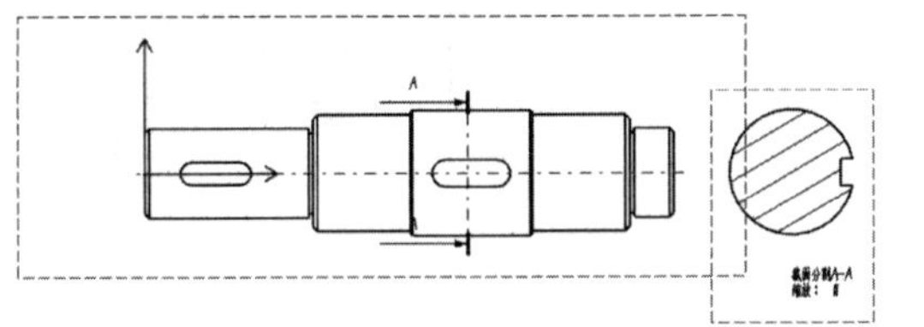

图 16-6　生成剖面视图 1

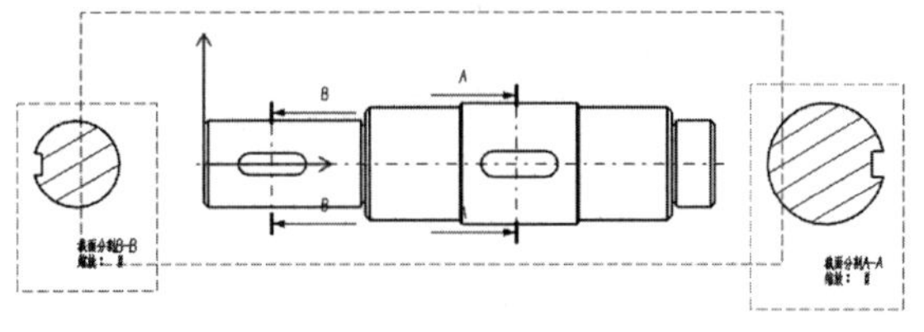

图 16-7　生成剖面视图 2

(8)通过属性修改,将剖切符号与标记修改为图 16-8 所示样式。

(9)单击【生成尺寸】命令,自动生成尺寸如图 16-9 所示。

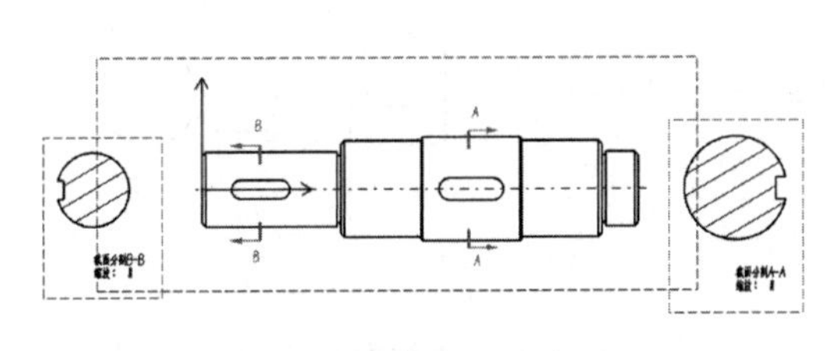

图 16-8　修改剖切标记

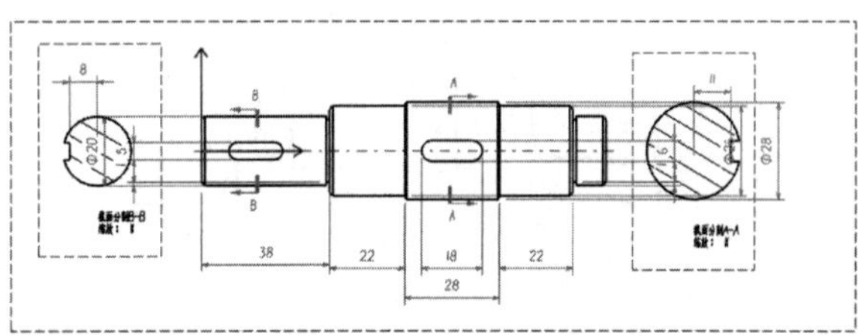

图 16-9　自动生成尺寸

(10)整理尺寸标注的位置,如需将尺寸转移至其他视图,可使用【剪切】命令剪切该尺寸,激活移动至相应视图再【粘贴】,结果如图 16-10 所示。

(11)删除不需要的尺寸,并通过【尺寸】命令标注增加尺寸,结果如图 16-11 所示。

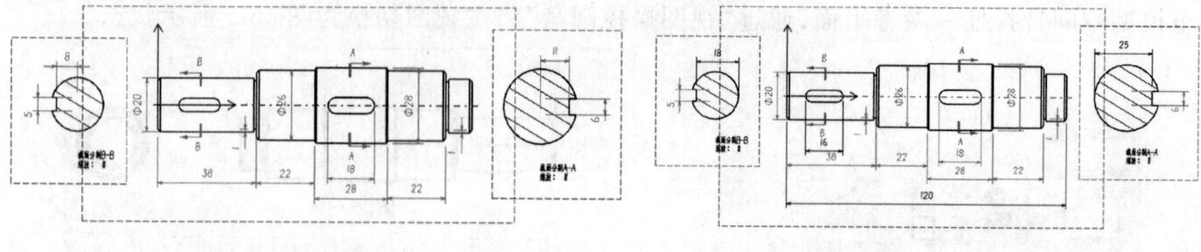

图 16-10　整理尺寸　　　　图 16-11　增加尺寸

(12)添加需要的尺寸公差,结果如图 16-12 所示。

(13)编辑退刀槽标注如图 16-13 所示。

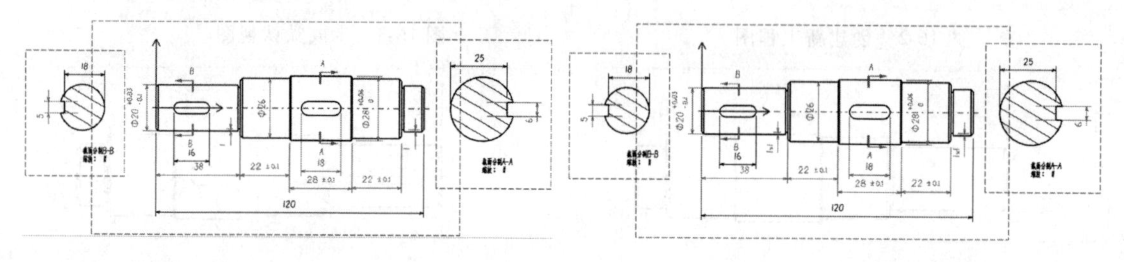

图 16-12　添加尺寸公差　　　　图 16-13　编辑退刀槽尺寸

(14)添加形位公差,结果如图 16-14 所示。

(15)添加粗糙度符号,结果如图 16-15 所示。

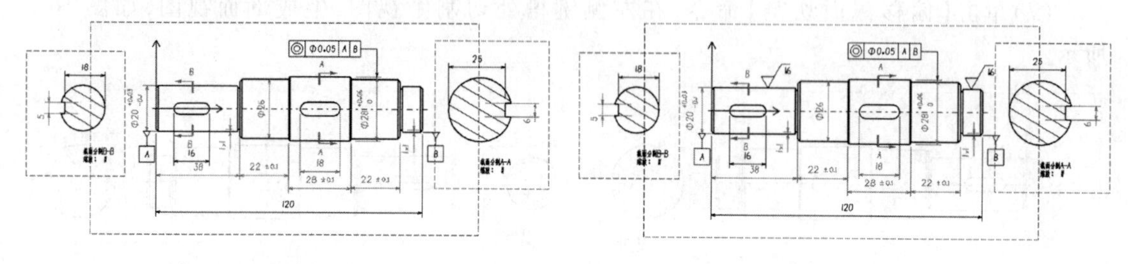

图 16-14　添加形位公差　　　　图 16-15　添加粗糙度符号

(16)通过【带引出线文本】添加倒角标注,结果如图 16-16 所示。

(17)增加中心线,结果如图 16-17 所示。

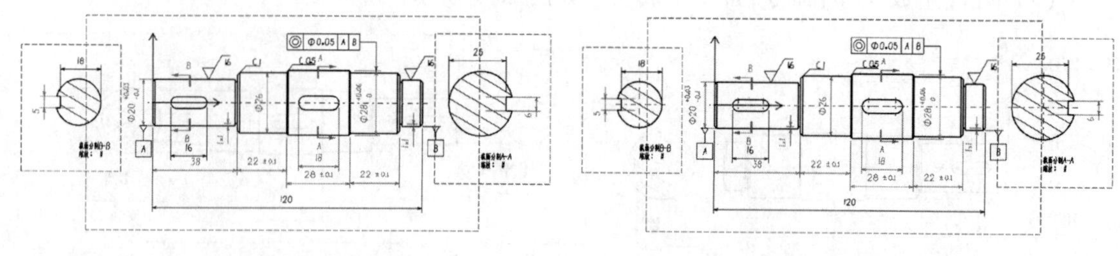

图 16-16　添加倒角标注　　　　图 16-17　添加中心线

(18)对所有尺寸标注的颜色、位置进行统一规范,结果如图 16-18 所示。

(19)关闭所有视图的视图框架,并取消激活的视图,结果如图 16-19 所示。

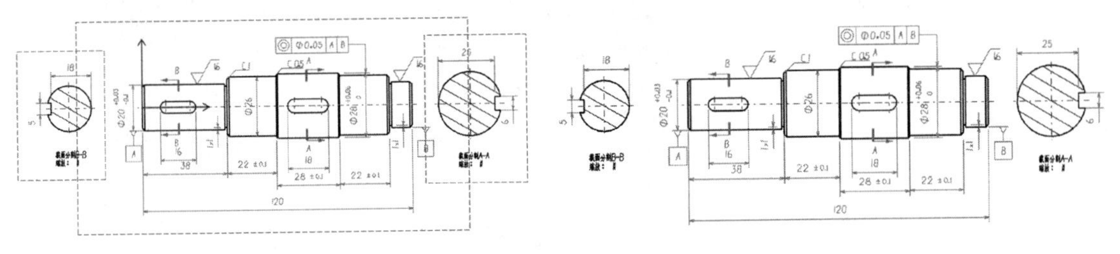

图 16-18　规范标注　　　　图 16-19　最终整理标注

16.2　装配工程图示例

将装配件“engine”生成如图 16-20 所示二维工程图。

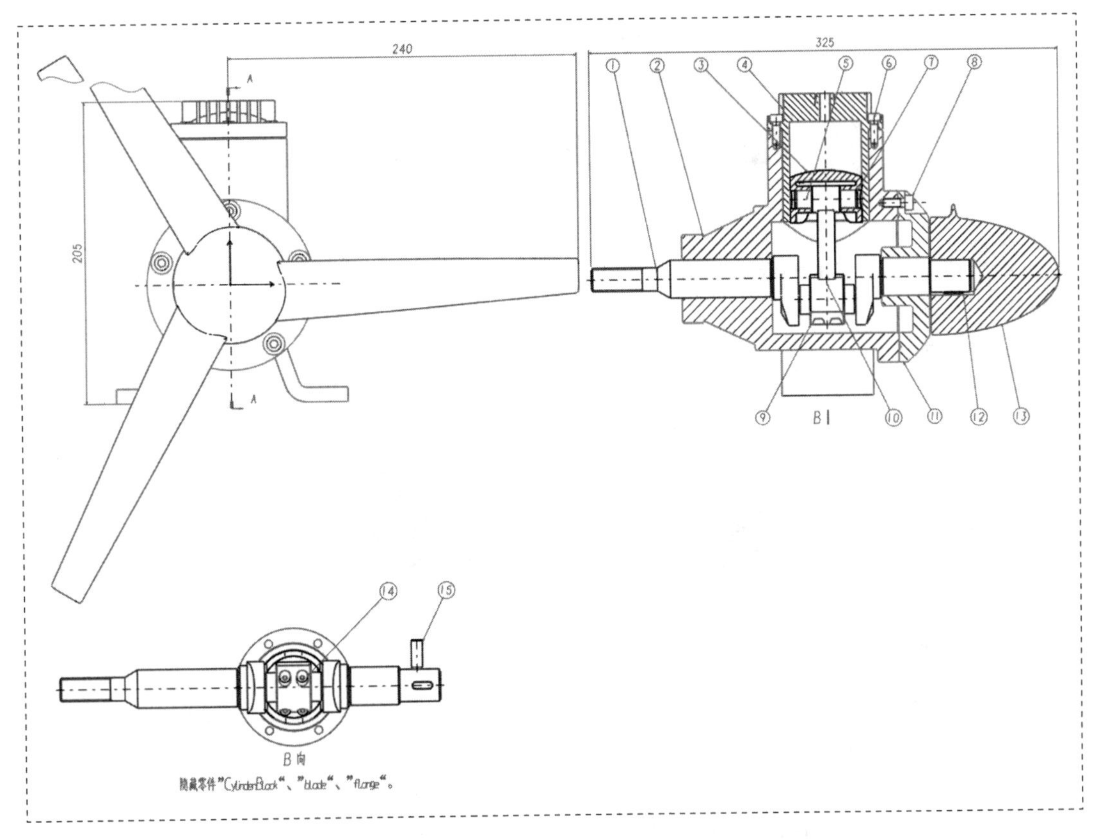

图 16-20　装配工程图示

操作步骤如下:

(1)打开装配体“engine”。

(2)单击【生成编号】命令,以数字模式对零件进行编号,如图 16-21 所示。

(3)单击菜单栏【开始】/【机械设计】/【工程制图】,弹出图 16-22 所示对话框,选择【正视图、俯视图和左视图】,单击【修改】按钮,将【标准】更改为【ISO】,【图纸样式】更改为【A3 ISO】,单击【确定】按钮进入工程图环境。

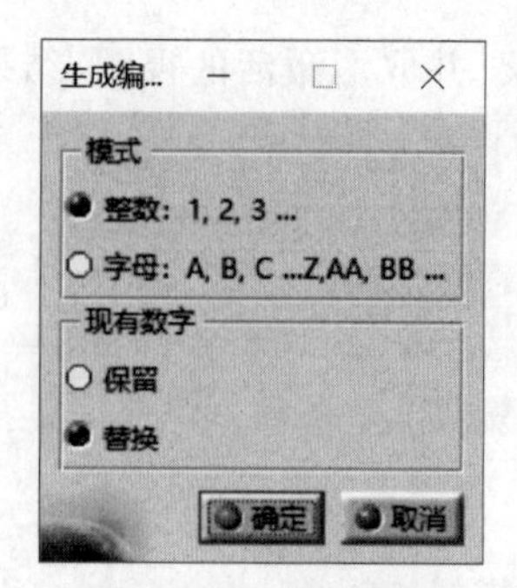

图 16-21　生成编号

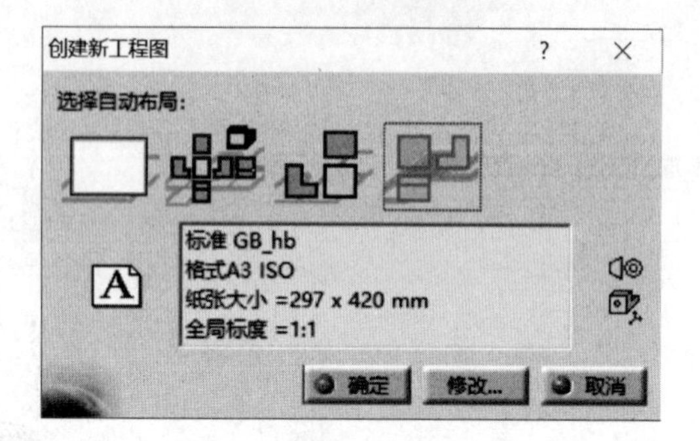

图 16-22　创建新工程图

（3）生成如图 16-23 所示默认视图。

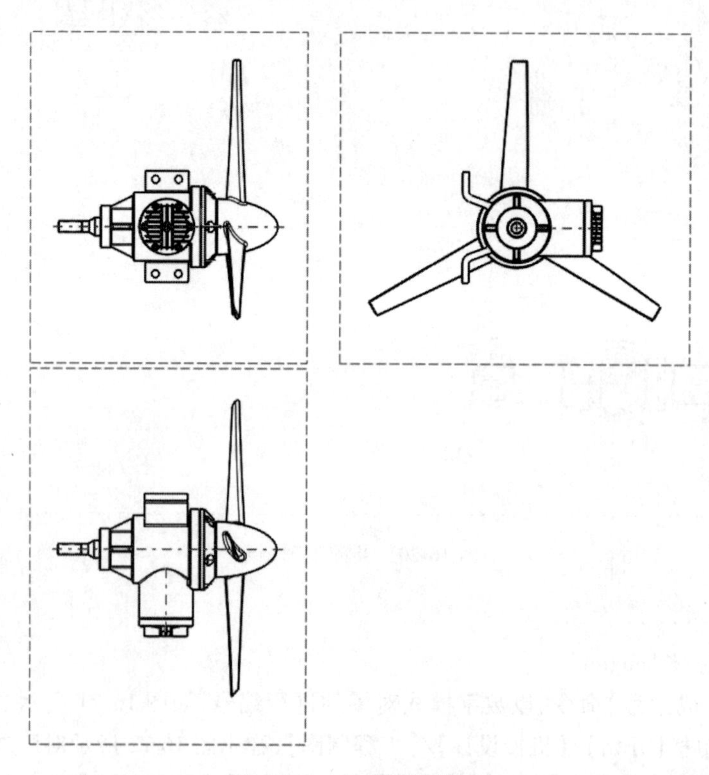

图 16-23　生成默认视图

(4)删除“左视图”与“俯视图”,并将“主视图”的标识文本删除,在主视图的视图框上右击,在弹出的关联菜单中选择【对象】/【修改投影平面】,切换至模型空间选择任一参考平面,通过“视图操控圆盘”将主视图切换为图16-24所示状态。

(5)在视图框上右击,选择关联菜单中的【属性】选项,将【视图】/【圆角】更改为【投影的原始边线】,结果如图16-25所示。

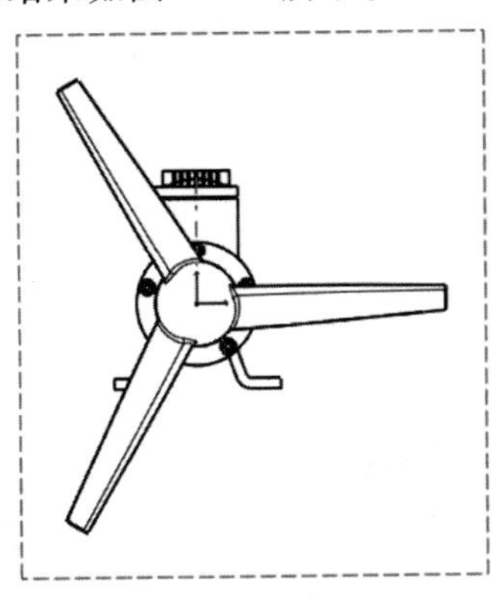

图16-24　修改投影平面

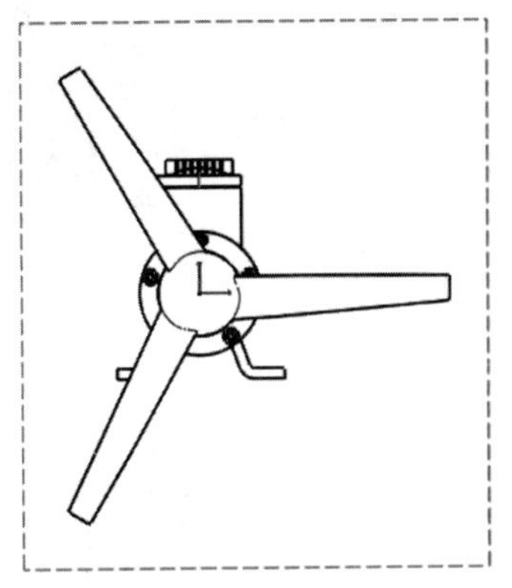

图16-25　更改圆角投影模式

(6)单击【偏移剖视图】按钮,过中心轴线创建剖视图,结果如图16-26所示。

(7)激活上一步生成的剖视图,单击【投影视图】按钮,由剖视图生成俯视图,结果如图16-27所示。

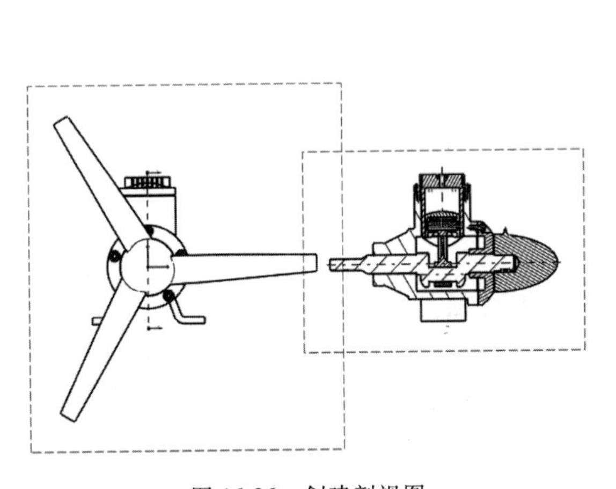

图16-26　创建剖视图

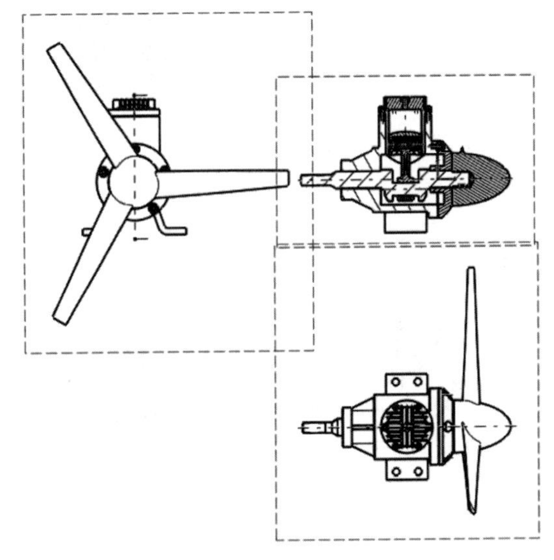

图16-27　投影俯视图

(8)单击【投影视图】按钮,由剖视图生成仰视图,结果如图16-28所示。

(9)激活仰视图,在视图框上右击,在弹出的关联菜单中选择【对象】/【过载属性】,在【特征】对话框中将需要隐藏的零件选中,并通过【编辑】命令将【投影时使用】选项取消选择,结果如图16-29所示。

技巧:在【过载属性】中有些零件由于较小不易选择,可以多次重复操作,先将大零件取消后再取消小零件。

（10）在仰视图框上右击，在弹出的关联菜单中选择【视图定位】/【不根据参考视图定位】，取消默认对齐关系，通过鼠标拖动视图框，将该视图移至左下角位置，结果如图 16-30 所示。

（11）激活主视图，使用【局部视图】命令对叶片做截断处理，结果如图 16-31 所示。

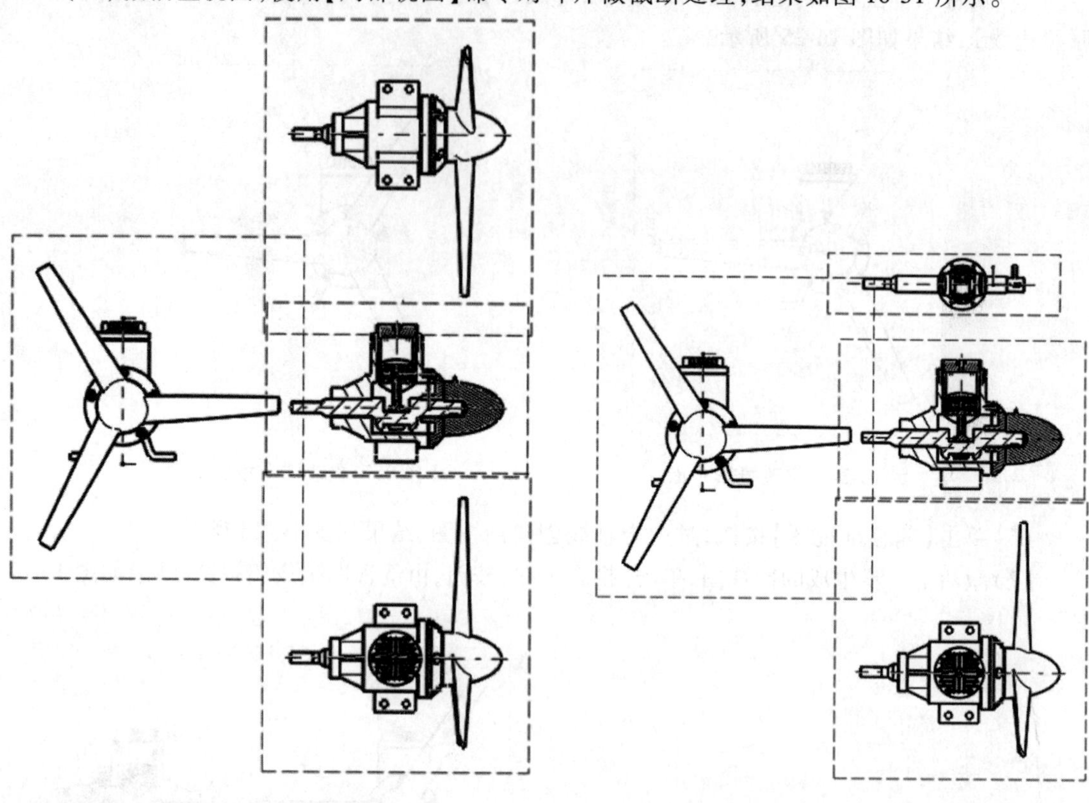

图 16-28　投影仰视图

图 16-29　取消部分零件投影

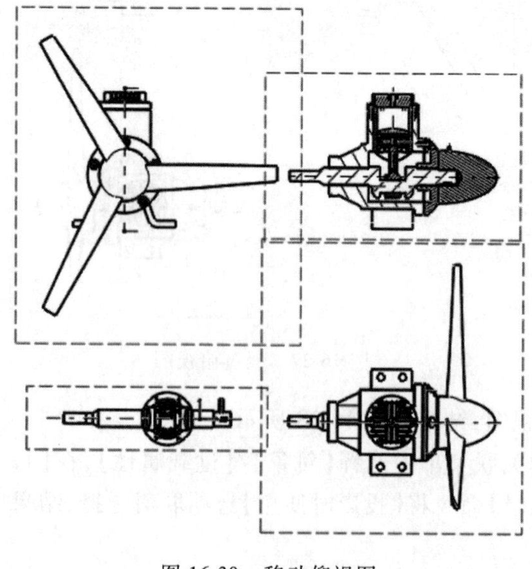

图 16-30　移动仰视图

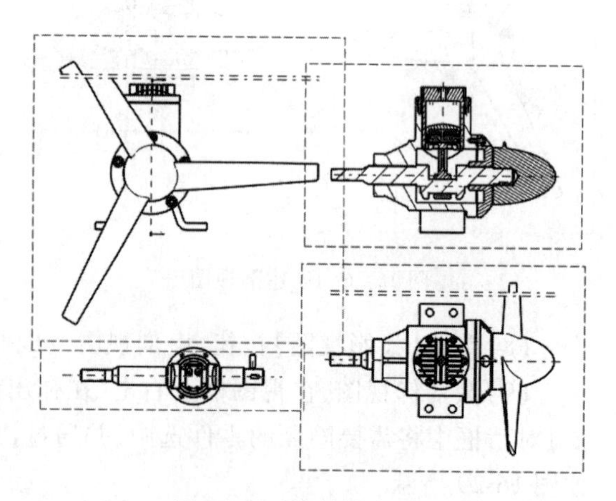

图 16-31　截断部分视图

（12）单击【生成零件序号】命令，生成零件序号，由于主要零件可以通过剖视图与辅助视图表达，所以需要在这两个视图上均生成序号，结果如图 16-32 所示。

(13)对生成的序号进行整理，并修改字体等相关属性，结果如图 16-33 所示。

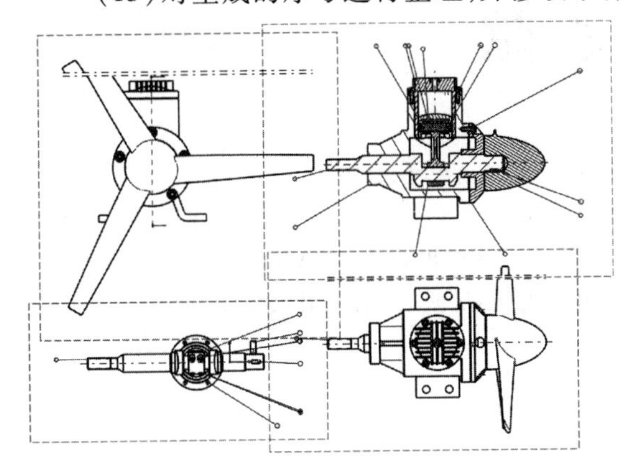

图 16-32 生成序号

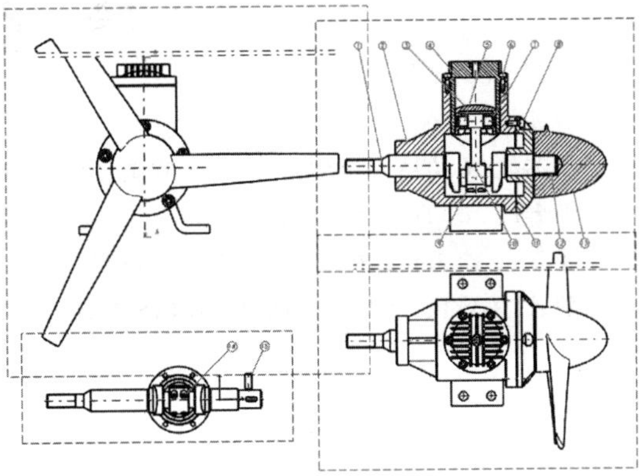

图 16-33 整理序号

(14)对【局部视图】产生的截断线做规范化处理，结果如图 16-34 所示。

(15)增加必要的尺寸标注及视图文字说明，并对剖面线进行调整，结果如图 16-35 所示。

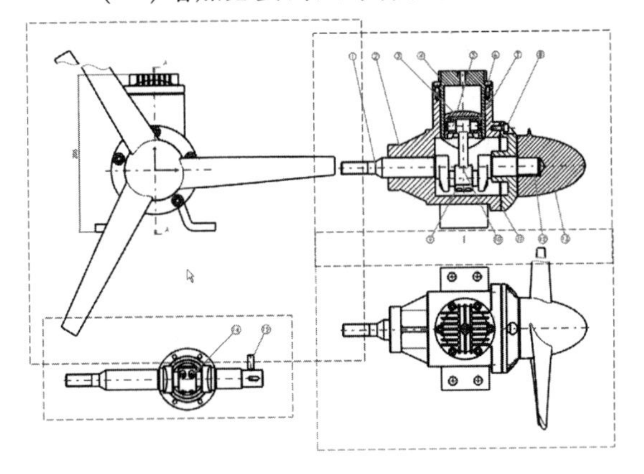

图 16-34 处理截断线

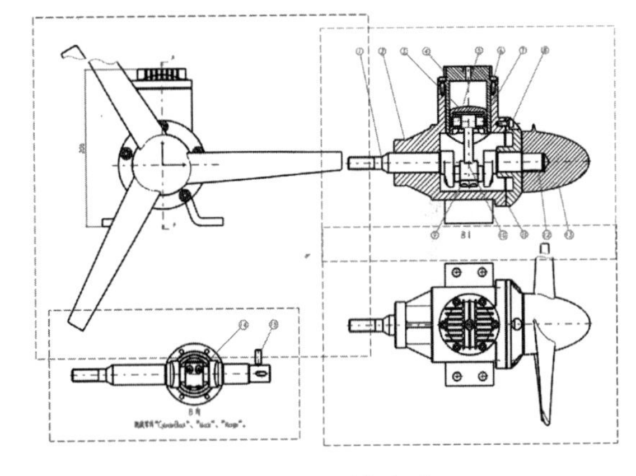

图 16-35 增加标注

(16)根据需要增加明细表，保存文件。

练习

一、简答题

1. 倒角使用哪种方法标注?
2. 如何取消视图对应关系?
3. 简述【过载属性】功能的作用。

二、操作题

1. 创建零件“linkage”的工程图。
2. 创建装配体“Gearbox”的工程图。

参 考 文 献

[1]李苏红.CATIA V5 实体造型与工程图设计[M].2 版. 北京:科学出版社,2020.

[2]尤春风.CATIA V5 机械设计[M]. 北京:清华大学出版社,2002.

[3]李学志,李若松,方戈亮.CATIA 实用教程[M].3 版. 北京:清华大学出版社,2020.

[4]罗蓉,王彩凤,严海军.SOLIDWORKS 参数化建模教程[M]. 北京:机械工业出版社,2021.